管理學基礎與實訓

（第二版）

主　編 ◎ 李　霞、康　璐
副主編 ◎ 陳現軍、張　偉

內容簡介

　　本書是一本通識性管理學教材，緊密結合高職高專教學與實踐編寫而成，理論知識以應用爲目的，以"必需、夠用"爲度，通過案例、情景實訓重點強調教學內容的"實際、實用、實踐"，讓學生在與老師的互動中體驗式學習。本書爲提高學生綜合運用專業知識技能奠定基礎，主要使學生具備能"管人"又能"管事"的基層工作管理能力，進而培養學生具備在企業或組織各基層管理崗位擔任主管的工作能力。

　　本書共包括10個章節，具有極強的實踐性和趣味性，配有大量的案例、遊戲、實訓任務、測試和故事等，便於教師教學，學生閱讀、實踐。

　　本書可作爲高等職業院校經管類與非經管類專業學生的學習教材，也可作爲管理類相關專業師生和各層次管理人員的參考讀物。

第二版前言

《管理學基礎與實訓》於2014年8月出版以來，受到了許多高職高專院校管理類專業師生的廣泛好評。本次再版沒有變動教材的基本框架，而是根據企業經營環境的變化對教材的案例、知識閱讀、實訓和習題內容進行了相應調整。

隨著世界經濟的發展和經濟全球化的深入，管理學日益展現出它在社會中的地位與作用。經濟發展固然需要豐富的資源與先進的技術，但更重要的是組織經濟的能力，即管理能力。管理與科學和技術三足鼎立，共同構成現代社會文明發展的三大支柱。管理是促成社會經濟發展的最基本、最關鍵的因素。管理本身就是一種經濟資源，作爲第三生產力在社會中發揮作用。管理在現代社會的發展中起着極爲重要的作用。

關於本課程

管理學是一門理論性和實踐性很強的課程。本課程以培養基層管理者的綜合管理技能與素質爲目標，使學生掌握經營管理的基礎知識和基本技能。本課程註重基層、註重實務、註重技能，構建了管理職能+管理實務+管理技能的三層架構內容體系。課程以應用爲導向，以典型管理實務和管理情景爲媒介，創建生活滲透式課程模式，構建職業化、虛擬化考核機制，在應用中練技能，在管理中學管理。

關於本書

本書中的理論知識以應用爲目的，以"必需、夠用"爲度，通過案例、情景實訓重點，強調教學內容的"實際、實用、實踐"，讓學生在與老師的互動中體驗式學習，並培養學生誠實、守信、合作、敬業等良好品質，爲提高學生綜合運用專業知識技能奠定基礎，主要使學生具備能"管人"又能"管事"的基層工作的管理能力，進而培養學生具備在企業或組織各基層管理崗位擔任主管的工作能力。

本書的資源

爲了增加實踐性，本書的每一個章節都配有章節實訓，包括案例、遊戲、測試等。同時爲了引起讀者的閱讀興趣，每章的開篇都有一個案例導讀。書中還穿插了"知識閱讀"項目，可以加深讀者對相關知識的瞭解。

本書編寫團隊

本書本次修訂具體分工爲：李霞、康璐負責本書的總體設計，李霞完成最後統稿。李霞編寫修訂第3章、第6章、第7章，康璐編寫修訂第1章、第2章、第10章，楊明修訂編寫第9章，張偉修訂編寫第4章，李霞修訂（陳現軍編寫）第5章、第8章。本書作爲通識性管理學教材，適合經管類和非經管類專業管理學課程的學生及教師使用，也可作爲研究人員及管理者的參考用書。

本書在寫作過程中，參閱了許多學者的大量文獻，引用了不少研究結論和企業實踐案例，所查資料均註明了資料來源，但難免會有遺漏，在此向各位作者表示衷心的感謝！另有部分資料來源於互聯網，無法查到作者，只得以"佚名"標識，如果您看到您的作品在本書中被引用，歡迎您告知我們，以便再版時修改，標明您的大名。

由於編寫時間倉促和編者水平有限，書中存在不妥之處，敬請廣大讀者批評指正

編　者

目　錄

第 1 章　管理概述 ……………………………………………… (1)

　　任務 1.1　管理 …………………………………………… (2)

　　任務 1.2　管理者 ………………………………………… (7)

　　任務 1.3　管理環境 ……………………………………… (14)

第 2 章　管理理論的形成與發展 ……………………………… (29)

　　任務 2.1　西方管理理論的形成 ………………………… (30)

　　任務 2.2　西方管理理論的發展 ………………………… (41)

第 3 章　決　策 ………………………………………………… (54)

　　任務 3.1　認識決策 ……………………………………… (55)

　　任務 3.2　決策的制定過程及其影響因素 ……………… (62)

　　任務 3.3　決策方法 ……………………………………… (71)

第 4 章　計　劃 ………………………………………………… (90)

　　任務 4.1　計劃概述 ……………………………………… (91)

　　任務 4.2　計劃的編制過程與實施 ……………………… (97)

　　任務 4.3　目標管理 ……………………………………… (102)

第 5 章　組織職能 ……………………………………………… (111)

　　任務 5.1　組織工作概述 ………………………………… (112)

　　任務 5.2　組織結構的設計 ……………………………… (122)

　　任務 5.3　組織結構設計的關鍵問題 …………………… (131)

　　任務 5.4　組織文化與組織變革 ………………………… (144)

第 6 章　領　導 ……………………………………………………（156）

　　任務 6.1　認識領導職能 ……………………………………………（157）
　　任務 6.2　認識瞭解人性 ……………………………………………（163）
　　任務 6.3　幾種典型的領導理論 ……………………………………（169）
　　任務 6.4　團隊建設和領導用人藝術 ………………………………（178）

第 7 章　激　勵 ……………………………………………………（193）

　　任務 7.1　激勵概述 …………………………………………………（194）
　　任務 7.2　激勵理論 …………………………………………………（199）
　　任務 7.3　激勵職能的運用 …………………………………………（222）

第 8 章　控　制 ……………………………………………………（236）

　　任務 8.1　瞭解管理控制 ……………………………………………（237）
　　任務 8.2　控制的過程 ………………………………………………（242）

第 9 章　溝通與協調 ………………………………………………（250）

　　任務 9.1　溝通概述 …………………………………………………（251）
　　任務 9.2　溝通網路與溝通障礙分析 ………………………………（260）
　　任務 9.3　協調 ………………………………………………………（268）
　　任務 9.4　衝突協調 …………………………………………………（277）

第 10 章　創　新 ……………………………………………………（290）

　　任務 10.1　創新概述 …………………………………………………（291）
　　任務 10.2　技術創新 …………………………………………………（296）

參考文獻 ……………………………………………………………（308）

第 1 章 管理概述

▶ 學習目標

通過本章學習，學生應掌握管理的基本概念，熟悉管理的職能，瞭解管理者的類別，掌握管理者的素質及技能要求，並在平時學習和生活中有意識地鍛煉自己。

▶ 學習要求

知識要點	能力要求	相關知識
管理	在平時學習和生活中能進行自我管理	1. 管理的概念 2. 管理的性質 3. 管理的職能
管理者	在平時學習和生活中鍛煉自己成為合格的管理者	1. 管理者的類別 2. 管理者的素質 3. 管理者的技能 4. 管理者的角色
管理環境	能夠具體分析一個組織的內外部環境，並根據具體情況作出決策	1. 組織的外部環境 2. 組織的內部環境

案例導入

七個人分粥

有七個人住在一起,每天共喝一桶粥,顯然每天都不夠喝。爲了實現平等與利益兼顧,大家發揮聰明才智,嘗試了不同的方法。

嘗試一:大家輪流主持分粥,每人一天,機會均等。很快大家發現,誰分粥,誰的粥就最多。這樣雖然看起來平等了,但是每個人在一周中只有一天吃得特別飽並且有剩餘,其餘六天都得挨餓。

嘗試二:大家選舉一個令人信服的人主持分粥。開始時這位品德高尚的人還能公平分粥,但不久後他就開始爲那些溜須拍馬的人多分。果真是權力會導致腐敗。大家認爲不能放任這種墮落腐化的風氣盛行,於是重新尋找新思路。

嘗試三:選舉一個分粥委員會和一個監督委員會,形成監督和制約。這樣基本做到了公平。可是監督委員經常提出各種異議與批評,分粥委員會又據理力爭,分粥完畢時粥早就涼了。如果要充分發揮兩個委員會的作用,就得喝涼粥,這個方法也有所欠缺。

嘗試四:每個人輪流值日分粥,但是分粥的那個人最後領粥。在這種制度下,七只碗裡的粥每次都是一樣多,就像用儀器量過一樣。因爲每個分粥的人都認識到,如果七只碗裡的粥不相同,自己無疑將享用那份最少的。爲了不讓自己吃到最少的,每人都盡量分得平均,就算不平,也不會埋怨別人。

大家快快樂樂,和和氣氣,日子越過越好。

(資料來源:佚名.商學院案例:七個人分粥的故事 [EB/OL]. (2011-11-11) [2014-06-15]. http://mba.kaoyan.com/11/mba_369080.)

任務1.1 管　理

【學習目標】

掌握管理的基本概念,瞭解管理的性質,熟悉管理的職能。

【學習知識點】

1.1.1 管理的概念

管理活動自古以來就存在,甚至可以追溯到原始社會。在原始社會,人們使用石器,沒有能力單獨同自然作鬥争,只有依靠群衆的聯合力量共同勞動,才能獲得生活資料,戰勝猛獸和自然災害,求得生存。原始人自然地在狹小的範圍内組織起來,以生產資料公有、集體勞動、產品平均分配和血緣關係爲基礎,組成共同生產和生活的原始共同體，開始是原始群，後來發展爲氏族和部落。在原始共同體內，人們的勞動主要是簡單協作，也按性別、年齡自然分工。如青壯年男子負責狩獵、捕魚和抵禦猛獸等，婦女負責採集、製作食物和縫制衣服等。既然有了分工，共同體就需要對個人的活動作出安排，目的是爲了在實現組織的共同目標時人們的行動能協調一致，取得好效果。同時，共同體發現：如果有一個人來專門負責向別人分派工作，部署工作任務，解決意見分歧，以保證組織不斷實現共同目標，就能取得更好的效果，於是最年長的或最聰明、最能干的人便成了組織中最早的領袖，擔負起上述分派工作的任務。管理作爲一種活動，就是這樣出現的，它在人們爲實現共同目標而組織起來的過程中興起，又因有助於促進組織成員努力實現共同目標而成爲組織中必不可少的活動。在氏族制度下，每個氏族都有一定名稱以相互區別。同氏族成員必須相互援助和保護。成員死後，財產必須留在本氏族。氏族有共同的墓地、宗教節日和儀式。氏族領袖（酋長）負責處理氏族的公共事務，另有氏族的最高權力機關，稱爲氏族議事會。它是所有成年男女享有民主表決權的民主集會，決定氏族的一切重大問題，如：選舉或撤換領袖、討論生產活動組織安排等。

在人類進入奴隸社會（我國公元前21世紀的夏代）後，國家開始出現，奴隸主爲了維護其統治，設立了軍隊、法庭、監獄等暴力機構。自此以後，各朝代爲了適應統治者的政治軍事活動，都加強了中央和地方各級政府的管理，制定了許多管理國家的規章制度。

世界上一切文明古國，如埃及、巴比倫、希臘、羅馬等，早在幾千年前就對自己的國家進行了有效的管理，還建成了至今看來仍是十分巨大的建築工程——埃及的金字塔、中國的長城等，都可以證明在兩三千年前人類已能組織數萬人的勞動，歷時多年去完成經過科學設計和周密籌劃的宏偉工程，領導者的管理才能令人折服。

時至今日，人們爲從事政治、軍事、經濟、文化、教育等社會活動興建了無數的組織，包括政府機關、軍隊、企業、學校、醫院、政黨和群眾團體等。這些組織設立的目的不同，情況千差萬別，但毫無例外地都需要管理。管理是否恰當，在很大程度上決定着社會組織的興衰成敗。事實上，無論人們從事何種職業，他們都在不同程度上參與管理，如管理國家、管理某個組織、管理某項工作、管理家庭子女等。學習管理，以便做好管理工作，提高管理水平，就成爲人們的一種需要和願望。

【知識閱讀1-1】

管理你的消費者

面對新型互動模式，企業該如何有效地管理消費者？以下六點建議值得企業借鑒：①溝通。互動型消費者對選購品牌有很高的要求，他們不認爲前後矛盾或欠缺思考的溝通會被嘲笑。②瞭解購買背後的動機。在當今，促使消費者忠誠於某個品牌的力量非常重要。伴隨著品牌和消費者接觸次數急速增加，品牌和消費者的動機保持一致顯得極其重要。③發動官方社團活動。很多公司正在使用各種有趣的方式與消費者互動，關鍵在於，企業該把什麼托付給消費者，哪怕是最簡單的決定，消費者的參與都會收穫意想不到的效果。④增加可操作性。品牌應該公開邀請消費者，無論他們是稱讚還是抱怨。很多企業現在已經不再被動等待消費者投訴，它們會利用一些像博客、聊天室一樣的擴展程序直接和消費者討論並盡早處理對產品或服務的關註。⑤汲取教訓、保持開放的心態。市場悟性強的企業已經開始使用Facebook、Twitter等來消除影響，意見在那裡可以自由流動，無論善意還是惡意。⑥公平。消費者對企業意義重大，因為他們大量購入並可能獲得較低的單價。就算不是公司的大客戶，消費者仍然會推薦客戶、給予好評、提出建議等，這也值得嘉獎。

（資料來源：摘自《銷售與市場》管理版，2012.05，總第445期。）

所謂管理，是指通過與其他人的共同努力，有效率又有效果地把工作做好的過程。在該定義中，我們要註意把握這幾個詞：過程、效率和效果。

過程，是指管理者所執行的基本活動，具有計劃、組織、領導、控制等基本職能。

效率和效果所要回答的是"做什麼"和"怎麼做"的問題。所謂效率是指通過正確地做事，將投入轉換為產出。例如，在既定的投入條件下，如果獲得了更多的產出，那我們就說效率得到了提高。同樣，用較少的資源投入，獲得了相同的產出，我們說這也是提高了效率。既然管理者需要投入的資源如財力、人力、物力都是稀缺的，他們就會關註這些投入的有效使用問題。所以，管理關註的是資源成本最小化的問題。

對組織來說，僅有效率還遠遠不夠。管理還要關註既定目標的實現情況。在管理學中，我們稱為"效果"。所謂效果，是指做正確的事。對於一個組織來說，就是達到其既定目標。有效的管理既要關註目標的實現（效果），也要關註實現目標的效率。

1.1.2　管理的性質

1. 自然屬性與社會屬性

馬克思在《資本論》中提出了資本主義企業管理二重性原理："凡是直接生產過程具有社會結合過程的形態，而不是表現為獨立生產者的孤立勞動的地方，都必然會產生監督勞動和指揮勞動。不過它具有二重性。一方面，凡是有許多個人進行協作的勞動，過程的聯繫和統一都必然要表現在一個指揮的意志上，表現在各種與局部勞動無關而與工場全部活動有關的職能上，就像一個樂隊要有一個指揮一樣。這是一種生產勞動，是每一種結合的生產方式中必須進行的勞動。另一方面，——完全撇開商業部門不說，——凡是建立在作為直接生產者的勞動者和生產資料所有者之間的對立上的生產方式中，都必然會產生這種監督勞動。這種對立越嚴重，這種監督勞動所起的作用也就越大。"① 企業管理之所以具有二重性，從根本上說，是由於生產過程是生產力和生產關係的統一體。

---

① 馬克思. 資本論：第3卷 [M]. 北京：人民出版社, 1975：431.

2. 科學性與藝術性

管理工作有其客觀規律性，人們通過長期實踐，積累經驗，探索到這些規律性，按照其要求建立了一定的理論、原則、形式、方法和制度，形成了管理這門科學。就管理工作具有客觀規律性、必須按照客觀規律的要求辦事而言，管理是一門科學，而且已形成科學。但是，人們又從實踐中發現，管理工作很複雜，影響因素很多，管理學並不能為管理者提供解決一切管理問題的標準答案。管理學只是探索管理的一般規律，提出一般性的理論、原則、方法等，而這些理論、原則、方法的應用，要求管理者必須從實際出發，具體情況具體分析，充分發揮自己的創造性。從這個意義來說，管理是一種藝術。如果管理者把書本當教條，靠背誦原理來管理，肯定是要失敗的。

1.1.3　管理的職能

1. 計劃

計劃是為實現組織既定目標而對未來的行動進行規劃和安排的工作過程。在具體內容上，它包括組織目標的選擇和確立，選擇實現組織目標的方法，計劃原則的確立，計劃的編制，以及計劃的實施。計劃是全部管理職能中最基本的職能，也是實施其他管理職能的條件。計劃是一項科學性極強的管理活動。

2. 組織

為實現管理目標和計劃，就必須設計和維持一種職務結構，在這一結構裡，把為達到目標所必需的各種業務活動進行組合分類，把管理每一類業務活動所必需的職權授予主管這類工作人員，並規定上下左右的協調關係。為有效實現目標，還必須不斷對這個結構進行調整。這一過程即為組織。組織為管理工作提供了結構保證，它是進行人員管理、指導和領導、控制的前提。

3. 領導

領導職能是指領導者運用組織賦予的權力，組織、指揮、協調和監督下屬人員，完成領導任務的職責和功能。實施有效的領導，要求管理者在特定的領導情景下，利用自身優秀的素質，採用適當的方法，針對組織成員的需要及其行為特徵，採取一系列的措施去提高並維持組織成員的工作積極性，使之將能力充分地發揮出來。

4. 控制

控制是按既定目標和標準對組織的活動進行監督、檢查、發現偏差，採取糾正措施，使工作能按原定計劃進行，或適當調整計劃以達到預期目的。控制工作是一個延續不斷的、反覆發生的過程，其目的在於保證組織實際的活動及其成果同預期目標相一致。

5. 創新

組織、領導、控制是保證計劃目標實現所不可缺少的，從某種角度說，它們是管理的"維持職能"。其任務是保證系統按預定的方向和規則進行。但是管理的對象是在動態環境中生存的社會經濟系統，僅維持是不夠的，還必須不斷調整系統活動的內容和目標,以適應環境變化的要求——這就是管理的創新職能。所謂創新,就是使組織的作業和管理工作都不斷有所革新、有所變化。創新首先是一種思想以及在這種思想指導下的實踐,是一種原則以及在這種原則指導下的具體活動,是管理的一種基本職能。任何組織系統的任何管理工作無不包含在"維持"或"創新"中,維持和創新是管理的本質內容,有效的管理在於適度維持與適度創新的組合。創新主要包括目標創新、技術創新、制度創新、組織機構和結構創新、環境創新等內容。

【知識閱讀1-2】

大雪封了"京城"

2001年12月8日下午,北京下了一場大雪。管理交通的各個職能部門似乎都履行了自己的職責:專業的掃雪集團出動了,交警上街疏通交通,公交增加車輛,交通臺隨時報告路況。然而,當晚下班時間,城市交通還是發生了嚴重阻塞,行人花費了比平時多幾倍的時間才回到家裡,有些家遠的人連家都回不去了。

從管理的角度分析,為什麼城市交通應變能力這樣不盡如人意?

分析提示:此案例可以從職能部門對應變準備不足與各部門之間協調不夠去進行分析。北京的交通工具除公交外,還有地鐵、出租車等。所有的汽車沒有準備防滑設備,遇到立交橋、冰面、坡路,汽車無法上坡。出租車怕車擠路滑出事故,自己給自己放假了。當人們千辛萬苦趕到地鐵站時,地鐵卻準時下班了。總之,問題還是出在城市交通管理不善上。

(資料來源:黃煜峰,榮曉華.管理學[M].大連:東北財經大學出版社,2002.)

【學習實訓】 案例討論

下面是英美礦業集團首席執行官托尼·查漢的《在南非經商》演講中的一段:

"好的管理方法無論是在企業內部還是在國內、國際上都是至關重要的,在那些擁有完備的管理方法和行政標準的國家裡經商要容易得多,因此我們將支持推廣這些。

"我們這些在發展中國家經營的人都深切地體會到將社會、環境與經濟評估綜合到項目可行性研究中的必要性。每天我們面對的是一種對發展工作和基礎近乎絕望的迫切需要。這些需要對政府和商業,包括已經運營的和新投資的項目都有很大的挑戰。我們應該鼓勵並致力於吸引新的資金流入發展中國家,以拓展其商業基礎。非洲發展新夥伴關係(NEPAD)便是一個聯合發展的世界投資力量的很好的例子。

"當我們在津巴布韋經營時,人們總會問:'為什麼你們不從那個管理水平低下的國家撤出來呢?'

"對於跨國公司來說,是否並且怎樣在一個管理水平很低的國家經營是最大的難題之一。很多公司已經面對過這個問題了。那些在非洲有不愉快經驗的人認為,只要商業運作可行並有利,就應該繼續經營下去,支持員工並幫助社會應對政府低效所帶來的困難。我們應該將眼光放長遠,同我們的整個公司藍圖聯繫起來,而不是以季度或年來衡量，活出我們的價值。"

思考題：

1. 你是否讚成托尼·查漢"好的管理方法無論是在企業內部還是在國內、國際上都是至關重要的"這一觀點？

2. 看完上述這段話後，你有什麼感觸和想法？

（資料來源：王德中. 管理學學習指導書［M］. 成都：西南財經大學出版社，2006.）

【效果評價】

根據學生出勤、課堂討論發言及小組合作完成任務的情況進行評定。

任務 1.2 管 理 者

【學習目標】

讓學生認識管理者的類別，瞭解管理者必備的素質和技能，熟悉管理者所扮演的角色。

【學習知識點】

管理者在組織中工作，但不是說每一個在組織中工作的人都是管理者。為簡便起見，我們可以把組織內的所有成員分為兩類：作業人員和管理者。作業人員是指那些直接從事某些具體工作或任務，不負有責任去監督他人勞動的員工。管理者指的是在一個組織中直接督導他人工作的那些人。

管理者與作業人員的劃分不是絕對的。人們經常可以看到，管理者也在做一些作業人員的工作，例如學校校長在上課、醫院院長在看病、工廠廠長走訪用戶等。管理者這樣做並非壞事，它有利於管理者深入業務活動第一線，瞭解實際情況，並有利於與下屬之間的溝通和交流。但是管理者必須將所承擔的管理工作放在首位，不應當顧此失彼，因從事過多的具體作業工作而影響其管理工作。

1.2.1 管理者的類別

一個組織中的管理者可能有許多，我們可以對他們按照縱向和橫向來分類。

1. 管理者的縱向分類

縱向分類就是對管理者按所處管理層次來分類，可分為最高管理者、中層管理者和基層管理者。各層次是領導和被領導的關係，如圖 1-1 所示。

图.1-1 管理者的分類

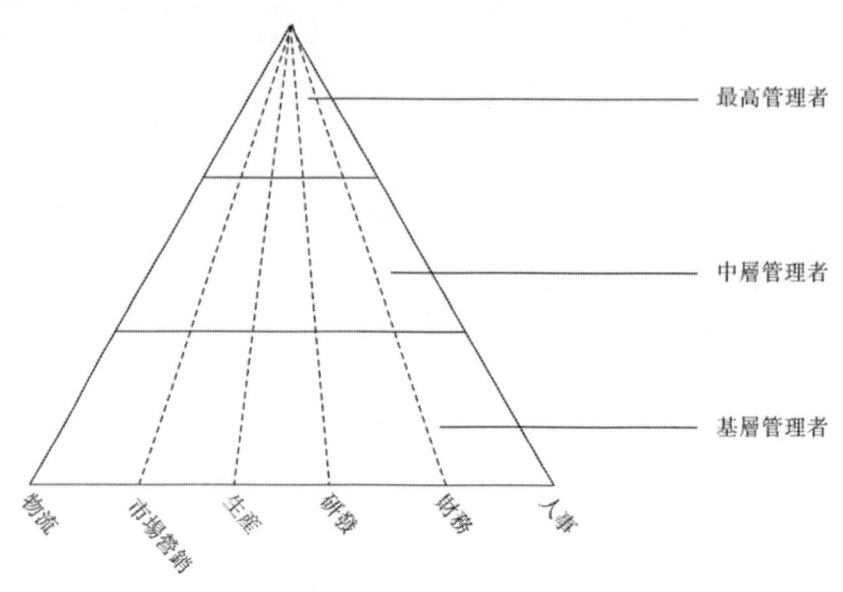

最高管理者是那些位居組織最高管理層、對整個組織負責的人員，如企業的董事會成員、總裁、副總裁及其他高級職員。他們的主要職責是制定組織的方針、目標、戰略和計劃，選拔和任用中層管理者，同中層管理者一道組織戰略和計劃的實施，對實施過程進行控制，並對整個組織的績效負責。在組織同外界的交往中，他們是組織的代表。

中層管理者是那些處於組織中間管理層的人員，如企業的地區經理、部門經理、工廠主任、科室主管等。他們分別領導若干基層管理者，又接受最高管理者的領導。他們的主要職責是，在所負責的業務範圍之內貫徹執行最高管理者作出的重大決策，選拔、任用、監督基層管理者，並對各自部門、單位的績效負責。

基層管理者是那些處於基層管理層、直接領導作業人員的管理者，如企業中的班組長、領班、工頭等。他們的主要職責是，貫徹執行中層管理者的指示，為下屬作業人員安排工作任務，直接指揮和監督現場業務活動，並對各自單位的績效負責。

雖然三個層次的管理者管理的範圍和職責各有不同，但都要履行管理者的各項職能。不過，不同層次的管理者在管理職能上會有所側重。最高管理者較其他管理者更側重計劃職能，主要因為他們負責確定組織的大政方針，而這需要大量的計劃工作。高、中層管理者對組織職能的重視要高於基層管理者，這是因為資源的分配和安排主要由他們負責。基層管理者更側重領導職能，因為他們面對作業人員，直接負責業務活動的進行，需要大量的指揮、指導、激勵等工作。控制職能在三個層次上受到同樣程度的重視，這反應了各層次一致強調對活動的監控和在必要時採取糾正措施。

2. 管理者的橫向分類

橫向分類是指按照管理者負責領域的性質來劃分，可分為職能型管理者、綜合型管理者和項目管理者。其特點是他們之間是平行的，不存在領導和被領導的關係。

職能型管理者是按專業化領域（一般稱為職能領域）劃分，主要管理該專業領域經過訓練而有專長的人員的管理者。圖1-1所列的市場行銷、生產、研發、財務、人事，就是工業企業一般都具有的職能領域，按這些領域分設部門，其負責人就是職能型管理者。

綜合型管理者是指對含有多種職能領域的整個組織或其下屬的某個單位負責的管理者。一家小公司通常只有一個綜合型管理者，即公司的首腦。但是目前許多大公司都按產品或地區分設若干分部（亦稱事業部），每個分部包含若干職能領域，從事相對獨立的生產經營活動，這些分部的領導者也是綜合型管理者。如公司下設若干工廠，工廠具有若干職能領域，則廠長也應稱為綜合型管理者。

項目管理者在航天航空及其他高科技企業中是很常見的。這些企業往往為特定產品的開發和生產設置項目組，集中有關職能領域的人員協作攻關，項目組的領導人就稱為項目管理者。項目管理者實際上也是綜合型管理者，只不過其負責的項目組織相對較上述分部、工廠乃至整個組織要小。

上述三類管理者都要履行管理的各項職能，不過有研究成果表明，職能型管理者因負責職能領域的不同而對管理的職能有所側重。人事部門主管側重計劃和領導職能，以利於與其他部門人員密切合作，協調跨部門的活動。財會部門主管也側重計劃，但因要保持財務數據的完整性，故更重視控制。生產部門主管則重視領導和控制，它們是管理生產活動必需的職能。

1.2.2 管理者的素質與技能

關於管理者的素質，中外學者做了大量研究，其中在現代管理學上產生重要影響的是西方學者關於智商和情商的研究。

智商是個人智力水平的數量化指標，反應一個人的智力程度，顯示一個人做事的本領。智商體現為人的理解和學習能力、判斷力、思維能力、記憶力和反應能力等，它在一定程度上受先天因素制約，但後天環境的影響對智商也有極大的影響。

情商也稱為"情感智力"，是一種理解、把握和運用自己及他人情緒的能力，具體包括：認識自身情緒的能力、妥善管理自身情緒的能力、自我激勵的能力、認知他人的能力、人際關係管理的能力以及面對各種考驗時保持平靜和樂觀心態的能力等。

西方學者認為，人生的成功不僅僅取決於智商，還同時取決於情商，這兩種素質是人才應同時具備的。對人一生事業影響最大的是情商而不是智商，情感智力的高低會直接影響個人智商的發揮。尼爾·M.格拉斯認為："人在社會上要取得成功，起主要作用的不是智力因素，而是情緒智能，前者占20%，後者占80%。"在美國，流行者這樣一句話："智商決定錄用，情商決定提升。"

綜合國內外學者的研究成果，我們認爲，一個優秀的管理者不僅應具備良好的素質，還應具備良好的技能。

1. 管理者應具備的素質

管理者應具備什麼樣的素質，一直是管理學家和各類組織的管理者共同關註的問題。實踐證明，有效的管理者應具備一定的品德素質、知識素質、心理素質、能力素質和身體素質。

1）品德素質

品德即道德品質，是一個人在依據一定的社會道德準則去行動時所表現出來的行爲特徵。品德是推動一個人行爲的主觀力量，它決定一個人工作的願望與熱情。盡管在不同的社會不同的時代，人們對道德的標準有不同的理解和要求，但把品德作爲選用人才的首要條件是所有社會和組織共同遵循的準則。

管理者應當具備的道德品質包括：有強烈的事業心和責任感，有勇於開拓的進取精神，有正直、誠實、公正的工作作風，謙虛謹慎，胸懷寬廣，勤奮好學，有鑽研精神等。

2）知識素質

知識是提高管理者智慧、才能的基礎。管理者應有一定的文化知識和自然科學知識，應有各自管理範圍內的專業知識和管理知識以及經濟學、社會學和心理學方面的知識。此外，還應具有合理的知識結構並善於把知識轉化爲能力。

3）心理素質

由於管理者所從事的管理工作具有一定的複雜性，因此管理者除了應具備一般的素質外，還要有敢於遭遇挫折、敢於承擔風險和勇於拼搏奮鬥的心理素質。此外，管理者還應具備敏銳的觀察力、深邃的理解力、良好的記憶力、豐富的想象力以及健康的情感、堅強的意志和良好的個性心理等素質。

4）能力素質

管理者的能力素質是指管理者把相關管理理論和知識應用於管理實踐，解決實際管理問題的能力。管理者的能力是管理者順利完成管理活動所必備的條件，包括管理經驗、運用知識的能力等多種因素。對管理者的能力要求主要包括：創造能力、創新能力、決策能力、應變能力、指揮能力、組織協調能力、溝通交流能力等。

5）身體素質

身體素質涉及人的身體健康狀況。良好的身體素質能使管理者勝任繁重的工作，同時，健康的身體又是管理者保持旺盛的精力和敏捷的思維的基礎。

2. 管理者的技能

我們已經認識到了所有的管理者——不分層級、不論規模大小，在某種程度上都要執行管理的職能。那麼這就存在一個重要的問題："什麼是與管理者的能力最相關的重要技能?"在20世紀70年代，管理研究專家羅伯特·卡爾茲試圖回答這個問題。卡爾茲和其他研究人員發現，管理者們必須擁有四項關鍵的管理技能。管理技能是指對於一個管理職位的成功起着至關重要作用的那些能力和行爲。這些技能可分爲兩大類：一類是管理者所必須擁有的一般技能，另一類是與管理成功密切相關的特殊技能。

1）一般技能

有效的管理者必須具備四種高水平的技能：理念技能、人際關係技能、技術性技能和政治技能。

理念技能是指分析和判斷複雜形勢的心智能力。這種能力可以幫助管理者將相關事件與作出有效的決策聯繫在一起。

人際關係技能是指管理者瞭解、指導、激勵與之相關的個體和團隊工作的能力。管理者既然要借助於其他人的努力合作才能完成工作或任務，就必須具備良好的人際關係技能以溝通、激勵、委派相關的人員。

技術性技能是指管理者應用專業性知識或經驗的能力。對於高層管理者而言，技術性技能通常是指管理者對有關產業知識、組織的運作流程以及產品的基本認識。對於中層和基層管理者來說，技術性技能是指在他們所工作的領域內所要具備的專業知識，如財務、人力資源、生產、計算機系統、法律、市場行銷等。

政治技能是指提高個體在組織中的職位，建立權力基礎並維繫社會關係方面的能力。組織是人們競奪資源的政治舞臺，擁有較高政治技能的管理者可以爲其所在的團隊爭獲更多的資源，而那些政治技能較差的管理者爲其所在團隊爭獲的資源就較少。政治技能可以使管理者得到更快和更高的提升。

2）特殊技能

研究表明，管理者有一半以上的績效貢獻應該歸於以下六種行爲能力。

對組織環境及資源的控制能力：它包括在現場決策、制訂計劃和分配工作過程中所表現出來的預知環境變化並預先作出行動準備的能力。這種技能還包括對具有明晰性、先進性以及精確知識性的組織目標進行基礎性資源決策的能力。

組織和協調工作能力：管理者圍繞任務內容進行組織，然後對各項任務中所存在的各種相互依賴的關係進行協調的能力。

信息處理能力：管理者通過信息與溝通進行問題辨別、瞭解變化的環境，並作出有效決策的能力。

提供成長和發展機會的能力：通過在工作中不斷加強學習，管理者不但要把握自身發展的機會，而且還要爲其員工的發展創造良機。

激勵員工和解決衝突的能力：管理者要不斷地強化對員工的激勵措施，以使他們有動力積極地開展工作，同時還要消除一切有可能妨礙員工積極性發揮的障礙。

解決戰略性問題的能力：管理者要對他們所制定的決策負責，同時要具備能讓下屬有效地響應其決策的能力。

1.2.3　管理者的角色

美國管理學者德魯克於 1955 年提出了"管理者的角色"這個概念，但在這個問題上最著名的研究是由加拿大管理學者明茨伯格於 20 世紀 60 年代末期進行的。

明茨伯格爲了弄清管理者的真正工作情況，他用每人一周的時間跟蹤五位最高管理者，並把他們的活動如實記錄下來。其結果是，他發現管理者的工作節奏很快，處理的問題很多，在每個問題上花費的時間很短，而且主要依靠口頭上的溝通（如使用電話或開短會）和有關人士的網路，而極少用正式的書面文件。這些都與對管理者的傳統看法完全不同。長期以來，人們常認爲管理者都是深思熟慮的思考者，總是在一個安靜的環境中認真細緻地處理來自多方面的信息，然後作出決策。

明茨伯格利用他的記錄，將管理者的活動分類歸組，提出管理者的角色可以劃分爲三種類型和十種具體角色，如表 1-1 所示。

表 1-1　　　　　　　　　　　明茨伯格的管理者角色

	角色	描述	可被辨識的活動
人際關係	掛名者	象徵性的首腦；必須擔任許多法定的或社會性的例行職務	禮節性接待訪客；簽署法律文件
人際關係	領導人	負責對下屬進行激勵和鼓勵；負責人事、培訓和其他輔助性事務	切實執行有下屬參與的所有活動
人際關係	聯絡人	與那些能爲組織提供實惠和信息的外部聯絡人維持一種自我發展式的網路聯繫	回復來函；外部董事會的工作；執行其他一些外事活動
信息	信息搜集人	搜集並接收各種專門信息（其中許多是最新資信），以便對組織和環境有徹底瞭解；成爲組織中内部和外部信息的神經中樞	閱讀期刊和報告；保持個人聯繫
信息	信息傳達人	將其他員工從組織以外搜集到的信息傳播給組織的其他成員；有些是即時資信，有些是會對組織產生影響力的各種不同價值觀的解釋和意見綜合	主持信息搜集會議；即時召開資信電話會議
信息	發言人	將組織的計劃、政策、行動、結果等信息傳遞給組織以外的人；擔當組織中的產業專家角色	舉行對外發布會；向媒介傳遞信息
決策	企業家	審視組織發展及其環境變化中的機會，制定"改進性方案"以求變革；對某些既定方案的設計進行監督	發起新項目開發的戰略性和審核性會議
決策	危機處理者	在組織遭遇重大的突發性事件時，負責採取正確的補救行動	主持突發性和危機事件的戰略性、審核性會議
決策	資源分配者	負責對組織的各種資源進行有效分配，對組織所有的重大決定進行判斷或評估	安排進程；要求授權；執行其他預算編制以及安排下屬工作等活動
決策	談判者	代表組織負責主要的談判工作	參加工會合同談判，或參與與供應商的談判工作

本表摘自：斯蒂芬·P. 羅賓斯，大衛·A. 德森佐. 管理學 [M]. 毛蘊詩，主譯. 大連：東北財經大學出版社，2005：8.

【知識閱讀1-3】
管理者每天把握的是什麽

在"21世紀國際企業家上海論壇"上，近10年中從危機四伏一躍而成爲世界500強企業的英國宇航集團董事會主席理查德·埃文斯格外引人註意。記者對他進行了採訪。

問：作爲世界500強之一的集團首腦，您每一天首先要把握的是什麽？

答：是員工，是員工的能量釋放。只要最大化地釋放、明智地使用了員工的能量，就一定能獲得滿意的結果。員工比客戶更重要。

問：您領導的宇航集團，用"標準化"文化建立企業文化，這與員工創新性的發揮矛盾嗎？

答：在一個企業只能有一種文化，因爲集團股票在股市上的價值只有一種。要把幾千幾萬員工融入企業，那麼建立一種先進的、適合本企業的"標準化"文化，是發揮員工主動性和創造性的基礎和保證。

問：大企業内部如何實現有效溝通？

答：在超大型企業內部，因爲機構龐大，所以往往溝通困難。英國宇航集團有10萬多員工，過去從首席執行官到最基層員工中間隔着27個層次，現在簡化爲僅3個層次。溝通是雙向的，不能只註重"從上而下"，對從"從下而上"的聲音卻不予瞭解。對下面來的信息，各級經理不僅要聽，更要及時作出反饋，否則企業文化價值無從實現。

（資料來源：黃強，熊能．[N]．2001-03-30．)

【學習實訓】 管理遊戲——看不見與說不清

- 遊戲程序
  - 三名學員扮演工人，被蒙住雙眼，被帶到一個陌生的地方；
  - 兩名學員扮演經理；
  - 一名學員扮演總裁。
- 遊戲規則
  - 工人可以講話，但什麼也看不見；
  - 經理可以看，可以行動，但不能講話；
  - 總裁能看，能講話，也能指揮行動，但卻被許多無關緊要的瑣事纏住，無法脫身（他要在規定時間內做許多與目標不相關的事）；
  - 所有的角色需要共同努力，才能完成遊戲的最終目標——把工人轉移到安全的地方去。
- 遊戲準備
  - 6名同學爲一小組；
  - 不同角色的説明書以及任務説明書。
    - 注意事項
  - 任務説明書可以由老師根據情況設計，或者要求學生事先進行相關準備；

- 關鍵是遊戲中總裁要有許多瑣事纏身。
● 遊戲總結
  - 遊戲結束以後，向學員講解遊戲的意義——企業上下級的溝通是重要的。
  - 遊戲完全根據企業現實狀況而設計，總裁並不能指揮一切，他只能通過經理來實現企業正常運轉。
  - 經理的作用極為重要，他要上傳下達；而工人最需要的是理解和溝通。
  - 這個遊戲讓要讓學生深刻地認識到，以後在工作中遇到問題，一定要以"角色轉換"的心態來對待。

【效果評價】

根據學生出勤、課堂討論發言及小組合作完成任務的情況進行評定。

任務1.3　管理環境

【學習目標】

瞭解組織內外部環境的概念及所包含的因素，理解組織內外部環境對管理的影響，能夠具體分析一個組織的內外部環境。

【學習知識點】

西方的權變理論突出強調世界上根本不存在適用於一切情況的管理的"最好方式"，管理的形式和方法必須根據組織的內外部情況來靈活選用，並隨著情況的變化而調整。因此，組織的內外部情況成了對管理者的一種約束力量。他們在進行管理時，應當對組織面臨的情況做好調查研究和分析預測，然後從實際出發選用適當的管理形式和方法，才能獲得較好的效果。從這個觀點出發，我們將組織的內外部情況統稱為環境，並分為內部環境和外部環境。

1.3.1　組織的外部環境

1. 組織外部環境對管理的影響

最先提出組織的外部環境問題並強調其重要性的是西方的系統學派。這個學派按照系統論的觀點，將一切社會組織都看作開放系統，即他們總是存在於比他們更大的系統即外部環境中，而且同外部環境進行着物質、能量和信息的交換。沒有這樣的交換，組織將無法生存和發展。

例如，一家工業企業要進行生產活動，必須先從外部獲得必要的各類資源（勞動力、原材料、機器設備、資金、信息等）；產品生產出來後，必須在市場銷售出去，收回貨款，才能進行再生產；在生產銷售這些經濟活動中，它要同許多其他組織或個人（顧客、用戶、供應商、金融機構等）建立各種各樣的聯繫，還會在市場上同其他企業進行競爭；要服從所在國家政府的管理和社會公衆的監督，受國內外經濟、技術和文化的影響。所有這些存在於組織外部的、對企業活動和績效產生影響的因素或力量，統稱爲企業的外部環境。

對組織來說，外部環境不可控制，所以企業必須適應外部環境的要求來開展活動和進行管理，才能保障自身的生存和發展。要使產品有競爭力，就必須"以銷定產""按需生產"，而且質優價廉，交貨及時，服務周到。要樹立良好的社會形象，就要開拓創新，取得優良業績並遵紀守法，履行社會責任。目前，經濟全球化已成大趨勢，要開展國際化經營，就必須經過細緻周密的調查研究，摸清東道國的政治、文化經濟、技術等背景。

組織存在於外部環境中，又依賴於外部環境，這就很自然地使外部環境成爲對管理者的一個強大的約束力量。外部環境對管理的影響有：

1）外部環境可能給組織的發展帶來機遇

例如，企業可能正處於國家確定的主導或支柱產業中，或者國家的經濟正在迅速發展。管理者要抓住這些機遇，促進組織加快發展。

2）外部環境爲組織帶來規範或約束

例如，國家頒布的方針政策、法律法規、制度、決定等，都是一切組織必須遵守和執行而不可違反的，對管理起着規範和約束的作用。

3）外部環境可能給組織發展帶來挑戰或威脅

例如，企業所在的產業已被國家確定爲限制發展或逐步淘汰的產業，國家經濟出現衰退或危機等，管理者應盡快設法迎接挑戰或避開危機。

4）組織的管理形式和方法必須適應外部環境的要求

這正是權變理論的基本點。例如，企業外部環境比較穩定時，可採用機械型結構；外部環境極不穩定，應採用有機型結構。

此外還需說明的是，一方面組織必須適應外部環境，另一方面組織也可在一定情況下影響環境。世界各國工業化的發展帶來了嚴重的環境污染，破壞了生態環境，這就是一例，這個問題已經引起全球的重視。組織與環境之間是一種"雙向的互動關係"，要求管理者既適應環境的要求，又對外部環境施加積極的、建設性的影響。在這兩個方面中，前者是主要的。

2. 組織外部環境的構成

對組織活動有重要影響的因素可能來自於不同的層面。根據環境因素對相關組織都產生影響還是僅對特定組織產生影響，可將組織外部環境劃分爲一般環境和特定環境。

1）組織的一般環境

組織的一般環境又稱宏觀環境，是指在國家和地區範圍內對一切產業部門和企業都將產生影響的各種因素或力量，它們是企業無力控制而只能去適應的。但在某些情況下，企業也可以施加一定的影響。一般環境對產業和企業的影響主要可分爲兩類：一是爲它們的發展提供機會；二是對它們的發展實施威脅。企業管理者必須對一般環境進行深入調研，以便發現未來的機會和威脅，進而採取相應的對策。企業的一般環境可分爲政治法律、社會文化、經濟、技術、自然等環境。

(1) 政治法律環境

實行市場經濟體制的國家，其政府仍然要干預經濟，對市場經濟實行宏觀調控。所謂政治法律因素，就是指政府採用方針政策、法律法規、計劃、決定等手段，從宏觀上調控經濟的行爲。它對各個產業和企業都有很大的影響，有的起鼓勵、支持的作用（這就是企業可利用的機會），有的則起約束、限制的作用（這就是企業應設法避開的威脅）。管理者主要要瞭解組織所在國家政府目前禁止做什麼，鼓勵做什麼，使組織活動符合社會利益並受政府的保護和支持。例如，我國頒布實施了許多法律法規，如《公司法》《勞基法》《消費者權益保護法》《產權法》等，管理者應充分瞭解。

(2) 社會文化環境

這個因素主要包括人口統計方面的因素和文化方面的因素。前者有人口自然增長率、平均壽命測算、人口的年齡結構、性別結構、教育程度結構、民族結構、地域結構等。後者有人們的價值觀念、工作態度、消費傾向、風俗習慣、倫理道德等。不同年齡、性別、不同教育程度、不同民族的人口在消費需求上各有特點，消費品市場常常就按年齡、性別等特徵來細分，產業部門和企業通過人口結構的研究，才能預測各類人口需求的變化。我國已進入"老齡化"國家行列，可以預料，爲老年人服務的消費品市場和相關產業將會有較大的增長。中國人口大部分仍在農村，國家正採取多項措施提高農民的收入水平，因此，注意研究農民需要的生產資料和消費品，努力開拓農村市場，是經濟發展新的增長點。

在文化因素方面，人們的價值觀念、工作態度對企業的人事管理會產生廣泛影響。他們的消費傾向和風俗習慣更直接影響市場需求。中國過去人們的生活水平不高，消費傾向單一。以服裝而言，無論是男女老少，其樣式、顏色標準化，服裝製造業組織大批量生產，不愁產品賣不掉。現在人們生活水平提高了，消費傾向呈現多樣化，服裝的款式、色彩、材料等豐富多彩，服裝製造業要按市場需求多品種小批量生產，而且要大力促銷。這樣的變化在飲食、住房、家具及其他用具上也可見到。飲食上，過去認爲大魚大肉就是吃得好，現在講究健康飲食，人們還專門吃粗糧。

對於從事國際經營的企業，除要研究本國的社會文化因素外，還需研究東道國的社會文化因素，其中主要是人口增長情況、人口結構、價值觀念、消費傾向、風俗習慣等。特別是文化差異較大的國家，要小心謹慎，要多作調研。現在許多跨國經營公司聘用東道國的人充當駐該國的代理人，正是爲了便於處理文化差異帶來的問題。

(3) 經濟環境

經濟環境是影響組織尤其是盈利性組織活動的重要因素。經濟環境包括宏觀經濟環境和微觀經濟環境。

①宏觀經濟環境。宏觀經濟環境主要指國民經濟收入、國民/國内生產總值及其變化以及通過這些指標所反應的國民經濟發展水平和速度。宏觀經濟繁榮，會促進企業的生存和發展，而蕭條衰退的經濟形勢則會給企業的生存和發展帶來困難。

用數字來衡量一國經濟生產與收入的整體狀況稱爲國民收入核算。在國民收入核算中，最重要的概念是國内生產總值（GDP），它是指一個國家在一定時期内（一般是一年）所生產的最終產品的市場價值的總和。國民生產總值（GNP）着眼於國民原則，只要是常住居民（本國公民和常住本國但未加入本國國籍的居民）生產的最終產品和勞務價值，都要列入本國的國民生產總值。而國内生產總值（GDP）則根據領土原則計算，只要是本國或本地區範圍内生產的最終產品和勞務，都要計算產值。一般來說發達國家輸出資本和技術，大量利潤從國外匯入國内，GNP 大於 GDP。從經濟發展能力角度分析，GDP 更能反應一個國家或地區的實際生產水平，它反應了一個國家整體經濟的規模和狀況。而人均國内生產總值（人均 GDP）則是按人口平均一定時期内所生產的最終產品和勞務的價值，它反應了一國的富裕程度。世界銀行在比較各國的總體經濟狀況與規模時用 GDP 作爲評價指標排序，在比較各國的富裕程度時用人均 GDP 排序。

②微觀經濟環境。微觀經濟環境主要指企業所在地區或所服務地區的消費者收入水平、消費偏好、儲蓄、就業等因素。從宏觀角度來看，個人收入是國民收入中減去公司未分配給股東的利潤，加上政府向居民支付的利息；從微觀的角度看，則是居民從各種來源所獲得的總收入，包括個人的工資、獎金、其他勞動收入、退休金、助學金、紅利、饋贈和財產出租收入等。個人可支配收入是從個人收入中扣除直接繳納的各項稅款和非稅性負擔後的餘額。個人可支配收入可以用作儲蓄和消費支出，是衡量購買力水平的重要指標。如果其他條件不變，一個地區的就業越充分，收入水平越高，則該地區的購買力就越強，對某些產品或服務的需求就越大。

除了直接的生產經營活動外，一個地區經濟收入水平對經濟組織的其他活動以及非經濟組織的活動也有重要影響。例如，在温飽問題没有解決以前，居民很難去主動關心環保問題，組織的環保行爲就相對受到忽略。

（4）技術環境

當代社會的科學技術日新月異，新產品、新技術層出不窮。它們主要從兩方面影響產業和企業。一是使產品的更新換代速度空前提高，某種新產品問世可能立即淘汰另一種產品而使某些企業破產；二是新技術的開發和利用，使企業的產量增長，質量提高，材料節約，成本下降，從而贏得競爭優勢。正由於此，許多成功的企業都非常重視科技研究開發，其中有些企業的研究開發經費甚至會占到銷售額的 10%左右。

一切企業都要關注科技創新，廣泛收集資料，爭取先人一步將有價值的信息和成果利用起來，開發新產品和新技術。應收集的信息中應包括競爭對手所進行的研究開發，便於採取必要的對策。同一科技成果，誰能搶先利用，誰就抓住了機會並對他人形成威脅；反之，如不瞭解或不利用，就將錯失機會，一旦他人用了，即形成對自己的威脅。

（5）自然環境

這是指企業所在地區的自然環境，主要包括地理位置、地形地貌、氣候條件、大氣質量、水資源條件、交通運輸條件等。這些因素對企業生產發展和職工生活都有很大影響，是企業在選擇廠址時應認真考察的問題，而一旦定下來，企業就有加以改善和保護的責任，不應讓它受到污染或破壞。

這個因素的最大特點是比較穩定，不像其他四個因素那樣複雜多變。但變化緩慢不等於沒有變化，隨著國家生產建設的發展、環境保護政策和可持續發展戰略的實施，企業周圍和鄰近地區的自然環境也在變化，所以還是應當加以研究。

在分述了一般環境的五個因素後，還需說明以下幾點：

①這些因素相互聯繫，如政治法律因素中的方針政策和法律法規，就同其他因素相互交錯。

②對不同類型的組織而言，這些因素的重要性有所不同。上文在論述中均以企業為例，由於企業是經濟組織，對它來說，經濟因素顯然最重要。對學校和科研機構來說，可能社會文化因素和技術因素更為重要。

③同一因素對不同的產業而言，其重要性有所不同。如社會文化因素中的人口結構、消費傾向等，對於消費品工業來說顯然比對重工業更重要。又如有些產業技術進步很快，另一些產業技術進步卻相對緩慢，技術因素的重要性就有差別。

④這些因素影響著產業和企業。站在企業的角度，就必須把對一般環境的研究同對特定環境的研究結合起來，進行綜合分析，以便作出適當的管理決策。

2）組織的特定環境

組織的特定環境又稱產業環境，指從產業角度看，同企業有密切關係、對企業有直接影響的各種因素和力量。他們也是企業無力控制而只能適應的，企業只能在某些情況下對他們施加一定的影響。企業研究特定環境的目的在於從產業角度瞭解、分析企業有哪些機會和威脅，所在產業的發展前景如何，企業的競爭地位如何，從而採取相應的對策。

企業的特定環境包括顧客、物資供應商、勞動力市場、金融機構、競爭對手、政府機關、社會公眾等。

（1）顧客

這是指購買企業產品或服務的那些人或組織，他們的需要是企業存在的理由，代表了企業的產品市場。失去了顧客，企業必然要破產。因此，每個企業應細心研究顧客的需求，傾聽顧客的意見，提高產品質量，做好售後服務工作，讓顧客滿意，爭取更多的顧客。有條件的企業可以通過開發新產品來引導消費。

（2）供應商

這是指企業生產所需物質資源（包括原材料、機器設備、工具儀表等）的供應者。他們供應企業的物資質量、價格如何以及能否穩定供應，對企業生產經營活動能否順利進行及其經營績效都有直接影響。因此，企業常設有專職採購部門，慎選供應商，訂好供應合同，與供應商保持良好關係。

（3）競爭對手

這主要是指正在提供或有可能提供與本企業相同或可相互替代的產品或服務的其他組織。他們同本企業爭奪同一產品市場，對本企業形成直接威脅，因而成爲特定環境中一個重要因素，千萬不可忽視，否則會付出沉重代價。隨著經濟全球化進程不斷推進，國際國內競爭更加激烈，每個企業都需要弄清楚在國內外市場上的競爭對手，仔細研究他們的動向，並及時採取相應的對策。

（4）勞動力市場

勞動力市場是企業生產經營活動所需新增勞動力的補充來源。勞動力市場供給企業的勞動力的數量、質量和約定的勞動報酬，對企業生產經營活動能否順利進行及人工成本高低具有直接影響。中國勞動力資源豐富，但勞動者素質普遍不高，難以適應現代科技革命和經濟發展的需要。因此，政府採取了多種措施加強勞動者的就業前培訓。企業在招收新職工之後也應繼續加強培訓，充分開發人力資源。

（5）金融機構

這裡包括商業銀行、投資公司、保險公司、各種基金會等，它們是企業生產經營活動所需借入資金的來源。企業的自有資金包括股東繳納的資本金以及公積金、留存利潤等，往往不能完全滿足經營活動的需要，尚需借入資金，這就得依靠金融機構提供；而它們是否願意提供及提供的條件（如數量、期限、利率、寬限期等）如何，對企業經營活動能否順利進行及經營業績具有直接影響。所以企業都很注意經營同金融機構的關係，以便能以較優惠的條件及時獲得所需的借入資金。

（6）政府機關

各國政府爲調控宏觀經濟、規範市場經濟的發展，除了制定方針政策、法律法規之外，還專設一些機構對企業進行指導、服務和檢查監督，這就是企業特定環境中的政府機關。中國與企業有關的政府機關主要有工商行政管理局、質量技術監督局、稅務局、勞動局、公安局、衛生局、海關等。企業必須按照國家有關規定，接受政府機關的指導、檢查和監督，搞好同政府機關的關係，爭取政府機關的支持。

（7）社會公衆

這裡包括報紙、電視臺、廣播電臺等新聞單位，協會、環境保護組織、野生動物保護組織等相關組織。它們是社會輿論的傳播者和鼓動者，可以爲企業服務，也給企業帶來壓力。輿論監督已成爲現代社會重要的監督力量。因此，企業要重視同社會公衆的關係，同他們合作，對他們充分信賴，與他們保持經常聯繫。

以上是以企業爲例說明組織的特定環境。對於其他類型的組織，也可作相似的分析。例如學校，它的服務對象是學生和用人單位，這可視爲它的顧客；辦學需要人力、物力、財力資源的投入，所以也有各類資源的供應者，比較特殊的有教材和各類教學資料及用具的供應商；爲了推進高等學校後勤服務社會化，各商業銀行也向各高校貸款；各級各類學校之間事實上也存在競爭關係，所以也有各自的競爭對手；政府機關中與學校關係密切的有教育行政部門和公安、衛生等部門；社會公衆對學校也有直接影響，學校也要接受新聞輿論的監督。

對於從事國際經營的企業或其他組織來說，除了研究本國的產業環境之外，還需研究東道國所在產業的環境。例如某企業在國外辦廠，就需認真研究東道國的顧客、供應商、競爭對手、政府機關、社會公眾等；如在該國生產的產品還需銷往第三國，那就需要再研究第三國的特定環境因素。只有深入瞭解企業的外部環境，企業才有成功的希望。

3. 組織外部環境的不確定性

組織對其外部環境進行調研時，常遇到的困擾是外部環境具有不確定性。所謂不確定性，是指對外部環境未來的發展變化及其對組織的影響不可能準確地加以預測和評估。不確定性意味着風險。各類組織面臨的外部環境其不確定性的程度是不同的。不確定性的程度取決於兩個主要因素：複雜性和動態性。

外部環境的複雜性，是指該環境所含因素的多少和它們的相似程度。如所含因素不多，比較相似，就稱爲同質環境；如因素很多，又各不相似，則稱爲異質環境。

外部環境的動態性，是指環境所含因素發展變化的速度及其可預測性。如變化速度不算快，較易於預測，就稱爲穩定環境；如變化迅速，難於預測，就稱爲不穩定的環境。

按照複雜性和動態性的不同，可得出不確定性的四象限矩陣，見表1-2。

表1-2　　　　　　　　　　　　環境不確定性矩陣

		動態性	
		穩定	不穩定
複雜性	同質	單元1：低不確定性 環境因素少且變化緩慢 易於預測	單元3：較高不確定性 環境因素少 因素變化快，不穩定 變化難於預測
	異質	單元2：較低不確定性 環境因素多， 因素相對穩定，變化緩慢 變化易於預測	單元4：高不確定性 環境因素多， 因素變化快，不穩定 變化難於預測

表1-2中的單元1，外部環境的複雜性和動態性都低，其不確定性的程度最低。如普通中學的情況即如此，對其服務的需求既相似又穩定。單元2中，動態性低而複雜性高，其不確定性程度較低。如保險公司，要爲顧客多樣化的需求服務，因素較多，但這些因素的變化相當緩慢，較易預測。單元3中，動態性高而複雜性低，其不確定性程度較高。如婦女服飾商店，其顧客屬於同質的細分市場，但時裝流行趨勢變化很快。單元4中，外部環境複雜性和動態性都高，其不確定性程度最高。如計算機軟件公司的外部環境影響因素多（如顧客來源廣、數量大、要求各不相同、技術進步很快、競爭異常激烈等），不同質，變化快，難預測。

必須說明，產業或企業外部環境的不確定性程度在不同時期還會發生變化。一般說來，二戰後，由於社會生產力提高，科技進步，企業規模擴大，市場問題尖銳化，競爭異常激烈，企業外部環境的不確定性較之二戰前大大增加了。美國的汽車製造公司在20世紀五六十年代都還能較準確地預測次年的銷售額和利潤，但從70年代中期起，由於石油價格上漲，外國競爭者進入，政府安全規章和排氣法令嚴格執行，他們發現自己的外部環境已很不穩定。可以預料，經濟全球化將帶來全球性的激烈競爭，企業外部環境的不確定性程度還將繼續上升。

外部環境的不確定性給各類組織的管理都帶來了困難，而且會削弱其管理對組織績效的影響。例如表1-2中，管理的影響作用在單元1中最大，而在單元4中最小。假如可以自由選擇，則管理者都願意在單元1那樣的外部環境中經營，但他們卻極少能這樣選擇。不過，利益回報與承擔風險正相關，所以在高度不確定性的外部環境中實際蘊藏着豐富的機會，等待着敢冒風險的管理者去發掘。

不過怎樣，管理者都應當經常對外部環境進行調研，對不確定性進行分析，在力所能及的範圍內降低不確定性的程度，並制定出應對的權變措施。

1.3.2 組織的內部環境

1. 組織內部環境的構成

組織的內部環境又稱為內部條件或狀況，是指存在於組織內部的、對其管理及績效有直接影響的因素。它同組織的外部環境一樣，都是對管理者的一種約束力量；但它又與外部環境不同，由於諸因素存在於組織內部，所以是組織所能控制的。

對於組織內部環境包含哪些因素，至今尚無統一看法。我們認為，這需要從組織的含義說起。作為名詞使用的組織，意指組織體，如工商企業、政府機關、學校、醫院、群眾團體等，它們都是由兩個以上的人在一起工作以達到共同目標而協作（共同）勞動的群體。這是對組織最一般的理解。

系統學派的創立人巴納德將"組織"定義為："將兩個或多於兩個人的力量和活動加以有意識的協調的系統。"他在這裡強調了"有意識的協調"，是因為作為組織成員的工人目標同組織目標不一定協調，勢必影響其為實現共同目標而努力的自覺性。有意識的協調就是要使組織的成員有協作的意願，認同組織的共同目標，自覺地將個人目標同組織目標協調一致起來；組織則盡可能提高其成員個人目標的滿足程度，確保成員做出貢獻，以實現組織目標。

將對組織的一般理解同巴納德的定義結合起來，可以認為組織是由若干有協作意願的人聚合起來，以實現共同目標的勞動群體。由此可推論出組織內部包含三個基本因素：使命、資源、文化。它們就是對管理者起約束作用的組織內部環境。

首先是使命，即組織對社會承擔的責任、任務以及自願為社會做出的貢獻。使命決定了組織存在的價值，又是劃分組織類別的依據。人們為什麼要聚合在一起，從事協作勞動？是為了實現共同的目標。如沒有共同目標，人們就不需要聚合；即使勉強聚合，也是一盤散沙。而共同的目標卻是從組織的使命衍生出來的，是其使命的延伸和具體表現。

其次是資源。其中最重要的是人力資源，即組成組織的人員。這些人要從事協作勞動以完成共同目標，還需要物力、財力、技術、信息等資源。組織的活動過程也就是人力資源去獲得和利用其他各種資源的過程。利用的效果如何，就直接決定共同目標能否實現。

最後是文化。組織文化是指組織內部全體人員共有的價值觀、信念和行為標準的體系，它是在20世紀80年代才開始受到重視的。組織要使其成員有協作的意願，認同組織的共同目標，自覺地將個人目標同組織目標協調起來，需要做許多工作，其中塑造和落實組織文化是非常重要的。

上述三個因素對組織的管理者都是有力的約束力量，管理者在選擇管理形式和方法時，必須考慮它們的影響。在這三者中，使命和文化是相對穩定和持久的，資源狀況則經常在變化，所以管理者在作出目標、計劃、戰略等方面的決策時，除了對外部環境進行調研外，還需對資源狀況作調研，並同競爭對手相比較，發現組織自身的優勢和劣勢。

下面將分別對組織的使命和資源進行分析，並考察它們對管理的影響。至於組織文化，將在後面章節進行研究。

2. 組織的使命

一切社會組織都有（或應當明確）其使命。使命表明組織存在的價值，它是指導和規範組織全部活動的依據。組織的一切活動都必須服從和服務於它的使命。

【小資料】 組織使命示例

- 福特公司："使汽車大眾化。"
- 迪斯尼公司："把快樂帶給千萬人。"
- 索尼公司："體驗發展技術造福大眾的快樂。"
- 微軟公司："永創一流。"
- 摩托羅拉公司："讓顧客完全滿意。"
- 麥肯錫公司："幫助傑出的公司和政府更為成功。"
- 沃爾瑪公司："給普通百姓提供機會，使他們能買到與富人一樣的東西。"

上述各組織的使命表述各異，究其實質，都是用簡明文字來說明該組織的特定責任或任務，以及自願為社會作出的貢獻。特定的責任或任務表明組織作為一個獨立的個體，有其獨立存在的價值。為社會做的貢獻則表明組織同時又是社會中的一個單位，理應對社會作出承諾，並把它確立為自己的理想或抱負。這二者又是相互聯繫的，表述時可有所側重，但作為使命，必須兼顧二者。

使命不僅表明組織存在的價值，而且是確定組織性質、劃分組織類別的依據。例如學校的使命是培養人才，所以其性質是教育組織；醫院的使命是救死扶傷，所以其性質是衛生組織。工商企業的使命由各企業自提，有很大的差異性，如深入瞭解，仍可看出他們是從事經濟活動並在經濟方面為社會做貢獻，所以其性質是經濟組織。

　　組織的使命對管理有很大影響。使命不同，組織的性質、類別、責任、任務就不同，組織從事的業務活動也就不同，因此，其管理就有很大差別。例如在計劃職能方面，無論是目標的提出或計劃、戰略的制訂，在內容、形式和方法上，各類組織都是不同的。工商企業屬於營利性組織，其目標主要是追求經濟效益，兼顧社會效益；政府機關、學校、醫院等則屬於非營利性組織，其目標主要追講求社會效益。他們目標上的差異來自不同的使命。又如組織職能，各類組織因使命不同，所從事的業務活動不同，其設置的組織結構、職務、崗位等就大不相同，各機構、職務、崗位的職責和職權以及分工協作關係、信息溝通關係等就更不一樣。學校、醫院等組織是無法照搬企業的組織結構的，但如企業內部設有學校和醫院，他們的組織結構可能與一般的學校和醫院相似。

　　3. 組織的資源

　　組織為了進行業務活動，實現其使命和目標，必須有各類資源，其中主要的有：

　　(1) 人力資源

　　人力資源包括人員的數量、素質和使用狀況。人力資源分析的具體內容有各類人員的數量、技術水平、知識結構、能力結構、年齡結構、專業結構，各類人員的配備情況、合理使用情況，各類人員的學習能力及培訓情況，企業員工管理制度分析等。

　　(2) 物力資源

　　物力資源包括各種有形資產。物力資源分析就是要研究企業生產經營活動需要的物質條件的擁有狀況以及利用程度。如在工業企業中，就包括各類勞動手段和勞動對象，如機器設備、工具、儀表、運輸設備、能源、原材料等；還包括必要的勞動的條件，如土地、廠房、建築物等。各類勞動手段要適應工作需要，其能力要被充分利用；各類勞動對象則要求在品種、質量、數量上能適應生產，保證供應。

　　(3) 財力資源

　　財力資源是一種能夠獲取和改善企業其他資源的資源，對財力資源的管理是企業管理最重要的內容之一。財力資源分析內容包括企業資金的擁有情況、構成情況、籌措渠道和利用情況，具體包括財務管理分析、財務比率分析、經濟效益分析等。

　　(4) 技術資源

　　技術的含義很廣，這裡是指工業企業擁有的技術裝備、員工的知識技術、工作技能、技術訣竅、技術創新能力等，它是同人力、物力資源緊密結合的。當今科學技術日新月異，通過技術培訓、技術改造、技術引進等方式掌握更多的高新技術資源，對於企業贏得競爭優勢，有着十分重要的意義。

　　(5) 信息資源

　　世界已開始步入信息社會，信息資源的重要性日益突出。信息來自組織內部和外部，如各類記錄、數據、報表資料、指令、科學技術情報、社會經濟情報、競爭對手資料、市場信號等。企業應創造條件，建立計算機化的信息管理系統，加強信息的收集、整理、分析、儲存、檢索和利用。

在同類型的組織中，它們擁有的資源具有同類性和可比性。擁有資源的數量表明組織的規模，數量多則規模大，反之則小。擁有資源的素質在很大程度上決定了組織的素質，資源素質好則組織素質高，反之則低。同在一個行業中的競爭對手，他們擁有的資源也是可比的。本企業的某項資源如果比競爭對手的該項資源更強，則説明本企業在該項資源上享有競爭優勢；反之，如果本企業的某項資源弱於競爭對手，則説明在該項資源上本企業存在競爭劣勢。

資源對組織的管理有很大的影響：

(1) 資源數量表明組織的規模。組織的規模不同，管理的形式和方法就不同，競爭的戰略和策略也不同。一般企業在初期規模很小，往往無正式的組織結構，隨著規模的擴大才建立組織結構並逐步完善。又比如，在激烈的市場競爭中，小企業很難同大企業正面抗衡，他們選擇一個狹窄的市場（市場間隙，大企業沒注意或不願經營的市場），集中滿足該狹窄市場的需求。這就是集中化戰略，特別適合於小型企業和實力不強的企業。

(2) 資源素質基本上決定組織的素質，管理者在選擇管理的形式和方法上，也應考慮資源素質。例如，人員的素質就是選擇領導方式、確定管理層次和分權化程度、建立控制系統的一個重要影響因素。如果人員素質高些，則領導者可能直接領導的下屬人數就多些，在組織規模一定的情況下，管理的層次就可以減少些；反之，如果人員素質不高，可能需要增加管理層次。

組織的資源狀況不斷變化，但它不同於外部環境，是組織自身可以控制的。管理者要在調研的基礎上，設法改善資源的結構，提高資源素質，增強資源的競爭優勢，克服劣勢，更好地實現組織的發展。

【學習實訓】 案例討論——捷運公司的興衰

美國從20世紀70年代末起，工業經濟開始衰退，美元匯率下跌，從1973年中東國家發起石油禁運以來，油價的上漲給航空公司帶來沉重的打擊，加之1982年美國成立"專業空運管理組織"（PATCO）後，出現了強硬的罷工勢力。而裡根政府又下令解雇罷工者，使勞資雙方矛盾惡化。這一切使整個航空業出現了困難重重的不利局面，正如民航局主席麥克欽所說："即使想象力再豐富，也不會想到這麼多的不利因素會同時出現。"因此，當時有不少航空公司，如布蘭利夫航空公司、大陸航空公司都曾提出破產申請。

但是，就在這慘淡的時代，於1981年成立的國民捷運航空公司卻在短短幾年之內成長起來，而且蓬勃發展，到了1984年就有能力收購邊疆航空公司而成為美國第五大航空公司。

關於該公司經營成功的直接原因，按總經理馬丁的說法，是由於該公司能保持低成本優勢，這一方面是由於它選用低成本的飛機和低收費的機場，另一方面是因為提高了員工的積極性和飛機的生產率，而後者之所以成功，在於採用了該公司創始人兼董事長伯爾所倡導的管理風格：既嚴格督導，又富有人情味，使整個公司充滿一種同舟共濟的大家庭氣氛。該公司有很多充滿干勁的年輕人，他們的薪資很低，例如駕駛員第一年的薪資僅爲4萬美元，比其他航空公司的資深售票員還低。公司員工不參加工會，他們經常按工作需要而交叉變換工作，飛機駕駛員有時兼售票員，售票員有時去搬運行李，甚至高階層主管從董事長伯爾開始，也要到各個崗位去學習業務，有時還得負責調度員與行李放置員的工作；公司不雇用任何秘書，通常也不解雇員工，"鐵飯碗"幾乎成了不成文的政策。公司鼓勵員工參與管理，讓大家對經營管理工作多提意見與建議。公司還要求每個員工按折扣價格購買公司的100股股票，使之成爲與公司利害相關的股東。許多資深員工往往已積累了超過5萬美元價值的股票。另外，伯爾還是一名鼓動家，他經常鼓勵員工："要成爲勝利者就需要有卓越的才能當一位能幹的人。"

但是好景不長，1984年合併邊疆航空公司後9個月，捷運公司就虧損了7,000萬美元。爲了適應規模擴大的局面，並扭轉虧損的形勢，伯爾帶頭改變了由他自己倡導的家庭式管理風格，逐漸向其他大公司的傳統官僚制管理風格看齊，他不僅不願多傾聽員工的意見，甚至對提意見的人施加壓力，直至解雇。包括向伯爾建議實行終身雇用制的執行董事杜博斯也被解雇，董事帕蒂也因不滿公司的新規定（不論工作多忙均需從上午6時到晚上9時配合值班制）而主動辭職，創辦了"總統航空公司"，並沿用原來捷運的管理風格。

伯爾後來改變了管理模式，但捷運公司仍難逃厄運。捷運公司每況愈下，公司股票價格不斷下跌，直至1986年捷運公司賣給德薩航空公司時，每股股票市價只爲1983年公司最盛時的1/4左右。捷運公司員工之所以能接受很低的薪資，是因爲他們希望公司昌盛，以便從所持的公司股票的升值和高額股利中得到補償。可是如今股價暴跌，員工自然失去信心。最後，捷運公司完全消失，被並入大陸航空公司。

思考題：
1. 爲什麼有很多航空公司申請破產？
2. 爲什麼當時仍有許多航空公司繼續生存並得以發展？
3. 請分析內外部環境對捷運公司的興衰起了什麼樣的作用。

【效果評價】

根據學生出勤、課堂討論發言及小組合作完成任務的情況進行評定。

綜合練習與實踐

一、判斷題

1. 管理就是對一個組織所擁有的物質資源、人力資源等進行計劃、組織、領導和控制，去實現組織目標。（　　）

2. 管理的基本活動對任何組織都有着普遍性，但營利性組織比非營利性組織更需要加強管理。　　　　　　　　　　　　　　　　　　　（　　）
3. 基層第一線管理人員對操作工作的活動進行直接監管。　（　　）
4. 組織中向外界發布信息的管理角色稱爲組織發言人。　　（　　）
5. 技術技能是指溝通、領導、激勵下屬的能力。　　　　　（　　）

二、單項選擇題

1. 爲實現共同目標而一起工作的群體稱爲（　　）。
   A. 管理　　　　　　　　　B. 決策
   C. 管理人員　　　　　　　D. 組織
2. 原材料、生產設施裝備屬於以下哪種資源？（　　）
   A. 人力資源　　　　　　　B. 金融資源
   C. 物質資源　　　　　　　D. 信息資源
3. 某位管理人員把大部分時間都花費在直接監督下屬人員工作上，他一定不會是（　　）。
   A. 組長　　　　　　　　　B. 總經理
   D. 領班　　　　　　　　　D. 車間主任
4. 管理者在作爲組織的官方代表對外聯絡時，他扮演的角色是以下哪一方面的角色？（　　）
   A. 信息情報方面　　　　　B. 決策方面
   D. 人際關係方面　　　　　D. 業務經營方面
5. 對基層業務管理人員而言，其管理技能側重於（　　）。
   A. 技術技能　　　　　　　B. 財務技能
   D. 談判技能　　　　　　　D. 行銷技能

三、多項選擇題

1. 管理的主要職能包括（　　）。
   A. 計劃　　　　　　　　　B. 組織
   C. 領導　　　　　　　　　D. 決策
   E. 控制
2. 管理的性質有（　　）。
   A. 科學性　　　　　　　　B. 實踐性
   C. 藝術性　　　　　　　　D. 創造性
   E. 發展性
3. 管理者應具備的素質包括（　　）。
   A. 身體素質　　　　　　　B. 能力素質
   C. 知識素質　　　　　　　D. 品德素質
   E. 心理素質

4. 管理者按照所處層次來分類包括（　　）。
   A. 人事管理　　　　　　　B. 基層管理
   C. 中層管理　　　　　　　D. 高層管理
   E. 行銷管理
5. 管理者按照所處領域來分類包括（　　）。
   A. 人事管理　　　　　　　B. 財務管理
   C. 生產管理　　　　　　　D. 研發管理
   E. 行銷管理

四、簡答題

1. 什麼是管理？你是如何理解管理的？
2. 管理的職能有哪些？它們之間有什麼關係？
3. 比較計劃、組織、領導、控制與明茨伯格的十種管理者角色。
4. 爲什麼處於同一組織的不同層次的管理者其所需技能結構是不同的？
5. 管理者應具備哪些素質？

五、案例分析

甜美的音樂

馬丁吉他公司成立於 1833 年，位於賓夕法尼亞州拿撒勒市，被公認爲是世界上最好的樂器製造商之一，就像 Steinway 的大鋼琴、Rolls Royce 的轎車，或者 Buffet 的單簧管一樣。馬丁吉他每把價格超過 10 000 美元，卻是你能買到的最好的東西之一。這家家族式的企業歷經艱難歲月，已經延續了六代。目前的首席執行官是克裡斯琴·弗雷德裡克·馬丁四世，他秉承了吉他的製作手藝，他甚至遍訪公司在全世界的經銷商，爲他們舉辦培訓講座。很少有哪家公司像馬丁吉他一樣有這麼持久的聲譽。那麼，公司成功的關鍵是什麼？一個重要原因是公司的管理和傑出的領導技能，它使組織成員始終關註像質量這樣的重要問題。

馬丁吉他公司自創辦起做任何事都非常重視質量，即使近年來在產品設計、分銷系統以及製造方法方面發生了很大變化，但公司始終堅持對質量的承諾。公司在堅守優質音樂標準和滿足特定顧客需求方面的堅定性滲透到公司從上到下的每一個角落。不僅如此，公司在質量管理中長期堅持生態保護政策。因爲製作吉他需要用到天然木材，公司非常審慎和負責地使用這些傳統的天然材料，並鼓勵引入可再生的替代木材品種。基於對顧客的研究，馬丁公司向市場推出了採用表面有缺陷的天然木材製作的高檔吉他，然而，這在其他廠家看來幾乎是無法接受的。

馬丁公司使新老傳統有機地整合在一起。雖然設備和工具逐年更新，雇員始終堅守著高標準的優質音樂原則。所製作的吉他要符合這些嚴格的標準，要求雇員極爲專註和耐心。家庭成員弗蘭克·亨利·馬丁在 1904 年出版的公司產品目錄的前言裡向潛在的顧客解釋道：「怎麼製作具有如此絕妙聲音的吉他並不是一個秘密。它需要細心和耐心。細心是指要仔細選擇材料，巧妙安排各種部件。關註每一個使演奏者感到惬意的細節。所謂耐心是指做任何一件事不要怕花時間。優質的吉他是不能用劣質產品的價格造出來的。但是誰會因爲買了一把價格不菲的優質吉他而後悔呢？"雖然100年過去了，但這些話仍然是公司理念的表述。雖然公司深深地植根於過去的優良傳統，現任首席執行官馬丁卻毫不遲疑地推動公司朝向新的方向。例如，在20世紀90年代末，他做出了一個大膽的決策，開始在低端市場上銷售每件價格低於800美元的吉他。低端市場在整個吉他產業的銷售額中占65%。公司DXM型吉他是1998年引入市場的，雖然這款產品無論外觀、品位和感覺都不及公司的高檔產品，但顧客認爲它比其他同類價格的絕大多數吉他產品的音色都要好。馬丁爲他的決策解釋道："如果馬丁公司只是崇拜它的過去而不嘗試任何新事物的話，那恐怕就不會有值得崇拜的馬丁公司了。"

馬丁公司現任首席執行官馬丁的管理表現出色，銷售收入持續增長，在2000年接近6億美元。位於拿撒勒市的製造設施得到擴展，新的吉他品種不斷推出。雇員們描述他的管理風格是友好的、事必躬親的，但又是嚴格的和直截了當的。雖然馬丁吉他公司不斷將其觸角伸向新的方向，但卻從未放鬆過盡其所能製作頂尖產品的承諾。在馬丁的管理下，這種承諾决不會動搖。

思考題：

1. 結合案例，你認爲哪種管理技能對馬丁四世最重要。解釋你的理由。

2. 根據明茨伯格的管理者角色理論，說明馬丁在下列情境中分別扮演什麼管理角色。解釋你的選擇。

（1）當馬丁訪問馬丁公司世界範圍的經銷商時；

（2）當馬丁評估新型吉他的有效性時；

（3）當馬丁使員工堅守公司的長期原則時。

3. 馬丁宣布："如果馬丁公司只是崇拜它的過去而不嘗試任何新事務的話，那恐怕就不會有值得崇拜的馬丁公司了。"這句話對全公司的管理者履行計劃、組織、領導和控制職能意味着什麼？

4. 馬丁的管理風格被員工描述爲友好、事必躬親，但是嚴格和直截了當。你認爲這意味着他是以什麼方式計劃、組織、領導和控制的，這種管理風格對其他類型的組織也有效嗎？説明你的觀點。

第 2 章
管理理論的形成與發展

學習目標

透過本章學習，學生應瞭解西方早期的管理思想、古典管理理論和現代管理理論產生的歷史背景。理解西方各學派管理理論的要點。掌握古典管理理論的共同特徵和現代管理理論的突出觀點。

學習要求

知識要點	能力要求	相關知識
西方管理理論的形成	對古典管理理論進行評價	1. 古典管理理論形成的歷史背景 2. 科學管理理論 3. 古典組織理論 4. 古典行政理論
西方管理理論的發展	對經驗學派、權變學派、管理科學學派、組織文化學派的管理理論作出評價；系統觀點、權變觀點的應用	1. 行為科學理論 2. 現代管理理論產生的歷史背景 3. 系統學派管理理論 4. 決策學派管理理論 5. 經驗學派管理理論 6. 權變學派管理理論 7. 管理科學學派管理理論 8. 組織文化學派管理理論 9. 現代管理理論的突出觀點

案例導入

回到管理學的第一個原則

紐曼公司的利潤在過去的一年持續下降，而在同一時期，同行們的利潤卻在不斷上升。公司總裁杰克先生非常關註這一問題。爲了找出生產利潤下降的原因，他花了幾周的時間考察公司的各個方面。接着，他決定召開各部門經理人員會議，把他的調查結果和他得出的結論連同一些可能的解決方案告訴他們。

杰克說："我們的利潤一直在下降，我們正在進行的工作大多數看來也都是正確的。比方說，推銷策略幫助公司保持住了在同行中應有的份額。我們的產品和競爭對手的一樣好，我們的價格也不高，公司的推銷工作看來是有成效的，我認爲還沒必要改進什麼。"他繼續評論道："公司有健全的組織結構、良好的產品研究和發展規劃，公司的生產工藝在同行中也占領先地位。可以說，我們的處境良好。然而，我們的公司卻面臨這樣的嚴重問題。"室內的每一個人都有所期待地傾聽着。杰克開始講到了勞工關係："像你們所知道的那樣，幾年前，在全國勞工關係局選舉中工會沒有取得談判的權利。一個重要的原因是，我們支付的工資一直至少和工會提出的工資一樣高。從那以後，我們繼續給員工提高工資。問題在於，我們沒有維持相應的生產率。車間工人一直沒有能生產足夠的產量，可以把利潤維持在原有的水平上。"杰克喝了點水，繼續說："我的意見是要回到第一個原則。近幾年來，我們對工人的需求註意得太多，而對生產率的需要卻註意不夠。我們的公司是爲股東創造財富的，不是工人俱樂部。公司要生存下去，就必須要創造利潤。我在上大學時，管理學教授們十分註意科學管理先驅們爲獲得更高的生產率所使用的方法，這就是爲了提高生產率廣泛地採用了刺激性工資制度。在我看來，我們可以回到管理學的第一原則去，如果我們工人的工資取決於他們的生產率，那麼工人就會生產更多。管理學前輩們的理論在今天一樣地在指導我們。"

（資料來源：郭美斌. 管理學 [M]. 長春：吉林大學出版社，2013.）

任務2.1　西方管理理論的形成

【學習目標】

學生應瞭解西方早期的管理思想和古典管理理論形成的背景，把握古典管理理論的共同特徵。

【學習知識點】

2.1.1　西方早期的管理思想

西方國家很早就有管理活動，由此產生了管理思想。可惜歷史記載有限，且因長期不重視工商業，管理思想的積累非常緩慢。西方學者較爲系統地研究管理問題，還是在 18 世紀 60 年代英國開始產業革命、出現資本主義工廠制度以後。這方面的代表人物有以下幾位：

1. 亞當·史密斯

亞當·史密斯是英國資產階級古典政治經濟學的奠基人，是自由競爭的資本主義的鼓吹者，其代表作是發表於 1776 年的《國民財富的性質和原因的研究》（又譯爲《國富論》）。史密斯認爲，勞動是國民財富的源泉，財富的多少取決於勞動的人數和勞動生產率的高低，而要提高勞動生產率，就需要實行勞動分工。他特別強調分工的效益，指出這些效益來自："第一，勞動者的技巧因專業而日進；第二，由一種工作轉到另一種工作，通常須損失不少時間，有了分工，就可以免除這種損失；第三，許多簡化勞動和縮短勞動的機械的發明，使一個人能夠做許多人的工作。"他認爲，管理人員爲了提高生產率，也必須依靠勞動分工。分工能使社會所有的人普遍富裕，並使工廠制度具有經濟合理性。

斯密的另一個管理思想是，人們在經濟行爲中追求的完全是私人的利益，但是每個人的利益又爲其他人的利益所限制，這就迫使每個人必須顧及其他人的利益，由此產生了相互的共同利益，進而產生和發展了社會利益。社會利益以個人利益爲基礎。斯密提出了人都是追求個人經濟利益的"經濟人"觀點，這是資本主義生產關係的反應。

2. 查爾斯·巴貝奇

巴貝奇是英國劍橋大學數學教授，曾在英、法等國工廠調研，他在 1832 年出版了《論機器和製造業的節約》一書，該書是企業管理學的重要文獻。巴貝奇發展了亞當·斯密關於勞動分工效益的思想，提出其效益還來自工作專業化節省了學習技術所需的時間，節省了學習期間所耗原材料，節省了變換工具所需時間；他還特別指出斯密忽略了分工可節省工資支付的好處，因爲按勞動複雜程度和勞動強度實行分工後，其中要求較低的工作即可支付較低的工資。

巴貝奇還鼓吹勞資合作，強調工廠主的成功對工人的福利是十分重要的。他建議實行一種工人分享利潤的計劃，認爲此計劃能使雇員同雇主的利益一致，消除矛盾，共享繁榮。他還主張對工人爲提高勞動效率而提出的建議給予獎勵。

3. 丹尼爾·麥卡勒姆

美國的工廠制度形成於 19 世紀中葉，但其鐵路發展卻比英國更加迅速，成了美國管理的先驅。在美國的鐵路發展中，主要的代表人物是麥卡勒姆，他從 1854 年起擔任伊利鐵路公司的總監。麥卡勒姆集中研究鐵路公司內部的管理，提出下列管理原則：

（1）恰當地劃分職責；

（2）爲了使職工履行其職責，授予他充分的權利；

（3）採取措施瞭解各人是否切實承擔起職責；

（4）發現玩忽職守者要迅速報告，以便及時糾正錯誤；

（5）建立起按日報告和檢查的制度來反應這些情況；

（6）採用一種制度，使總負責人不僅能及時發現錯誤，而且能找出失職者。

為了貫徹上述原則，麥卡勒姆制定了一套組織措施，如劃分職工級別，規定職工穿上表明其級別的制服，用正式的組織圖表明組織結構之間的職責分工和報告控制體系等。他還強調下級只應對他的直接上司負責，並接收他的指示，其他人的命令都可以不執行，這就是後人所說的統一指揮原則。

麥卡勒姆的這些管理思想和組織措施被許多鐵路公司採用，但受到鐵路員工的激烈反對。美國一些大企業也參照他的做法，實現了管理制度化。

4. 亨利·普爾

普爾長期擔任《美國鐵路雜誌》的主編，此雜誌是當時鐵路投資者和經理人員必讀的主要商業周刊。他廣泛探討鐵路經營上的問題，如資金籌措、規章制度、鐵路在美國生活中的作用等。他根據麥卡勒姆整頓伊利鐵路公司的事例指出，企業管理不能靠創辦人和投資者，而應依靠專職管理人員。他探索管理的科學，發現了三條"基本原則"：

（1）組織原則。組織是一切管理的基礎。從董事長到工人都必須有細緻的勞動分工，有具體的職責，並對其直接上司負責。

（2）溝通原則。在組織中要設計一種報告和聯繫的辦法，使最高領導層能不斷地準確瞭解下屬的工作情況。

（3）信息原則。必須編制和保存一套有關收入、支出、定額測定、運價等方面的系統資料，用心分析現有經營管理情況並為日後的改進提供依據。

普爾發現，要使鐵路等大型組織成功運轉，必須建立管理秩序、制度和紀律，但由於工人們的抵觸情緒等因素，需要建立一種能通過向組織灌輸團結精神而克服單調無味、照章辦事情緒的制度。最高管理層應成為企業的神經中樞，它能通過每一部門，把知識和服從的精神輸送到每個部門。

2.1.2 古典管理理論形成的歷史背景

西方公認的古典管理理論包括三部分：由美國泰勒等人創立的科學管理理論，由法國人法約爾創立的古典組織理論，由德國人韋伯創立的行政組織理論。這三種理論雖由不同的人在不同的國家單獨提出，但提出的時間都在20世紀之初，且基本內容上有相似之處。這是因為它們反應了同樣的歷史背景，適應了當時資本主義社會發展的需要。古典管理理論形成的歷史背景有下述幾個方面：

1. 資本主義生產迅速發展

19世紀70年代以後，經濟危機頻繁，競爭日趨激烈，推動了技術進步，使原有的重工業部門（如冶金、採礦、機器製造等）迅速發展起來，並引起新興重工業部門（如電力、電器、化學、石油等）先後建立和發展。這樣就使資本主義生產得到空前迅猛的增長。據統計，世界工業生產量在1850—1870年的20年中增長了1倍，而在1870—1900年的30年中增長了2.2倍，到20世紀初的13年中又增長了

66%。工業的發展和資本主義經濟體系向全世界的擴張，促進了交通運輸和國際貿易的發展。

資本主義生產發展和科學技術的進步，對企業管理提出了更高的要求。長期以來憑經驗管理的傳統方式已成為進一步增強競爭能力、提高生產率的主要障礙。勞動高度專業化了，而標準化的生產程序和方法卻沒有制定，組織結構等問題也亟待研究解決。

2. 資本主義生產集中和壟斷組織的形成

自由競爭引起生產集中，而資本主義經濟危機、技術進步、重工業和鐵路的建設對生產集中也起着重要的促進作用。19世紀末20世紀初，各資本主義國家的生產集中已達到了相當的高度。生產集中引起壟斷組織的形成。壟斷組織早在19世紀60年代即已出現，但直到該世紀末的經濟高漲和1900—1903年的經濟危機期間，才在發達的資本主義國家普遍發展起來，成為經濟生活的統治者。壟斷的統治並不消除競爭，這時候不僅自由競爭在一定範圍和程度上依然存在，而且出現了壟斷組織之間、壟斷組織和非壟斷組織之間以及壟斷組織內部的競爭。由於壟斷組織的實力強大，新的競爭更加激烈和尖銳。

生產集中、壟斷組織形成和競爭加劇，對企業管理提出了更高的要求，管理業務越來越複雜，傳統的經濟管理已根本無法適應，必須對它進行徹底改革。過去，企業規模小，如因管理不善而破產，影響還有限；如今的壟斷組織如管理失誤，則不但關係企業的存亡，而且還會影響國家經濟實力和社會財富，產生嚴重後果。

3. 階級鬥爭尖銳化

資本主義自由競爭階段向壟斷階段過渡，工人階級的勞動條件和生活狀況日益惡化，所受剝削日益加重，激起了他們反對壟斷資本的鬥爭，罷工事件頻繁發生，各種各樣的怠工形式更加普遍。資產階級面對勞資矛盾的激化，把它說成是一個"勞動力問題"，想方設法去解決。他們除鼓吹勞資合作外，或主張用優良機器節省勞動力，或主張分享利潤計劃，或主張改進生產的程序和方法。因此，階級鬥爭尖銳化也是促進古典管理理論形成的重要因素之一。

4. 資本主義企業管理經驗積累

從18世紀英國產業革命、工廠制度誕生算起，到20世紀初為止，可以看作資本主義企業的傳統管理階段。此階段的突出特點是管理者依靠個人的經驗來管理，工人憑自己的經驗來操作，工人和管理人員的培養也只是靠師傅傳授經驗。經驗固然可貴，但是有必要將它上升為理論，而只有經驗積累到相當豐富的程度才能進行科學總結和概括。

如前所述，在這個階段，有些先驅如史密斯、巴貝奇、麥卡勒姆、普爾以及其他許多人已經對管理經驗加以概括，先後提出了值得重視的管理思想。儘管他們受到歷史條件局限，未能形成管理理論，但已為這一理論的產生作了必要的準備。到20世紀初，泰羅、法約爾、韋伯等人正是利用了資本主義企業管理積累的經驗，適應資本主義生產進一步發展的需要，加上自己的認真研究，從不同角度提出了企業管理的理論，這就是古典管理理論。

因此，古典管理理論是歷史的產物，它的形成是由19世紀末20世紀初資本主義社會經濟和歷史條件所決定的。泰羅等人的科學管理理論的提出，標誌着資本主義企業管理由傳統管理階段過渡到了科學管理階段。

2.1.3 科學管理理論

科學管理理論的創立者主要是美國人泰勒，他在工廠當過工人、工長、總工程師和管理顧問。他在1911年出版了《科學管理原理》一書，標誌着這一理論的最終形成。在資本主義企業管理史上，泰勒被尊稱爲"科學管理之父"。

科學管理理論並未研究整個企業管理職能、原則和組織問題，而是主要研究企業最基層的工作（或藍領工作），探討大幅度提高工人生產率的原則和方法，尋求管理工作的一種"最佳方式"。

泰勒及其同事從19世紀80年代起先後在幾個工廠進行了多次試驗，試行了一系列改進工作方法和報酬制度的措施，在一定範圍內獲得了顯著提高生產效率的成效。於是有人稱他爲"效率專家"，他的追隨者也以傳播"效率主義"爲己任。可是泰勒認爲這是對科學管理的實質及其原理的誤解。他指出："科學管理是過去曾存在的諸種要素的結合，即把老的知識收集起來，加以分析、組合並歸類成規律和條例，於是構成一種科學。"

【知識閱讀2-1】

搬鐵塊實驗

搬鐵塊實驗是1989年在伯利恒鋼鐵公司貨場進行的。實驗前這裡工人的標準工資是每天1.15美元，每個工人平均一天搬運12.5噸鐵礦。實驗開始時，泰勒首先用了3~4天時間觀察和研究了其中的75名工人，從中挑選了4人，對這4個人的歷史、性格、習慣和工作抱負作了系統的調查之後，最後確定了一個叫施密特的人作爲實驗對象。泰勒研究了勞動負荷、動作時間和調節方法，把勞動的時間和休息的時間很好地搭配起來。他實地測算了從車上或地上搬起鐵塊的時間，帶着鐵塊在平地上行走的時間，堆放好鐵塊的時間，空手返回原地的時間等，加以精確計算，然後開始訓練施密特，告訴他何時搬運，何時休息，用什麼樣的動作最省力。按照泰勒的方法，施密特一天完成了47.5噸的工作量，而且因爲勞動休息調節得當，人也不很累，並拿到了一天1.85美元的工資。

（資料來源：黃煜峰，榮曉華. 管理學）

科學管理理論的指導思想是勞資合作，提倡雇員同雇主利益的一致性。怎樣做到一致呢？這就需要來一場完全的"思想革命"，而這正是泰勒所說的科學管理的實質。泰勒提出，這場思想革命有兩方面的內容。第一，勞資雙方不再把注意力放在盈餘的分配上，而轉向增加盈餘的數量上，盈餘增加了，則如何分配盈餘的爭論也就不必要了。第二，勞資雙方都必須承認，對廠內一切事情，要用準確的科學研究和知識來代替舊式的個人判斷或經驗，這包括完成每項工作的方法和完成每項工作所需的時間。他還提出"將科學與工人相結合"，即要求管理者和工人合作，保證一切工作都按已發展起來的科學原則去辦。

科學管理的工作內容（人們習慣稱爲"泰羅制"）主要有：

（1）工作方法和工作條件的標準化。要科學地研究各項工作，分析工人的操作，總結工作經驗，制定出能顯著提高效率的標準工作法，相應地使所使用設備、工具、材料及工作環境標準化。

（2）工作時間的標準化。要科學地研究工人的工時消耗，規定出按標準工作方法完成單位工作量所需的時間以及一個工人"合理的日工作量"，作爲安排工人任務、考核勞動效率的依據。

（3）挑選和培訓工人。要讓他們掌握標準工作法，盡力達到"合理的日工作量"。

（4）實行"差別計件工資制"。即按照工人是否達到"合理的日工作量"而採用不同的工資率，以刺激工人拼命幹活。

（5）明確劃分計劃工作與執行工作。科學研究、制定標準、計劃調度等"一切可能用腦的工作都應該從車間裡轉移出來，集中到計劃或設計部門，留給工段長和班組長的只能是純屬執行性質的工作"。

（6）實行"計劃室和職能工長制"即"職能制管理"。首先在執行工作方面，改變過去每個班組的工人只由一名工長或班組長領導的辦法，而分設四個"職能工長"，他們是班組長、速度管理員、檢驗員和修配管理員，每個人都有權直接指揮工人。其次在計劃工作方面，計劃室也分設四員，他們是工序和線路調度員、指示卡辦事員、工時和成本管理員、車間紀律檢查員，都有權代表計劃部門指揮工人。泰勒認爲，經過分工和專業化，可大大提高管理工作效率，對生產發展有利。但是這樣做的結果是，工人同時接受八個人的領導，往往無所適從，這違背了統一指揮原則，而且工段長和班組長因感到自己的權限被縮小也表示反對。所以"職能制管理"從未得到普遍推廣，不過泰勒的這一思想爲以後職能部門的建立和管理專業化提供了啓示。

（7）實行"例外原則"的管理。在規模較大的企業，高層管理者要將日常工作授權給下級管理人員去處理，自己僅保留對例外事項的決策權和監督權，如企業的大政方針、重要人事任免、新出現的重要事項等。這一思想後來發展爲管理上的分權化原則和實行事業部制管理等。

泰勒等人所倡導的科學管理理論主要就是上述幾方面的內容　。他們以勞資合作爲指導思想，說什麼"盈餘增加了，就不必去爭論盈餘的分配"，這都是錯誤的；但他們主張企業管理的一切問題都應當而且可能用科學的方法去研究和解決，實行各方面的標準化，使個人經驗上升爲理論，而不能僅憑經驗辦事，這是他們的歷史性貢獻，開創了資本主義企業管理的科學管理階段。對科學管理理論，即"泰勒制"的評價應一分爲二：一方面，它是資產階級殘酷剝削工人的最巧妙的手段；另一方面，它又是一系列的科學成就，即按科學方法來分析工人的操作，總結經驗，制定出高效率的標準工作法。事實上，由"泰羅制"發展起來的動作研究和時間研究，已成爲現代工業工程學的重要內容。

2.1.4 古典組織理論

古典組織理論的創立者是法國人亨利·法約爾，其代表作是《工業管理與一般管理》，發表於1916年。與泰勒主要研究企業管理最基層的工作不同，法約爾作爲大型企業的管理者，是以整個企業爲研究對象，提出了企業管理的職能和原則。他認爲這些理論也適用於軍政機關、宗教組織等。

法約爾首先爲管理下定義。他認爲，企業的全部活動可分爲6組：

（1）技術活動（生產、製造）；
（2）商業活動（購買、銷售）；
（3）財務活動（籌集和最適當地利用資本）；
（4）安全活動（保護財產和人員）；
（5）會計活動（財產清點、成本、統計等）；
（6）管理活動（計劃、組織、指揮、協調和控制）。

企業各級人員都要參加這些活動，但各有側重，如工人和工長主要從事技術活動，廠長、經理主要從事管理活動。"管理就是實行計劃、組織、指揮、協調和控制。"由此定義可見，法約爾使用管理的職能來解釋管理。

古典組織理論的一個重要內容是詳細論述了管理的五個職能（法約爾稱爲管理的要素），分別說明它們的含義、工作內容、工作要求等。古典組織理論對組織職能的論述尤爲詳盡，提出了"管理幅度"原理、組織結構設計、職能機構和參謀人員的設置，並且批判了泰羅鼓吹的"職能制管理"。法約爾對管理職能的分析至今仍具有巨大的指導意義。

古典組織理論的另一重要內容是法約爾提出的14條"管理的一般原則"。這是他從實踐經驗中總結出來，又在實踐中經常應用的（其中有些是繼承了前人的管理思想）。

（1）勞動分工。這不僅適用於生產，還可應用於各種管理工作中，發展爲管理專業化和權力的分散。

（2）權力和責任。權責必須對等，行使權力首先應規定責任範圍，然後制定獎懲標準。

（3）紀律。要使企業順利發展，紀律絕對必要。領導人制定紀律，必須同其下屬人員一樣接受紀律的約束。

（4）統一指揮。一個下屬人員只應接受一個領導人的命令，反對多頭指揮。

（5）統一領導。這是對於力求達到同一目的的全部活動，只能有一個領導人和一項計劃，這是統一行動、協調力量和一致努力的條件。

（6）個人利益服從整體利益。在企業中，個人利益不能置於企業利益之上，國家利益應高於公民個人的利益。

（7）報酬。人員的報酬是他們服務的價格，應該合理，並盡量使雇主和雇員都滿意。

（8）集權與分權。這是權力集中和分散的問題，是一個程度問題，要找到適合於企業的最適宜度，即能提供最高效率的度。

（9）等級制度與跳板原則。從最高領導人到最基層，應劃分等級，形成執行權力和傳遞信息的路線。各級同級之間也應建立直接聯繫，保持行動迅速，如圖 2-1 所示。

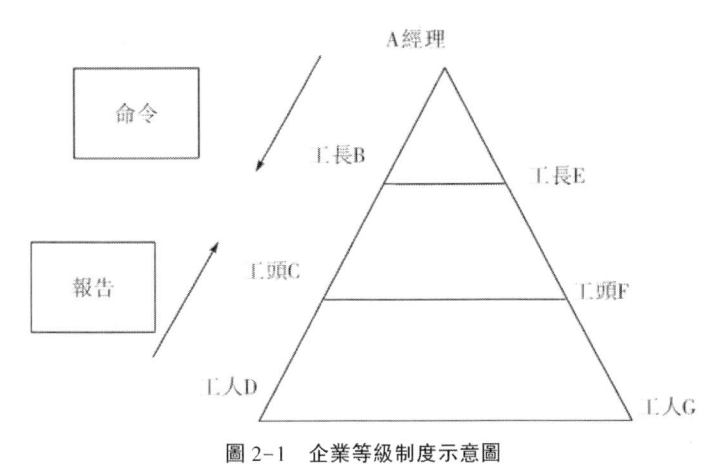

圖 2-1　企業等級制度示意圖

（10）秩序。就社會組織而言，這是指將合適的人安排在合適的崗位上，做到"各有其位，各就其位"。就物品而言，是指放在預先規定的位置，保持整齊清潔。

（11）公平。領導人對其下屬要仁慈和公正，才能贏得下屬的忠誠和擁護。它不排斥嚴格，但要求有理智、有經驗、有善良的性格。

（12）人員的穩定。要保持人員在職位上的相對穩定，反對不必要的流動。

（13）首創精神。應盡量鼓勵和發展全體人員的首創精神，這是一股巨大的力量。

（14）集體精神。團結就是力量，應盡力保持全體人員的和諧與團結，反對分裂。

古典組織理論還包括管理教育問題。法約爾詳細研究了企業各級人員必須具備的素質，特別強調管理教育的必要性。他指出，每個人都或多或少地需要管理知識，大企業高級人員最需要的能力是管理能力，單憑技術教育或業務實踐是不夠的，所以管理教育應當普及。他又說，缺乏管理教育的真正原因是缺乏管理理論，而他的研究正是建立一個管理理論的嘗試。

以上就是古典組織理論的主要內容。在傳播這一理論的初始階段，有人試圖將此理論與泰羅的科學管理理論相對比。但在 1925 年，法約爾親自聲明有人將他推到與泰羅相對立的地位是荒謬的。實際上，這兩種理論可以互補，它們都意識到管理對企業取得成功的重要性，都把科學方法應用於這一問題。至於兩種理論研究的角度和重點不同，則是它們的創立者經歷不同事業生涯的一種反應。

對古典組織理論的發展做出重要貢獻的有英國人林德爾·厄威克和美國人盧瑟·古利克。他們進一步研究管理的職能和原則，並將古典組織理論與科學管理理論系統地加以整理和闡述。他們合編的《管理科學論文集》（1937年出版）在管理學史上頗有地位。

2.1.5 行政組織理論

行政組織理論的創立者是德國人馬克斯·韋伯。他與同時代的泰勒、法約爾不同，畢生從事學術研究。他涉獵的學科領域包括社會學、宗教、經濟學、政治學等，對經濟組織和社會之間的關係也很有興趣，提出了理想的行政組織理論，這個理論在其專著《社會和經濟組織的理論》中有系統闡述。

韋伯的行政組織理論實際上反應了當時德國從封建社會向資本主義社會過渡的要求。19世紀後期，德國的工業化過程相當迅速，但生產力的發展仍然受到封建制度的束縛，舊式的家族式企業正逐漸轉變為資本主義企業。行政組織理論力圖為新興的資本主義企業提供一種高效率的、符合理性的組織結構，所以韋伯成為新興資產階級的代言人。這一理論開始並未引起人們很大的注意，直到20世紀40年代末，因企業規模日益擴大，人們積極探索組織結構問題，才受到普遍重視，韋伯因而被稱為"組織理論之父"。

行政組織理論的核心是理想的行政組織形式。行政組織形式原意是政治學的概念，指官府由官僚控制而不讓被統治者參加，所以可譯為"官僚政治""官僚制度"，不過這些詞在中文中都帶有貶義。韋伯使用這個詞並無貶義，而是作為社會學的概念，用以表明集體活動的理性化，指一種能預見組織成員活動、保證實現組織目標的組織形式，所以可轉譯為行政組織形式。所謂"理想的"，也非一般含義，而是指"純粹形態"。因為在實際生活中，必然出現多種組織形式的結合，為了便於研究，需要按純粹的、典型的形式來分析。

韋伯對組織形式的研究，從人們所服從的權力或權威開始。他認為有三種合法的權力，由此引出三種不同的組織形式：

（1）神秘的權力。人們服從擁有神授品質的領袖，由於對他的個人崇拜，這就出現神秘的組織。這種組織的基礎不穩，領袖死後就會產生權力繼承問題。

（2）傳統的權力。人們服從由傳統（如世襲方式）確定、享有傳統權力的領袖，出於對他的忠誠而服從他的命令。這就出現了傳統的組織。

（3）理性的、法律化的權力。這種權力以理性為依據，以規章制度的合法性為依據，人們只服從那些依法制定的、與個人無關的命令。這就出現了理性的、法律化的組織。

韋伯認為，在以上三種權力中，只有理性的、法律化的權力才能成為管理的行政組織形式的基礎，因為它以理性和法律為依據，不帶神秘色彩，不受傳統約束。他所說的行政組織形式正是理性化、法律化的組織，它像現代的機器，能帶來最高的效率。

韋伯設計的行政組織形式特別強調以下幾點：

（1）每個組織都要有一個明確規定的職位等級制結構，每個職位都要有明確規定的權利和職責範圍。

（2）每個組織中，只有最高領導人因專有（生產資料）、選舉或繼承而獲得其掌權的地位，其他管理者都應實行委任制和自由合同制。一切管理者（包括最高領導人）都必須在規定的權責範圍內行使其權力。

（3）被委任的管理者是根據預先制定的技術規範來挑選的，要經過考試或驗證文憑，或二者兼用。

（4）被委任的管理者要把職位作為他們唯一的（至少是主要的）職業，職業就是前程。有一個按年資和業績提升的制度，提升與否取決於上司的判斷。

（5）管理者應當同生產資料的所有權相分離，即把屬於組織而由他管理的財產同他個人的私有財產徹底分開，把管理者執行職務的地點同他的生活場所分開。

韋伯指出，這樣的行政組織形式原則上適用於各類組織，如政府、軍隊、教會、醫院、大型資本主義企業等。理想的形式從純技術觀點來看，最合乎理性原則，能獲得最高效率。它在準確性、穩定性、嚴格的紀律性和可靠性等方面，都優於其他組織形式，並使組織的領導人和有關人員能夠高度精確地計算組織的成果。

韋伯還指出，資本主義制度在行政組織形式發展中起着重大作用。一方面，資本主義在當時的發展階段強烈要求推動這一組織形式的普及；另一方面，資本主義又是這一組織形式最合乎理性的經濟基礎，為它提供了必要的財力資源，以及運輸和通信方面的極端重要條件。

2.1.6 古典管理理論的回顧

上述三種管理理論創立之初並無聯繫，各自的着重點也不同，但它們有着相同的社會經濟和歷史背景，都適應了資本主義社會發展的需要；它們的創立人又都不同程度地繼承了早期的管理思想，經過親身實踐或學術研究或多或少地摸索到管理工作的規律性，而且在對待工人（雇員）和對待組織的根本看法上大體一致。人們把這些共同的看法視為古典管理理論的特徵。

三種理論對待工人（雇員）的看法是：

（1）它們都認為財產最重要，私有財產神聖不可侵犯。雇主擁有生產資料，就可以占有雇員的勞動並按照自己認為適當的方式去利用。

（2）它們都繼承了亞當·斯密以來資產階級經濟學家的觀點，認為人都是"經濟人"。雇主經營是為了多得利潤，雇員勞動是為了多掙工資。

（3）它們都鼓吹勞資雙方的利益在根本上是一致的。在提高勞動生產率的基礎上，工人可多拿工資，雇主也可多得利潤，所以工人的目標可以同雇主的目標相一致。

（4）它們都認為人的天性是好逸惡勞，逃避工作，怕負責任，因此，管理者必須對雇員實施強迫、威脅、嚴加監督，輔以金錢刺激。這就是後來 D.麥格裡戈提出的"X 理論"的觀點。

三種理論對待組織的看法是：

（1）它們都只研究了組織內部的管理問題，未曾考慮組織的外部環境及其對管理的影響，實際上是將社會組織看成一個封閉式系統。

（2）它們都鼓吹科學、崇尚理性，認爲在管理中存在着適用於一切情況的"最好方式"，管理理論的任務就是探索和揭示這一"最好方式"。

（3）它們都把組織看成一部機器，組織的各類人員則是它的零部件，因而非常強調勞動分工、管理專業化、建立等級制度、明確權責、嚴格紀律和規章制度等，以保證機器準確有效地運轉。

（4）它們都強調穩定，不重視變革。按照它們的說法，只要按照它們揭示的"最好方式"、科學（或理性）原則行事，就能無往而不勝。

古典管理理論的上述特徵，既決定於它的創立者們的資產階級立場觀點，又反應了管理理論形成初期的歷史局限性，後來的管理學者對它提出了許多批評，並根據社會經濟條件的變化創立新的理論，對它作出修正。儘管如此，古典管理理論的歷史功績不容抹殺，它確實促進了資本主義社會的發展，對以後的管理理論產生了深遠的影響，其中一些原理和方法至今仍爲西方各國所應用，對我國社會主義的管理也有參考和借鑒的價值。

【學習實訓】 深度思考——鐵鍬試驗

鐵鍬實驗是被稱爲科學管理之父的弗雷德裡克·溫斯洛·泰勒所進行研究的三大實驗之一，也稱鐵砂和煤炭的挖掘實驗，是系統地研究鏟上負載後各種材料能夠達到標準負載的鍬的形狀、規格，以及各種原料裝鍬的最好方法的問題。

實驗過程：早先工廠裡工人干活是自己帶鏟子。鏟子的大小各不相同，而且鏟不同的原料時用的都是相同的工具，那麼在鏟煤沙時重量如果合適的話，在鏟鐵砂時就過重了。泰勒研究發現每個工人的平均負荷是 21 磅（1 磅≈0.45 千克），後來他就不讓工人自己帶工具了，而是準備了一些不同的鏟子，每種鏟子只適合鏟特定的物料，這不僅使工人的每鏟負荷都達到了 21 磅，也讓不同的鏟子適合不同的情況。爲此他還建了一間大庫房，裡面存放各種工具，每個的負重都是 21 磅。同時他還設計了一種有兩種標號的卡片，一張說明工人在工具房所領到的工具和該在什麼地方干活，另一張說明他前一天的工作情況，上面記載着干活的收入。工人取得白色紙卡片時，說明工作良好，取得黃色紙卡片時就意味着要加油了，否則的話就要被調離。

實驗結論：①干不同的活拿不同的鍬；②鏟不同的東西每鍬重量不一樣；③應當有一個效率最高的重量；④實驗發現 21 磅時效率最高。

鐵鍬試驗使生產效率得到了提高。弗雷德裡克·溫斯洛·泰勒還對每一套動作的精確時間作了研究，從而得出了一個"一流工人"每天應該完成的工作量。這一研究的結果是非常傑出的，堆料場的勞動力從 400~600 人減少為 140 人，平均每人每天的操作量從 16 噸提高到 59 噸，每個工人的日工資從 115 美元提高到 188 美元。將不同的工具分給不同的工人，就要進行事先的計劃，要有人對這項工作專門負責，需要增加管理人員，但是儘管這樣，工廠也是受益很大的。據說這一項變革可為工廠每年節約 8 萬美元。

分析問題：

分組討論，然後談一談鐵鍬實驗的意義，以及對理論指導管理的看法。

【效果評價】

根據學生出勤、課堂討論發言及小組合作完成任務的情況進行評定。

任務 2.2　西方管理理論的發展

【學習目標】

學生應瞭解現代管理理論產生的歷史背景，理解西方各學派管理理論的要點，掌握現代管理理論的突出觀點。

【學習知識點】

2.2.1　行為科學理論的產生與發展

早期的行為科學理論稱為人際關係理論，形成於 20 世紀 30 年代，其代表人物為梅奧和羅特利斯伯格。人際關係理論是隨著資本主義社會矛盾的加深而產生的。一方面泰羅的科學管理理論儘管鼓吹勞資合作，卻加重了對工人的剝削，激起了工人和工會的強烈反對；資本家認為用科學化的管理辦法取代傳統的管理經驗，會影響他們的權威，同時害怕工人的反抗，也表示反對採用科學管理；鑑於一家兵工廠推行經濟刺激而釀成工人罷工，美國國會還通過法律，禁止在軍工企業和政府企業採用"泰羅制"。另一方面，第一次大戰結束後西方國家經濟發展的週期性危機日益加劇。這些就使得資產階級感到有必要尋找新的管理理論和方法去提高生產率，於是一些企業就同管理學者、心理學者合作，著重從改善工作環境、工作條件等方面進行試驗，人際關係理論就應運而生。

1924—1932 年間，美國國家研究委員會與西方電器公司合作，在公司所屬設在芝加哥附近霍桑的工廠進行試驗，並邀請梅奧和羅特利斯伯格等人參加。這就是著名的霍桑試驗，它分四個階段：

第一階段，照明實驗。即改變"試驗組"工人工作場地的照明度，考察它對生產率的影響。試驗以失敗告終，因為照明度的變化對生產率幾乎沒有什麼影響。

第二階段，繼電器裝配室實驗。即改變各種工作條件（如工作時間、勞動條件、工資待遇、管理作風與方式等），考察其對生產率的影響。結果發現各種條件無論如何變化，產量都在增加，無法解釋。

第三階段，大規模訪問和調查。在全公司範圍內調查了2萬多人次，得出的結論是：任何一位員工的工作績效都受到其他人的影響。

第四階段，電話線圈裝配工實驗。將三個工種的工人組成一個"試驗組"，實行集體計件工資制，企圖形成"快手"對"慢手"的壓力以提高生產率。結果發現：①工人們有自定的"合理的日工作量"，它低於廠方所訂的產量標準。工人們不會工作得太快或者太慢，而是遵守自定的標準，並有一套措施使不遵守此標準者就範。②在三個"試驗組"中存在兩個跨組的小集團，同一小集團的人在一起玩，交換工作並互相幫助，而對小集團外的人則不這樣做。小集團有幾條不成文的紀律，如工作不能太快或太慢，不應向監工打同伴的"小報告"，不應同人保持疏遠或好管閑事等。

梅奧根據霍桑試驗的材料加以研究，於1933年出版了《工業文明中人的問題》一書，提出了與古典管理理論不同的新觀點，這些新觀點就是人際關係理論的基本點：

（1）人是"社會人"，而非單純的"經濟人"。任何人總是處在一定的社會、組織和群體中，既有經濟方面的需求，又有社會、心理方面的需求，如感情、友誼、安全感、歸屬感、受到他人尊重等。因此，對人的激勵也應是多方位的，金錢絕非唯一的激勵因素，更重要的是從社會、心理方面去滿足人的需求，才能激勵士氣。

（2）企業中存在正式組織，即行政劃分的部門、單位，又存在"非正式組織"，即由共同興趣、感情等因素自然形成的無形群體。"非正式組織"的出現並非壞事，它同正式組織相互依存，對生產率的提高有很大影響，關鍵是管理當局要給予充分重視，注意將它引向正式組織的目標。

（3）新型的領導能力在於管理要以人爲中心，全面提高職工需求的滿足程度，以提高士氣和生產率。這既需要技術、經濟技能，又需要人際關係的技能，所以要對管理者進行培訓，使之掌握瞭解工人感情的技巧，並提高在正式組織的經濟需求和"非正式組織"的社會需求之間保持平衡的能力。

在人際關係理論之後，西方從事這方面研究的學者大量涌現。1949年在美國芝加哥的一次討論會上第一次提出了"行爲科學"一詞，1953年美國福特基金會召開有各大學科學家參加的大會，對此名稱正式予以肯定，因而人們把人際關係理論視爲早期的行爲科學理論。行爲科學理論在後期的發展主要集中在下列四個領域：

（1）有關人的需求、動機和激勵問題，代表理論有馬斯洛的"需求層次論"等。

（2）同管理有關的"人性"問題，代表理論有D.麥格裡戈的"X理論—Y理論"等。

（3）企業的領導方式問題，代表理論有R.R.布萊克和J.S.穆頓的"管理方格"等。

(4) 企業中的"非正式組織"及人際關係問題，代表理論有 K.盧因的"團體力學理論"等。

行為科學理論在其產生和發展的過程中，對古典管理理論提出了不少激烈的批評，但後來出現將二者調和起來的傾向。這反應了行為科學理論可以彌補古典管理理論之不足，但不能加以全盤否定，而且它本身並不能解決一切管理問題。不過，行為科學理論已經融合在下述現代管理理論中，並為西方各國廣泛應用。

2.2.2 現代管理理論產生的歷史背景

在第二次世界大戰後，西方的管理理論有了很大發展，出現了許多學派。美國管理學者孔茨把這一現象形象地描述為"管理理論的叢林"。這些學派各有特點，但在歷史淵源和論述內容上相互交叉滲透，可總稱為現代管理學派，他們的理論可總稱為現代管理理論。這一理論的出現，使資本主義企業管理從科學管理階段過渡到現代管理階段。現代管理理論的產生，反應了第二次世界大戰前後資本主義經濟發展中出現的新變化，適應了資本主義進一步發展的新需求。其歷史背景如下：

1. 資本主義工業生產和科技迅速發展

在兩次世界大戰之間，資本主義各國的工業生產雖有波動起伏，但仍在緩慢向前發展。第二次世界大戰給參戰各國工業生產強大刺激，使之迅速發展，以美國最為突出。二戰後，德、意、日三國的經濟受到嚴重破壞，英、法兩國的經濟也大大削弱，美國的經濟實力卻極大加強，它在資本主義工業生產中的比重於1948年達到53.4%。20世紀50年代以後，情況又有變化，美國的這一比重於1959年下降到46%，日本和聯邦德國的經濟則恢復到接近二戰前水平。兩次世界大戰之間，科學技術有了巨大的進步。不僅原有的學科如數學、物理學、化學等有了新的發展，而且產生了一些新科學，如核物理學、控制論、聚合化學等，在此基礎上產生了許多新興的工業部門，如原子能工業、電子計算機工業、高分子合成工業等。科技的巨大進步，要求企業規模再擴大，專業化協作再發展，要求有新的管理理論與之相適應。

2. 生產集中和壟斷統治加強

與生產進一步社會化的要求相適應，資本主義生產集中的程度更高了。在競爭中，壟斷組織兼併局外企業，較強的壟斷組織兼併較弱的壟斷組織，壟斷統治更加強了。為了利用廉價的原料和勞動力，擴展國際市場，實力強大的壟斷組織紛紛將其生產和銷售環節分散到國外，有些跨國公司的分支機構遍布世界各地。第二次世界大戰還加速了國家和壟斷資本的結合，包括資本主義國有經濟、國家資本與私人壟斷資本聯合經營等。

3. 工人運動高漲

隨著生產集中和壟斷統治的加強，生產的機械化、自動化程度提高，再加上企業經常性的開工不足，資本主義各國工人的失業率居高不下，罷工浪潮此起彼伏。1946年是美國勞工史上風暴最大的一年，約有 5 000 次停工，有 460 萬工人參加。

1949年又出現新的罷工，以後一直連綿不斷。其他資本主義國家的情況大體類似。工人運動導致資本主義社會不穩定，對壟斷組織構成威脅。

4. 市場問題日益尖銳，企業環境極不穩定

市場問題即商品的實現問題。隨著生產集中和壟斷統治的加強，資本積累的規模空前擴大，國內市場相對縮小，經濟危機頻繁出現。從國際範圍看，社會主義國家出現，許多原來的殖民地附屬國取得獨立並積極發展民族經濟，逐步限制外國壟斷資本的活動，國際市場的競爭更加尖銳了。市場問題尖銳化，導致資本主義競爭更加激烈，商品銷售成了難題，而競爭又加劇了市場的變化，使企業所處的外部環境極不穩定。資本國家的財政赤字、通貨膨脹、證券市場波動、外匯行情起伏等，都是困擾企業的因素，給企業經營帶來困難。在政治方面，資本主義各國政府更是直接干預經濟，制定方針、法令甚至計劃來指導經濟的發展，這些都是企業的不可控因素。在科技方面，新產品、新技術、新材料、新設備不斷出現，產品更新週期大大縮短，電子計算機的廣泛應用更是科技革命的重要成果。企業環境變化很快。

5. 相關科學快速發展。

上述四個在資本主義經濟發展中出現的新變化，對企業管理提出了新要求，需要有新的管理理論來指導。20世紀30~40年代先後創立的系統論、控制論和信息論，是適用於各門科學的方法論，利用這些理論來研究企業管理，就為形成新的管理理論創造了條件。自然科學特別是數學的發展，電子計算機的應用，擴展了企業管理中的定量分析，使管理理論的內容增強了科學性。環境多變帶來了許多"不確定性"，而數學和計算機的應用為研究這些"不確定性"提供了可能，從而豐富和發展了管理理論。並且，行為科學理論後期的發展是同新的管理理論的形成密切結合的。

正是在這樣的歷史背景下，現代管理理論應運而生。對現代管理學派的劃分，說法不一。我們從各學派的歷史淵源、理論內容及相互聯繫考慮，並參考現有的劃分法，將現代管理學派分為六個，即系統學派、決策學派、經驗學派、權變學派、管理科學學派和組織文化學派。以下將分別介紹這些學派的管理理論的要點。

2.2.3 系統學派的管理理論

現代系統論的創始人，一般認為是德國人路德維希·伯塔朗菲。他是一位生物學家和哲學家，1937年在美國芝加哥大學的一次討論會上首次提出"一般系統理論"的概念，但直到1947年才公開發表其著作。他的後繼者根據他的思想為系統下了定義：系統是由相互聯繫、相互作用的若干要素結合而成的、具有特定功能的有機整體，它不斷地同外界環境進行物質和能量的交換而維持一種穩定狀態。

系統學派由應用系統論觀點來研究組織和管理的學者所組成，它又可分為社會系統學派和系統管理學派。

1. 社會系統學派的管理理論

這個學派的代表人物是切斯特·巴納德，其代表著作是1938年出版的《經理人

員的職能》一書。

巴納德是最先應用系統論來研究組織的管理學者，他將組織定義爲："將兩個或兩個以上的人的力量和活動加以有意識的協調的系統。"他在這裡是指正式組織而言，他認爲正式組織可以實現三個目標：①在經常變動的環境中，通過對組織內部各種因素的平衡，來保證組織的生存；②檢查必須適應的各種外部力量；③對管理和控制正式組織的各級經理人員的職能加以分析。他獨創性地提出組織系統包括內部平衡和外部適應的思想。

巴納德將組織看作協作系統，並由此出發舉出經理人員的職能有三個：①維持組織的信息聯繫。任何協作系統都是信息聯繫的系統，經理人員應是該系統的中心，其主要任務就是通過設置崗位和配備人員來建立和維持該系統。巴納德在此還特別談到非正式組織的積極作用。②從組織成員處獲得必要的服務。這裡所說的組織成員是廣義的，包括投資者、供貨者、顧客和其他未加入組織但對組織做出貢獻的各種人。經理人員要吸收他們並同組織建立協作關係，爲他們服務。③建立組織的目標。組織目標必須爲協作系統的一切成員所接受，而且要及時地按層次、按單位分解落實。巴納德在此特別強調分派責任和授權，這又同信息聯繫系統和崗位設計有關。

2. 系統管理學派的管理理論

這個學派盛行於 20 世紀 60 年代，其代表人物有卡斯特、羅森茨韋格、米勒等人，其代表著作有卡斯特和羅森茨韋格合著的《組織與管理：系統與權變的方法》等。

這個學派較巴納德更進一步的是將系統論原理應用於工商企業，認爲工商企業是一個由相互聯繫而共同工作的各要素（如勞動力、物資、設備、資金、任務、信息等）所組成的系統，旨在實現一定的目標。其內部各要素即爲它的子系統，可按不同標準來分類。企業是開放系統，同外界環境（政府、顧客、供貨者、競爭者等）有著動態的相互作用，並能不斷地自行調節，以適應環境和自身的需要。

這個學派認爲，企業的系統管理就是把各項資源結合成爲達到一定目標的整體系統。它並不取消管理的各項職能，而是讓它們圍繞企業目標發揮作用。它使管理人員經常重視企業的整體目標，不局限於特定領域的專門職能，又不忽視自己在企業系統中的地位和作用，從而有助於提高企業的效率。這個學派還運用系統論原理爲企業設計了通用的組織結構。

2.2.4 決策學派的管理理論

這個學派的代表人物是赫伯特·西蒙和詹姆士·馬奇。他們原屬於社會系統學派，對該學派的發展做出了卓越貢獻，後又致力於決策理論、運籌學、電子計算機在企業管理中的應用等的研究，獲得豐碩成果，所以獨立出來，自成一派。其代表著作有兩人合作的《組織》和西蒙的《管理決策新科學》等。

西蒙等人非常強調決策在組織中的重要地位，認爲決策貫穿於管理的各個方面和全過程，"它和管理一詞幾近同義"。他概括了決策過程的三個階段：①收集信息；②擬訂計劃方案；③選定計劃方案。他提出了決策的原則，認爲組織的主要職能之一就是"彌補個人的有限制的理性"，作出"足夠好的"決策，所謂"絕對的理性"和"最優化決策"是做不到的。他將決策分爲"程序化決策"和"非程序化決策"兩類，它們應用的決策技術不同，而他研究的重點是在"非程序化決策"方面，提倡用電子計算機模擬人類思考和解決問題。

西蒙等人也研究了企業的組織結構問題，並且同他的決策理論密切結合。他認爲一般的組織都存在等級分層現象：最下層是基本工作過程，中間層是程序化決策制定過程，最上層則是非程序化決策制定過程。電子計算機的應用，數據處理和決策制定的自動化，將不會改變這一等級分層結構。他不同意"分權"比"集權"更好的絕對化觀點，也不讚同中層管理人員將隨著計算機的應用而減少的看法。

西蒙對未來的新型組織作了描述，他認爲他所預測的決策過程的變化（指信息技術發展所引起的變化）不會使組織完全變樣，相反，新型組織在很多方面將與現在的組織極爲相似。它們將仍然是等級分層形式，仍可分爲三層，還可分設幾個部門，各部門又分成幾個更小的單位，只不過劃分部門界限的基礎可能有些變化。他說："人類必須把自己放在應有的地位上。即使電子系統能效仿人類某些機能，或者人類思維過程中的某些奧秘被解除時，以上的事實也無法改變。"

2.2.5 經驗學派的管理理論

這個學派的代表人物有彼得·德魯克、歐內斯特·戴爾、小艾爾弗雷德·斯隆等。德魯克的著作很多，主要有《管理的實踐》、《管理：任務、責任、實踐》和《有效的管理者》等。戴爾的著作主要有《偉大的組織者》等。斯隆的著作有《我在通用汽車公司的年代》。

經驗學派的基本主張是，企業管理科學應當從實際出發，以企業特別是成功的大型企業的管理經驗爲主要研究對象，以便在一定的情況下將這些經驗升華爲理論，但在更多的情況下，只是爲了將這些經驗直接傳授給實際工作者，向他們提出有益的建議。由於他們突出強調研究和傳授實際經驗，所以被稱爲經驗學派。

經驗學派很重視研究企業的組織結構問題，有許多精闢獨到的見解。如德魯克在1975年發表的《今日管理組織的新樣板》一文中，將西方企業的組織結構概況爲五種類型：集權的職能型結構、分權的"聯邦式"結構、規劃—目標結構（矩陣結構）、模擬性分散管理結構、系統結構。這一分類基本上包括了已有的主要類型，爲許多管理學者所採用。德魯克提出，組織結構的設計應從企業實際出發，根據自身的生產性質、特殊條件及管理人員的特性等來確定，沒有能適用於一切情況的最好模式；能夠完成工作任務的最簡單的組織結構，就是最好的結構；當外界環境和自身條件發生變化時，組織結構應及時改革。斯隆在20世紀20年代擔任通用汽車公司總裁期間，對公司管理體制和組織結構大膽進行了改革，實行"分散經營、協調控制"，這些實踐使他成爲"分權制"和後來的"事業部制"的創始人。

經驗學派強調從企業管理的實際經驗出發，而不從一般原則出發來進行研究。如戴爾的《偉大的組織者》一書主要就是用比較的方法研究了美國杜邦公司、通用汽車公司、國民鋼鐵公司和西屋電氣公司等四大公司的領導者杜邦、斯隆等人成功的管理經驗。德魯克的《有效的管理者》一書向管理者學習"有效性"提出建議時，也引用了包括美國總統林肯、羅斯福，高級官員馬歇爾、麥克拉馬拉，企業家費爾、斯隆等人的大量管理經驗。這種研究方法對人們去理解管理是一門藝術頗有啓迪作用。

2.2.6 權變學派的管理理論

權變學派的理論涉及幾個方面，各有其代表人物和代表著作。在研究組織結構方面，有湯姆·伯恩斯、瓊·伍德沃德、保羅·勞倫斯和杰伊·洛希等。在人性論方面，有約翰·莫爾斯和杰伊·洛希。在領導方式方面，有弗雷德·菲德勒、羅伯特·豪斯等。

儘管研究的領域不同，但他們都強調權變的觀點和方法。所謂權變，即隨機應變之意。他們認爲，同古典管理理論的看法相反，世界上根本不存在適用於一切情況的管理的"最好方式"。管理的形式和方法必須依據組織的外部環境和內部條件的具體情況而靈活選用，並隨著環境和條件的發展變化而隨機應變，這樣才能取得較好的效果。他們特別重視對組織外部環境和內部條件的研究，要求從實際出發，具體情況具體分析，自此基礎上選用適當的管理形式和方法。

權變學派和經驗學派的關係密切，觀點相近，但又有所不同。經驗學派以實際管理經驗作爲研究重點，以傳播管理經驗爲己任；而權變學派則企圖通過大量的調查研究，將複雜多變的客觀情況歸納爲幾個基本類型，並爲每一類型的情況找出一種在該情況下比較合理的管理模式。權變管理的思想就是強調管理同組織外部環境和內部條件之間存在着一種函數關係，環境和條件是自變數，管理形式的方法是因變數，即管理形式和方法要隨著環境和條件的變化而變化，目的是更有效地實現組織目標。

2.2.7 管理科學學派的管理理論

所謂管理科學，就是大量應用數學、統計學等定量化工具於企業管理，通過建立模型、求出最優解，去解決管理問題。其代表人物有韋斯特·丘奇曼、埃爾伍德·伯法、塞繆爾·裡奇蒙等。這一學派的代表著作有伯法的《現代生產管理》和《生產管理基礎》，這兩本書也被西方許多管理學院選作基本教材。

管理科學開始於第二次世界大戰期間爲軍事目的而進行的運籌學研究，二戰後研究繼續進行，並應用於民用企業。管理科學學派形成於20世紀50年代，當時出現了一批管理科學（主要是運籌學）的著作。這個學派認爲，人是"經濟人"，組織既是由"經濟人"組成的追求經濟利益的系統，因此，管理工作應採用大量的科學方法和計算機技術，對問題做定量分析，建立數字模型，求出經濟效益最優化的解，作爲決策依據。其步驟一般是：①提出問題；②建立一個代表所研究對象的數學模型；③解模型得解決方案；④對模型和解決方案進行驗證；⑤建立對解決方案的控制手段；⑥實現解決方案。

管理科學應用大量的科學方法，如線性規劃、非線性規劃、概率論、對策論（博弈論）、排隊論（隨隨機服務系統理論）、模擬法、決策樹法、計劃評審法（PERT）和關鍵線路法（CPM）等。管理科學還把電子計算機應用於管理信息系統（MIS）和管理決策，這不僅顯著提高了管理效率，而且改變了管理的面貌。

這個學派的理論同泰勒的科學管理理論一脈相承，二者有許多共同點。如他們都把組織的成員看成"經濟人"，組織的目標局限於追求經濟利益；科學管理要求找出一種管理的"最好方式"，管理科學則要求"最優化"；科學管理用"甘特圖"來安排工程進度，管理科學則由"甘特圖"發展到PERT和CPM的"網路圖"，安排工程進度更加有效。兩種理論在創建時都包括了各方面的專家，有助於開拓思路，研究新問題。不過，管理科學學派應用了系統論觀點，充分吸收了數學、計算機科學的新成就，這是其獨特之處。

2.2.8 組織文化學派的管理理論

在20世紀70年代後期，美國企業受到日本企業的嚴峻挑戰，許多美國管理學者開始從事美日兩國企業管理的比較研究以及美國成功企業管理經驗的研究。組織文化（企業文化）理論於20世紀80年代初逐步形成。這個理論雖然還不很成熟，需要繼續在實踐檢驗中完善，但已受到世界各國的重視，有着良好的發展前景。其代表作品有帕斯卡爾和阿索斯合著的《日本的管理藝術》、威廉·大內的《Z理論》、迪爾和肯尼迪合著的《公司文化》、托馬斯·彼得斯和小羅伯特·沃特曼合著的《成功之路》等。

這個學派的突出特點是十分強調組織文化在管理中的重要地位。他們提出了"7S"管理模式。此模式説明，企業成敗的關鍵因素有7個：戰略、結構（以上為"硬件"）、制度、人員、管理作風、技能、共同的價值觀（以上為"軟件"）。他們相互關聯，而共同的價值觀（即組織文化）是核心。過去的管理學者都重視"硬件"的研究，而較爲忽視"軟件"，所以現在需要強調"軟件"特別是組織文化的重要性。所謂組織文化，一般是指組織內部全體人員共同持有的價值觀、信念、態度和行為準則。它是組織特有的傳統和風尚，制約着一切的管理政策和措施。管理者的首要職責就是要去塑造和落實有利於組織發展的文化，並處理好日常工作中出現的文化衝突。

《公司文化》一書將企業文化作為系統理論進行了全面闡述。作者對近80家企業作了調查，認為傑出而成功的公司大都有強有力的企業文化。他們舉出企業文化的構成要素有五個：①企業環境，塑造企業文化的最重要要素；②價值觀，企業文化的核心；③英雄人物，組織價值觀的"人格化"，職工效法的榜樣；④典禮及儀式，由日常例行事務構成的動態文化；⑤文化網，企業中基本的溝通方式。組織文化發揮作用的關鍵是要把五要素組合起來。

這個理論貫穿着一種"非理性傾向"，對過去一切管理理論中的"理性主義"提出了批評。它指出，從泰勒算起，許多管理學者都過分依賴解析的、定量的方法，認爲唯有數據才可信，只相信複雜的結構、周密的計劃、嚴格的規章制度、明確的分工、自上而下的控制、大規模生產的經濟性等"理性的"手段，這把人們引向了歧途。管理不僅涉及物，也涉及人，而人按其本性來看，絕非純理性的，感情因素不容忽視。理性主義者把管理看作純粹的科學，其實它還是一門藝術，它不但要靠邏輯與推理，也要靠直覺與感情。當然，組織文化理論並非完全否定理性主義，只是反對過分的純理性觀點，即反對"理性化"的迷信和濫用。

2.2.9 現代管理理論的回顧

如前所述，西方的現代管理理論有着極爲豐富的内容，各學派的理論都有所長，正好相互補充。有些學者力求將各派所長兼收並蓄，建立起統一的現代管理理論，以便走出"叢林"。無論他們的努力是否能很快見效，現代管理理論的一些觀點已經得到公認，值得我們參考借鑒。

1. 系統觀點

這是系統學派的貢獻。他們要求將一切社會組織及其管理都看成系統，其内部劃分若干子系統，而這個系統又是組織所處大環境系統中的一個子系統。系統觀點又可細分爲三個觀點：

（1）全局（整體）觀點。根據系統整體性的要求，在處理子系統與系統之間的關係時，必須堅持全局即整體觀點，局部利益應服從全局利益，局部優化應服從全局優化。

（2）協作觀點。根據系統相關性的要求，在處理各子系統相互間的關係時，必須堅持協作觀點，互相支援，分工合作，把方便讓給別人，把困難留給自己。

（3）動態適應觀點。根據系統開放性要求，在處理系統與外界環境之間的關係時，必須堅持動態適應觀點，即組織應更多地瞭解所處的環境，選擇採用與之相適應的管理方法與模式，並隨著環境的變化而變化，同時，組織也可以對所處環境產生影響。

2. 權變觀點

這是權變學派的貢獻。他們不承認管理工作中存在適用於一切情況的"最好方式"，要求從實際出發，具體情況具體分析，選用適合於特定情況的管理模式和方法，且隨著情況的變化而變化。絕不能將管理原則當作教條，也不能照搬照抄別國的和別人的做法。堅持權變觀點，首先要加強調查研究，掌握充分、準確的實際信息，然後認真分析，並運用管理理論，作出比較合理的決策。這也就是理論聯繫實際、實事求是的要求。其次，實際情況是不斷發展變化的，調查研究也應經常化、制度化，在決策執行過程中還要善於按照新情況作出新決策。過去的成功經驗也不一定適合現在的實際，還應具體分析。

3. 人本觀點

這是行爲科學理論、組織文化理論的貢獻。早期的行爲科學理論即人際關係論最先提出,管理要以人爲中心,全面提高職工需求的滿足程度;後期的行爲科學理論包括對人性、激勵、領導方式和非正式組織的研究,都是圍繞着人來進行的,都是爲了滿足職工需求,充分調動職工積極性。組織文化理論特別強調"真正重視人""出色企業都有一條根深蒂固的基本宗旨,那就是'尊重個人','使職工成爲勝利者','讓他們出人頭地','把他們當成人來對待'""使工人關心企業是提高生產率的關鍵"。他們突出組織文化的重要性,也是爲了引導、激勵和規範人的行爲,以更好地實現組織的目標。

【知識閱讀2-2】

提高員工幸福感

不久前,"哈佛幸福課"的主講者塔爾·本·沙哈爾指出,企業可以引進積極心理學,增加企業的心理資本,在提高員工滿意度和幸福感的同時,提升企業的效益。心理資本包括以下幾個方面的要素:希望、樂觀、韌性、主觀幸福感和情商等。與人力資本和社會資本相似,人們可以通過訓練獲得並發展心理資本。提升心理資本的一個現成做法是欣賞式探詢。欣賞式探詢的意思是基於現有的優勢,發揮這種優勢的效力,從而激發員工的滿意度,改善他們的工作。如果企業管理者能夠營造一種積極的氛圍,讓員工關註自己的優勢,這樣的企業員工往往更快樂,也會更熱愛自己的工作,企業的經營業績也就更好。事實上,經理人對下屬的期望和對待下屬的方式,在很大程度上決定了下屬的表現。

(資料來源:佚名.《銷售與市場》管理版,2011(1).)

4. 創新觀點

創新是社會政治、經濟、科學和文化發展的強大動力。組織作爲現代社會的構成單元,需要不斷地更新自己的觀念、結構、制度、產品、技術等,才能謀求生存和發展,並推動社會的進步。古典管理理論強調穩定,不重視變革,現代管理理論則普遍強調創新,組織文化理論在這方面尤爲突出。

以《成功之路》一書爲例,這本書是43家美國出色企業的成功經驗總結。作者用於挑選出色企業的標準除長期優異的經營績效即良好的財務狀況外,首先要有高度創新精神。這裡的創新不局限於產品和技術的創新,而是理解爲"能對變化迅速的外部環境靈活敏捷地作出有效的反應"。在所總結的出色企業的品質中,有一個品質"行自主、倡創業"就是介紹創新精神和鼓勵支持創新經驗的。該書還詳細敘述了明尼蘇達採礦製造公司的經驗。人們形容這家公司是:"如此熱衷於革新,以致那兒的氣氛,與其說像一家大公司,倒不如說像一串鬆散的實驗室,裡面聚集着狂熱的發明家和無所畏懼地想開創一番事業的實業家。"

上述四個觀點是西方現代管理理論中最爲突出的觀點,其他還有許多內容也都值得我們認真研究,並吸取有用的部分爲我所用。

【學習實訓】 案例分析——專家的建議

李華是一個食品廠廠長。在過去的 4 年中，食品廠每年的銷售量都穩步遞增。但是，今年的情況發生了較大的變化，到 8 月份，累計銷量比去年同期下降了 17%，生產量比計劃少 15%，缺勤率比去年高 20%，遲到早退現象也有所增加。李華認為這種情況的發生很可能與管理有關，但他不能確定發生這些問題的原因，也不知道應該怎麼去改變這種情境。他決定去請教管理專家。

請問：具有不同管理思想（科學管理思想、行為管理思想、權變管理思想、系統管理思想）的管理專家，會認為該廠的問題出在哪裡，並提出怎樣的解決方法？

綜合練習與實踐

一、判斷題

1. 泰勒科學管理理論的中心問題是提高勞動生產率。（　　）
2. 法約爾提出的 14 項管理原則已不再對現在的管理活動有指導意義。（　　）
3. 馬斯洛認為，當人的某一需要成為當前最迫切的需要時，他可置其他需要而不顧。（　　）
4. 霍桑試驗的結論中，認為人是"經濟人"。（　　）
5. 管理科學學派提倡依靠計算機進行管理，以提高管理的經濟效益。（　　）

二、單項選擇題

1. 泰羅的代表作是（　　）。
   A.《科學管理原理》　　　　B.《工業管理與一般管理》
   C.《新教倫理與資本主義精神》　　D.《經理工作的性質》
2. 泰羅認為科學管理的中心問題是（　　）。
   A. 提高勞動生產率　　　　B. 實行職能制
   C. 實行例外管理原則　　　D. 提高勞動生產率
3. 按照韋伯的觀點，只有（　　）才適宜作為理想行政組織體系的基礎。
   A. 理性—合法權力　　　　B. 傳統權力
   C. 超凡權力　　　　　　　D. 個人影響權
4. 在管理思想史上，（　　）被稱為"經營管理理論之父"。
   A. 泰勒　　　　　　　　　B. 韋伯
   C. 法約爾　　　　　　　　D. 梅奧
5. 管理科學學派是（　　）的繼續和發展。
   A. 泰勒的科學管理理論　　B. 法約爾的一般管理理論
   C. 韋伯的理想行政組織體系理論　D. 梅奧的人際關係理論

51

三、多項選擇題

1. 泰勒科學管理理論的主要內容包括（　　　）。
   A. 科學地挑選工人　　　　　　B. 工時研究和標準化
   C. 差別計件工資制　　　　　　D. 實行職能制　　E. 實行例外管理原則
2. 法約爾認爲管理的職能包括（　　　）。
   A. 計劃　　　　　　　　　　　B. 組織
   C. 人事　　　　　　　　　　　D. 領導
   E. 控制
3. 霍桑試驗的結論包括（　　　）。
   A. 職工是"社會人"　　　　　　B. 職工是"經濟人"
   C. 企業中存在着"非正式組織"　D. 職工是"複雜人"
   E. 新的領導能力在於提高職工的滿足度
4. 古典組織理論的要點包括（　　　）。
   A. 爲管理下定義　　　　　　　B. 提出管理的5職能
   C. 提出14條"管理的一般原則"　D. 提出"例外原則管理"
   E. 強調管理教育的重要性
5. 組織文化學派管理理論的要點包括（　　　）。
   A. 運用系統論來研究組織和管理
   B. 突出強調管理實踐經驗的重要性
   C. 建立"7S"模型，強調文化的重要性
   D. 貫穿一種"非理性傾向"
   E. 提倡盡量多地採用定量化方法

四、簡答題

1. 你對泰勒科學管理理論如何評價？
2. 簡述法約爾提出的14條"管理的一般原則"。
3. 何爲霍桑試驗？
4. 人際關係學說是誰創立的？主要內容有哪些？
5. 什麼是系統觀點？

五、案例分析——保利公司的總經理

保利公司是一家中美合資的專業汽車生產製造企業，總投資600萬美元，其中固定資產350萬元，中方占有53%的股份，美方占有47%的股份，主要生產針對工薪家庭的輕便、實用的汽車，在中國有廣闊的潛在市場。

誰出任公司的總經理呢？外方認爲，保利公司的先進技術、設備均來自美國，要使公司發展壯大，必須由美國人來管理。中方也認爲，由美國人來管理，可以學

習借鑒國外企業的管理方法和經驗，有利於消化吸收引進技術和提高工作效率。因此，董事會形成決議：聘請美國山姆先生任總經理。山姆先生有20年管理汽車生產企業的經驗，對振興公司胸有成竹。誰知事與願違，公司開業一年不但沒有賺到一分錢，反而虧損80多萬。山姆先生被公司辭退了。

這位曾經在日本、德國、美國等地成功地管理過汽車生產企業的經理何以在中國失敗呢？多數人認為，山姆先生是個好人，在技術管理方面是個內行，為公司吸收和消化先進技術做了很多工作。他對搞好保利公司懷有良好的願望，"要讓保利公司變成一個純美國式的企業"。他工作認真負責，反對別人干預他的管理工作，並完全按照美國的模式設置了公司的組織結構並建立了一整套規章制度。在管理體制上，山姆先生實行分層管理制度：總經理只管兩個副總經理，下面再一層管一層。但這套制度的執行結果造成了管理混亂，人心渙散，員工普遍缺乏主動性，工作效率大大降低。山姆先生強調"我是總經理，你們要聽我的"。他甚至要求，工作進入正軌後，除副總經理外的其他員工不得進入總經理的辦公室。他不知道，中國企業負責人在職工面前總是強調和大家一樣，以求得職工的認同。最終，山姆先生在公司陷入非常被動、孤立的局面。

山姆先生走後，保利公司選派了一位懂經營管理、富有開拓精神的中方年輕副廠長擔任總經理，並隨之組建了平均年齡只有33歲的領導班子。新班子根據實際情況和組織文化，迅速制定了新的規章制度，調整了機構，調動了全體員工的積極性。在銷售方面，採取了多種促銷手段。半年後，保利公司宣告扭虧為盈。

思考題：
試運用管理的有關原理分析保利公司總經理成敗的原因。

第 3 章

決　策

▶ 學習目標

通過本章學習，學生應瞭解決策的特徵和類型，掌握適用不同情況的決策方法，清楚決策過程，能夠在管理實踐中運用決策的方法和技巧。

▶ 學習要求

知識要點	能力要求	相關知識
認識決策	能夠正確認識決策職能，分辨不同的決策類型	決策的概念、特徵和類型
決策的制定過程及其影響因素	1. 瞭解決策的影響因素 2. 掌握評價決策的標準 3. 掌握決策的制定步驟	決策的制定步驟、方法和註意事項
決策方法	1. 瞭解決策方法的基本分類 2. 掌握定性的決策方法 3. 掌握並運用定量的決策方法	確定型決策、風險型決策和不確定型決策的特點（區分依據）

案例導入

選擇決定生活

有三個人要被關進監獄三年，監獄長讓他們三人每人提一個要求。

美國人愛抽雪茄，要了三箱雪茄。

法國人最浪漫，要一個美麗的女子相伴。

猶太人說，他要一部與外界溝通的電話。

三年過後，第一個衝出來的是美國人，嘴裡鼻孔裡塞滿了雪茄，大喊道："給我火，給我火！"原來他忘了要火了。

接著出來的是法國人。只見他手裡抱著一個小孩子，美麗女子手裡牽著一個小孩子，女子肚子裡還懷著第三個。

最後出來的是猶太人，他緊緊握住監獄長的手說："這三年來我每天都與外界聯繫，我的生意不但沒有停頓，反而增長了200%。為了表示感謝，我送你一輛勞斯萊斯！"

什麼樣的決策決定什麼樣的生活。今天的生活是由先前我們的選擇決定的，而今天我們的決策將決定我們未來的生活。我們要選擇接觸最新的信息，瞭解最新的趨勢，從而更好地創造自己的未來。

（資料來源：佚名. 管理故事［EB/OL］.（2009-11-28）[2014-06-17]. http://www.517hb.com/html/newsys/newsys3189.htm.）

任務 3.1　認識決策

【學習目標】

讓學生認識什麼是決策，瞭解決策的特徵和類型，激發學生學習興趣；檢測學生對決策基本概念和相關內容的掌握。

【學習知識點】

3.1.1　決策的概念

1. 決策的含義

所謂決策，是指組織或個人為了實現某種目標而對未來一定時期內有關活動的方向、內容及方式的選擇或調整過程。對決策的含義我們可以從四個方面來理解：一是決策主體可以是組織，也可以是個人；二是決策要解決的問題，既可以是對未來活動的初始選擇，又可以是在活動過程中對初始選擇作出的調整或再選擇；三是決策的內容可能涉及未來活動的方向，也可能涉及活動的方式方法；四是決策既非單純的"出謀劃策",又非簡單的"拍板定案",而是一個多階段的分析判斷過程。

對於決策是否是管理的一項職能,人們看法各異。有的學者將決策視爲管理的單獨職能,與計劃、組織、領導等職能並列。但決策學派認爲決策貫穿於管理的各個方面和全過程,即貫穿於計劃、組織、領導、控制等職能之中而不能單獨抽出來作爲一項職能。本書讚同決策學派的看法。社會組織行使的每一項管理職能都內含着決策。例如,計劃職能,在組織的方針、目標、計劃、戰略等的制定中,就有大量的決策問題。又如組織職能,組織結構的設計、管理幅度的大小、集權分權的程度,都需要作決策。領導職能,領導者對領導方式和激勵方式的選擇,也是決策問題。對於其他職能,也是如此。因此,決策是同管理各職能緊密結合在一起、不能分割的。假如將決策從各職能中抽出來,作爲一項單獨職能,不但會把計劃、組織等職能的內容抽空,而且會導致決策這一職能的目的性不明。所以,我們不把決策看作管理的一項職能。但是,決策肯定是管理的核心問題。

【知識閱讀3-1】

田忌賽馬

賽馬是當時最受齊國貴族歡迎的娛樂項目。上至國王,下到大臣,常常以賽馬取樂,並以重金賭輸贏。田忌多次與國王及其他大臣賭輸贏,屢賭屢輸。一天他賽馬又輸了,回家後悶悶不樂。孫臏安慰他說:"下次有機會帶我到馬場看看,也許我能幫你。"

當又一次賽馬時,孫臏隨田忌來到賽馬場,滿朝文武官員和城裡的平民也都來看熱鬧。孫臏瞭解到,各家的馬按奔跑速度分爲上中下三等,馬的等次不同裝飾不同,各家的馬依等次比賽,比賽爲三賽二勝制。

孫臏仔細觀察後發現,田忌的馬和其他人的馬相差並不遠,只是策略運用不當,以致失敗。孫臏告訴田忌:"大將軍,請放心,我有辦法讓你獲勝。"田忌聽後非常高興,隨即以千金作賭註約請國王與他賽馬。國王在賽馬中從沒輸過,所以欣然答應了田忌的邀請。

比賽前田忌按照孫臏的主意,用上等馬鞍將下等馬裝飾起來,冒充上等馬,與齊王的上等馬比賽。比賽開始,只見齊王的好馬飛快地衝在前面,而田忌的馬遠遠落在後面,國王得意地開懷大笑。第二場比賽,還是按照孫臏的安排,田忌用自己的上等馬與國王的中等馬比賽,在一片喝彩中,只見田忌的馬竟然衝到齊王的馬前面,贏了第二場。關鍵的第三場,田忌的中等馬和國王的下等馬比賽,田忌的馬又一次衝到國王的馬前面,結果二比一,田忌贏了國王。

從未輸過比賽的國王目瞪口呆,他不知道田忌從哪裡得到了這麼好的賽馬。這時田忌告訴齊王,他的勝利並不是因爲找到了更好的馬,而是用了計策。隨後,他將孫臏的計策講了出來,齊王恍然大悟,立刻把孫臏召入王宮。孫臏告訴齊王,在雙方條件相當時,對策得當可以戰勝對方,在雙方條件相差甚遠時,對策得當也可將損失減到最低程度。後來,國王任命孫臏爲軍師,指揮全國的軍隊。從此,孫臏協助田忌，改善齊軍的作戰方法，齊軍在與別國軍隊的戰爭中因此屢屢取勝。

（資料來源：佚名. 田忌賽馬的故事［EB/OL］.（2009-11-28）［2014-06-17］. http://zhidao.baidu.com.）

2. 決策的構成要素

決策活動各種各樣，但都有共同的構成要素。決策的構成要素之間是密切相關的。決策包括以下六個構成要素：

（1）決策者，可以是單獨的個人或群體組成的機構。
（2）決策目標，決策行動所期望達到的成果和價值。
（3）自然狀態，不以決策者主觀意志為轉移的情況和條件。
（4）備選方案，可供選擇的各種可行方案。
（5）決策後果，決策行動所引起的變化或結果。
（6）決策準則，決策方案所依據的原則和對待風險的態度。

3.1.2 決策的特徵

1. 目的性

組織的決策總是為了解決一定的問題或達到一定的目標。在一定條件和基礎上確定希望達到的結果和目的，這是決策的前提。有目標才有方向，才能衡量決策的成敗。目標的確立是決策的首要環節。

2. 可行性

決策是為了付諸實施，不準備實施的決策是毫無意義的。決策的可行性是指：
（1）決策所依據的數據和資料比較準確、全面；
（2）決策能夠解決一定的問題，實現預定的目標；
（3）方案本身具備實施條件（包括符合預算要求）；
（4）決策富有彈性，留有餘地，以保證目標實現的最大可能性。

3. 選擇性

決策的實質是選擇，沒有選擇就沒有決策。要能夠有所選擇，就必須提供可以互相替代的兩種以上的方案。為了實現相同的目標，組織可以運用多種不同的活動形式。這些活動在資源要求、可能的結果及風險大小等方面均有所不同。因此，在決策中不僅有選擇的可能，而且有選擇的必要。

4. 滿意性

一般而言，組織決策依據的是滿意原則，而非最優原則。最優決策往往只是理論上的幻想，因為它要求：決策者瞭解與組織活動有關的全部信息；決策者能正確地辨識全部信息的有用性，瞭解其價值，並能據此制訂出沒有疏漏的決策方案；決策者能夠準確地計算每個方案在未來的執行結果；決策者對組織在未來一定時期內所要達到的目標具有明確一致的認識。

然而在實際管理活動中，上述條件難以具備，原因在於：

首先，從理論上講，外部環境對組織目前及未來均會產生或多或少、直接或間接的影響，然而組織很難收集到能正確反應外部環境的所有信息。

其次，對於收集到的有限信息，決策者的利用能力也是有限的，這種雙重有限性決定了組織只能制定出有一定缺陷的行動方案。

再次，任何方案都需要在未來付諸實施，然而人們對未來的認識能力和影響能力是有限的。目前預測的未來狀況與未來的實際情況可能存在非常顯著的差別，於是根據目前的認識確定未來的行動總是有一定的風險性。換言之，各行動方案在未來的實施結果通常是不確定的。

最後，即便是決策方案的實施帶來了預期的結果，但這種結果未必就是組織實現其最終目標所需要的。在備選方案有限、執行結果不確定和結果判定不明確的條件下，決策者勢必難以作出真正最優的決策，而只能是根據已知的全部條件，加上決策者的全部判斷，作出相對滿意的選擇。所以，組織決策通常只是滿意性的決策。

【知識閱讀 3-2】

該由誰騎這頭騾

一位農民和他年輕的兒子到離村 6 千米的城鎮去趕集。開始時老農騎着騾，兒子跟在騾後面走。沒走多遠，就碰到一位年輕的母親，她指責農夫虐待他的兒子。農夫不好意思地下了騾，讓給兒子騎。走了 1 千米，他們遇到一位老和尚，老和尚見年輕人騎着騾，而讓老者走路，就罵年輕人不孝順。兒子馬上跳下騾，看着他父親。兩人決定誰也不騎。兩人又走了 2 千米，碰到一學者，學者見兩人放着騾不騎，走得氣喘吁吁的，就笑話他們放着騾不騎，自找苦吃。農夫聽學者這麼說，就把兒子托上騾，自己也翻身上騾。兩人一起騎着騾又走了 1.5 千米，碰到一位外國人，這位外國人見他們兩人合騎一頭騾，就指責他們虐待牲口。

（資料來源：佚名. 該由誰騎這頭騾 [EB/OL].（2013-06-08）[2017-01-25]. http://zhidao.baidu.com.）

5. 過程性

決策是一個過程，而不是瞬間完成的行動。決策的過程性特徵可以從兩個方面來認識。一是組織的決策通常不是一項決策，而是一系列決策的綜合。決策中組織不僅要選擇業務活動的內容和方向，還要決定如何具體展開組織的業務活動，決定如何籌措資源、安排人事等。這些都需要進行綜合考慮、反覆協調，才能最終完成。二是決策從活動目標的確定，到活動方案的擬訂、評價和選擇，這本身就是一個包含了許多工作、由眾多人員參與的過程。

6. 動態性

決策是一個過程，而且是一個持續不斷的過程。決策的主要目的之一是使組織活動必須適應外部環境的要求，而外部環境是在不斷發生變化的，決策者必須持續跟蹤研究這些變化，找到可以利用的機會，發現可能面對的威脅，據此調整組織的各項活動，實現組織與環境的動態平衡。

3.1.3 決策的類型

1. 按照決策主體分

1）個人決策

這裡的個人決策是指個人在參與組織活動中的各種決策。例如，他們首先要決定是否加入某組織，在加入某組織後，又要決定是否接受組織交給的各項任務，在完成任務的過程中採取何種方式、投入多大，如何與其他成員合作等。這些決策不僅涉及個人與組織的關係，而且還影響個人的行爲方式，以致影響其他成員和整個組織的活動效率。當然個人的這些決策常常是依靠直覺或在短時間內完成的。

2）組織（群體）決策

組織決策是組織爲了一定的目標對未來一定時期的活動所作的選擇或調整。組織決策依靠組織的某些成員，在研究組織所處的內外環境、瞭解自己的實際情況的基礎上選擇或調整組織活動的方向、內容或方式。比如，企業生產何種產品、生產多少這種產品、利用何種技術手段生產等，都需要進行選擇和調整。與個人決策相比較，組織決策需解決的每一個問題，都要有意識地提出，並對多種信息進行分析和對多個方案進行選擇，經過一定的程序才能完成。

2. 按照決策問題的重要程度和時限分

1）戰略決策

戰略決策是指事關組織興衰成敗的帶全局性、長期性的大政方針的決策，如企業方針、目標與計劃的制訂，產品轉向，技術改造和引進，組織結構的變革等。戰略決策的特點是：影響的時間長、範圍廣，決策的重點在於解決組織與外部環境的關係問題，註重組織整體績效的提高，主要解決組織"做什麼"的問題。戰略決策屬於組織的高層決策，是組織高層管理者的一項主要職責。

2）戰術決策

在戰略決策確定以後，便需要具體實施和執行決策方案，這就要選擇活動的方式，解決"如何做"的問題，這類決策便是戰術決策。戰術決策又可分爲管理決策和業務決策。

（1）管理決策

管理決策是指在執行戰略決策過程中，在組織管理上合理選擇和使用人力、物力、財力等方面的決策。如企業的銷售、生產等專業計劃的制訂，產品開發方案的制訂，職工招聘與工資水平方案的制訂，更新設備的選擇，資源的合理使用等方面的決策。管理決策的特點是：影響的時間較短、範圍較小，決策的重點是對組織內部資源進行有效組織和利用，以提高管理效率。這類決策主要是由中層管理者來負責。

（2）業務決策

業務決策又稱作業決策，是指爲提高效率以及執行管理決策等日常作業中的具體決策。如基層組織內任務的日常分配、勞動力調配、個別工作程序和方法的變動等。業務決策的特點是：純屬執行性決策，決策的重點是對日常作業進行有效的組織，以提高作業效率。這類決策一般由基層管理者負責。

3. 按照決策的重複程度（即有無既定程序）分

1）程序性決策

程序性決策又稱為常規決策或例行性決策，指在日常管理工作中以相同或基本相同的形式重複出現的決策。如企業中任務的日常安排、常用物資的訂貨、會計與統計報表的定期編制與分析等。由於這類問題經常反復出現，其特點和規律性易於掌握，因而通常可以將處理這類問題的決策固定下來，制定成程序或標準來加以解決。

2）非程序性決策

非程序性決策又稱非常規決策或例外決策，是指在管理過程中因受大量隨機因素的影響，很少重複出現，常常無先例可循的決策。如企業經營方向和目標決策、新產品開發決策、新市場開拓決策等。對這類活動，決策者往往沒有固定的模式或規則可循，完全靠決策者的洞察力、判斷力、知識和經驗來解決。

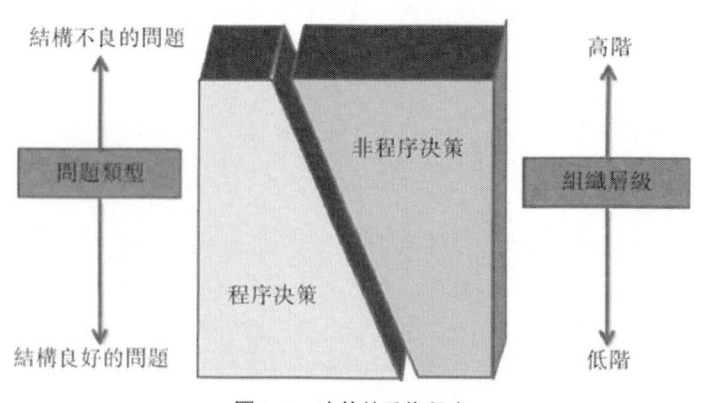

圖 3-1　決策的重複程度

4. 按照決策的起點分

1）初始決策

初始決策是指組織對擬從事的某種活動進行初次選擇。它是在分析當時條件和對未來進行預測的基礎上制定的，其特點是決策是在有關活動尚未進行、對環境尚未產生任何影響的前提下作出的，即從零開始的。只有當初始決策開始實施後，才會對環境產生影響，如組織實施初始決策會與協作單位建立起一定的聯繫，組織會投入一定的人力、物力、財力，組織內部的有關部門和人員在開展活動中會形成相應的關係或利益結構等。

2）追蹤決策

追蹤決策是在初始決策實施的基礎上對組織活動方向、內容或方式的調整。它是由於初始決策實施後環境發生了變化，或是由於組織對環境特點的認識發生了變化而引起的。追蹤決策必須對過去的初始決策進行客觀分析，根據新的情況，尋找調整改變初始決策的原因，並採取相應措施。顯然，追蹤決策是一個揚棄初始決策的不合理內容的過程。實際上組織中大部分決策都是在非初始狀態下進行的，屬於追蹤決策。

　　由於追蹤決策是對初始決策或已形成的狀態進行調整，因此，追蹤決策選擇的方案不僅要優於初始決策，而且還應在能夠改善初始決策實施效果的各種可行方案中，選擇滿意的方案。也就是說追蹤決策需要進行雙重優化，否則將不能達到其優化調整的目的。

　　5. 按決策問題所處的條件及可靠程度分

　　1) 確定型決策

　　確定型決策指掌握了各可行方案的全部條件，可以準確預測各方案的後果，或各方案的後果本來就十分明確，決策者只需從中選擇一個最有利方案的決策過程。確定型決策一般可運用數學模型或借助電子計算機進行決策。

　　2) 風險型決策

　　風險型決策指決策事件的某些條件是已知的，但還不能完全確定決策的結果，只能根據經驗和相關資料估計各種結果出現的可能性（即概率）。這時的決策具有一定的風險，故稱爲風險型決策。

　　3) 不確定型決策

　　不確定型決策指決策事件未來可能出現的幾種結果的概率都無法確定，只能依靠決策者的經驗、直覺和估計來作出決策。

　　6. 按決策者所在管理層的不同分

　　1) 高層決策

　　高層決策是指高層管理者所作的方向目標之類的重大決策，大多數屬於不確定型或風險型決策。

　　(2) 中層決策

　　中層決策一般是由中層管理者所作的業務性決策。

　　(3) 基層決策

　　基層決策是由基層管理者所作的執行性決策。

　　三種決策具有交叉效應，但因決策的層次不同，具有不同的職能、作用和比重，其複雜程度、定量程度及肯定程度都有一定區別。高層決策、中層決策和基層決策的比較如表 3-1 所示。

表 3-1　　　　　　　高層決策、中層決策和基層決策的比較

決策層	高層決策	中層決策	基層決策
性質差別	非定型的多 定型的少	定型的多 非定型的少	基本定型
層次差別	戰略性的多	業務性的多	執行性的多
決策的複雜程度	複雜	比較複雜	比較簡單
決策的定量程度	大部分無定量化	具有風險性 部分定量化	小部分無定量化 大部分定量化
確定程度	不確定	不完全確定	很確定

【學習實訓】 管理遊戲——艱難的抉擇

● 遊戲背景：
  ● 私人飛機墜落在荒島上，只有6人存活。
  ● 這時逃生工具只有一個只能容納一人的橡皮氣球吊籃，沒有水和食物。
  ● 留下的人面臨巨大的危險，獲救或逃生的可能性極小。
● 角色分配：
  ● 孕婦：懷胎八月。
  ● 發明家：正在研究新能源（可再生、無污染）汽車。
  ● 醫學家：經年研究愛滋病的治療方案，已取得突破性進展。
  ● 宇航員：即將遠徵火星，尋找適合人類居住的新星球。
  ● 生態學家：負責熱帶雨林搶救工作。
  ● 企業家：某大型跨國集團董事長。
● 遊戲方法：
  ● 6人一個小組，分別選擇一個角色。
  ● 各自提出自己的意見，應該誰最先逃生。
  ● 盡可能說服小組成員贊同自己的觀點。
  ● 最終各小組必須得出一個結果。
● 遊戲評價
  ● 各小組派代表匯報小組結論，並闡述理由，接受老師及同學詢問。
  ● 匯報結論時，應着重闡明決策的過程、衝突、原則、依據等。
  ● 其餘小組給匯報小組評分。
  ● 評分主要依據——決策的合理性，決策過程的科學性。

【效果評價】

根據學生出勤、課堂討論發言及小組合作完成任務的情況進行評定。

任務3.2 決策的制定過程及其影響因素

【學習目標】

讓學生認識決策的影響因素有哪些，瞭解決策的評價標準，掌握決策的制定過程的步驟、方法和注意事項；檢測學生對決策的制定過程及其影響因素相關內容的掌握。

【學習知識點】

3.2.1 決策的影響因素及其評價標準

1. 決策的影響因素

決策者能否科學、正確地進行決策，除了受決策者本人的素質高低的影響外，還受到各種因素的影響。

1）環境

決策是在分析研究環境的基礎上作出的，決策過程的一個重要任務是要不斷適應組織內外環境的不斷變化，因而環境對決策的影響是不言而喻的。這種影響主要有兩個方面：

（1）外部環境的特點影響着組織活動選擇。比如，某個企業所處的市場環境相對穩定，其決策的修正調整便不會太大，今天的決策主要是昨天決策的延續。如果所處的市場環境變化很快，則需要經常對經營方向和內容進行調整。處於壟斷市場中的企業，一般把經營重點放在内部生產條件的改善、生產規模的擴大上；而處於競爭市場中的企業，則需要密切註視競爭對手的動向，不斷推出新產品，加強和改善行銷宣傳，健全銷售網路等。

（2）受組織文化或對環境的習慣反應模式這一內部環境的影響，對相同的問題，不同的組織或決策者會作出不同的反應。而這種調整組織與外部環境之間關係的模式一旦形成，就會趨向穩定，從而影響人們對行動方案的選擇。

2）組織文化

組織文化制約着組織及其成員的行爲。在決策過程中，組織文化主要是通過影響組織成員對變革的態度而發生作用。因爲任何決策的制定或調整，都是對過去行爲的一種否定或變革。組織成員對這種變革要麽持抵觸態度，要麽持歡迎態度。在組織文化偏向保守、穩定的組織中，人們總是懷舊，或擔心變革會讓他們失去什麽，因此會害怕或抵制導致變化的決策。而在崇尚開拓、創新的組織中，人們總是渴望變化、歡迎變化、支持變化，顯然這種組織文化有利於新決策的制定和實施。

在前一種組織中，爲了消除人們對新事物的抵觸，有效制訂和實施給組織帶來創新的決策，組織必須做大量的工作以改變組織成員的態度，建立有利於變化創新的組織文化。因此，決策方案的制訂和選擇都要充分考慮爲改變組織文化而必須付出的時間和費用。

3）過去的決策

由前面已知，在大多數情況下，決策不是從一個全新的起點開始的初始決策，而是對過去決策進行修正、調整或完善的追蹤決策。過去決策的實施，不僅伴隨著人力、物力、財力等資源的消耗，而且伴隨著組織内部狀況的改變，以及對外部環境的影響。如組織的內部已經建立實施決策的機構，已經投資形成了部分設施，已經與組織外的協作者、供應商簽訂了契約等。過去決策的實施必然會對目前決策造成不同程度的影響。

過去決策對目前決策的制約程度，主要受它們與決策者關係的影響。如果過去的決策是由現在的決策者制定的，他一般不願意否定自己過去的決策，對組織活動作出重大調整，而傾向於仍把大部分資源投入到過去方案的實施中。相反，如果現在的主要決策與組織過去的主要決策沒有很深的關係，也不對過去決策承擔管理上的責任，他就更可能調整過去決策，作出新的決策。

4）時間

決策速度的快慢對決策過程、決策質量有重要影響。美國學者威廉·R.金和大衛·I.克裡蘭把決策分為時間敏感決策和知識敏感決策。時間敏感決策是指那些必須迅速決斷的決策。這種決策主要是要求速度快，而對決策的質量要求卻是次要的。在戰爭中指揮官的決策、戰鬥隊員的決策多屬於此類決策。知識敏感決策對時間的要求不是非常嚴格，而主要是要求比較高的質量，如協調的決策目標，合理而有力的資源配置支持，決策方案得到組織成員的充分認同等。

前面提到的戰略決策多屬於知識敏感決策，這類決策主要著眼於未來的活動方向，而不是眼前該如何做，所以，選擇方案並不是要在短時間內完成。但是也有可能因外部環境突然發生了難以預料的變化，對組織造成了重大的威脅，這時，決策者必須迅速作出反應，改變原定的決策戰略方案，以擺脫面臨的危機。

【知識閱讀3-3】

且慢下手

有位朋友買了棟帶大院的房子。他一搬進去，就對院子全面整頓，雜草雜樹一律清除，改種自己新買的花卉。某日，原先的房主回訪，進門大吃一驚地問，那株名貴的牡丹哪裡去了？這位朋友才發現，他居然把牡丹當草給割了。

後來他又買了一棟房子，雖然院子更雜亂，他卻是按兵不動。後來冬天以為是雜樹的植物，春天裡開了繁花；春天以為是野草的，夏天卻是錦簇；半年都沒有動靜的小樹，秋天居然紅了葉。直到暮秋，他才認清哪些是無用的植物並大力鏟除，所有珍貴的草木得以保存。

（資料來源：佚名. 發威的新主管 [EB/OL].（2012-05-09）[2014-06-17]. http://www.dian-liang.com/manage/201205/manage_217094.html.）

5）決策者對風險的態度

決策是人們確定未來活動方向、內容和目標的行動，由於人們對未來的認識能力有限，目前對未來情況的預測與未來實際情況不可能完全相符，因此在決策方案實施過程中可能出現失敗的危險，這就是風險。一般來說，任何決策都有一定的風險。

不同的決策者對待風險的態度是不一樣的，它會直接影響決策過程中對方案的選擇。那些敢於承擔風險的決策者，會在做好應對風險準備的基礎上，採取積極果斷的選擇，敢於拍板。而那些不願意或沒有能力承擔風險的決策者，往往只能被動應付風險，或把決策方案的選擇拖延下去，其組織的活動和發展會因此受到過去決策的嚴重制約。

2. 決策的評價標準

決策是一個發現問題、分析問題、解決問題的系統分析過程。想要評價一個決策的有效性，必須綜合考慮決策以下四個方面的實現情況。

1) 決策的質量或合理性。即所作出的決策在何種程度上有益於實現組織的目標。

2) 決策的可接受性。即所作出的決策在何種程度上是下屬樂於接受並願意付諸實施的。

3) 決策的時效性。即作出與執行決策所需要的時間和週期長短。

4) 決策的經濟性。即作出與執行決策所需要的投入是否在經濟上是合理的。

3.2.2 決策的制定過程

圖3-2說明了決策制定過程的步驟，它包括八個基本步驟。為了更好地說明決策制定的整個過程，我們選擇一個購車的決策過程為例子，這個例子描述了我們關於決策的觀點，它將被用於整個決策過程的討論。

識別決策問題 → 我的銷售代表需要一臺新的電腦
↓
確認決策標準   價格 重量 保修 可靠性
              屏幕類型 屏幕尺寸
↓
              可靠性----------------10
              屏幕尺寸--------------8
為決策標準分配權重 保修-----------------6
              重量-----------------6
              價格-----------------4
              屏幕類型--------------3
↓
開發備選方案   Acer Compaq Gateway HP
              Micromedia NEC sony Toshiba
↓
分析備選方案   Acer Compaq Gateway HP
              Micromedia NEC sony Toshiba
↓
選擇備選方案   Acer Compaq Gateway HP
              Micromedia NEC sony Toshiba
↓
實施備選方案   Gateway！
↓
評估決策結果

圖3-2　決策制定過程

1. 識別決策問題

決策制定過程開始於一個存在的問題，更具體地說，存在著現實與期望狀態之間的差異。這是決策的出發點和歸宿點。在該步驟中需要做以下幾個方面的工作。

1）發現差異，提出問題

決策始於提出需要解決的問題。決策中的問題，實際是預期現象與現有現象的矛盾，或在特定環境下理想狀態與現實狀態的差異。只有先發現差異，發現問題，才可能確定目標。

2）進行可行性論證，確定初步目標

在找出差距、查明原因的基礎上，可確定初步目標。決策者在確定目標方向時必須全面考慮多方面的條件：既要考慮優勢條件，又要考慮制約條件；既要考慮內部條件，又要考慮外部條件；既要考慮主觀條件，又要考慮客觀條件。決策目標要高低適度，能充分發揮決策執行者的主動性和創造性。

3）搜集情報

在明確決策目標後，需要針對所要解決的問題，通過各種途徑和渠道，收集組織內部和外部相關的情報和信息資料。決策者所掌握的情報和信息資料越多、越準確，對決策就越有利，作出的決策也就越合理。對情報資料的要求是：①廣泛性；②客觀性；③科學性；④連續性。

我們以一次購車決策為例，這個步驟我們最終識別到的問題是我們需要購買一個新車，決策的內容是購買一輛什麼樣的新車以及如何購買。

2. 確定決策的標準

管理者一旦確定了需要決策的問題，則對於解決問題中起重要作用的決策標準也必須加以確定，也就是說管理者必須決定什麼與決策有關，特別注意標準的可操作性。

在我們的購車樣例中，購車需要評估的因素包括價格、製造商、使用方便性、容量、維修記錄及售後服務等。經過評估自身情況後，我們決定價格、車內舒適性、耐用性、維修記錄、速度性能和安全性作為決策標準。

3. 為決策標準分配權重。

在第二個步驟中確定的決策標準指標並非都同等重要，所以決策者必須根據它們重要程度的優先次序，給每一項標準指標分配權重。這裡用一個簡單的方法，即給予最重要的標準指標10分的權重，然後參照這一權重為其他標準指標分配權重，如重要性只是權重為10分標準一半的指標權重為5。

表3-2列出了我們購車的標準指標和權重，正如你所看到的，價格是最重要的，其次是安全性，其他幾個指標權重都不太高。

表 3-2　　　　　　　　購買新車決策的標準指標及權重

標準指標	重要性
價格	10
安全性	8
耐用性	5
維修記錄	5
速度性能	3
車內舒適性	1

4. 擬訂備選方案

這個步驟需要決策者擬訂出可供選擇的決策方案，這些方案要能夠解決決策前所識別的問題。先不需要評價方案的優劣，只需擬訂出來即可。擬訂出來的方案應該至少兩個，以便比較後選擇較優的方案。我們購車決策擬定的 12 種備選車型有 Acura Intega RS、Chevrolet Lumina、Eagle Premier LX、Ford Taurus L、Honda Accord LX、Htundai Sonata、Mazda 626 LX、Nissan Altima、Plymouth Acclaim、Pontiac SE、Toyota DLX、Volvo 240。

5. 分析備選方案

確定備選方案後，決策者必須認真地按前面步驟確定的決策標準指標分析每一種方案，並將所有備選方案進行比較。通過比較，每一種備選方案的優缺點就變得明確了。表 3-3 表明了我們給予 12 種備選方案各自的價值判斷，這是在徵求了汽車專家的意見，並閱讀了比較有影響力的汽車雜誌的信息後作出的。

表 3-3　　　　對不同車型汽車的分析評價

方案	價格	安全性	耐用性	維修記錄	速度性能	車內舒適性
Acura Intega RS	5	6	10	10	7	10
Chevrolet Lumina	7	8	5	6	4	7
Eagle Premier LX	5	8	4	5	8	7
Ford Taurus L	6	8	6	7	7	7
Honda Accord LX	5	8	10	10	7	7
Htundai Sonata	7	7	5	4	7	7
Mazda 626 LX	7	5	7	7	4	7
Nissan Altima	8	5	7	9	7	7
Plymouth Acclaim	10	7	3	3	3	5
Pontiac SE	4	10	5	5	10	10
Toyota DLX	6	7	10	10	7	7
Volvo 240	2	7	10	9	4	5

表 3-3 只是表明了 12 個備選方案相對單個決策標準指標的評價結果，它沒有結合在步驟 3 中為每個指標分配的權重進行評價。如果所有指標的權重都一樣，那麼只需把每一個備選方案在表 3-3 中對應行的數字加起來就是方案的綜合得分了。如：Acura Integra 為 5+6+10+10+7+10＝48；Ford Taurus 為 6+8+6+7+7+7＝41。因此，依據這一情況的評價結果，我們可以得出 Acura 是最好的選擇。見表 3-4。

表 3-4　　　　　　　　　　對不同車型汽車的分析評價

方案	標準					
	價格	安全性	耐用性	維修記錄	速度性能	車內舒適性	得分
Acura Intega RS	5	6	10	10	7	10	48
Chevrolet Lumina	7	8	5	6	4	7	37
Eagle Premier LX	5	8	4	5	8	7	37
Ford Taurus L	6	8	6	7	7	7	41
Honda Accord LX	5	8	10	10	7	7	47
Htundai Sonata	7	7	5	4	7	7	37
Mazda 626 LX	7	5	7	7	4	7	37
Nissan Altima	8	5	7	9	7	7	43
Plymouth Acclaim	10	7	3	3	3	5	31
Pontiac SE	4	10	5	5	10	10	44
Toyota DLX	6	7	10	10	7	7	47
Volvo 240	2	7	10	9	4	5	37

但我們購車的所有指標權重不一致，那麼需將每個備選方案的單個標準指標評價結果乘以它的權重（見表3-2），如：Honda Accord 的耐用性評價值爲 5×10＝50，Ford Taurus 的車內舒適性評價值爲 1×7＝7，就會得到表 3-5 的結果，這裡的分數代表了每一個備選方案相對於標準指標的評價結果以及相應的權重。需要註意的是，標準的權重極大地改變了本例中方案的排序。

表 3-5　　　　　　　　　　對不同車型汽車的分析評價

方案	標準					
	價格	安全性	耐用性	維修記錄	速度性能	車內舒適性	總分
Acura Intega RS	50	48	50	50	21	10	229
Chevrolet Lumina	70	64	25	30	12	7	208
Eagle Premier LX	50	64	20	25	24	7	190
Ford Taurus L	60	64	30	35	21	7	217
Honda Accord LX	50	64	50	50	21	7	242
Htundai Sonata	70	56	25	20	21	7	199
Mazda 626 LX	70	40	35	35	12	7	199
Nissan Altima	80	40	35	45	21	7	218
Plymouth Acclaim	100	56	15	15	9	5	200
Pontiac SE	40	80	25	25	30	10	210
Toyota DLX	60	56	50	50	21	7	244
Volvo 240	20	56	50	45	12	5	188

6. 選擇方案

從所有備選方案中選擇最佳方案，這很重要。我們已經把每一個備選方案結合決策標準權重進行了確認和分析，現在我們只需根據步驟5中的分析選出綜合得分最高的方案即可。

在我們購車的例子（見表3-5）中，最終選擇的最佳方案是購買Toyota DLX轎車，因為它的得分最高（244）。顯然這是最佳方案。

7. 實施方案

方案的實施是決策過程中至關重要的一步。在方案選定以後，管理者就要制訂實施方案的具體措施和步驟。實施過程中通常要註意做好以下工作：

（1）制訂相應的具體措施，保證方案的正確實施。
（2）確保與方案有關的各種指令能被所有有關人員充分接受和徹底瞭解。
（3）應用目標管理方法把決策目標層層分解，落實到每一個執行單位和個人。
（4）建立重要的工作報告制度，以便及時瞭解方案進展情況，及時進行調整。

8. 評估方案

實施一個方案可能需要較長的時間，在這段時間，形勢可能發生變化，而初步分析建立在對問題或機會的初步估計上，因此，管理者要不斷對方案進行修改和完善，以適應變化了的形勢。同時，連續性活動因涉及多階段控制而需要定期分析。由於組織內部條件和外部環境的不斷變化，管理者要不斷修正方案來減少或消除不確定性，定義新的情況，建立新的分析程序。

具體來說，職能部門應對各層次、各崗位履行職責情況進行檢查和監督，及時掌握執行進度，檢查有無偏高目標，及時將信息反饋給決策者。決策者則根據職能部門反饋的信息及時追蹤方案實施情況，對與既定目標發生部分偏離的，則採取有效措施，以確保既定目標的順利實現；對客觀情況發生重大變化，原先目標確實無法實現的，要重新尋找問題或機會，確定新的目標，重新擬訂可行的方案，並進行評估、選擇和實施。

【學習實訓】 管理遊戲——沙漠求生遊戲

● 遊戲背景：

某年7月中旬的一天，時間為早上10點，一架飛越美國西南沙漠的飛機失事。著陸時，機師和副機師意外身亡，只有你和一群人沒有受傷。你和一部分的生還者，面臨生死存亡的選擇。

出事前，機師無法通知任何人飛機的位置。飛機的指示器指示飛機距離起飛的城市120千米；而距離最近的城鎮，是西北偏北100千米，該處有個礦場。

失事地點處於沙漠中，該處除仙人掌外，全是荒蕪的沙漠，地勢平坦。失事前，天氣報告氣溫達華氏108度，大約42℃；地面溫度為華氏130度，大約54.4℃。

幸存者中沒人懂駕駛飛機，你穿著簡便：短袖恤衫、長褲、短襪和皮鞋。口袋中有十多元的輔幣、五百多元紙幣、香烟一包、打火機一個和圓珠筆一支。

接下來有一系列的物品，請大家按重要性來排序，看看我們最需要的是什麼。

物品	我的答案/記分	小組答案/記分	專家答案
塑料雨衣	1	1	1
手電筒	2	2	2
手槍	3	3	3
磁石指南針	4	4	4
伏特加酒1公斤	5	5	5
太陽眼鏡一副	6	6	6
化妝鏡	7	7	7
薄紗布一箱	8	8	8
鹽片	9	9	9
當地航空圖	10	10	10
大折刀	11	11	11
外套一件	12	12	12
降落傘（紅白色）	13	13	13
書《沙漠中可食的動物》	14	14	14
4公斤清水	15	15	15
得分			

（資料來源：張欣. 沙漠求生［EB/OL］.（2011-04-06）［2014-06-17］. http://www.chinahrd.net/tool/2007/07-05/14686-1.html.）

● 遊戲規則：

• 6~8名同學為一小組，每個同學先自己根據判斷決策（不與他人進行溝通和討論），確定自己對於物品重要性的排序。

• 每個同學完成自己排序後，小組討論溝通，確定小組排序。

• 小組代表發言說明決策目的、決策過程以及每個物品的用途。

• 老師公布積分方式：以你選好物品次序和正確次序相減，再將差值相加起來（差值不記正負，以絕對值進行相加），就是這個物品的得分。再把15樣物品的各個得分相加的和作為總分。例如：手電筒正確次序為4，而我選的次序為10，所以我的分為6。

• 在學生計算完自己的得分和小組得分後，老師公布遊戲的物品用途和最終結果，並對每個小組進行點評。

【效果評價】

根據學生出勤、課堂討論發言及小組合作完成任務的情況進行評定。

任務 3.3　決策方法

【學習目標】

讓學生瞭解決策的定性和定量方法中常用的方法，掌握決策定量方法常用的基本方法的計算，並能夠運用這些基本方法；檢測學生對決策相關內容和決策定量方法的掌握。

【學習知識點】

決策方法有許多種。從決策的主體看，可把決策分爲群體決策與個人決策；根據決策所採用的分析方法，可以把決策方法分爲定性方法和定量方法。定性決策和定量決策是決策的主要方法，下面我們將重點介紹這兩類方法。

3.3.1　定性決策方法

定性決策法是採用有效的組織形式，充分依靠決策者（個人或集體）的學識、經驗、能力、智慧及直覺等來進行決策的方法。該方法在戰略決策、非程序化決策、不確定型決策和風險決策中應用很多。

1. 淘汰法

淘汰法即決策者根據條件和評價標準，對全部備選方案進行逐個篩選，淘汰那些不理想或達不到要求的方案，縮小選擇的範圍。具體辦法是：

1）規定最低的滿意程度（又叫臨界水平）

凡達不到臨界水平的，就加以淘汰。例如，決策目標是降低費用，但各個方案降低費用水平的程度不同，則凡達不到預定降低費用臨界水平的方案，就先行淘汰。

2）規定約束條件

凡備選方案中不符合約束條件的就加以淘汰。例如，某組織根據需要進行組織結構的調整，據此提出幾個改革方案。約束條件規定：管理人員總數不能增加。這樣，如果有的方案要增加人員，就不符合約束條件而被淘汰。

3）根據目標的主次來篩選

在多目標決策的情況下，並非所有的目標都同樣重要，我們應以主要的決策目標爲依據，將只能實現次要目標而對主要目標作用不大的方案淘汰掉。

2. 頭腦風暴法

頭腦風暴法可以克服阻礙創造性方案的遵從壓力，是一種相對簡單的方式。它注重一種思想產生過程，其特點是倡導創新思維，時間一般在 1~2 小時，參加者以 5~6 人爲宜。

在典型的頭腦風暴會議中，一些人圍桌而坐。群體領導者以一種明確的方式向所有參與者闡明問題，然後成員在一定的時間內自由提出盡可能多的方案，並且所有的方案都當場記錄下來，留待稍後再討論和分析。

頭腦風暴法的四項原則：
（1）各自發表自己的意見，對別人的建議不作評論；
（2）不必深思熟慮，越多越好；
（3）鼓勵獨立思考、奇思妙想；
（4）可以補充完善已有的建議。

【知識閱讀 3-4】

6+2>4+4

美國舊金山的金門大橋橫跨 1 900 多米的金門海峽，連接北加利福尼亞與舊金山半島。大橋建成通車後，大大節省了兩地往來的時間，但是新問題隨之出現，由於出行車輛很多，金門大橋總會堵車。

原先金門大橋的車道設計為"4+4"的傳統模式，即往返車道都為 4 道。當地政府為堵車的問題遲遲不能解決感到頭疼，如果籌資建第二座金門大橋，那必定得耗資上億美金，當地政府決定以重金 1 000 萬美元向社會徵集解決方案。

最終，一個年輕人的方案得到當地政府的認可，他的解決方案是將原來的"4+4"車道改成"6+2"車道，上午左邊車道為 6 道，右邊車道為 2 道，下午則相反，右邊為 6 左邊為 2。

他的方案試行之後立即取得了顯著的效果，困擾多時的堵車問題迎刃而解。

傳統的"4+4"車道忽略了高峰期車輛出行的方向：上午市民上班造成左邊車道擁擠，下午市民下班造成右邊車道擁擠。而"6+2"車道恰到好處地利用車輛出行的時間差，合理地利用另一半車輛少的車道，這樣，同樣是 8 條車道，6+2 明顯取得了大於 4+4 的效果。

（資料來源：佚名. 題文資料 [EB/OL]. (2011-05-01) [2014-06-17]. http://www.mofangge.com/html/qDetail/01/g3/201105/r3axg301120032.html）

3. 環比法

當各方案的優勢不明顯，並且相互間優劣關係又比較複雜時，可採用環比法。即將方案互相進行比較，兩兩相比，優則得分，劣則不得分，然後計算總積分來確定方案的優劣次序。環比計分如表 3-6 所示。表 3-6 中，兩兩對比，優者得一分，劣者得 0 分，結果發現甲方案較優。

表 3-6　　　　　　　　　　　　環比記分

比較者	被比者					總分
	甲	乙	丙	丁	戊	
甲		1	1	0	1	3
乙	0		0	1	1	2
丙	0	1		1	0	2
丁	1	0	0		0	1
戊	0	0	1	1		2

運用環比法時，有時可能出現兩個相同高積分的方案，但這時選擇方案範圍已經大大縮小了。在環比時，還可以將得分乘以權數，拉開檔次。例如，兩兩相比，劣者得 0 分，而優者進一步分三檔，最優得 3 分，優得 2 分，稍優得 1 分，則根據總積分就更容易區分優劣。

4. 名義群體法

名義群體這一決策法是指在決策制訂過程中限制群體討論，故稱為名義群體法。如同參加傳統委員會會議一樣，群體成員必須出席，但需要獨立思考，具體步驟如下：

（1）成員集合成一個群體，在安靜的環境中，群體成員之間互相傳遞書面反饋意見，在一張簡單的圖表上，用簡潔的語言記下每一種想法，對每一種想法進行書面討論，但在進行任何討論之前，每個成員獨立地寫下他對問題的看法。

（2）經過自己獨立思考後，每個成員將自己的想法提交給群體，然後一個接一個地向大家說明自己的觀點。

（3）最後，小組成員對各種想法進行投票，用數學方法，通過等級排列和次序得出決策。

在現實生活中，群體決策由於語言交流抑制了個體的創造力，而名義群體成員思路的流暢性和獨創性更高一籌，名義群體可以產生更多的想法和建議。該方法耗時較少，成本較低。

5. 德爾菲法

德爾菲法（Delphi Method），又稱專家規定程序調查法。該方法主要是由調查者擬訂調查表，按照既定程序，以函件的方式分別向專家組成員進行徵詢；而專家組成員又以匿名的方式（函件）提交意見。經過幾次反覆徵詢和反饋，專家組成員的意見逐步趨於集中，最後獲得具有很高準確率的集體判斷結果。

德爾菲法的基本程序如下：

（1）成立一個由專家組成的小組，成員之間互相不能溝通討論。

（2）把要解決的問題讓每個成員進行不記名的預測，然後進行統計分析。

（3）再把統計分析的結果反饋給每個成員，要求他們再次預測，接著再一次進行統計分析。

（4）上述程序反覆進行，直到每個專家的意見基本固定，統計分析的結果與前一次統計分析的結果已經沒有大的區別。

國內外許多大型企業集團都對德爾菲法感興趣，視之為一種行之有效的決策方法，尤其在新技術發展和新產品開發的決策上，這種方法卓有成效。但是這種方法一般不適於日常決策，因為它耗時多，要占用較多精力。

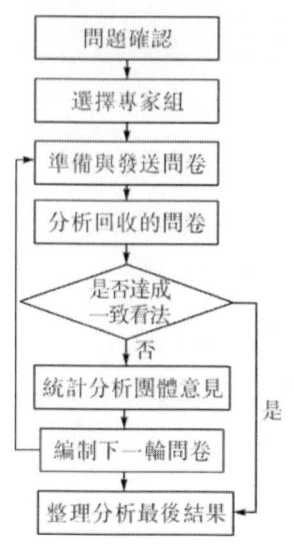

```
        問題確認
          ↓
        選擇專家組
          ↓
    →  準備與發送問卷
    │     ↓
    │  分析回收的問卷
    │     ↓
    │  是否達成一致看法
    │     ↓否        ↓是
    │  統計分析團體意見
    │     ↓
    └─ 編制下一輪問卷
          ↓
      整理分析最後結果
```

圖 3-2　德爾菲法分析圖

6. SWOT 分析法

SWOT（Strengths Weakness Opportunity Threats）分析法，又稱為態勢分析法或優劣勢分析法，可用來確定企業自身的競爭優勢、競爭劣勢、機會和威脅，從而將公司的戰略與公司內部資源、外部環境可以有機地結合起來。

（1）優勢，是組織機構的內部因素，具體包括：有利的競爭態勢、充足的財政來源、良好的企業形象、技術力量、規模經濟、產品質量、市場份額、成本優勢、廣告攻勢等。

（2）劣勢，也是組織機構的內部因素，具體包括：設備老化、管理混亂、缺少關鍵技術、研究開發落後、資金短缺、經營不善、產品積壓、競爭力差等。

（3）機會，是組織的外部因素，具體包括：新產品、新市場、新需求、外國市場壁壘解除、競爭對手失誤等。

（4）威脅，也是組織機構的外部因素，具體包括：新的競爭對手、替代產品增多、市場緊縮、行業政策變化、經濟衰退、客戶偏好改變、突發事件等。

從整體上看，SWOT 可以分為兩部分：第一部分為 SW，主要用來分析內部條件；第二部分為 OT，主要用來分析外部條件。利用這種方法可以從中找出對自己有利的、值得發揚的因素，以及對自己不利的、要避開的東西，發現存在的問題，找出解決辦法，並明確以後的發展方向。SWOT 方法的優點在於考慮問題全面，是一種系統思維，而且可以把對問題的"診斷"和"開處方"緊密結合在一起，條理清楚，便於檢驗。如表 3-7。

表 3-7　　　　　　某提供郵政服務企業的 SWOT 分析法

內部能力＼外部因素	優勢（Strength） • 作爲國家機關，擁有公衆的信任 • 顧客對郵政服務的高度親近感與信任感 • 擁有全國範圍的物流網（幾萬家郵局） • 具有衆多的人力資源 • 具有創造郵政／金融協同（Synergy）的可能性	劣勢（Weakness） • 上門取件相關人力車輛不足 • 市場及物流專家不足 • 組織、預算、費用等方面靈活性不足 • 包裹的破損可能性很大 • 跟蹤查詢服務不完善
機會（Opportunities） • 隨著電子商務的普及，對郵件需求的增加（年平均增加38%） • 能夠確保應對市場開放的事業自由度 • 物流及 IT 等關鍵技術的飛躍性發展	SO • 以郵政網爲基礎，積極進入宅送市場 • 進入購物中心（Shopping mall）配送市場 • 電子郵政（Epost）活性化 • 開發靈活運用關鍵技術的多樣化郵政服務	WO • 構成郵寄包裹專門組織 • 實物與信息的統一化進行實時追蹤（Track & Trace）及物流控制（Command & Control） • 將增值服務及一般服務差別化的價格體系的制定及服務內容的再整理
風險（Threats） • 通信技術發展後，對郵政的需求可能減少 • 現有宅送企業的設備投資及代理增多 • WTO 郵政服務市場開放 • 國外宅送企業進入國內市場	ST • 靈活運用範圍寬廣的郵政物流網路，樹立積極的市場戰略 • 通過與全球性的物流企業進行戰略聯盟，提高國外郵件的收益性及服務 • 爲了確保企業顧客，樹立積極的市場戰略	WT • 根據服務的特性，對包裹詳情單與包裹運送網分別運營 • 對已經確定的郵政物流運營提高效率（BPR），由此提高市場競爭力

3.3.2　定量決策方法

定量決策法是應用現代科學技術成就（如統計學、運籌學、管理科學、計算機等）與方法，對備選方案進行定量的分析計算，求出方案的損益值，然後選擇出滿意方案的方法。此法在戰術決策、程序化決策、確定型和風險型決策中被廣泛應用。這裡簡要介紹企業中常用的幾種定量決策方法。

1. 確定型決策方法

確定型決策應具備以下條件：①存在決策人希望達到的一個明確的目標；②只存在一種確定的自然狀態；③雖然有兩個以上的多種方案，但滿意方案在客觀上是確實存在的。

確定型決策方法有淨現值法、投資回報率評價法、現金流量分析法等。下面我們重點介紹確定型決策常用的線性規劃和盈虧平衡法分析法。

1) 線性規劃法

線性規劃是在一些線性等式或不等式的約束條件下，求解線性目標函數的最大值或最小值的方法。運用線性規劃建立數學模型的步驟是：首先，確定影響目標大小的變量；其次，列出目標函數方程；再次，找出實現目標的約束條件；最後，找出使目標函數達到最優的可行解，即爲該線性規劃的最優解。

例1 某企業生產兩種產品桌子和椅子，它們都要經過製造和裝配兩道工序，有關資料如表3-8所示。假設市場狀況良好，企業生產出來的產品都能賣出去，試問：何種組合的產品使企業利潤最大？

第一步，確定影響目標大小的變量。在本例中，目標是利潤，影響利潤的變量是桌子數量T和椅子數量C。

第二步，列出目標函數方程：L=8T+6C

第三步，找出約束條件。在本例中，兩種產品在一道工序上的總時間不能超過該道工序的可利用時間，即

製造工序：2T+4C≤48

裝配工序：4T+2C≤60

除此之外，還有兩個約束條件，即非負約束：

T≥0

C≥0

從而線性規劃問題成爲，如何選取T和C，使L在上述四個約束條件下達到最大。

第四步，求出最優解——最優產品組合。求出上述線性規劃問題的解爲T′=12和C′=6，即生產12張桌子和6把椅子使企業的利潤最大。

表3-8　　　　產品生產的可供時間、需要時間和單位產品利潤

生產程序	每件產品所需時間（小時）		每天可供時間（小時）
	桌子	椅子	
製造	2	4	48
裝配	4	2	60
單位產品利潤（元）	8	6	

2）盈虧平衡分析法

盈虧平衡分析法是進行總產量計劃時常使用的一種定量分析方法，由美國沃爾特·勞漆斯特勞赫在20世紀30年代首創。企業的基本目的是盈利，至少要做到不虧損，作爲經營者必須要知道，自己的企業至少生產多少產品才不會虧損，這就是盈虧平衡分析法的基本目的。

盈虧平衡分析法（Break-even analysis）又稱保本點分析或量本利分析法，是根據產品的業務量（產量或銷量）、成本、利潤之間的相互制約關係的綜合分析，用來預測利潤、控制成本、判斷經營狀況的一種數學分析方法。利用盈虧平衡分析法可以計算出組織的盈虧平衡點，又稱保本點、盈虧臨界點、損益分歧點、收益轉折點等。盈虧平衡法分析圖如圖3-3所示。

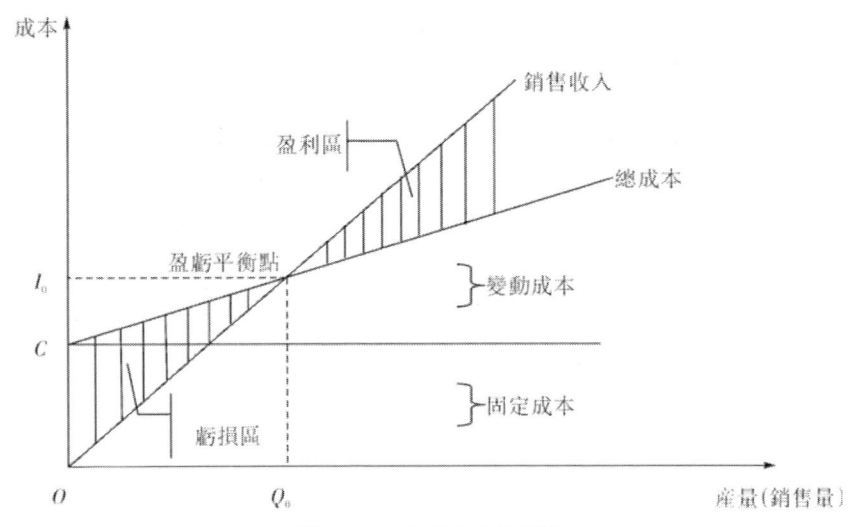

图 3-3 盈亏平衡法分析图

其基本原理是：當產量增加時，銷售收入成正比增加；但固定成本不增加，只是變動成本隨產量的增加而增加，因此，企業總成本的增長速度低於銷售收入的增長速度，當銷售收入和總成本相等時（銷售收入線與總成本線的交點），企業不盈也不虧，這時的產量稱爲"盈虧平衡點"。

一般說來，企業收入＝成本＋利潤，如果利潤爲零，則有收入＝成本＝固定成本＋變動成本，而收入＝銷售量×價格，變動成本＝單位變動成本×銷售量，這樣由銷售量×價格＝固定成本＋單位變動成本×銷售量，可以推導出盈虧平衡點的計算公式爲：

盈虧平衡點：$Q_0 = F/(P - C_v)$

式中：P—產品銷售價格；F—固定成本總額；C_v—單件變動成本；

例 2 某企業的銷售單價爲 10 萬元/臺，單位變動成本 6 萬元，固定成本爲 400 萬元，盈虧平衡點產量爲多少？盈虧平衡點產量的銷售額爲多少？若計劃完成 200 臺能否盈利？盈利額多大？

解：
① 計算盈虧平衡點產量：
$Q_0 = F/(P - C_v) = 400/(10 - 6) = 100$（臺）
② 盈虧平衡點產量的銷售額：
$I_0 = 10 × 100 = 1\ 000$（萬元）
③ 判斷是否盈利：
因計劃產量 200 臺，大於臨界產量 100 臺，所以能夠盈利。
④ 計算盈利額：
$M = I - Z = Q × (P - C_v) - F = 200 × (10 - 6) - 400 = 400$（萬元）

2. 風險型決策方法

風險型決策的特徵是：①存在明確的決策目標；②存在兩個以上備選方案；③存在著不以決策者主觀意志爲轉移的不同的自然狀態；④各備選方案在不同自然狀態下的損益值可以計算出來；⑤決策者可以推斷出各自然狀態出現的概率。

風險型決策方法有最大可能法、敏感性分析法、決策表法等，下面我們重點介紹常用的決策樹法。

決策樹法的基本原理是用決策點代表決策問題，用方案分枝代表可供選擇的方案，用概率分枝代表方案可能出現的各種結果，經過對各種方案在各種結果條件下損益值的計算比較，爲決策者提供決策依據。

1）構成要素

決策樹是由決策點、方案枝、狀態結點、概率枝和結果點構成的。

（1）決策點：用符號■表示，代表最後的方案選擇。

（2）狀態點：用符號●表示，代表方案將會遇到的不同狀態。

（3）結果點：用符號▲表示，代表每一種狀態所得到的損益值。

（4）方案枝：由決策點引出的線段，連接決策點和狀態點，每一線段代表一個方案。

（5）概率枝：由狀態點引出的線段，連接狀態點和結果點。每一線段代表一種狀態。

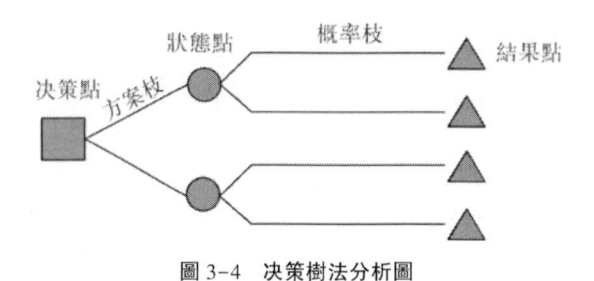

圖 3-4　決策樹法分析圖

2）決策步驟

（1）繪制決策樹。由左至右層層展開，前提是對決策條件進行分析，明確有哪些方案可供選擇，各方案有哪些自然狀態。

（2）計算期望值。

（3）剪枝決策。逐一比較各方案的期望值，將期望值小的方案剪掉，僅保留期望值最大的一個方案。把"//"畫在不要的方案枝上表示剪枝。

例3 某企業開發新產品，需對A、B、C三方案進行決策。三方案的有效利用期均按6年計，所需投資：A方案爲2 000萬元，B方案爲1 600萬元，C方案爲1 000萬元。據估計，該產品市場需求量高的概率爲0.5，需求量一般的概率爲0.3，需求量低的概率爲0.2。各方案每年的損益值如表3-9所示。試問：應選擇哪一個投資方案爲好？

表 3-9　　　　　　　　　　某企業各方案每年的損益值

損益值　自然狀態　方案	需求量高 $P_1=0.5$	需求量一般 $P_2=0.3$	需求量低 $P_3=0.2$
A方案（萬元）	1 000	400	100
B方案（萬元）	800	250	80
C方案（萬元）	500	150	50

解：

①繪製決策樹，見圖 3-5：

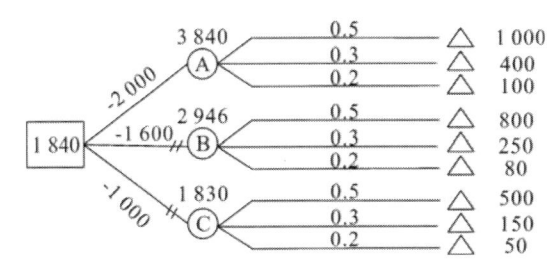

圖 3-5　某企業開發新產品決策樹

②計算期望值：

E（A）=（1 000×0.5+400×0.3+100×0.2）×6 = 3 840（萬元）

E（B）=（800×0.5+250×0.3+80×0.2）×6 = 2 946（萬元）

E（C）=（500×0.5+150×0.3+50×0.2）×6 = 1 830（萬元）

③比較方案，剪枝決策。扣除投資後的餘額：

方案 A：3 840 − 2 000 = 1 840（萬元）

方案 B：2 946 − 1 600 = 1 346（萬元）

方案 C：1 830 − 1 000 = 830（萬元）

方案 A 的損益值 > 方案 B 損益值 > 方案 C 損益值，因此最終選擇方案 A。

3. 不確定型決策

不確定型決策的特徵：①存在一個明確的目標；②存在兩個以上的備選方案；③存在着不以決策者主觀意志爲轉移的不同的自然狀態；④各備選方案在不同自然狀態下的損益值可以計算出來；⑤決策者不能根據資料測算出各自然狀態出現的概率。

這種決策目前很難定量分析，主要取決於決策者的主觀判斷，因此也叫作主觀概率法。非確定型決策常用的方法有樂觀法、悲觀法和後悔值法和機會均等法四種。

1）樂觀法（大中取大法）

這種方法的基本思想就是對客觀情況總是抱着樂觀態度，又稱冒險型決策法。這是冒險型決策者常用的方法/決策者認爲比較可能出現最好的情況，力求從最好的可能結果中選擇一個收益最大的方案，即好中求好。

其步驟是：先從每個方案中選擇一個最大的損益值，然後從幾個方案的最大損益值中選擇一個最大者，所對應的方案就是滿意方案。

例4 某企業擬對 A_1、A_2、A_3、A_4 四種投資計劃進行決策。根據預測將會有三種自然狀態，四種方案的損益值如表 3-10 所示。試問：應選擇哪一個投資方案爲好？

表 3-10　　　　　　　某企業四種方案的損益值　　　　　　　單位：萬元

損益值＼自然狀態＼方案	銷路好	銷路一般	銷路差
A_1	2 000	800	-100
A_2	1 000	500	-60
A_3	2 500	600	-80
A_4	1 500	700	-50

解：

①把每個方案在各自然狀態下的最大效益求出：

$\max_{A_1}\{2\ 000,\ 800,\ -100\} = 2\ 000$

$\max_{A_2}\{1\ 000,\ 500,\ -60\} = 1\ 000$

$\max_{A_3}\{2\ 500,\ 600,\ -80\} = 2\ 500$

$\max_{A_4}\{1\ 500,\ 700,\ -50\} = 1\ 500$

②求各最大效益的最大值。就是在 2 000、1 000、2 500、1 500 中選出最大的數字 2 500。2 500 的對應方案 A_3 就是選擇的方案。

2）悲觀法（最大最小法）

這種方法的基本思想是對客觀情況持悲觀態度，不利的因素考慮得多，因而也叫保守方法。這是保守型決策者常用的方法，又稱悲觀決策法。決策者把安全穩妥放在首要地位考慮，力求從最壞的可能結果中選擇一個損失最小的方案，即壞中求好。

其步驟是：先從每個方案中選擇一個最小的損益值，然後從中選擇一個最大者，所對應的方案就是滿意方案。

依前例說明此方法的應用。

解：

①把表 3-10 中每個方案在自然狀態下的最小效益值求出：

$\min_{A_1}\{2\ 000\ \ 800\ \ -100\} = -100$

$\min_{A_2}\{100\ \ 500\ \ -60\} = -60$

$\min_{A_3}\{2\ 500\ \ 600\ \ -80\} = -80$

$$\min_{A_4}\{1\ 500\ \ 700\ \ -50\} = -50$$

②求各最小效益的最大值，就是-50。它對應的行動方案 A_4 就是優選的方案。

3) 最大後悔值最小化法

後悔值法也叫沙萬哥法。這是一種以各方案的機會損失的大小來判斷優劣的方法。在決策過程中，當某種自然狀態出現時，決策者必然希望選擇當時最滿意的方案，若決策者未選這一方案，定會感到後悔，其後悔值就是實際選擇方案與應該選擇方案的損益值之差。

最小後悔值法就是力求使機會損失降到最低程度，其步驟是：先確定各方案的最大後悔值，然後選擇這些最大後悔值中的最小者，所對應的方案就是滿意方案。

例 5　仍以表 3-10 的資料來說明，將其變為後悔矩陣表 3-11。

表 3-11　　　　　　　　　　　後悔矩陣表　　　　　　　　　　單位：萬元

損益值　自然狀態　方案	銷路好	銷路一般	銷路差	最大後悔值
A_1	500	0	50	500
A_2	1 500	300	10	1 500
A_3	0	200	30	200
A_4	1 000	100	0	1 000

解：

①首先，將每一狀態下的後悔值求出，寫在相應方案與相應狀態所在行列上，如在銷路好狀態下最大值為 2 500，則相對的方案 A_1、A_2、A_3、A_4 的後悔值分別為 2 500-2 000=500，2 500-1 000=1 500，2 500-2 500=0，2 500-1 500=1 000，依次寫在第一列。同理求出銷路一般、銷路差的後悔值。這樣，就形成後悔值矩陣。

②選出的最大後悔值，如 1 行中的 500，2 行中的 1 500，3 行中的 200，4 行中的 1 000（同一行中有兩個以上相同的最大值，則選前一列的數）

③最後，從這些最大後悔值中間求出最小值 200。

這個 200 對應的方案為 A_3，故可以選擇 A_3 方案。

4) 機會均等法

這是決策者假定未來情況的概率相等，然後計算各方案的平均期望值，進行比較和選擇。

例 6　仍以表 3-10 的資料來說明，有三種自然狀態，則每種自然狀態出現的概率為 1/3。

解：

E（A_1）= 1/3（2 000 + 800 -100）= 900（萬元）

E（A_2）= 1/3（1 000 + 500 -60）= 480（萬元）

E（A_3）= 1/3（2 500 + 600 -80）= 1 007（萬元）

E（A₄）= 1/3（1 500 + 700 -50）= 717（萬元）

顯然，A₃方案的平均期望值最大，應選擇A₃方案。

值得註意的是，在處理同一不確定型決策問題時，採用的方法不同，其結果也不相同。這是由於決策者考慮問題的角度不同，方法之間既沒有統一的評判標準，也沒有內在聯繫，這就需要決策者進行定性分析。

在實際應用中管理者需要註意，將定性與定量決策相結合，是進行科學決策的基本思路。科學的決策要求把以經驗判斷為主的定性分析與以現代科學方法和先進技術為主的定量論證結合起來，這樣才能使我們的決策更加有效。

【學習實訓】 案例分析——安娜該如何決策

安娜從一所不太知名的大學計算機學院畢業後，10年來一直在某發展中大城市裡的一家中等規模的電腦公司當程序設計員。現在，她的年薪為50,000美元。她工作的這家公司，每年要增加4~6個部門。這樣擴大下去，公司的前景還是很好的，也增加了很多新的管理崗位。其中有些崗位包括優厚的年終分紅在內，年薪達到90,000美元。公司還提升程序員為分公司的經理。雖然過去沒有讓婦女任過這樣的管理職位，但安娜小姐相信，憑她的工作資歷和這一行業女性不斷增加，在不久的將來她會得到這樣的機會。

安娜的父親雷森先生自己開了一家電腦維修公司，主要是維修計算機硬件，並為一些大的電腦公司做售後服務，同時也銷售一些計算機配件。最近由於健康和年齡的原因，雷森先生不得不退休。他雇了位剛從大學畢業的大學生來臨時經營電腦維修公司，店裡的其他部門繼續由安娜的母親經營。雷森想讓女兒安娜回來經營她最終要繼承的電腦維修公司。而且由於近年來購買電腦的個人不斷增加，電腦維修行業的前景是十分好的。

雷森先生在前幾年的經營過程中建立了良好的信譽，不斷有大的電腦公司委託其做該城市的售後維修中心。維修公司發展和擴大的可能性是很大的。

安娜和雙親討論時，得知維修公司現在一年的營業額大約為400,000美元，而毛利潤差不多是170,000美元。由於雷森先生的退休，他和他的太太要提支工資80,000美元，交稅前的淨利潤為每年30,000美元加上每年60,000美元的經營費。雷森先生退休以後，從維修公司得到的利潤基本上和從前相同。目前，他付給他新雇用的大學畢業生的薪金為每年36,000美元，雷森夫人得到的薪金為每年35,000美元，雷森先生自己不再從維修公司支取薪金了。

如果安娜決定負擔維修公司的管理工作，雷森先生打算也按他退休前的工資數付給她50,000美元的年薪。他還打算，開始時，把維修公司經營所得利潤的25%作為安娜的分紅；兩年後增加到50%。因為雷森夫人將不再在該公司任職，就必須再雇一個非全日制的辦事員幫助安娜經營維修公司，他估計這筆費用大約需要16,000美元。雷森先生已知有人試圖出600,000美元買他的維修公司。這筆款項的大部分安娜在不久的將來是要繼承的。對雷森夫婦來說，以他們的經濟狀況來看，並不需要過多地去用這筆資產來養老送終。

思考題：

1. 對安娜來說，有什麼行動方案可供選擇？
2. 你建議採取哪種備選方案？
3. 安娜的個人價值觀與她作出決策有何關聯？

（資料來源：黃雁芳. 管理學教學案例集［M］. 上海：上海財經大學出版社，2001.）

【效果評價】

根據學生出勤、課堂討論發言及小組合作完成任務的情況進行評定。

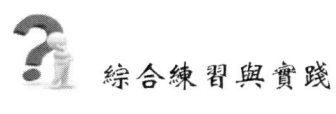

綜合練習與實踐

一、判斷題

1. 決策是整個管理的中心，整個的管理過程都是圍繞決策的制定和組織實施而展開的。（　　）
2. 決策就是從各種可行方案中選擇最佳的方案。（　　）
3. 在管理決策中，通常不考慮決策本身的經濟性。（　　）
4. 決策過程中的限制性因素主要就是組織的外部環境。（　　）
5. 按決策問題的可控程序可以分為程序和非程序決策兩類。（　　）

二、單項選擇題

1. 以下哪一個不是決策的特徵？（　　）
   A. 明確而具體的決策目標　　B. 有兩個以上的備選方案
   C. 以瞭解和掌握信息為基礎　　D. 追求的是最優最好方案
2. 狹義的決策是指（　　）。
   A. 擬訂方案　　B. 評價方案
   C. 選擇方案　　D. 比較方案
3. 管理的基礎是（　　）。
   A. 人員配備　　B. 領導
   C. 決策　　D. 控制
4. 主觀決策法特別適合於（　　）。
   A. 肯定型決策　　B. 經驗決策
   C. 非常規決策　　D. 常規決策
5. 西蒙認為決策所選取的方案是（　　）。
   A. 最優方案　　B. 滿意方案
   C. 可行方案　　D. 科學的方案

三、多項選擇題

1. 決策的程序一般包括（　　）。
   A. 識別問題　　　　　　　　B. 確定決策目標
   C. 擬訂備選方案　　　　　　D. 評價、選擇方案
   E. 方案實施和完善

2. 組織的最高層主管人員所作的決策傾向於（　　）。
   A. 戰略型　　　　　　　　　B. 常規型
   C. 科學型　　　　　　　　　D. 定型
   E. 經驗型

3. 主觀決策法的特點是（　　）。
   A. 方法靈便　　　　　　　　B. 易產生主觀性
   C. 缺乏嚴格論證　　　　　　D. 易於爲一般管理干部所接受
   E. 適合於非常規決策

4. 決策按信息的明確程度分類有（　　）。
   A. 確定型決策　　　　　　　B. 戰略決策
   C. 戰術決策　　　　　　　　D. 不確定型決策
   E. 風險型決策

5. 決策按重複程度分有（　　）。
   A. 經驗決策　　　　　　　　B. 科學決策
   C. 非常規決策　　　　　　　D. 常規決策
   E. 戰略決策

四、簡答題

1. 決策的特徵有哪些？
2. 簡述決策的一般程序是什麼。
3. 爲什麼決策時應選用滿意方案，而不是選擇最優方案？
4. 試論決策者的地位和作用。
5. 決策的依據是什麼？決策的原則是什麼？

五、計算題

1. 某復印機服務公司規定，平均每復印一張紙 0.2 元，如果固定成本爲每年 27 000 元，可變成本爲每張 0.1 元，盈虧平衡點爲多少？這時的銷售額爲多少？若計劃完成盈利額 50 000 元，公司需要復印的數量爲多少？

2. 某企業建廠有兩種方案可供選擇。建大廠投資 300 萬元，建小廠投資 150 萬元，服務期爲 10 年。各年的損益值及有關數據如表 3-12 所示。試用決策樹進行決策。

表 3-12

10年收益＼方案＼市場狀態	各方案損益值（萬元/年） 建大廠	各方案損益值（萬元/年） 建小廠	市場狀態概率
銷路好	360	280	0.5
銷路中	180	200	0.3
銷路差	-20	140	0.2

3. 紐約花旗銀行爲東北部推廣萬事達信用卡而制定了四種戰略。但其主要的競爭對手——大通曼哈頓銀行已在同樣的地區爲推廣其 Visa 信用卡採取了三種競爭性行動。在此情況下，我們假設花旗銀行的經理沒有指導自己確定四種戰略成功概率的經驗。銀行的行銷經理列出了一個表 3-13 所示的收益矩陣，表明花旗銀行的各種戰略以及在大通曼哈頓銀行採取競爭行動下花旗銀行的最終利潤。請你分別用樂觀法、悲觀法、最大後悔值最小化法和機會均等法來進行決策。

表 3-13

花旗銀行行銷戰略	大曼哈頓銀行的反應（百萬美元） CA_1	CA_2	CA_3
S_1	13	14	11
S_2	9	15	18
S_3	24	21	15
S_4	18	14	28

六、深度思考——巨人集團的興衰

史玉柱與巨人的創業史

1962 年，史玉柱出生於安徽懷遠縣城一個普通家庭，1982 年他以全縣第一的成績考上浙江大學數學系，1989 年在深圳大學完成碩士論文答辯，從深圳大學軟科學管理系畢業。同年 7 月他辭去安徽統計局的工作，回到深圳開始創業。這時他身上僅有借來的 4 000 元錢和自己開發出來的 M-6401 桌面排版印刷系統。

1989 年 8 月，史玉柱和三個夥伴用僅有的 4 000 元錢承包了天津大學深圳科技工貿發展公司電腦部。他覺得 M-6401 此時已能推向市場，在手頭上僅有 4 000 元的情況下，史玉柱"賭"了一把，利用《計算機世界》先打廣告後付款的時間差，做了一個 8 400 元的廣告。廣告打出後 13 天即 8 月 15 日，史玉柱的銀行帳戶第一次收到三筆匯款共 15 820 元，巨人事業由此起步。到 9 月下旬，收款數字升到 10 萬。史玉柱全部取出再次投入廣告。四個月後，M-6401 的銷售額一舉突破百萬大關，奠定巨人創業基石。

1991 年 4 月，珠海巨人新技術公司註冊成立，公司共 15 人，註冊資金 200 萬元，史玉柱任總經理。8月，史玉柱投資80萬，組織10多個專家開發出M-6401漢卡上市。11月，公司員工增加到30人，M-6401漢卡銷量躍居全國同類產品之首，獲純利達1000萬元。

1992年7月，巨人公司實行戰略轉移，將管理機構和開發基地由深圳遷至珠海。9月，巨人公司升爲珠海巨人高科技集團公司，註冊資金1.19億元，史玉柱任總裁，公司員工發展到100人。12月底，巨人集團主推的M-6401漢卡年銷量2.8萬套，銷售產量共1.6億元，實現純利3500萬元，年發展速度達500%。

1993年1月，巨人集團在北京、深圳、上海、成都、西安、武漢、沈陽、香港成立了8家全資子公司，員工增至190人。8月，巨人集團開發出M-6401排版系統、巨人財務軟件等13個新產品，其中包括巨人中文手寫電腦、巨人中文筆記本電腦。12月，巨人集團發展到290人，在全國各地成立了38家全資子公司，集團在一年之內推出中文手寫電腦、中文筆記本電腦、巨人傳真卡、巨人中文電子收款機、巨人鑽石財務軟件、巨人防病毒卡、巨人加密卡等產品。同年，巨人實現銷售額3.6億元，利稅4600萬元，成爲中國極具實力的計算機企業。

風雲乍起

1993年是中國電腦行業遭受"外敵入侵"的一年。隨著西方10國組成的巴黎統籌委員會的解散，西方國家向中國出口計算機禁令失效，COMPAQ、HP、AST、IBM等世界知名電腦公司開始"圍剿"中國市場。伴隨國內電腦業步入低谷，史玉柱賴以發家的本行也受到重創，巨人集團迫切需要尋找新的產業支柱。由於當時全國正值房地產熱，他決定抓住這一時機，一腳踏進房地產業。

其實，早在1992年巨人集團或者說史玉柱便已決定建巨人大廈，但當時的概念只是一幢18層的自用辦公樓。此時在房地產業大展宏圖的慾望使他一改初衷，設計一變再變，樓層節節拔高，一直漲到70層，投資從2億漲到12億，氣魄越來越大。儘管房地產是他完全陌生的一個領域，儘管巨人大廈已超過他的資金實力十幾倍，但他想以小搏大，蓋一幢珠海市的標誌性建築，蓋一幢當時全國最高的樓。

對於巨人大廈的籌資，史玉柱想"三分天下"，1/3靠賣樓花，1/3靠貸款，1/3靠自有資金。然而令無數人驚奇的是，大廈從1994年2月破土動工到1996年7月未申請過一分錢的銀行貸款。幸好巨人大廈的樓花在初期賣得很火，從香港融資8000萬元港幣，從國內融資4000萬元，短短數月獲得現款1.2億。

在巨人開始邁向產業多元化之時，史玉柱已經預感到了大集團的管理隱患。由於資產規模急劇膨脹，管理上隨之進入"青春期"，出現了浮躁和混亂。在1994年元旦獻辭中，史玉柱說："我們創業時的管理方式，如果只維持幾十人的狀態，不會有問題。現在的管理系統，不可能運作規模更大的公司。但巨人公司正向大企業邁進，管理必須首先上臺階。爲此，我們要犧牲公司的一些業務，甚至犧牲一些員工。"

1994年初巨人集團發生的兩件大事加速了巨人管理體制的變革。一件是西北辦事處主任貪污和挪用巨額資金；另一件是參與6405軟件開發的一位員工在離職後將技術私賣給另一家公司，給巨人造成很大損失。1994年春節剛過，史玉柱突然宣布一條驚人消息：聘請北大方正集團總裁樓濱龍出任巨人集團總裁，公司實行總裁負責制，而他自己將從管理的第一線退下來，出任集團董事長。在宣布決定的員工大會上，史玉柱坦誠剖白：「我本人有很多缺點，加上技術出身，沒做過管理，因此錯誤不少。爲了公司進一步發展，所以請高人來執掌。」

風雲再起

1994年8月史玉柱突然召開全體員工大會，提出了「巨人集團第二次創業的總體構想」。其總目標是，跳出電腦產業走產業多元化的擴張之路，以發展尋求解決矛盾的出路。史玉柱同時解除了原集團所有干部的職務，全部重新委任。

史玉柱的第二次創業規模是非常宏大的：在房地產方面，投資12億興建巨人大廈，投資4.8億在黃山興建綠谷旅遊工程，投資5 400萬裝修巨人總部大樓。在上海浦東買下了3萬平方米土地，準備興建上海巨人集團總部；在保健品方面，準備斥資5個億，在一年內推出上百個產品。產值總目標是：1995年達到10個億，1996年達到50億，1997年達到100億。

1995年2月10日，巨人集團員工在春節後上班第一天，史玉柱突然下達一道「總動員令」——發動促銷電腦、保健品、藥品的「三大戰役」。史玉柱把這場促銷戰模擬成在戰爭環境中進行。他親自掛帥，成立三大戰役總指揮部，下設華東、華北、華中、華南、東北、西南、西北和海外八個方面軍，其中30多家獨立分公司改編爲軍、師，各級總經理都改爲「方面軍司令員」或「軍長」「師長」。史玉柱在動員令中稱，「三大戰役將投資數億元，直接和間接參加的人數有幾十萬人，戰役將採取集團軍作戰方式，戰役的直接目的要達到每月利潤以億爲單位，組建1萬人的行銷隊伍，長遠目的則是用戰役錘煉出一批干部隊伍，使年輕人在兩三個月內成長爲軍長、師長，能領導幾萬人打仗。」

總動員令發布之後，整個巨人集團迅速進入緊急戰備狀態。5月18日，史玉柱下達「總攻令」，這一天，巨人產品廣告同時以整版篇幅躍然於全國各大報。由此「三大戰役」全面打響。霎時間，巨人集團以集束轟炸的方式，一次性推出電腦、保健品、藥品三大系列的30個產品，其中保健品一下推出12個新產品。繼而，廣告宣傳覆蓋50多家省級以上的新聞媒介，行銷網路鋪向全國50多萬個商場，聯營的17個正規工廠和100多個配套廠開始24小時運轉，各地公司召集200名財務人員加班加點爲客戶辦理提貨手續，由百輛貨車組成的儲運大軍日夜兼程，行銷隊伍平均每周增加100多名新員工。不到半年，巨人集團的子公司從38個發展到228個，人員從200人發展到2 000人。

大規模的閃電戰術創造出了奇跡：30個產品上市後的15天內，訂貨量就突破3億元。更顯赫的戰果是新聞媒介對巨人集團的一次大聚焦。上百家新聞單位在1個月內把筆鋒集中在巨人身上，其中《人民日報》在半個月內4次以長篇通訊形式報道了巨人，新華社5次發通稿。

陰雲密布

多元化的快速發展使得巨人集團自身的弊端一下子暴露無遺。7月11日，史玉柱在提出第二次創業的一年後，不得不再次宣布進行整頓，進行了一次幹部大換血。凡是過去三個月中沒有完成任務的幹部原則上一律調整下來。8月，集團向各大銷售區派駐財務和監察審計總監，財務總監和監審總監直接對總部負責，同時，監審與財務總監又各自獨立，互相監控。8月20日，集團又成立幹部學院，將180名幹部集中到南京海軍學院，進行爲期一周的軍訓，以增加團隊意識和紀律性。

整頓並沒有從根本上扭轉局面，1995年9月巨人發展形勢急轉直下，步入低潮。伴隨著10月發動的"秋季戰役"的黯然落幕，1995年底，巨人集團面臨了前所未有的嚴峻形勢，財務狀況惡化。

1996年初，史玉柱爲挽回局面，將公司重點轉向減肥食品"巨不肥"，3月份，全面大規模的"巨不肥"廣告鋪天蓋地地覆蓋了合國各大媒體，"巨不肥大贈送"、"請人民作證"等行銷口號隨處可見，大投入的人員和財力投入在4月有了回報，銷售大幅上升，公司的情況有所緩解。

可一種產品銷售得不錯並不代表公司整體狀況好轉，公司舊的制度弊端、管理缺陷並沒有得到解決。相反"巨不肥"帶來的利潤被一些人給私分了。集團內各種違規違紀、挪用貪污事件層出不窮。而此時讓史玉柱焦急的還不是這些，而是公司預計投資12億建的巨人大廈。他決定將生物工程的流動資金抽出投入大廈的建設，而不是停工。

1992年公司決定建巨人大廈時計劃蓋18層，後來改爲38層，但由於種種原因最後竟定爲70層，而巨人集團1992年可用於大廈建設的資金只有幾百萬元。由於公司錯誤地估計了形勢，竟然沒有去銀行申請貸款，而當1993年下半年他們想去貸時全國宏觀調控開始了。由於1994年底到1995年上半年是巨人效益最好的時候，公司認爲沒有銀行貸款也可順利建成大廈。

直到1996年5月，史玉柱依然據此法建大廈，他把各子公司交來的毛利2 570萬元人民幣中的淨利潤850萬元資金全部投入了巨人大廈，進入7月份，全國保健品市場普遍下滑，巨人保健品銷量也急劇下滑，維持生物工程正常運作的基本費用和廣告費不足，生物產業的發展受到了極大的影響。

老天似乎要爲難巨人，大廈非常不巧地建在三條斷裂帶上，爲解決斷裂帶積水，大廈多投入了3 000萬元，其間，珠海還發生了兩次水災，大廈地基兩次被泡，整個工期耽誤10個月。1996年9月11日，巨人大廈終於完成了地下室工程，11月，相當於三層樓高的首層大堂完成。此後，大廈將以每五天一層的速度進入建設的快速增長期，但此時史玉柱已經沒錢了。

按原合同，大廈施工三年蓋到20層，1996年底兌現，但由於施工不順利而沒有完工。大廈動工時，爲了籌措資金，巨人集團在香港賣樓花拿到了6 000萬港幣，內地賣了4 000萬元，其中在內地簽訂的樓花買賣協議規定，三年大樓一期工程（蓋20層）完工後履約，如未能如期完工，應退還定金並給予經濟補償。而當1996年底大樓一期工程未能完成時，建大廈時賣給內地的4 000萬元樓花就成了導致巨人集團財務危機的真正導火索。債主上門了，此時的巨人因財務狀況不良無法退賠

88

而陷入破產危機。

四面楚歌

　　1996年年底，巨人的員工停薪兩個月，一批骨幹離開公司，整個公司人心惶惶，聲名顯赫一時的巨人集團已經搖搖欲墜。1997年1月12日史玉柱外出歸來，遇到10餘名債主登門討債，危機終於爆發。史玉柱對債主承諾："老百姓的錢我一定還，只是晚些。"跟隨債主而來的若幹記者立刻就此事大做文章，於是更多的債主蜂擁而至，事情鬧大了。當聞風而來的香港記者探訪巨人集團時，恰逢此時巨人員工休假，集團總部大樓只有幾名保安遊蕩，大門緊閉，於是新一輪的新聞衝擊波又起來了，香港媒介大呼："巨人破產了!"2月15日，史玉柱將其中層幹部全部集中於上海某空軍學院，坦誠相告他遇到了危機。來自全國100多個下屬子公司的經理明白了這是公司有史以來最大的"經濟危機"，他們都預感到了一場更大的危機正悄然而至。

　　可史玉柱並不認輸，他認為巨人集團不可能破產，從資產負債表來看，巨人擁有資產5億元，而從債務結構來看，香港樓花的8,000萬港幣是不用退賠的，而內地賣樓花的4,000萬元已還掉1,000萬元，還剩3,000萬元，因而巨人還不到資不抵債的地步。史玉柱打算將巨人大廈與巨人集團斷開，再把巨人大廈改造成股份有限公司。如果只完成一期工程蓋到20層，還需5,000萬元資金，因此他想出了兩個計劃：一是由收購方一攬子解決，包括還國內樓花3,000萬元退款，加上完成一期工程所需的5,000萬元，總計8,000萬元，作為交換條件他出讓80%股份；二是收購方出資5,000萬~6,000萬元，他出讓過半股份。

　　他決定次日再開一次全體中層以上幹部會議，與大家共同商議渡過難關的對策。

　　（資料來源：佚名. 巨人集團的興衰［EB/OL］. （2010-01-09）［2014-06-17］. http://yingyu.100xuexi.com/view/specdata/20100109/CB58656B-9161-4902-B9F8-20C20AA0BCBE.html.）

討論題：

　　1. 史玉柱當年成功的最主要因素是什麼？

　　2. 巨人集團的核心資源是什麼？

　　3. 運用SWOT理論，對多元化初期的巨人集團進行分析，從你的分析來看，它在此時應採取什麼樣的對策？

　　4. 導致巨人集團最終陷入危機的最主要失誤是什麼？

第 4 章

計　劃

📌 學習目標

通過本章學習，學生應理解計劃的含義；掌握計劃的類型與編制過程；掌握目標管理方法、原理以及在實踐中的運用；會根據任務情境，結合目標管理相關理論對某一具體目標設定計劃。

📌 學習要求

知識要點	能力要求	相關知識
計劃概述	理解計劃在工作中的重要性	1. 計劃的含義 2. 計劃的構成要素 3. 計劃類型
計劃的編制過程與實施	運用計劃的各種方法指導實踐	1. 計劃工作的程序 2. 計劃的編制方法 3. 計劃的執行與控制
目標管理	運用目標管理指導實際工作	1. 目標管理的含義 2. 目標管理的過程

> **案例導入**

巧妙修宮殿

宋朝時，有一次皇宮發生火災，一夜之間，大片的宮殿、樓臺變成了廢墟。爲了修復這些宮殿，皇帝派了一位大臣主持修繕工程。

當時，要完成這項修繕工程面臨三大問題：①需要把大量廢墟垃圾清理掉；②要運來大批的石料和木材；③要運來大量新土。不論是運走廢墟還是運來新的建築材料或新土，都涉及大量運輸的問題。如果安排不當，施工現場會雜亂無章，正常的交通和生活秩序都會受到嚴重影響。

這位大臣經過研究後制定了這樣的施工方案：首先，從施工現場向外挖若干條大深溝，把挖出來的土作爲施工需要的土備用，這就解決了新土的問題；然後，從城外將汴水引入深溝中，這樣可以利用水排或船只運輸石材和木材，於是就解決了木材石料的運輸問題；最後，等到材料運輸任務完成後，再把溝中的水排掉將工地上的廢墟垃圾填入深溝，使深溝重新變爲平地。步驟簡單歸納起來，就是這樣一個程序：挖溝（取土）、引水入溝（水道運輸）、填溝（處理垃圾）。

按照這個方案，不僅使整個修繕工程節約了很多時間和經費，而且讓工地井然有序，城內的交通和生活秩序並沒有受到太大影響。這個故事說明了一個道理：

1. 管理者在制訂執行計劃時，一定要綜合考慮現有資源的特點與相互聯繫，以實現資源間的相互配合、相互支持。

2. 良好的執行計劃，是以最小的執行成本取得最優的執行效果。

任務 4.1　計劃概述

【學習目標】

讓學生理解計劃含義，明確計劃的構成要素以及計劃類型。

【學習知識點】

4.1.1　計劃的含義與特徵

1. 計劃的含義

計劃是通過將組織在一定時期內的目標和任務進行分解、落實到組織的具體工作部門和個人，從而保證組織工作有序進行和組織目標得以實現的過程。

計劃含義的理解有以下幾點：

（1）計劃是管理工作的一項首要職能；

（2）計劃是在調查、分析、預測的基礎上形成的；

（3）計劃是對未來一定時期內的工作安排，是現實與未來目標間的一座橋樑；

（4）計劃也是一種管理協調的手段。

2．計劃的基本特徵

1）目的性

計劃工作是為實現組織目標服務。任何組織都是通過有意識的合作來完成群體的目標而得以生存的。計劃工作旨在有效地達到某種目標。

2）首位性

計劃、組織、人員配備、領導和控制等方面的活動，都是為了支持實現組織的目標，管理過程中的其他職能都只有在計劃工作確定了目標以後才能進行。計劃工作是管理活動的橋樑，是組織、領導、人員配備和控制等管理活動的基礎，計劃職能在管理職能中居首要地位。

例如，對於一個是否要建立新車間的計劃研究工作，如果得出的結論是新車間建設在經濟上不合理，所以也就沒有籌建、組織、領導和控制一個新廠的必要了。如圖4-1所示：

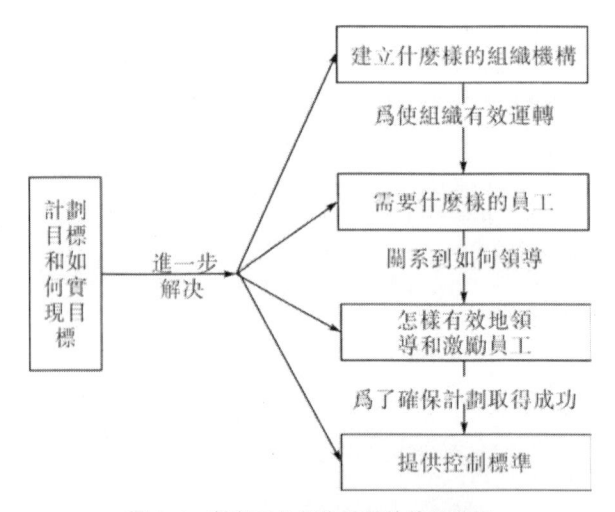

圖4-1 計劃工作領先於其他管理職能

3）普遍性

雖然各級管理人員的職責和權限各有不同，但是他們在工作中都有計劃指導，計劃工作在各級管理人員的工作中是普遍存在的。

4）效率性

計劃工作要追求效率。計劃的效率是指對組織目標所做貢獻扣除制訂和執行計劃所需要的費用後的總額。如果在計劃的實現過程中付出了太高的代價或者是不必要的代價，那麼這個計劃的效率就是很低的。因此，在制訂計劃時，要時時考慮計劃的效率，不但要考慮經濟方面的利益，而且還要考慮非經濟方面的利益和損耗。

5）創新性

計劃工作是針對需要解決的新問題和可能發生的新變化、新機會而作出決定，因而它是一個創新過程。計劃工作實際上是對管理活動的一種設計，正如一種新產品的成功在於創新一樣，成功的計劃也依賴於創新。

4.1.2 計劃的構成要素

1. 計劃的構成要素

哈羅德·孔茨説："計劃工作是一座橋樑，它把我們所處的這岸和我們要去的對岸連接起來，以克服這一天塹。"計劃工作給組織提供了通向目標的明確道路，給組織、領導和控制等一系列管理工作提供了基礎。有了計劃工作這座橋，本來不會發生的事現在就可能發生了，模糊不清的未來變得清晰實在。雖然我們幾乎不可能準確無誤地預知未來，那些不可控制的因素可能干擾最佳計劃的制訂，這使得我們不可能制訂出最優計劃，但是如果我們不進行計劃工作，就只能聽任自然了。

無論在名詞意義上還是在動詞意義上計劃內容都包括"5W1H"，計劃必須清楚確定和描述這些內容，如表4-1所示：

表 4-1　　　　　　　　　　計劃構成要素

要　素	所要回答的問題	內　容
前提條件	該計劃有效的環境條件	預測、實施條件
目標任務	What 做什麼	工作要求
目的	Why 爲什麼做	原因、意義、重要性
責任	Who 誰來做	人選、激勵措施
時間	When 何時做	時機、進度、起止時間
範圍	Where 何地做	地理範圍
戰略	How 如何做	方式、方法、途徑
應變措施	實際執行時出現偏差怎麼辦	應變計劃

2. 計劃的重要意義

一個組織要在複雜多變的環境中生存和發展就需要科學合理地制訂計劃，協調與平衡各方面的關係，不斷地適應變化了的形勢，尋找新的生存與發展機會。因而計劃在管理中的地位日益提高。

1）計劃有利於管理者進行協調和控制

計劃確定了組織的活動方向，明確了具體的目標和任務，便於管理者協調各部門的工作，指導管理活動按計劃有步驟地進行。另外，計劃介於決策與組織、控制之間，有其獨特的地位。管理者可以通過計劃對管理活動進行控制，從而保證決策目標的實現。

2）計劃有利於提高工作效率

（1）計劃可以使組織各部門的工作統一協調、井然有序地展開，消除不必要的活動所帶來的浪費。

（2）計劃可以減少各部門工作的重複和閉門造車的現象，使組織的各種資源能夠得到充分利用，產生巨大的組織效應。

（3）計劃可以把組織成員的注意力集中於目標，形成一種協同力量。在組織未來的行動方案中，要把組織的整體目標分解成各個部門、各個環節的目標，以在組織中形成目標體系。同時還要根據各個部門、各個環節的目標制訂各部門、各個環節相應的計劃方案，這些計劃方案之間要相互配合、協調，以保證組織整體目標實現。

3）計劃有利於實施控制

組織的各項活動都是圍繞著計劃方案進行的，各項活動的結果可能達到了預期目標，也可能與預期目標存在一定的偏差，這時組織就要發揮管理的控制職能來消除這種偏差，要進行控制就要有個標準，而實施控制的標準就是計劃工作所確定的計劃目標。如果沒有計劃目標，就無法測定控制活動，也就無所謂控制，所以說計劃為組織實施有效控制提供了根據。

4）計劃有利於彌補情況變化所造成的損失

計劃是面向未來的，而未來在時間和空間上都具有不確定性和變動性，計劃作為預測未來變化並且設法消除變化對組織造成不良影響的一種有效手段，可以幫助管理者對未來有更清醒的預見和認識。

4.1.3 計劃的類型

1. 按計劃的表現形式分類

（1）宗旨。宗旨即組織的目的和使命，也就是社會對該組織的要求，表現為組織的價值觀念、經營理念、管理哲學等根本性的問題。例寶潔公司的宗旨："我們提供世界一流的產品和服務，以美化消費者的生活作為回報，我們將會獲得領先的市場銷售地位、不斷增長的利潤和價值，從而令我們的員工、股東以及我們生活和工作所處的社會共同繁榮。"中國移動的企業使命："創無限通信世界，做信息社會棟梁。"

（2）目標。目標是宗旨的具體化，體現了在其宗旨下組織經營管理活動在一定時期要達到的具體成果。

（3）戰略。戰略是為了實現組織長遠目標所選擇的發展方向、所確定的行動方針以及資源分配方針的總綱領。

【知識閱讀4-1】

諸葛亮派關羽把守華容道是決策失誤嗎？

戰略，純粹的戰略！此處彰顯出諸葛亮是一個十分了不起的偉大戰略家，他比在歐洲大陸實施均勢制衡戰略的近代英國政治家更早地運用了這一戰略。他的目的在於保持三國勢力均衡。當時，孫劉聯合抗曹，顯然東吳是主力，而且東吳一直比較獨立和富庶，而劉備在西蜀剛站穩腳跟。三國之中，只有西蜀勢力最弱，不可對抗強曹，也奈何不了吳國。這一點諸葛亮作為戰略家看得十分清楚。所以，諸葛亮一開始就不打算捉住曹操，只是安排趙雲、張飛對着曹操殘軍小打小鬧。然後給關羽一個徹底了卻與曹操"舊情"的機會。當時如果諸葛亮將張飛與關羽調換位置，那麼曹操肯定會被擒住。那樣，魏國（儘管此時尚未稱魏）必然徹底衰弱，而這時就會促生一個強大的吳國，這個吳國肯定不會安分，只要他強大了他肯定會像曹操一樣去打西蜀和魏國。而且魏國由於統帥和大將謀士全被諸葛亮捉去解決，魏國只能趨炎附吳，一來圖存，一來向西蜀復仇。因爲此時雖然打敗魏國的主力是吳國，但是對魏國起到除根作用的卻是西蜀，是諸葛亮。魏國後生能不惱怒西蜀和諸葛亮嗎？諸葛亮絕對不會給西蜀招惹麻煩，他不會徹底除掉曹操，促使吳國一股獨大。爲何東吳不安排兵將截擊曹軍殘部呢？因爲人家是正面戰場主力，後方就只能讓你這個聯盟的從屬——蜀劉去完成，如果連追截窮寇的事都由吳國自己辦了，那還要聯盟作甚？豈不成了東吳單獨抗強曹了？截擊窮寇的差事必然落給蜀劉，諸葛亮只能好好謀劃。這時可以彰顯出諸葛亮的戰略家風範了。爲了保持三國均衡，就只能放掉曹軍殘部，就只能安排趙雲、張飛小打小鬧，截取些糧草輜重兵器，順便殺幾個士兵。再把償還人情的機會送給關羽，使得關曹再無恩情糾葛。說起來，曹操最應感謝的應該是諸葛亮，諸葛亮保住了他的性命，當然也是諸葛亮爲了戰略迫不得已而爲之。

曹操與關羽的淵源

簡單地說，桃園三結義成就了劉、關、張三兄弟，而戰亂之中，關羽與劉備走散，此時，關羽還帶着劉備的兩位夫人，在孤立無援的時候，曹操邀請關羽到門下做客避難，關羽此時左右爲難，去，又怕找到劉備時，曹操以兩位嫂嫂要挾關羽，不讓關羽走；不去呢，又怕兩位嫂嫂安全、衣食沒有着落。最後，同意暫時歸降曹操，但提出了幾點要求：一是降漢不降曹；二是要確保兄嫂安全；三是如有劉備消息要立即離去，曹操不能阻攔。無奈之下，曹操答應了。

當關羽在戰亂中發現劉備時，兄弟二人終於重逢。關羽不顧曹操勸阻，執意要帶兩位嫂嫂走，曹操手下出主意（張遼問他爲什麼身在曹營心在漢，關羽說他與劉備有過生死誓言），要殺了關羽，以免後患。但曹操愛惜人才，只好遵守約定，放走了關羽和兩位夫人。在曹操那裡享受最高待遇的人是關羽，物質方面不用說，就說關羽辭曹奔劉，曹操非但不殺關羽反而一點都不假阻攔，倘若換成別人，以曹操的性格，若有人敢離開自己去投奔敵人，曹操定然得剎了他。關羽由此感激曹操。

（資料來源：楊錫懷，等. 企業戰略管理 [M]. 北京：高等教育出版社，2004.）

（4）政策。政策是組織在決策時或處理問題時用來指導和溝通思想與行爲的明文規定。

（5）程序。程序是爲了完成某一特定任務而規定的一系列步驟。組織中的許多管理活動是重複發生的，處理這類問題應該有標準方法，這就是程序。

（6）規則。規則也是一種計劃，只不過是一種最簡單的計劃。它是對具體場合和具體情況下，允許或不允許採取某種行動的規定。

（7）規劃。規劃是爲了實施既定方針所必需的目標、政策、程序、規則、任務分配、執行步驟、使用的資源等而制訂的綜合性計劃。

(8) 預算。預算作爲一種計劃，是一份用數字表示預期結果的報表。

2. 按計劃的期限分類

(1) 長期計劃。一般在 10 年以上，是組織在較長時間內的發展目標和方向，屬於綱領性和輪廓性的計劃。

(2) 中期計劃。一般爲 5 年左右，它來自長期計劃，並且按照長期計劃的執行情況和預測到的具體條件變化而進行編制。

(3) 短期計劃。一般在 1 年左右，以年度計劃爲主要形式。它是在中期計劃的指導下，具體規劃組織本年度的工作任務和措施的計劃。

3. 按計劃的性質分類

(1) 戰略性計劃。戰略性計劃是關於企業未來發展的規劃，對企業發展起關鍵作用的計劃，其中包括企業的經營戰略、經營目標、產品開發戰略及市場開拓等內容。企業的中長期計劃均屬於戰略計劃。

(2) 戰術性計劃。戰術性計劃是保證戰略計劃實現的計劃，也是解決局部問題或短期問題的計劃，例如，企業的季、月銷售計劃，工程的施工計劃及生產作業計劃等。企業的短期計劃一般屬於戰術性計劃。

4. 按計劃的內容分類

(1) 綜合計劃。綜合計劃是指對組織活動所作的整體安排，它是指導企業生產經營活動的綱領。

(2) 專項計劃。專項計劃是指爲完成某一特定任務而擬訂的計劃，如銷售計劃、新產品開發計劃等。企業職能部門的相關計劃多是專項計劃。

【學習實訓】

杭州"狗不理"包子店是天津"狗不理"集團在杭州開設的分店，地處商業黃金地段。正宗的"狗不理"以其鮮明的特色（薄皮、水餡、滋味鮮美、咬一口汁水橫流）而享譽全國。但正當杭州南方大酒店創下日銷包子萬餘只的記錄時，杭州的"狗不理"包子店在將樓下的三分之一的營業面積租讓給服裝企業的情況下，依然"門前冷落車馬稀"。當"狗不理"一再強調其鮮明的產品特色時，卻忽視了消費者是否接受這一"特色"。首先，"狗不理"包子餡比較油膩，不符合喜愛清淡食物的杭州市民的口味。其次，吃"狗不理"包子不符合杭州人的生活習慣。杭州市民將包子作爲便捷快餐對待，往往邊走邊吃。最後，"狗不理"包子餡多半還是蒜一類的辛辣刺激物，這與杭州這個南方城市的傳統口味也相悖。

思考題：

請分析"狗不理"包子敗走杭州的主要原因是什麼？

【效果評價】

根據學生出勤、課堂討論發言及小組合作完成任務的情況進行評定。

任務4.2 計劃的編制過程與實施

【學習目標】

掌握計劃工作的程序以及編制方法和實施過程。

【學習知識點】

4.2.1 計劃工作的程序

組織的計劃過程是一個複雜的過程，是計劃目標的制訂和組織實現的過程。具體而言，計劃工作的包括以下八個步驟：

1) 確定目標

目標為組織整體、各部門和各成員指明了方向，描繪了組織未來的狀況，並且可以衡量實際績效的標準。

2) 認清現在

認清現在的目的在於尋求合理有效的通向成功的路徑，也即實現目標的途徑，這不僅需要管理者有開放的精神，還要有動態的精神。

3) 研究過去

不僅要從過去發生過的事件中得到啟示和借鑒，更重要的是探討過去通向現在的一些規律，例如採取演繹法、歸納法。

4) 預測並有效地確定計劃的重要前提條件

前提條件是關於要實現計劃的環境的假設條件，是行動過程中的可能情況，限於那些對計劃來說是關鍵性的，或具有重要意義的假設條件。

5) 擬定和選擇可行性行動計劃

擬定可行性行動計劃——擬定盡可能多的計劃。如評估計劃、選定計劃。

6) 制訂主要計劃

將所選擇的計劃用文字形式正式地表達出來，作為一項管理文件，並且要清楚地確定和描述5W1H的內容。

7) 制訂派生計劃

如業務計劃派生的生產計劃、銷售計劃、廣告計劃等。

8) 制定預算，用預算使計劃數字化

一方面是為了使計劃的指標體系更加明確，另一方面是企業更易於對計劃的執行進行控制，如圖4-3所示：

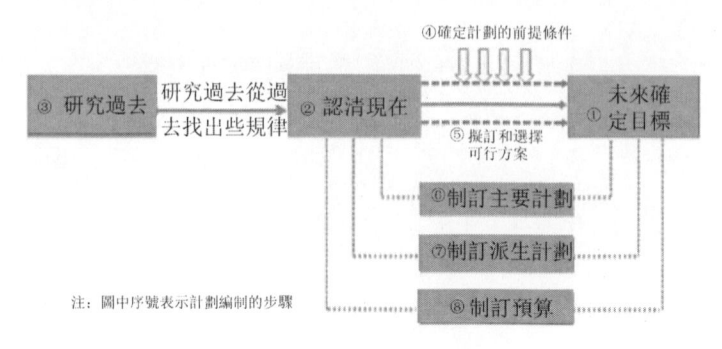

圖 4-3　計劃編制的步驟圖

4.2.2　計劃的編制方法

企業借助一定的方法，把計劃任務、目標和原則轉化爲指導實際行動的具體指標，在具體的經營業務中得以體現。科學的編制計劃方法是提高計劃水平的重要保證。

1. 滾動計劃法

在編制計劃時，一般難以對未來一個時期多種影響計劃實現的因素做出準確的預測，而制訂出來的計劃往往不能完全符合未來的實際而進行主動調整。滾動計劃法就是一種連續、靈活、有彈性地根據一定時期計劃執行情況，通過定期的調整，依次將計劃時期順延，再確定計劃的內容的編制方法。運用滾動計劃法滾動期可長或短，若是年度計劃則按季滾動，若是中、長期計劃則按年滾動。如圖 4-4 所示。

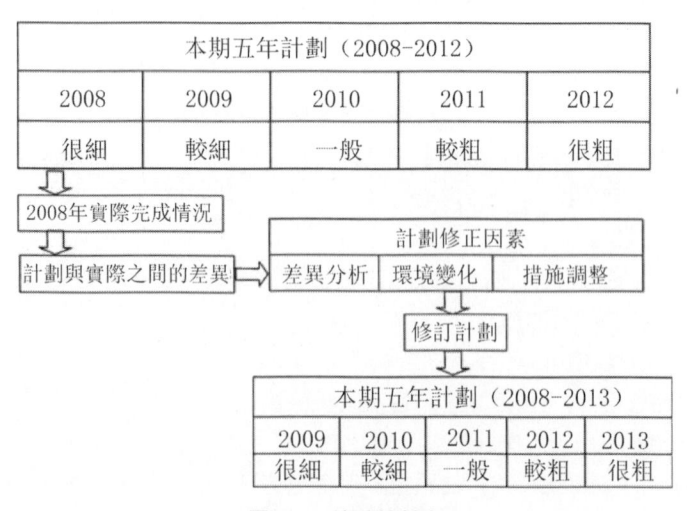

圖 4-4　滾動計劃法

2. PDCA 循環法

PDCA 循環法是美國質量管理專家戴明博士提出來的，它反應了質量管理活動的規律。就是按照計劃（plan）、執行（do）、檢查（check）和處理（action）四個階段的順序，周而復始地循環進行計劃管理的一種工作方法。這種方法的主要內容：在計劃階段確定企業經營方式、目標，制訂經營計劃，並把經營計劃的目標和措施項目落實到企業各部門、各環節。這四個階段大體可分為八個步驟。如圖4-5所示。

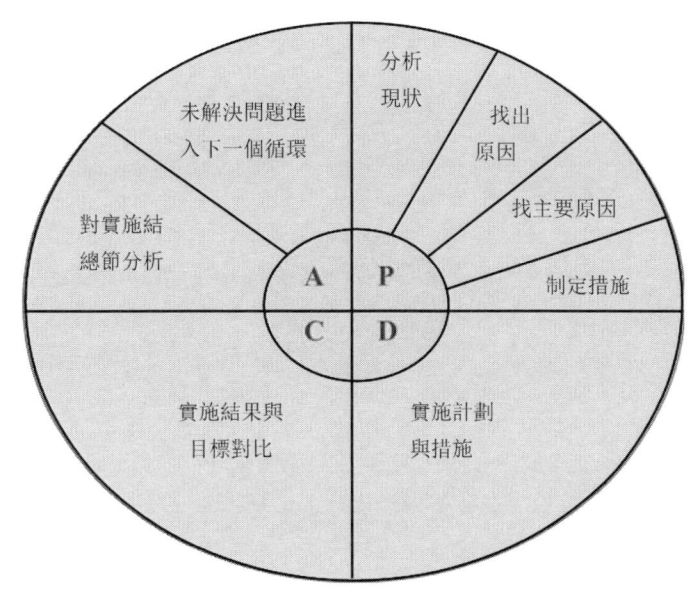

圖4-5　PDCA循環法示意圖

4.2.3　計劃的執行與控制

1. 經營計劃的執行

經營計劃的貫徹與執行，主要是以方針落實及目標管理的方式進行的。方針落實是指按照經營目標和經營方針的要求，對一切與執行有關的部門和單位提出進一步具體的要求，使之形成一個系統，確保方針和目標的實現。

2. 企業經營計劃的控制

企業經營計劃的控制是指企業在動態變化的環境中，為了確保實現既定的目標而進行的檢查、監督和糾正偏差等管理活動。控制是實現當前階段企業目標和計劃的有力保證，也是企業修正發展目標和制訂下一輪計劃的前提和基礎。

1）事先控制

事先控制又稱預先控制，它是指通過觀察和收集信息，掌握規律，預測趨勢，提前採取措施，將可能發生的問題（事故、偏差）消除在萌芽狀態，這是一種"防隱患於未然"的控制，是控制的最高境界。

2）事中控制

事中控制又稱現場控制或即時控制，是指在某項活動或者生產經營過程中，管理者採用糾正措施，以保證目標或計劃的順利實現，它主要通過管理人員深入現場進行有效的控制。

3）事後控制

事後控制主要是分析工作的執行結果，與控制標準相比較，發現差異並找出原因，擬定糾正措施以防止錯誤繼續存在。例如財務分析報告、產品銷售狀況分析報告及銷售人員業績評定報告等。

【知識閱讀4-2】

扁鵲的醫術

魏文王問名醫扁鵲說："你們家兄弟三人，都精於醫術，到底哪一位最好呢？"

扁鵲答說："長兄最好，中兄次之，我最差。"

文王再問："那麼為什麼你最出名呢？"

扁鵲答說："我長兄治病，是治病於病情發作之前。由於一般人不知道他事先能鏟除病因，所以他的名氣無法傳出去，只有我們家的人才知道。我中兄治病，是治病於病情初起之時。一般人以為他只能治輕微的小病，所以他的名氣只及於本鄉裡。而我扁鵲治病，是治病於病情嚴重之時。一般人都看到我在經脈上穿針管來放血、在皮膚上敷藥等大手術，所以以為我的醫術高明，名氣因此響遍全國。"

文王說："你說得好極了。"

分析提示：事後控制不如事中控制，事中控制不如事前控制，如果經營者體會不到這一點，等到錯誤的決策造成了重大的損失才尋求彌補，那就為時已晚了。

（資料來源：張澤起. 現代企業管理［M］. 北京：中國傳媒大學出版社，2008.）

【學習實訓】頭腦風暴——敢問興光華路在何方

進入12月份以後，興光華實業發展有限公司（以下簡稱興光華公司）的總經理李軍一直在想著兩件事：一是年終已到，應抽個時間開個會議，好好總結一下一年來的工作。今年外部環境發生了很大的變化，儘管公司想方設法拓展市場，但困難重重，好在公司經營比較靈活，苦苦掙扎，這一年總算搖搖晃晃走過來了，現在是該好好總結一下，看看問題到底在哪兒。二是該好好謀劃一下明年怎麼辦，更遠的該想想以後5年怎麼幹，乃至於以後10年怎麼幹。上個月李總從事務堆裡抽出身來，到商學院去聽了兩次關於現代企業管理的講座，教授的精彩演講對他觸動很大。公司成立至今，轉眼已有10多個年頭了。10多年來，公司取得過很大的成就，靠運氣、靠機遇，當然也靠大家的努力。細細想來，公司的管理全靠經驗，特別是靠李總自己的經驗，遇事都由李總拍板，從來沒有公司通盤的目標與計劃，因而常常是幹到哪兒是哪兒。可現在公司已發展到有幾千萬資產，三百來號人，再這樣下去可不行了。李總每想到這些，晚上都睡不著覺，到底該怎樣制訂公司的目標與計劃呢，這正是最近李總一直在苦苦思考的問題。

興光華公司是一家民營企業，是改革開放的春風為興光華公司的建立和發展創造了條件。因此李總常對職工講，公司之所以有今天，一靠他們三兄弟拼命苦幹，但更主要的是靠改革開放帶來的機遇。20年前，李氏三兄弟只身來到了省裡的工業重鎮A市，當時他們口袋裡只有父母給的全家積蓄800元人民幣，但李氏三兄弟決心用這800元錢創一番事業，擺脫祖祖輩輩日出而作、日落而歸的臉朝黃土、背朝天的農民生活。到了A市，顧氏三兄弟借了一處棚戶房落腳，每天分頭出去找營生，在一年時間裡他們收過破爛，販過水果，打過短工，但他們感到這都不是他們要干的。老大李軍經過觀察和向人請教，發現A市的建築業發展很快，城市要建設，老百姓要造房子，所以建築公司任務不少，但當時由於種種原因，建築材料卻常常短缺，因而建築公司也失去了很多工程。李軍得知，建築材料中水泥、黃沙都很缺。他想到，在老家鎮邊上，他表舅開了家小水泥廠，生產出的水泥在當地還銷不完，因而不得不減少生產。他與老二、老三一商量決定做水泥生意。他們在A市找需要水泥的建築隊，講好價，然後到老家租船借車把水泥運出來，去掉成本每袋水泥能淨得幾塊錢。利雖然不厚，但積少成多，一年下來他們掙了幾萬元。當時的中國，"萬元戶"可是個令人羡慕的名稱。當然這一年中，顧氏三兄弟也吃盡了苦，李軍一年裡住了兩次醫院，一次是勞累過度暈在路邊被人送進醫院，一次是肝炎住院，醫生的診斷是營養嚴重不良引起抵抗力差而得肝炎。雖然如此，看到一年下來的收穫，顧氏三兄弟感到第一步走對了，決心繼續走下去。他們又干了兩年販運水泥的活，那時他們已有一定的經濟實力了，同時又認識了很多人，有了一張不錯的關係網。李軍在販運水泥中，看到改革開放後，A市角角落落都在大興土木，建築隊的活忙得干不過來，他想，家鄉也有木工、泥瓦匠，何不把他們組織起來，建個工程隊，到城裡來闖天下呢？三兄弟一商量說干就干，沒幾個月一個工程隊開進了城，當然水泥照樣販，這也算是兩條腿走路了。

　　一晃20年過去了，當初販運水泥起家的李氏三兄弟，今天已是擁有幾千萬資產的興光華公司的老板了。公司現有一家貿易分公司、建築裝飾公司和一家房地產公司，有員工近300人。老大李軍當公司總經理，老二、老三做副總經理，並分兼下屬公司的經理。李軍老婆的叔叔任財務主管，他們表舅的大兒子任公司銷售主管。總之，公司的主要職位都是家族裡面的人擔任，李軍具有絕對權威。

　　公司總經理李軍是顧氏兄弟中的老大，當初到A市時只有24歲，他在老家讀完了小學，接着斷斷續續地花了6年時間才讀完了初中，原因是家裡窮，又遇上了水災，兩度休學，但他讀書的決心很大，一旦條件許可，他就去上學，而且邊讀書邊干農活。15年前，是他帶着兩個弟弟離開農村進城闖天下的。他為人真誠，好交朋友，又能吃苦耐勞，因此深得兩位弟弟的敬重，只要他講如何做，他們都會去拼命干。正是在他的帶領下，興光華公司從無到有，從小到大。現在在A市李氏三兄弟的興光華公司已是大名鼎鼎了，特別是去年，李軍代表興光華公司一下子拿出50萬元捐給省裡的貧困縣建希望小學後，民營企業家李軍的名聲更是非同凡響了。但李軍心裡明白，公司這幾年日子也不太好過，特別是今年。建築公司任務還可以，但由於成本上升創利已不能與前幾年同日而語了，只能是維持，略有盈餘。況且建築市場競爭日益加劇，公司的前景難以預料。貿易公司能勉強維持已是上上大吉了，今年做了兩筆大生意，挣了點錢，其餘的生意均没成功，況且倉庫裡還積壓了不少貨無法出手，貿易公司日子不好過。房地產公司更是一年不如一年，當初剛開辦房地產公司時，由於時機抓準了，兩個樓盤着實賺了一大筆，這爲公司的發展立了大功。可是好景不長，房地產市場疲軟，生意越來越難做。好在李總當機立斷，微利或持平，把積壓的房屋作爲動遷房基本脫手了，要不後果真不堪設想，就是這樣，現在還留着的幾十套房子把公司壓得喘不過氣來。

面對這些困難，李總一直在想如何擺脫現在這種狀況，如何發展。發展的機會也不是没有。上個月在商學院聽講座時，李軍認識了 A 市的一家國有大公司的老總，交談中李總得知，這家公司正在尋找在非洲銷售他們公司當家產品——小型柴油機的代理商，據說這種產品在非洲很有市場。這家公司的老總很想與光華公司合作，利用民營企業的優勢，去搶占非洲市場。李軍深感這是個機會，但該如何把握呢？10 月 1 日李總與市建委的一位處長在一起吃飯，這位老鄉告訴他，市裡規劃從明年開始江海路拓寬工程。江海路在 A 市就像上海的南京路，兩邊均是商店。借着這一機會，好多大商店都想擴建商廈，但苦於資金不夠。這位老鄉問李軍，有没有興趣進軍江海路。如想的話，他可牽線搭橋。興光華公司的貿易公司早想進駐江海路了，但苦於没機會，現在機會來了，機會很誘人，但投入也不會少，該怎麼辦？隨著改革開放的深入，住房分配制度將有一個根本的變化，隨著福利分房的結束，李軍想到房地產市場一定會逐步轉暖。興光華公司的房地產公司已有一段時間没正常運作了，現在是不是該動了？

總之，擺在興光華公司老板李軍面前的困難很多，但機會也不少。新的一年到底該幹些什麼？怎麼幹？以後的 5 年、10 年又該如何幹？這些問題一直盤旋在李總的腦海中。

（資料來源：華振. 管理學基礎案例匯總［EB/OL］.（2013-04-02）［2014-06-20］. http://www.docin.com/p-325195056.html.）

思考題：

1. 你如何評價興光華公司？如何評價李總？
2. 興光華公司是否應制訂短、中、長期計劃？爲什麼？
3. 如果你是李總，你該如何編制公司發展計劃？

【效果評價】

根據學生出勤、課堂討論發言及小組合作完成任務的情況進行評定。

任務 4.3　目標管理

【學習目標】

理解目標管理的基本内容以及掌握目標管理的過程。

【學習知識點】

4.3.1 目標管理的基本內容

1. 目標的基本內容

(1) 目標的含義

目標是一個組織各項管理活動所指向的終點，每個組織、每項活動都應有自己的目標。它是根據自身需求提出的在一定時期內經過努力要達到的預期成果。

(2) 企業目標與計劃的關係

企業目標是企業的一切生產經營活動的階段目的或最終目的。"金字塔"的塔尖是一個企業的任務，也就是企業的總目標。總目標直接基於所選定的任務。接下來戰略計劃、分階段目標和行動計劃又由總目標引出。

戰略計劃一般都是由組織內的最高管理層制定，分階段目標則是在總目標和戰略計劃的結構內所要達到的更為詳細、更加具體的目標。行動計劃可以是與分階段目標或者總目標相關聯，也可以是同時與兩者關聯。

(3) 制定目標應注意的問題

（1）目標應具體化。一般組織目標的通病是太籠統。所定目標雖應有一定的彈性，但還是要讓目標具體化。如：銷售額比上季度增長 10%、市場占有率達到 15%等。

（2）目標應可衡量。它使管理人員在工作中能把握進度，把實績與預期目標相對照。

（3）目標既應切實可行，又應具有挑戰性。

（4）目標不應強調活動，而應強調成果。

(4) 目標的作用

（1）為管理工作指明方向。把多方面的工作和職能都統一到組織的目標上來。為使目標方向明確，就是要使目標盡量簡化。

（2）激勵作用。目標是激勵組織成員的力量源泉。

（3）目標是考核主管人員和員工績效的客觀標準。

（4）凝聚作用。組織是一個社會協作系統，組織必須對其成員具有凝聚力，然而組織凝聚力大小又受到多種因素的影響，其中一個重要因素就是組織的目標。

2. 目標管理

(1) 目標管理的含義

目標管理是由美國著名的管理學家彼得·克拉克在 1954 年所寫的《管理實踐》一書中提出的一種管理方法。它主要是建立在泰羅的科學管理理論與梅奧的"人際關係"理論的基礎之上。

目標管理的主要內容：組織的最高領導層根據組織面臨的形勢和社會需要，制定出一定時期內組織經營活動所要達到的總目標，然後層層分解落實，要求下屬各部門主管人員以至每個員工根據上級制定的目標和保證措施，形成一個目標體系，並把目標完成的情況作爲各部門或個人考核的依據。

2）目標管理的特點

目標管理在指導思想上是以Y理論爲基礎的，即認爲在目標明確的條件下，人們能夠對自己負責。其具體方法是泰勒科學管理的進一步發展。它與傳統管理方式相比有鮮明的特點。

(1) 重視人的因素。目標管理是一種參與的、民主的、自我控制的管理制度，在這一制度下，上級與下級的關係是平等、尊重、依賴和支持，下級在承諾目標和被授權之後是自覺、自主和自治的。

(2) 建立目標體系。目標管理通過專門設計的過程，將組織的整體目標逐級分解，轉換爲各單位、每一個員工的分目標。在目標分解過程中，責、權、利三者已經明確，而且相互對稱，這些目標方向一致，環環相扣，相互配合，形成協調統一的目標體系。只有每個人實現了自己的分目標，整個企業的總目標才能有實現的可能。

(3) 重視成果。目標管理以制定目標爲起點，以目標實現情況的考核爲終點，工作成果是評價目標實現程度的標準，也是考核和獎懲的依據。

3）目標管理的實質

讓下屬人員參與到對自己運作的計劃及目標的制定中去，以提高員工的參與意識和承諾意識，從而激發員工工作積極性主動性和創造性。

4）目標管理的精髓

(1) 實現組織目標與個人目標的完美結合

任何企業都必須形成一個真正的整體，企業每個成員所做的貢獻雖各不相同，但是他們都必須爲一個共同的目標做貢獻。他們的努力必須全部朝着同一個方向，他們的貢獻都必須融爲一體，產生出一種整體的業績。因此企業的運作要求各項工作都必須以整個企業的目標爲導向，尤其是每個人必須註重企業整體的成果，他個人的成果是由他對企業成就所做出的貢獻來衡量的。

(2) 實現自我控制和自我激勵

目標管理的最大優點也許是它使得一位管理人員能控制自己的成就。自我控制意味着更強的激勵，它意味着更高的成就目標和更廣闊的眼界。目標管理的主要貢獻之一，就是它使得我們能用自我控制的管理來代替由別人統治的管理。

5）目標管理的優點

它確保在計劃執行的時候，目標是具體的，而且一一落實到下級頭上。目標是根據每個人的能力大小確定的，爲定期考核提供了內在的控制機制。

6）目標管理的缺點

花費時間較長；要爲大家共同商討目標留有餘地；它專註於具體的可測定的目標，而不是諸如創造力那樣的無形的東西；一旦它的確定的目標過於標新立異，將導致無法如期完成，參與者們便會心灰意冷。

【知識閱讀4-3】

馬拉鬆運動員的目標管理

山田本一是日本著名的馬拉鬆運動員。他曾在1984年和1987年的國際馬拉鬆比賽中，兩次奪得世界冠軍。記者問他憑什麼取得如此驚人的成績，山田本一總是回答："憑智慧戰勝對手!"

大家都知道，馬拉鬆比賽主要是運動員體力和耐力的較量，爆發力、速度和技巧都還在其次。因此對山田本一的回答，許多人覺得他是在故弄玄虛。

10年之後，這個謎底被揭開了。山田本一在自傳中這樣寫道："每次比賽之前，我都要乘車把比賽的路線仔細地看一遍，並把沿途比較醒目的標誌畫下來，比如第一標誌是銀行，第二標誌是一個古怪的大樹，第三標誌是一座高樓……這樣一直畫到賽程的結束。比賽開始後，我就以百米的速度奮力地向第一個目標衝去，到達第一個目標後，我又以同樣的速度向第二個目標衝去。40多千米的賽程，被我分解成幾個小目標，跑起來就輕鬆多了。開始我把我的目標定在終點線的旗幟上，結果當我跑到十幾千米的時候就疲憊不堪了，因爲我被前面那段遙遠的路嚇到了。"

分析點評：目標是需要分解的，一個人制定目標的時候，要有最終目標，比如成爲世界冠軍，更要有明確的績效目標，比如在某個時間內成績提高多少。最終目標是宏大的，引領方向的目標，而績效目標就是一個具體的，有明確衡量標準的目標，比如在四個月把跑步成績提高1秒，這就是目標分解，績效目標可以進一步分解，比如在第一個月內提高0.03秒等。當目標被清晰地分解了，目標的激勵作用就顯現了，當我們實現了一個目標的時候，我們就及時地得到了一個正面激勵，這對於培養我們挑戰目標的信心的作用是非常巨大的。

(資料來源：饒建輝. 目標管理案例［EB/OL］.（2009-02-11）［2014-06-20］. http://blog.sina.com.cn/s/blog_5dfb52420100c57q.html.)

4.3.2 目標管理的過程

1. 目標管理的環節

目標管理的全過程大致可以分爲四個環節：設定總目標、分解總目標、實現目標、績效評價與反饋。如圖4-6所示。

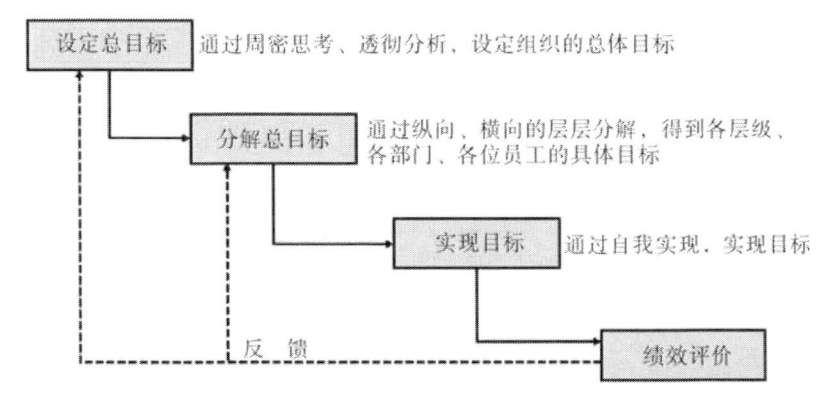

圖4-6 目標管理的四個環節

1）設定總目標

目標的設置是管理的源頭，也是目標管理最重要的一個環節。在這一環節，組織要根據自身的資源實力和外部環境條件，設定一個符合組織共同願景方向又切合實際的目標，以此作為組織和全體成員在未來一段時間內努力的具體方向。

設定總目標時，要通過周密地思考、透徹地分析，把握組織的優勢和專長及面臨的機會與威脅，設定出符合組織長遠發展利益並且通過努力可以實現的總目標。組織總目標一旦設定就成了組織計劃工作的前提和依據，也是評價組織未來成果的標準。因此，設定的組織總目標應該是可以用一系列相應的指標來衡量的。

2）分解總目標

這一環節是將組織的總目標按照組織結構進行縱向、橫向的分解，獲得各層級、各部門、各位員工的具體、明確的目標。它在目標管理全過程中是最關鍵、難度最大的一個環節。具體包括以下幾方面內容：

（1）將總目標按組織體系層次和部門逐層展開、分解，直至每一名員工。在這個自上而下的過程中，上級根據總體目標的要求給予下級一個初步的推薦目標，而不是最終的決定目標。

（2）組織的各部門、每名員工根據自己部門、崗位分工和職責要求對上級給予的推薦目標進行分析、思考、討論，然後提出自己的目標，並且將目標逐級上報，完成自下而上的過程。

（3）上下級間就上報的目標進行討論、修訂，經過多次商討後，最終達成共識，從而將組織的總目標分解成一個目標體系。該體系中，上下級之間的目標要相互銜接，每個目標都要以上級目標為基礎，為上級目標服務，且相容於下級目標。

3）實現目標

這一環節是為實現目標體系而進行的過程管理。它主要是由員工自主管理或自我控制，上級只是根據原則對重大問題予以過問和實施干預。例如，如果出現不可預測事件嚴重影響組織目標的實現時，管理者對原定目標進行修改。當員工的個人目標和各級管理者的部門目標實現時，組織的總體目標也就實現了。

4）績效評價與反饋

績效反饋是目標管理的關鍵環節。管理者通過提供各種工作績效數據，可使下屬瞭解自己的工作進展，能夠清楚地控制和修正自己的行為。

在目標實現之後，管理者要對下屬的努力情況和目標質量進行評價。評價的依據是事先設置的總目標。對於最終結果，應當根據目標進行評價，並根據評價結果進行獎罰。經過評價之後，目標管理進入下一輪循環過程。

實施目標管理，對員工來說，可使其發現工作的興趣和價值，從而在工作中滿足自我實現的需要，進而為組織目標的實現提供可靠的群眾基礎；對管理者而言，"它激勵著管理人員進行活動，但並不是由於有什麼人告訴他去做什麼事情，而是由於他的工作目標要求他那樣做"，即管理者在實行自我控制。

2. 企業目標管理的實施

1）經營目標體系的建立

設定目標是實施目標管理的起點，也是目標管理的重要內容，目標管理設置得如何，會直接影響目標的實施和控制，從而影響企業的經營業績。建立合理有效的目標體系或目標網路是企業完成計劃任務的關鍵。建立經營目標體系具體分爲以下幾個步驟：

（1）確定企業經營總目標並進行分解；

（2）各分目標進行協調平衡；

（3）經營目標體系的整理和確定。

2）經營目標的實施

目標的實施是目標落實和實現的過程，是經營目標的執行階段。這一階段的主要工作是充分調動各部門、各員工的積極性，發揮其創造力和主觀能動作用，鼓勵自我約束、自我控制，自覺執行各目標方案，通過積極主動的努力實現各項目標。

3）經營目標的控制

在企業經營目標執行過程中，必須進行有效的控制，發現問題及時解決，以保證各項活動不偏離目標軌道。各級領導在下級自檢的基礎上，必須用既定標準和進度計劃來檢查下級目標實施的效果，通過督促、協調和指導等方式，幫助下級改進工作，更好地完成任務。這時要注意：在採取調整措施時，必須與下級進行充分協商與討論，避免強制性的上級干預。通過定期或不定期的檢查，上級部門及時掌握目標管理活動各方面的情況，並及時向各部門員工進行通報、總結，根據個人成果進行考核、評比，以鼓勵先進，鞭策落後。

【學習實訓】案例研討——幸島短尾猴的故事

位於日本南部宮崎縣的幸島是短尾猴的故鄉。日本科學家對幸島短尾猴的研究已有半個世紀之久，研究過程中最著名的發現是猴子也會清洗紅薯。科學家將這種行爲看作非人類種群表現出的一種文化現象。

1952年日本京都大學的一位教授帶着幾名學生對短尾猴進行了觀察研究，在研究的過程中，他們在沙土裡種植了一些紅薯，走的時候就把這些紅薯留下了。後來猴子發現了紅薯，就開始作爲食物來吃。由於是在沙土裡生長的，紅薯上經常粘着一些沙子，比較磕牙。後來有一個聰明的猴子發現，把紅薯放到水裡洗一下，然後再吃，就不會磕牙了，於是它高興地把這個發現告訴了身邊的小猴子，這些猴子也開始用水洗紅薯吃，再後來這些猴子又把這個秘密告訴了其他的猴子，甚至告訴了其他島上的猴子。於是某一天一個令人震撼的場景出現了，在皎潔的月光下，一百多只猴子排着隊在水裡洗紅薯，這就像預示着一個新紀元的出現。

[資料來源：佚名. 幸島短尾猴的故事［J］. 創業：投資熱點，2011（5）.］

思考題：

如何看待領導在目標管理中的作用？

【效果評價】

根據學生出勤、課堂討論發言及小組合作完成任務的情況進行評定。

綜合練習與實踐

一、判斷題

1. 計劃是不隨條件變化而變化的。（　）
2. 計劃工作使靈活性大為降低。（　）
3. 戰略計劃較作業計劃具有更長的時間間隔，覆蓋領域也較寬。（　）
4. 目標管理中所強調的自主管理是指下屬自主制定目標。（　）
5. Y理論對人性的觀察，作了以下假設，一般人的本性是好逸惡勞的，只要有可能就會逃避工作。（　）

二、單項選擇題

1. 在管理的基本職能中，屬於首位的是（　）。
   A. 計劃　　　　　　　　　B. 組織
   C. 領導　　　　　　　　　D. 控制
2. 以下關於計劃工作的認識中，哪種觀點是不正確的（　）。
   A. 計劃是預測與構想，即預先進行的行動安排
   B. 計劃的實質是對要達到的目標及途徑進行預先規定
   C. 計劃職能是參謀部門的特有使命
   D. 計劃職能是各級、各部門管理人員的一個共同職能
3. 用於編制和調整長期計劃的一種十分有效的方法是（　）。
   A. 滾動計劃法　　　　　　B. 網路計劃法
   C. 運籌學法　　　　　　　D. 投入產出法
4. 實施目標管理的主要難點是（　）。
   A. 不利於有效地實施管理
   B. 不利於調動積極性
   C. 難以有效地控制
   D. 設置目標及量化存在困難首先提出的
5. 計劃按表現形式分為（　）。
   A. 戰略、戰術和作業計劃　　B. 綜合、專業和項目計劃
   C. 指導性計劃和具體性計劃　　D. 戰略、程序、規則、規劃等

三、多項選擇題

1. 計劃的特徵除了創新性還包括（　）。

  A. 目的性   B. 首位行
  C. 普遍性   D. 效率性
2. 計劃的控制包括（   ）。
  A. 事先控制   B. 事中控制
  C. 事後控制   D. 過程控制
3. 下列選項是按計劃的性質分類的有（   ）。
  A. 企業的季度銷售計劃   B. 工程施工計劃
  C. 生產作業計劃   D. 專項計劃
4. 企業經營計劃的編制步驟有（   ）。
  A. 調查研究   B. 確定具體計劃
  C. 擬訂方案，比較選擇   D. 綜合平衡，確定正式計劃草案
5. 目標管理的特點（   ）。
  A. 重視人的因素   B. 重視物的因素
  C. 建立目標體系   D. 重視成果

四、問答題

1. 計劃的含義以及特徵分別是什麼？
2. 計劃的構成要素有哪些？
3. 什麼是滾動計劃法？
4. 制定目標應註意的問題有哪些？
5. 目標管理的含義是什麼？

五、深度思考

富春山居的經營策略

  富春山居位於一個著名的風景區邊緣，旁邊是高鐵站點，每年有大批的旅遊者通過這條高鐵來到這個風景名勝區遊覽。

  王先生兩年前買下山居小棧時是充滿信心的，作為一個經驗豐富的旅遊者，他認爲遊客真正需要的是樸實而方便的房間——舒適的床、標準的盥洗設備以及免費的有線電視。像公共遊泳池等沒有收益的花哨設施是不必要的。而且他認爲重要的不是提供的服務，而是管理。但是在不斷接到顧客抱怨後，他還是增設了簡單的免費早餐。

  然而經營情況比他預料的要糟，兩年來的入住率都維持在45%左右，而當地的旅遊局統計數字表明這一帶旅店的平均入住率爲65%。毋庸置疑，競爭很激烈，除了許多高檔的飯店賓館外，還有很多家居式的小旅社參與競爭。

  其實，王先生對這些情況並非一無所知，但是他覺得高檔賓館太昂貴，而家庭式旅社則很不正規，像富春山居這樣既有規範化服務特點又價格低廉的旅店應該很有市場。但是他現在感覺到事情並不是他想的那麼簡單。最近又傳來旅遊局決定在本地興建更多大型賓館的消息，王先生發覺處境越來越不利，一度決定退出市場。

這時他得到一大筆房屋拆遷的資金，這筆資金使得他猶豫起來。也許這是個讓富春山居起死回生的機會呢，他開始認真研究所處的市場環境。

從一開始王先生就避免與提供全套服務的度假酒店直接競爭，他採取的方式就是削減"不必要的服務項目"，這使得山居小棧的房價比他們要低40%，住過的客人都覺得物有所值，但是很多旅客還是去別家投宿了。

王先生對近期旅遊局發布的對當地遊客的調查結果很感興趣：

1. 65%的遊客是不帶孩子的年輕夫婦或者老年夫婦；
2. 35%的遊客兩個月前就預定好了房間和制訂了旅行計劃；
3. 67%的遊客在當地停留超過三天，並且同住一旅店；
4. 75%的遊客認爲旅館的休閒娛樂設施對他們的選擇很重要；
5. 37%的遊客是第一次來此地遊覽。

得到上述資料後，王先生反復思量，到底要不要退出市場，是拿這筆錢來養老，還是繼續經營？

如果繼續經營的話，是一如既往，還是改變富春山居的經營策略？

思考題：

1. 導致富春山居經營不理想的主要原因是什麼？
2. 你認爲富春山居的發展前景如何？
3. 如何改變富春山居現在的不利局面？

第 5 章

組織職能

🔽 學習目標

通過本章學習，學生應理解組織工作、組織結構、管理幅度、人員配備的概念，明確組織工作的基本原理，能說明組織工作的過程，闡述影響管理幅度的因素，識別組織結構的幾種類型，說明各種類型的特點和適用條件，並能闡述組織變革的過程。

🔽 學習要求

知識要點	能力要求	相關知識
組織工作	掌握組織工作原理，熟悉組織工作過程	組織工作原理、組織工作過程、正式組織與非正式組織
組織結構設計	能夠熟練分析各個組織結構類型	部門劃分、組織結構
組織結構設計的關鍵問題	1. 瞭解集權、分權 2. 掌握管理層次與管理幅度 3. 學會人員配備 4. 掌握委員會與個人管理	管理層次與管理幅度 集權與分權 人員配備
組織文化與組織變革	1. 掌握組織文化的功能 2. 瞭解組織的變革原因 3. 掌握組織變革的過程 4. 瞭解組織變革的動力與阻力	組織文化的功能 組織的變革

> **案例導入**

未畫完整的句號

一位著名企業家在作報告，一位聽眾問："你在事業上取得了重大的成功，請問，對你來說，最重要的是什麼？"

企業家沒有直接回答，他拿起粉筆在黑板上畫了一個圈，只是並沒有畫圓滿，留下一個缺口。他反問道："這是什麼？""零""圈""未完成的事業""成功"，臺下的聽眾七嘴八舌地答道。

他對這些回答未置可否："其實，這只是一個未畫完整的句號。你們問我為什麼會取得輝煌的業績，道理很簡單：我不會把事情做得很圓滿，就像畫個句號，一定要留個缺口，讓我的下屬去填滿它。"

留個缺口給他人，並不說明自己的能力不強。實際上，這是一種管理的智慧，是一種更高層次上帶有全局性的圓滿。給猴子一棵樹，讓它不停地攀登；給老虎一座山，讓它自由縱橫。也許，這就是企業管理用人的最高境界。

(資料來源：李英. 管理學基礎 [M]. 大連：大連理工大學出版社，2009.)

任務 5.1　組織工作概述

【學習目標】

讓學生理解組織及其組織工作，熟悉組織工作過程；能夠區分正式組織與非正式組織。

【學習知識點】

5.1.1　組織與組織工作

1. 組織的含義

關於"組織"一詞的使用，有時並不很嚴格，它的希臘文原義是指和諧、協調。但它在管理學中有兩個含義：一是指作為社會實體的組織，指的是人們進行合作活動的必要條件，是為了達到某些特定目標，在分工合作基礎上構成人的集合；另一個是作為管理過程的組織工作，組織既被看作反應一些職位和一些個人之間的關係的網路式結構，又是一種創造結構、維持結構，並使結構發揮作用的過程。那麼什麼是組織呢？巴納德認為：組織不是集團，而是相互協作的關係，是人們相互作用的系統。

組織作為一個系統，一般都包含四個要素：

1) 共同目標

任何組織都有共同目標，都是為共同目標而存在的。

不管這種目標是明文規定的，還是隱含着的，目標總是組織存在的前提。沒有目標，也就沒有組織存在的必要性。組織的共同目標不僅要得到組織成員的理解，而且必須被他們接受，否則無法對行爲起指導作用，無法成爲激勵的力量。

組織目標不同於個人目標。組織中的成員有自己的個人目標，成員的個人目標與組織共同目標有一致的部分，也有不同的部分。個人願意爲實現組織共同目標而努力，其原因是因爲實現組織共同目標能夠實現部分個人目標，有助於實現個人追求。然而，組織共同目標不是固定不變的，組織通過連續地更新宗旨或目標保持其延續性。

2）人員與職務

組織中的人員有管理人員和非管理人員，一個組織建立良好的人際關係，是建立組織系統的基本條件和要求。讓每個人明確他們在組織中所擔任的職務以及各職務之間的相互關係，形成一定的職務結構，這樣才能使組織有效工作以實現組織預期的目標。

3）職責與職權

組織中的每一個職位都有履行、執行或完成既定的工作任務的義務，這種執行責任就是通常意義下所指的職責。職責的確定必須遵循"職權與職責對等"原則。職責反應了上下級之間的關係，下級有向上級報告自己工作的義務或責任；上級有對下級工作進行必要指導的責任。職權將在後文進行講解。

4）協調

管理的本質是協調，協調是促使兩個或兩個以上相互存在的個人或群體的活動相互配合的過程。不管在什麼時候，只要有兩個或兩個以上相互依存的個人或群體，希望實現一個共同目標時，他們之間的活動就需要協調。如果沒有協調，那麼他的共同目標就沒法實現。

協調與合作是兩個不相同的概念。合作是一種態度，協調卻是一個過程，這個過程要依賴於合作。因爲沒有合作，協調是不可能實現的，但它比合作的程度更高，它是將各種不同活動聯繫在一起的有意識的努力，是集合不同的活動使之能夠朝着組織目標同步運行的過程。例如一群人試圖去推動一輛車，儘管他們相互合作，儘管他們有共同的目標，但是如果他們不協調行動，仍然會失敗。只有當他們之中有一個人站出來，告訴其他人站什麼位置，何時用力，他們才會成功。

2. 組織工作

組織工作是管理工作的一個有機組成部分。組織工作是協調群體的社會化活動的一項最基本的職能。它是指爲了實現組織的共同目標而確定組織內各要素及其相互關係的活動過程，即：在一定空間和時間範圍內對包括人、財、物和信息在內的各種資源進行有效配置，劃分出若干管理層次，分出若干部門；對人員進行選聘考評和培訓，爲組織結構中的每個職位配備合適的人員，並把相應的職權授予各個管理層次、各部門的主管人員，以及規定上下左右的協調關係；此外，還需要根據組織內外要素及變化，不斷地對組織做出調整和變革，以確保組織目標實現。

【知識閱讀 5-1】

王珪鑒才

在一次宴會上，唐太宗對王珪說：「你善於鑒別人才，尤其善於評論。你不妨從房玄齡等人開始，都一一做些評論，評一下他們的優缺點，同時和他們互相比較一下，你在哪些方面比他們優秀？」

王珪回答說：「孜孜不倦地辦公，一心為國操勞，凡所知道的事沒有不盡心盡力去做，在這方面我比不上房玄齡。常常留心於向皇上直言建議，認為皇上能力德行比不上堯舜很丟面子，這方面我比不上魏徵。文武全才，既可以在外帶兵打仗做將軍，又可以進入朝廷搞管理擔任宰相，在這方面，我比不上李靖。向皇上報告國家公務，詳細明了，宣布皇上的命令或者轉達下屬官員的匯報，能堅持做到公平公正，在這方面我不如溫彥博。處理繁重的事務，解決難題，辦事井井有條，這方面我也比不上戴冑。至於批評貪官污吏，表揚清正廉署，疾惡如仇，好善喜樂，這方面比起其他幾位能人來說，我也有一日之長。」唐太宗非常讚同他的話，而大臣們也認為王珪完全道出了他們的心聲，都說這些評論是正確的。

（資料來源：佚名. 王珪鑒才［EB/OL］.（2013-11-28）［2014-06-16］. http://baike.baidu.com/.）

5.1.2　組織工作的基本原理

為了更有效地實現組織目標，在開展組織工作時，必須根據內外要素的變化適時地調整組織結構，設計和建立一個合理的組織結構。那麼，怎樣才能做好組織工作，使通過組織工作所進行的動態設計、建立並維持的組織結構及其表現形式更好地促進組織目標的實現呢？長期以來，管理學家和管理者們進行過許多有益的探索與研究。綜合起來看，我們認為，進行有效的組織工作應遵循以下基本原理：

1. 目標統一性

目標統一性指的是：組織結構的設計和組織形式的選擇必須有利於組織目標的實現。任何組織的存在，都是由它的特定目標決定，組織中的每一部分都與組織的目標有關係。例如：醫院的目標是治病救人、為病員服務，那麼它的組織機構及其組成如內、外、兒科、門診科室、藥房、財務科等，就是圍繞實現醫院的目標而設置的。同樣道理，每一機構又有自己的分目標來支持總目標的實現，這些分目標又成為了機構進一步細分的依據。因此，目標層層分解，機構層層建立下去，直至每一個人都瞭解自己在總目標的實現中應完成的任務，這樣建立起來的組織機構才是一個有機整體，才能為組織目標的實現奠定組織基礎。

從這一原理出發，要求在組織設計中要以事為中心，因事設機構，因事設職務，真正做到「事事有人做」，人與事高度配合，避免出現因人設職務的現象。

2. 分工協調

分工是為了提高管理專業化的水平和工作效率的要求，把組織的目標分解成各層次、各部門以至各個人的目標和任務，使組織的各級、各部門、各個人都瞭解自己在實現組織目標中應承擔的工作。有分工就需要配合，配合實際上就是協調。協調包括部門之間的協調和部門內部的協調。分工協調原理可以這樣表述：組織結構的設計和組織形式的選擇越是能反應目標所必需的各項任務和工作的分工，以及彼此間的協調，委派的職務越是能適合於擔任這一職務人的能力與動機，其組織結構和形式越是有效。組織結構中的層次劃分、部門的分工以及職權的分工，各種分工之間的協調就是分工協調原理的具體體現。

3. 責權對等原理

責權對等原理又稱爲責權一致，即職責必須相等，通過明確每一管理層次和各個部門的職責，並賦予它們完成其職責所必需的權力，便於分工協作關係得到確認。職責與職權必須協調一致，要履行一定的職責，就應該有相應的職權，這就是權責一致的要求。只有職責，沒有職權，或權限太小，則其職責承擔者的積極性、主動性就會受到束縛，實際上也不可能承擔起應有的責任；相反，只有職權而無職責，或責任程度小於職權，就會導致濫用權力和"瞎指揮"，產生官僚主義等等。職責是取得職權所付出的代價，職權是履行職責的保證。

責權對等首先是責任的確定，責任確定的前提是明確組織目標。責權對等關係的確定既要考慮組織目標實現的需要，又要考慮領導開展工作的需要，因而要盡可能在權責對等的基礎上實現職責、職權、職務和利益的全面對等，並照顧到工作的目標、特長和能力。科學的組織結構設計應該將職務、職責和職權形成規範，訂出章程，使得只要是擔任該項工作的人就得遵守。

4. 管理幅度原理

管理幅度亦稱管理跨度或管理寬度，就是一個主管人員有效領導的直接下屬的數量。一般來講，任何主管人員能夠直接有效地指揮和監督的下屬數量總是有限的，超過了有效的管理幅度就需要適當增強管理層次。管理幅度過大，會造成指導監督不力，使組織陷入失控狀態；管理幅度過小，又會造成主管人員配備增多，管理效率降低。管理幅度的限度取決於多方面的因素。例如工作類型、主管人員以及下屬的能力等等，因此，有效的管理幅度是因組織、因人而異的。由於管理幅度的寬窄影響和決定着組織的管理層次，以及管理人員的數量等一些重要的組織問題，所以，每一個主管人員都應根據影響自身管理幅度的因素來慎重地確定自己的理想寬度。

確定有效的管理幅度，劃分相應的管理層次，既可以使得組織的部門和崗位達到合理的狀態，又可以使得上下級管理者的能力得到充分的發揮。

5. 精干高效原理

根據分工協調原理可以建立起組織的分工協作體系。然而任何一種分工協作體系，都必須將精干高效原理放在重要地位。所謂高效是指通過空間意義上的分工和協作，既使得每一項工作爲實現組織目標所必須，又使得組織在整體上能最大限度地提高效率。所謂精干是通過分工和協作，既使得每一項工作都有時間上的保證，又使得每一工作時間爲實現組織目標所必須，即各個部門和崗位的負荷盡可能充分。

精干高效原理可表述爲：在服從組織目標所決定的業務活動需要的前提條件下，

力求減少管理層次，精簡機構和人員，充分發揮組織成員的積極性，提高管理效率，更好地實現組織目標。一個組織如果機構臃腫，人浮於事，則勢必造成人力、物力、財力的浪費，滋長官僚主義，辦事效率低下。因此，一個組織只有機構精簡，隊伍精幹，具備精幹高效這一特點，這個組織的組織結構才合理。

6. 統一指揮原理

統一指揮原理也可稱爲"等級鏈"和"法約爾橋"原理。"等級鏈"是指組織的各級機構以及個人必須服從也只許服從一個上級的命令和指揮，這樣，才能保證命令和指揮的統一，避免多頭領導和多頭指揮，使組織最高管理部門的決策得以貫徹執行。根據這一原理，在組織內部指示只許從上到下逐級下達，不許越級，下級只接受一個上級的領導，只向一個上級匯報並向他負責，這樣一來，上級既能瞭解下屬情況，下屬也容易領會上級的意圖，他們之間就形成了一個"指揮鏈"。因此，努力貫徹統一指揮原理就有可能做到政令通暢，提高管理工作的效率，而對那些由於政出多門和命令不統一所造成的一些真正想做事的下屬無所適從和一些不想做事的下屬利用矛盾來逃避責任的情況就可避免。

在管理機構中，最高一級到最低一級應該建立起明確的"等級鏈"，這既是執行權力的線路，也是信息傳遞的渠道，但在特殊情況下，統一指揮可能會由於缺乏橫向聯繫和必要的靈活性等導致信息傳遞誤差。爲了彌補這一缺陷，在應用中往往還應該採用法約爾設計的一種"跳橋"，也叫"法約爾橋"，如圖5-1所示，規定需要的時候上級可授權下級相互之間直接聯繫，但事後必須向上級匯報。這樣做一方面是爲了節省時間和人力，提高組織高層主管的工作效率；另一方面也是爲了不至於削弱高層主管對組織的統一指揮，通過明確上下級關係和建立起有限制的橫向協調機制，既防止了無人領導、多頭領導、越級領導等現象，又防止橫向問題事事都要通過層層上報才能解決的低效率現象。

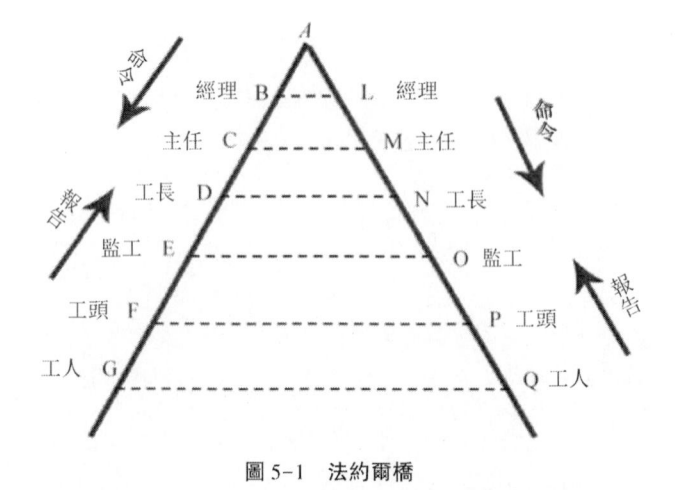

圖 5-1　法約爾橋

可以說，在組織內部只要存在分工和協作，並且分工越細緻、深入，統一指揮對於保證組織目標的實現的作用就越重要。但是，統一指揮絕不是搞機械、僵化、官僚結構的理由。對統一指揮需要補充説明三點：一是統一指揮的對象是特定的工作而不一定是特定的人。例如，學校裡一個既從事工會工作又從事教學工作的兼職教師，作爲個人，他不一定只接受一個上級的領導，但作爲從事特定工作的下級，他必須只接受一個上級的領導。當然，這裡的前提是，一個人在一段時間內同時從事的各項工作在時間上不會發生衝突，或者即使有衝突也能得到妥善解決。二是統一指揮的對象是動態可變的，而不是一成不變。三是在維持統一指揮原則的同時，可能存在上下級之間的交叉關係。

7. 集權與分權相結合原理

該原理又稱爲有效解決問題原理。這一原理指的是爲了保證有效的管理，必須實現集權與分權相結合的領導體制。現實中，既不存在絕對的集權，也不存在絕對的分權。因爲絕對的集權意味着職權全部集中在一個人手中，這樣的人不需要配備下級管理者，管理組織設計也就成爲多餘，而絕對分權也不可能，因爲上層管理者一旦沒有了監督和管理的權利與義務，那也就沒有必要設置這樣的職位。管理組織的存在必然意味集權與分權相結合，該集中的權力集中起來，該下放的權力就應該下放給下級，這樣才能加強組織的靈活性和適應性。那麼，哪些權力該集中，哪些權力該分散，要從整體上看效果。通過組織外部和內部、不同方面、不同層次、不同環節等的集權與分權的靈活結合，使得組織外部和內部各個方面、各個層次、各個環節的問題得到盡可能有效的解決。如果事無細分，最高管理層集中所有權力，不僅會使最高管理者淹沒於繁瑣的事務當中，顧此失彼，而且還會助長官僚主義、命令主義，忽視組織有關戰略性、方向性的大問題。因此，高層主管必須授予下屬所承擔的職責相對應的職權，使下屬有責、有權，這樣就可以使下屬發揮他們的聰明才智，激發他們的創造性，調動他們的積極性，提高管理效率，也可以減輕高層主管的負擔，以便集中精力抓大事。當然，在不同的組織中，由於各種因素的變化，集權與分權的程度並沒有統一模式，往往是根據組織的具體性質結合一定的管理經驗來決定的。

8. 穩定性與適應性相結合原理

這一原理指的是組織結構及其形式既要有相對的穩定性，不要輕易變動，但又必須隨組織內外條件的變化，或者根據長遠目標作出相應的調整。

任何組織都是社會系統中的一個子系統，它在不斷地與外部環境進行着各種交換，這種交換一般都會影響到組織目標。目標的變化自然又會影響到隨目標而產生的組織結構，爲了使組織結構能切實起到促進組織目標實現的作用，就必須對組織結構做出適應性的調整和變革，否則無法適應外部的變化或危及生存。只有調整和變革，才會給組織重新帶來效率和活力。然而組織結構的大小調整和各部職權範圍的每次重新劃分，都會給組織的正常運行帶來有害的影響。因此，組織結構不宜頻繁調整，應保持相對穩定的狀態，組織越穩定，效率也將越高。

9. 均衡性原理

該原理所指的是組織內部同一級機構人員之間在工作量、職責、職權等方面大致相當，不宜偏多或偏少。苦的苦、閑的閑都會影響整體工作效率和挫傷人員的積極性。當然這裡所講的均衡不是要求各級之間、部門之間、人員之間都做到統一，而是要求各個方面綜合起來做到大致均衡。

5.1.3 組織工作過程

從動態的觀念看，組織工作是一個過程，這主要是指組織工作是維持與變革組織結構，並使組織發揮作用，完成組織目標的過程。這一過程由一系列的具體步驟構成，如圖5-2所示。

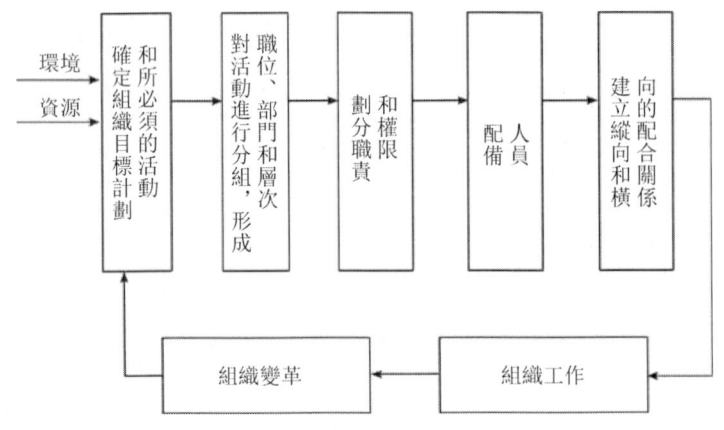

環境、資源 → 確定組織目標計劃和所必須的活動 → 對職位、部門和層次進行分組，形成 → 劃分職責和權限 → 人員配備 → 建立縱向和橫向的配合關係 → 組織工作 → 組織變革 → （回到確定組織目標計劃）

圖5-2 組織工作過程

1. 確定目標、計劃和實現目標所必需的活動

組織工作的第一步是確定組織的目標和由目標派生出來的計劃，並在此基礎上進一步明確為完成這些目標和計劃而必須從事的業務活動。這對一個部門的管理者來說也是一樣，他應該明確該部門的目標是什麼，上級指派給本部門的任務是什麼，要完成這些目標和任務必須執行的主要工作有哪些。

2. 部門劃分

組織工作的第二步是將組織所必需的各種活動進行組合，以形成可以管理的部門或單位，這項活動表現為部門劃分。如果管理者所負責的業務活動的工作還沒有達到需要設立若干部門的程度，則將工作直接指派給他的下屬即可。

3. 職權配置

組織工作的第三步是將各部門或單位進行業務活動所必需的職權授予各個管理者，這就是組織工作中的職權配置。對一個部門管理者來說，則是決定應當授予下屬多大職權才能使其完成任務。職權配置是為了解決管理系統本身的協調問題，對於一個組織來說，大系統有大系統的職權配置，子系統也有子系統的職權配置問題。

4. 人員配置

組織工作的第四步是爲組織職務結構中的各個職位配備人員。對高層管理者來說是爲部門委派管理人員來負責其事，對部門管理者來說則是爲非管理性職位配備人員。該內容在第四節將詳細講解。

5. 協調和配合

組織工作的最後一步是從橫向和縱向兩個方面對組織結構進行協調和配合。管理者不僅需要確定每個部門和每個人的業務活動，還需要通過信息溝通和職權關係將各個部門和各個人的業務活動聯成一體。

5.1.4 正式組織與非正式組織

任何組織，不論規模大小，都可能存在非正式組織。非正式組織是伴隨正式組織的運轉而形成的，非正式組織與正式組織相互交錯地同時並存於一個單位、機構或組織之中，這是組織生活的一個現實。

1. 正式組織

1）正式組織的含義

切斯特·巴納德認爲，正式組織是指兩個或兩個以上個人爲了一個既定的目標，有意識地進行協作的活動。他認爲正式組織的實質就是有意識的共同目的，並認爲當人們能相互溝通信息，樂於盡職，以及有共同的目的時，就形成了正式組織。按巴納德的理解，任何一種有共同目的的集體活動都稱作正式組織。例如兩個人在一起下棋，這肯定不會被人看作是正式組織，但巴納德卻認爲這兩個人是一個正式組織，其原因是他們有共同的目的。

正式組織是組織設計工作的結果，是經由管理者通過正式的籌劃，並借助組織圖和職務說明書等文件予以明確規定的職務結構。在正式組織中，各組織都有明確的目標、任務和結構，組織中每個成員都有法定的職位與權責，都要依據法律規章辦事，都要經過合法程序進入或退出組織。

2）正式組織的基本特徵

目的性。正式組織是爲了實現組織目標而有意識建立的，因此，正式組織要採取什麼樣的結構形態，從本質上說應該服從於實現組織目標、落實戰略計劃的需要。這種目的決定了組織工作通常是緊隨計劃之後進行的。

正規性。正式組織中所有成員的職責範圍相互關係通常都在書面文件中加以明文的規定，以確保行爲的合法性和可靠性。

穩定性。正式組織一經建立，通常會維持一段時間相對不變，只有在內外環境條件發生了較大變化而使原有組織形式顯露出不適應時，才提出進行組織重組和變革。

2. 非正式組織

組織活動中，人與人之間除了按照正式確定的組織關係以外，某些成員還由於工作性質相近，社會地位相當，對一些具體問題的認識基本一致，觀點基本相同，或者由於性格、業餘愛好和感情比較相投，他們在平時相處中會形成一些被小群體成員所共同接受並遵守的行爲規則，從而使原來鬆散、隨機形成的群體漸漸成爲趨向固定的非正式組織。

1）非正式組織的含義

非正式組織是未經正式籌劃而由人們在交往中自發形成的一種個人關係和社會關係的網路。非正式組織與正式組織相對應而言，有自發性、內聚性和不穩定性三個基本特徵。在非正式組織關係下，個人或集體之間發生的接觸關係是非正式的，和正式組織所規定的方法是不一致的。例如，某個銷售人員要核對某些訂單的生產情況時，可能會直接去找生產車間的主管詢問（非正式組織關係），而不經過生產部門（正式組織關係）。利用非正式組織關係可能會提高工作效率，有助於更好地實現組織的目標。有的時候就工作上的問題求助於關係密切的人，也許比求助於只是在正式組織上認識的人容易得多。

2）非正式組織的作用

積極作用。員工們可以得到在正式組織中很難得到的心理需要的滿足，創造一種更加和諧、融洽、互助互敬的工作環境。

消極作用。當非正式組織的目標與正式組織目標背離時，可能對正式組織的工作產生極爲不利的影響。此外，非正式組織的壓力還會影響到正式組織的變革，造成組織創新的惰性。

3）如何對待非正式組織

任何組織都有非正式組織關係的存在。事實上，如果完全沒有這些非正式組織關係，組織的作用就可能無法發揮。因爲組織所面對的問題十分複雜，其中的許多問題是無法事先預料的，也就不可能預先策劃好當這些問題出現時該由誰負責和如何處理。一旦出現這些情況，組織成員會自行尋找辦法解決，這樣非正式組織關係就會形成。因此，對待非正式組織，管理者不能採取簡單的禁止或取締的態度，而應該對它加以妥善管理，也就是要因勢利導，善於最大限度地發揮非正式組織的積極作用，克服其消極的作用。管理者必須正視非正式組織存在的客觀必然性和必要性，原因在於正式組織目標的實現要有效地利用和發揮非正式組織的積極作用。管理者應當允許乃至鼓勵非正式組織的存在，爲非正式組織的形成提供條件，並努力使之與正式組織相吻合，以影響與改變非正式組織的行爲規範，從而更好地引導非正式組織爲實現組織目標做出積極貢獻。

【學習實訓】 通用的組織結構創新

1916年，隨著聯合汽車公司並入通用，艾爾弗雷德·斯隆出任通用副總裁。作爲通用副總裁的斯隆發現通用管理上存在不少問題。他先後寫了3份分析通用內部管理弱點的報告。但是，總裁杜蘭特只是讚賞，不予採納。到了1920年下半年，快速擴張的通用在經營管理上的問題徹底暴露出來了。公司危機四伏，搖搖欲墜。這時杜蘭特引咎辭職，皮埃爾·S.杜邦兼任總裁。

以杜邦為總裁的通用汽車公司新行政班子，由於與杜蘭特所信奉的管理理念截然不同，迫切需要一種高度理性而客觀的運營模式。斯隆先前進行的組織研究正好符合這樣的要求。斯隆認為，大公司較為完善的組織管理體制，應以集中管理與分散經營二者之間的協調為基礎。只有在這兩種顯然相互衝突的原則之間取得平衡，把兩者的優點結合起來，才能獲得最好的效果。由此他認為，通用公司應採取"分散經營、協調控制"的組織體制。根據這一思想，斯隆提出了改組通用公司的組織機構的計劃，並第一次提出了事業部制的概念。

1920年12月30日，斯隆的計劃得到公司董事會的一致同意。次年1月3日這個計劃開始在通用公司推行。斯隆在以後的10年中，改組了通用汽車公司。斯隆將管理部門分成參謀部和前線工作部（前者是在總部進行工作，後者負責各個方面的經營活動）的做法為大家熟悉，這種分組在19世紀較大的鐵路公司裡已經成形。現代軍隊特別是普魯士軍隊也率先使用了這種組織形式，許多概念同時在工業公司裡獲得發展。斯隆也確實用過軍事方面的例子來說明他要在通用汽車公司裡幹什麼。

斯隆在通用汽車公司創造了一個多部門的結構。他廢除了杜蘭特的許多附屬機構，將力量最強的汽車製造單位集中成幾個部門。這種戰略現在人們已經熟悉，但在當時是第一流的主意並且出色地被執行了。多年後斯隆這樣說明：我們的產品品種是有缺陷的。通用汽車公司生產一系列不同的汽車，聰明的辦法是造出盡可能各有不同的價格不同的汽車，就好比一個指揮一次戰役的將軍希望在可能遭到進攻的每個地方都要有一支軍隊一樣。"我們的車在一些地方太多，而在另一些地方卻沒有。"首先要做的事情之一是開發系列產品，在競爭出現的各個陣地上對付挑戰。

斯隆認為，通用汽車公司出產的車應從凱迪拉克牌往下安排到別克牌、奧克蘭德牌最後到雪佛蘭牌。這是20世紀20年代早期的產品陣容。以後有了改變：1925年增加了龐蒂亞克牌，以填補雪佛蘭和奧爾茲莫比爾中間缺口；奧克蘭被淘汰了，增加了拉薩利，後來它也被淘汰了。

每個不同牌子的汽車都有自己專門的管理人員，每個單位的總經理相互之間不得不進行合作和競爭。這意味著生產別克牌的部門與生產奧爾茲莫比爾牌的部門都要生產零件，但價格和式樣有重疊之處。這樣，許多買別克牌的主顧可能對奧爾茲莫比爾牌也感興趣，反之亦然。這樣，斯隆希望在保證競爭的有利之處的同時，也享有規模經濟的成果。零件、卡車、金融和通用汽車公司的其他單位差不多有較大程度的自主權，其領導人成功獲獎賞，失敗則讓位。通用汽車公司後來成為一架巨大的機器，但斯隆力圖使它確實保有較小公司所具有的激情和活力。斯隆的戰略及其實施產生了效果。1921年，通用汽車公司生產了21.5萬輛汽車，佔國內銷售的7%；到1926年年底，通用企業的小汽車和卡車產量增加到120萬輛。1940年通用汽車公司產車180萬輛，已達該年全國總銷量的一半。相反，福特公司的市場份額1921年是56%，而1940年是19%，不僅遠遠落後於通用汽車公司，而且次於克萊斯勒公司而成第三位。

今天，由理查德·瓦格納領導的通用汽車公司一年生產汽車接近1 000萬輛，產品銷往接近200個國家和地區。僅在中國，通用汽車公司就有5家合資企業，員工人數超過13 000人，其別克、雪佛蘭等著名品牌更是享有很高的聲譽。

思考題：

1. 集權式組織結構有百害而無一利，對不對？說明你的理由。
2. 結合案例，請談談事業部制也就是斯隆模型的優缺點。

（資料來源：佚名. 通用的組織結構創新［EB/OL］.（2011-06-07）［2014-06-16］. http://wenku.baidu.com.）

【效果評價】

根據學生出勤、課堂討論發言及小組合作完成任務的情況進行評定。

任務5.2　組織結構的設計

【學習目標】

讓學生瞭解部門劃分的方法，掌握組織結構類型。

【學習知識點】

5.2.1　部門劃分

要提高工作效率，必須對整個組織的工作進行充分細緻的分析，並進行明確的分類，在此基礎上進行科學綜合，形成通常所指的部門。部門是指組織中主管人員爲完成規定的任務有權管轄的一個特定的領域。部門劃分是一種很常見的組織現象。部門劃分是爲了便利於組織目標的實現而將業務性工作分組歸類。

1. 部門劃分的方法

1）按人數劃分

按人數多少劃分部門可以說是一種最原始、最簡單的劃分方法。軍隊中的師、旅、團、營、連，即是用此方法劃分的。一般來講，這種劃分方法的特點是僅僅考慮了人員數量因素。因其過於簡化，在現代高度專業化的社會中已不多見，但在某些基層部門劃分中仍然適用。

2）按職能劃分

按職能劃分是許多組織廣泛採用的一種方法。它是以組織的主要經營職能爲基礎組合各項活動，凡屬於同一性質的工作都置於同一部門，由該部門全權負責該項職能的執行。例如政府的廳、局、委，學校的院、處、科，企業的生產、行銷、財務、人事、管理等部門。這種劃分方法的優點是遵循了分工和專業化原則，因而有利於提高專業化水平，充分發揮專業職能；有利於提高管理人員的技術和管理體制水平；有利於組織目標的實現，同時它簡化了員工的訓練工作，爲上層主管部門提供了進行嚴格控制的手段。缺點是容易形成部門主義，給各部門之間橫向協調帶來一定的難度。

3）按產品劃分

它是以產品或產品線為基礎組合各項活動。凡是與生產某個產品或產品線有關的所有活動，都組合在一個部門。當組織向市場提供許多不相同的產品，同時又向每種產品分派許多不同的職能專家時，往往會促使組織按照產品或產品線來劃分部門。例如，在我國的海爾集團裡，它有電冰箱本部、空調器本部、洗衣機本部等。該法一般能夠發揮個人的技能和專長的互補作用，發揮專用設備的效率，有利於新產品的開發和研制。但是，這種方法要求更多的人具有全面管理的能力，各產品部門的獨立性比較強而組織的整體性則比較差。這必然會加重最高主管部門在協調和控制方面的困難。

4）按顧客劃分

這是不同類型的組織中普遍採有的一種方法。它以被服務的顧客為基礎來組合各項活動。如果組織有不同類型的顧客，而且各類顧客的需求與組織提供服務的方式有顯著區別時，可以採取這種部門化方式，把為同類需求的顧客服務的所有工作組合在一個部門內，由一個部門來總管。例如一所大學的學生可以分為研究生、本科生、專科生、進修生等類型。其最大優點就是能夠滿足各類對象的要求，社會效益比較好。但按這種方法組織起來的部門，主管人員常常要求給予特殊的照顧，從而使這些部門和按其他方法組織的各部門之間的協調發生困難。此外，該方法有可能使專業人員和設備得不到充分利用。

5）按地區劃分

它是以組織經營的地區範圍或空間位置為基礎組合各項活動。如果組織地區分布比較分散，各地區的政治、經濟、文化等差異比較大，這些因素又會影響到組織的經營管理時，把某個地區的業務工作集中起來，委派一位經理來主管其事。它是一種比較普遍採用的方法。該方法可以調動各個地區的積極性，從而取得地區經營級差效益。這種方法的缺點是，地區之間往往不易協調，增加了最高主管部門控制的困難。

6）按工藝或設備來劃分

這也是一種劃分部門的基本方法。這種方法常常和其他劃分方法結合使用。例如在機械製造業，通常按照毛坯、機械加工、裝配的工藝順序分別設立部門，它以工作進行的程序為基礎組合各項活動；而醫院常用設備來劃分，把醫院分為放射科、心電圖室等部門。該方法的優點在於能夠經濟地使用設備，充分發揮設備的效益，使設備的維修、保管以及材料供應更為方便，同時也為發揮專業人員的特長以及為上級主管的監督管理提供了方便。

7）按時間劃分

該方法是在正常工作日不能滿足工作需要時所採用的一種劃分部門方法。如許多企業按時間分為早、中、晚三班制。此外，交通、郵電、醫院等組織也普遍採用這種輪班制。這種方法多見於工商企業的基層組織。

以上介紹的是一些主要的劃分部門的基本方法，除此之外，還有按市場銷售渠道、按字母劃分等方法。但應該指出的是，部門劃分的方法並不是唯一的，在很多情況下往往是採用兩種或兩種以上的劃分方法。因此，在實際運用中，每個組織都應根據自己的特定條件，選擇適合自己並能取得最佳效果的劃分方法。例如，一所大學就可以按領域分為各個院系，按職能分為教務處、科研處、人事處、財務處、後勤處等，按設備分為電教中心等。這種混合劃分往往更能有效地實現組織的目標。

【知識閱讀5-2】

逃跑的老黃牛

從前，有一個農夫，依靠一頭老黃牛耕種幾畝地來維持生活。這個農夫還養着一隻可愛的小花貓。一天，老黃牛因為多吃了稻草而被主人打了一頓，正在傷心地哭泣，這時小花貓走過來。

小花貓喵喵地叫了兩聲，笑着對老黃牛說："老牛啊，老牛，你可真是一個可憐的老黃牛啊！"

"我都被主人打了，你還笑啊！"老黃牛嗚咽着說。

"主人為什麼要打你啊？"小花貓笑得更歡。

老黃牛委屈地說："主人說我多吃了稻草。可是你也知道，我平時耕地那麼辛苦，流了那麼多汗水，消耗那麼多體力，再說我的塊頭也這麼大，不多吃一點，我會很餓的。餓壞了，我哪裡有體力下地干活啊！"

"那主人怎麼說啊？"小花貓問。

"主人說啊，就要讓你每天餓一點，你才能賣力地干活，你一旦吃飽了，就會變懶。"老黃牛說。

"哦？"小花貓一邊聽一邊用爪子清理身上的毛。

老黃牛繼續說："我說，主人啊主人，你可是誤會我了啊，自從你把我買來，我就認定要跟着你一輩子，看到你生活這麼困難，只依靠幾畝地營生，我每天都在想，一定要幫助主人把地耕好犁好，來年讓莊稼長得好一些，讓主人有一個好收成。我還說，有時我在田埂上看到主人的莊稼長勢喜人，我就十分高興，因為這裡面也有我的一份功勞啊！"

"但主人還是教訓你了啊！"小花貓說。

"是啊！"老黃牛說，"主人說，少說廢話，你這是為了自己偷嘴而狡辯，不服從主人的規定，就得挨打！"

"想想，在耕種季節，我賣力耕地犁地；空閒時候，主人還要讓我馱貨，出遠門時還要騎着我，讓我做代步工具。可是我只是為了要吃飽肚子才多吃了幾口稻草啊！"老黃牛說着又嗚咽起來。

小花貓咯咯地笑起來，說："你真是一個又勤快又憨直又老實的老黃牛啊！我跟你就不一樣了，主人從來沒有打過我喲。不但沒打過我，還經常帶我出去散步，抱着我睡覺，經常去街上買魚給我吃啊……"

"那爲什麼啊？"老黄牛悲哀地問。

小花貓又咯咯地笑起來，説："主人説，我漂亮可愛、聰明伶俐啊，主人煩惱時，我可以和他説話聊天，還有，主人説，我會逮老鼠，能幫助主人逮那些經常偷嘴的老鼠呀。"

老黄牛呆呆地望着小花貓。小花貓説着嘆了口氣，説："你難道不覺得最近主人打你的次數變多了嗎？你知道爲什麽嗎？"

老黄牛茫然地搖搖頭。

小花貓壓低聲音神秘地説："主人跟我説過，你現在老了，沒有力氣了，沒什麽用了，他打算明年把你賣給屠宰場。"

老黄牛驚恐地瞪大了兩只牛眼。

當天夜裡，農夫在床上睡覺，突然被一聲"轟隆"巨響驚醒了，然後聽到一陣急促的"嗒嗒"聲音由近向遠傳去。

農夫慌忙從床上跳下來，點燈、開門，定睛細看，發現牛圈裡的老黄牛已消失得無影無蹤。

（資料來源：佚名. 逃跑的老黄牛 [EB/OL]. (2011-02-27) [2014-06-16]. http://wenku.baidu.com.）

2. 部門劃分的原則

1）精簡高效

組織結構的設計要求精簡，部門應當力求量少。組織結構的設計要以有效地實現組織目標爲前提，不能片面地追求結構本身的龐雜和狀觀。

2）組織機構應具有彈性

部門的劃分、機構的設置應保持靈活性。組織設立的部門應隨環境的變化與業務的調整而適時增減。

3）督察部門與業務部門分設

督察部門不應隸屬於受其檢查評價的部門，這樣就可以保持督察人員的獨立性，真正發揮督察功能的作用。

總之，部門的劃分應使組織各方面業務工作得到盡可能合理的安排，以提高組織目標的效率。因此，在劃分部門的同時，也必須考慮到這種不和諧所帶來的消極影響。

5.2.2 組織結構

組織結構在整個管理過程中的作用猶如人體的骨架，206塊骨頭組成的骨架在人體起着支架、保護作用，正是有了骨架，消化、呼吸、循環等系統才能發揮正常的生理功能。組織結構在整個管理系統中同樣起着"框架"作用，有了它，系統中的人流、物流、信息流才能正常流通，使組織目標的實現成爲可能。然而與人體的骨架不同的是組織結構是主管者有意識地創造的，組織能否順利地達到目標，在很大程序上取決於該結構的完善程度。一個組織如果內部結構很不合理，指揮失靈，人浮於事，內耗叢生，那麼這樣的組織結構將難以保證組織目標的實現。有位管理學家評價高水平的組織結構就如同原子核裂變一樣，可以放射出像"蘑菇雲"一樣巨大的能量。由此，不難發現組織結構是一個組織生存和發展必不可少的條件。

1. 組織結構的含義

所謂組織結構就是組織內的全體成員為實現組織目標在管理工作中進行分工協作，通過職務、職責、職權及相互關係構成的結構體系。組織結構的類型反應了組織結構設計要素的組合結果。但該系統是"人造"的而不是天生的，它會受到很多因素的影響，表現出不同的類型。

2. 組織結構的類型

不同的組織採用的組織結構的類型可能有所不同，但是在現實組織中占主導地位的主要有以下幾種：直線型、職能型、直線職能型、事業部制、矩陣組織型等。這些組織形式並沒有絕對的優劣之分。不同環境的組織或同一組織不同的管理者，都可根據實際情況選用其中合適的組織結構。

(1) 直線型

直線型組織結構是最早、最簡單的一種組織結構形式。它的特點是組織中的一切經營活動均由組織的各級主管人員直接指揮和管理，不設專門的參謀人員和機構，至多只有幾名助理，組織中每一個人只能向一個直接上級報告，即"一個人，一個頭兒"。其組織形式如圖 5-3 所示。圖中 L_i（$i=1, 2, 3$）表示組織第 i 層次管理人員。

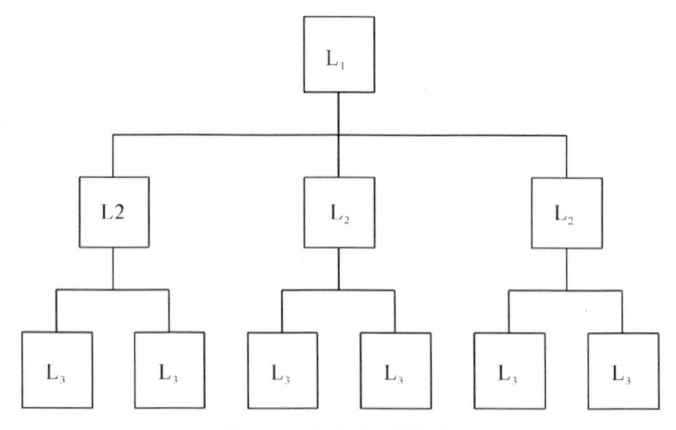

圖 5-3 直線型組織結構

直線型組織結構的優點：結構比較簡單，權力集中，指揮命令關係清晰、統一，決策迅速，責任分明，聯繫簡捷，管理費用低。

直線型組織結構的缺點：它對管理工作沒有進行專業化分工。在組織規模較大的情況下，所有的管理職能都集中由一個人承擔，這就要求領導者精明能干，具有多種管理專業知識。而現實中，每個管理者的知識、精力有限，因此，在管理中可能出現對一些問題思考不深入、細緻、周密，可能出現較多失誤。另外，原勝任的管理者一旦退休，他的經驗、能力無法立即傳給繼任者，再找一個熟悉單位情況的全能型管理者會面臨困難。

直線型組織結構的應用範圍：只適用於那些沒有必要按職能實行專業化管理的小型組織，或者是現場的作業管理。

(2) 職能型

在組織內部除直線主管外還相應地設立各專業領域的職能部門和職能主管，分擔某些職能管理業務，由他們在各自負責的業務範圍內向下級單位直接下達指示和命令。各下級主管除了要接受上級直線主管的領導外，還必須接受上級各職能部門在其專業領域內的指揮。其組織形式如圖5-4所示。圖中 L_i（$i=1、2、3$）表示 i 層直線部門；F 表示職能部門。

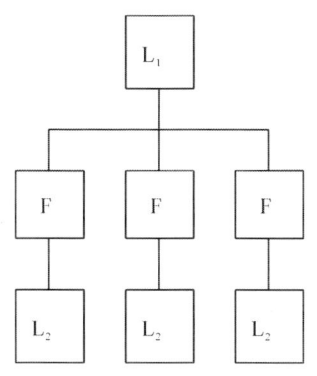

圖 5-4　職能型組織結構

職能型的優點：管理分工較細，每個管理者只負責一方面的工作，能夠發揮職能機構的專業管理功能，減輕上層主管人員的負擔。

職能型的缺點：容易形成多頭領導，政出多門，破壞統一指揮，對基層來講是"上邊千條線，下邊一根針"，造成下級人員無所適從，容易造成管理的混亂。實際上，職能型只是表明了一種強調職能管理專業化的意圖，無法在現實中真正實現。

(3) 直線職能型

直線職能型又叫直線參謀型，它吸取了直線型和職能型的優點，避免了它們的缺點。在組織中設置縱向直線指揮和橫向的職能管理兩套系統。它的特點是以直線指揮系統為主體，同時發揮職能部門的參謀作用。直線部門和人員對其下屬行使指揮和命令，並負全部責任，而職能部門又是直線主管的參謀，無權直接指揮下級部門，只對下級機構提供業務指導。可見，這種組織形式實行的是職能的高度集中化。其組織形式如圖5-5所示。圖中 L_i（$i=1、2、3$）表示 i 層直線部門；F_i（$i=1、2$）表示 i 層職能部門。

直線職能型的優點：既保證了組織的統一指揮，又發揮了各類專家的專業管理作用，工作效率較高。因此，它普遍適用於各類組織。

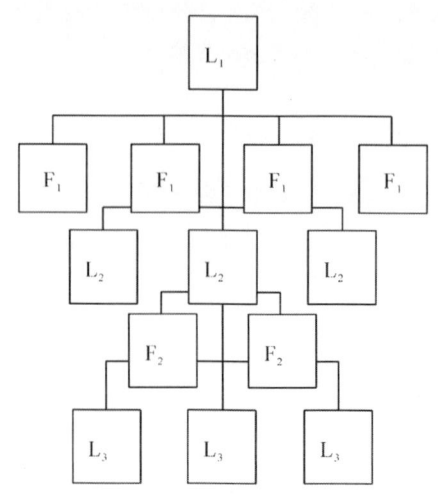

圖 5-5　直線職能型組織結構

直線職能型的缺點：下級部門的主動性和積極性發揮受到限制；各級職能部門之間互通情報少，不能集思廣益地做出決策，當職能部門與直線部門之間目標不一致時，容易產生矛盾，致使直線主管的協調工作量增大。同時，職能工作不利於培養綜合型人才。

(4) 事業部制

該組織形式最初在20世紀20年代由美國通用汽車公司副總裁斯隆創立，故被稱爲"斯隆模型"。其具體做法是：在總公司領導下按產品、地區、銷售渠道或顧客分成若干個事業部門或分公司，各事業部門有各自獨立的產品和市場，使它們成爲自主經營、獨立核算、自負盈虧的利潤中心。這種組織形式最突出的特點是"集中決策、分散經營"，總公司只保留方針政策制定，重要人事任免等重大問題的決策權，其他權力尤其是產、供、銷和產品開發盡量下放。這樣，總公司就成爲投資決策中心，事業部是利潤中心，這是在組織領導方式上由集權制向分權制轉化的一種改革。其組織形式如圖5-6所示。圖中F表示職能部門。

事業部制的優點：有利於組織最高管理者擺脫具體的日常事務而專心致力於組織的戰略決策和長遠規劃，有利於提高管理的靈活性和適應性，有利於培養綜合型高級經理人才。

事業部制的缺點：對事業部經理的素質要求較高。由於機構重複，造成管理費用上升，且事業部之間協作較差。總公司和事業部之間的集分權關係處理起來難度較大。

事業部制的適用範圍：多適用於產品多樣化、從事多元化經營、市場環境複雜多變或所處地理位置分散的規模較大的一些公司等組織，在國外已相當普及，並出現了一種新的組織結構形式——超事業部制組織結構，我國的一些大企業、聯合公司也開始採用。

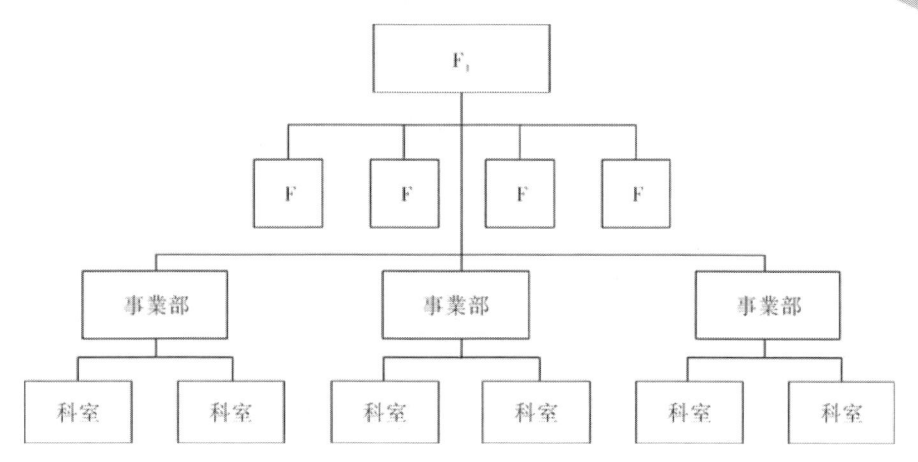

圖 5-6　事業部制組織結構

(5) 矩陣型

矩陣型又稱規劃目標結構。它是一種按職能劃分的部門同按產品、項目或服務劃分的部門結合起來組成一個矩陣，使同一名員工既同原職能部門保持組織和業務上的聯繫，又參加產品或項目小組的工作。為了完成某一項目（如航空、航天領域某型號產品的研制），從各職能部門中抽調完成該項目所需的各類專業人員組成項目組，配備項目經理來領導他們的工作，這些被抽調來的人員，在行政關係上仍舊歸屬於原所在的職能部門，但工作過程中要同時接受項目經理的指揮，因此他實際上是"一個員工，兩個頭兒"。其組織形式如圖 5-7 所示。圖中 F 表示職能部門。

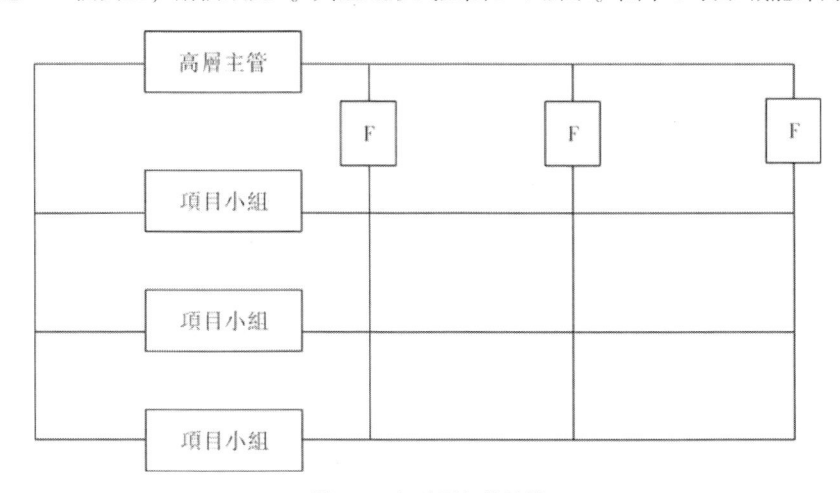

圖 5-7　矩陣型組織結構

矩陣型的優點：責任性和適應性較強，有利於加強各職能部門之間的協作和配合，並且有利開發新技術、新產品和激發組織成員的創造性。

矩陣型的缺點：成員的工作位置不穩定，容易形成臨時觀念；組織中存在雙重職權，難以分清責任。

矩陣型的適用範圍，主要適用於科研、設計、規劃項目等創新較強的工作或者單位。

(6) 多維立體型組織形式

它是矩陣型組織結構形式和事業部制組織結構形式的綜合發展。所謂多維，是指組織中存在多種管理機制。例如，按產品（項目或服務）劃分的部門是產品利潤中心；按職能如市場研究、生產、技術、質量管理劃分的專業參謀機構，是職能利潤中心；按地區劃分的管理機構，是地區利潤中心。在這種體制下，每一個系統都不能單獨作出決定，它們共同組成產品指導機構，對同類產品的產銷活動進行指導。

多維立體型的優點：集思廣益，信息共享，建立了共同決策的統一和協調關係。

多維立體型的適用對象：最適用於跨國公司或規模巨大的跨地區公司。

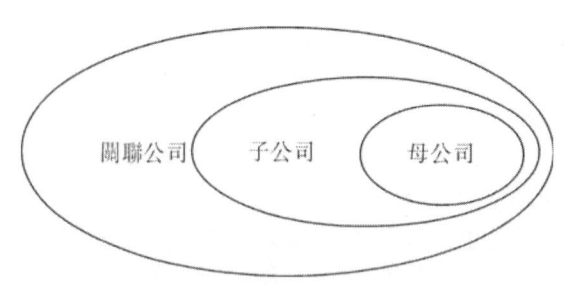

(7) 集團控股型組織形式

集團控股型組織形式是在非相關領域開展多種經營的企業所常用的一種形式。該組織結構的特點是：建立在企業間資本參與關係的基礎上。一個企業（大公司）對另一企業持有股權，而對那些企業持有股權的大公司稱為母公司，母公司控制和影響的各個企業稱為子公司或關聯公司。它們共同組成了以母公司為核心的企業集團。母公司處於企業集團的核心層，各子公司、關聯公司就成了組成單位，母公司與子公司或關聯公司不是上下級關係，而是出資人對持股企業的產權管理關係，母公司憑借手中所掌握的股權向子公司派遣產權代表和董事、監事影響子公司的經營決策，其組織形式如圖5-8所示。

圖5-8 集團控股型組織形式

以上介紹的幾種組織形式基本上是對實際的組織形式一定程序的理論抽象，僅僅是一個基本框架，而現實組織要比這些框架豐富得多。並且隨著經濟發展的變化和人們認識的深化，組織形式的類型也必將得到進一步完善和發展。

【學習實訓】 管理遊戲——解扣

● 活動目的：
  • 培養聆聽的能力與團隊的合作精神。
  • 讓學員體會在解決團隊問題方面都有什麼步驟。
  • 讓學員體會在解決團隊問題方面聆聽在溝通中的重要性。

- 讓學員體會團隊的合作精神。
● 遊戲規則
  - 形式：10人一組爲最佳
  - 時間：20分鐘
  - 材料：無
  - 適用對象：全體人員
● 遊戲步驟
  - 教師讓每組站成一個向心圈。
  - 教師說：先舉起你的右手，握住對面那個人的手；再舉起你的左手，握住另外一個人的手；現在你們面對一個錯綜複雜的問題，在不鬆開的情況下，想辦法把這張亂網解開。
  - 告訴大家一定可以解開，但答案會有兩種。一種是一個大圈，另外一種是兩個套着的環。
  - 如果過程中實在解不開，培訓師可允許學員決定相鄰兩只手斷開一次，但再次進行時必須馬上封閉。
● 遊戲討論
  - 你在開始的感覺怎樣，是否思路很混亂？
  - 當解開了一點以後，你的想法是否發生了變化？
  - 最後問題得到瞭解決，你是不是很開心？
  - 在這個過程中，你學到了什麼？

（資料來源：佚名. 解扣遊戲［EB/OL］.（2011-09-13）［2014-06-16］. http://www.docin.com/p-257918614.html.）

【效果評價】

根據學生出勤、課堂討論發言及小組合作完成任務的情況進行評定。

任務 5.3　組織結構設計的關鍵問題

【學習目標】

讓學生理解組織及其組織工作，熟悉組織工作過程；能夠區分正式組織與非正式組織。

【學習知識點】

5.3.1　職權類型

組織結構確定了各個組織成員的職務種類和範圍，還需要確定各個職務之間的相互關係，只有這樣才能使組織活動的分配和配合成爲可能。組織關係本身是一種職權關係。沒有職權就不可能有組織的管理活動。只有授予組織成員相應的職權，才能使他們執行組織分派的任務。因此，職權是絕對不可缺少的，它是將組織活動結合在一起的"黏合劑"。組織的層次、部門越多，職權關係就越複雜。

1. 影響管理職權有效性的因素

傳統的觀點認爲，職權的終極來源是組織的所有者。組織的所有者爲了能進行經營管理，將經營管理權授予董事會和董事長，後者再把部分職權授予總經理，以此類推，從上往下層層授予，隨著組織層次的降低，職權的範圍逐漸變窄，呈現漏鬥形狀；巴納德則認爲，管理者的命令只有被下屬接受，他的職權才會存在。他認爲，上級利用職權發布的命令，如果命令不被下級接受，該命令也就不能執行；綜合兩種觀點可以得出，組織的職權確實是由上而下層層授予下來的。從組織的觀點來看，影響管理職權有效性的因素主要有以下三個方面：

(1) 上級職權

影響管理職權有效性的第一個因素是來自高一級職權的限制，職權是從最高管理階層授予下來的。因此，每個人的行動都要受到上級的檢查和約束，對於不服從命令的人，上級具有實施制裁的權力。例如，股份制企業的最高權力機構是股東大會，股東大會授權給董事會，董事會又授權給總經理，總經理授權給部門經理……股東大會的股東又要受到法律的制約。

(2) 交叉職權

交叉職權是指某個部門管理者直接對另一部門的部分工作行使的職權。

(3) 下級的個人權力

上級的職權也會受到下級個人權力影響。例如，下級具有重要的專門知識或特殊技能，並且不能輕易地被別人替代，而上級要找到接替者也是相當不容易的，甚至是不太可能的，則該下級一般擁有很大的權力，這種權力可以挑戰上級的職權，並改變職位所賦予的權力的平衡。

2. 職權的類型

根據職權的性質不同，職權可以分爲指揮性的直線職權、諮詢性的參謀職權和職能職權。

(1) 直線職權

它是一種完整的職權，是直線人員因其承擔了組織的基本任務所擁有的行政指令權。擁有直線職權的人有權作出決策，有權進行指揮，有權發布命令。例如在企業中，董事長對總經理擁有直線職權，總經理對部門經理擁有直線職權，以此類推。凡是管理者都對下屬擁有直線職權。因此，在確立直線職權時應遵循分級的原則，即每一層次的直線職權應分明，這樣才有利於執行決策和信息溝通。

(2) 參謀職權

它是一種有限度的、不完整的職權。從性質上說，參謀職權是一種顧問性的或服務性的職權。參謀職權包括提供諮詢、建議、進行否決等權限。擁有參謀職權的管理者可以向直線管理者提出建議或提供服務，但其本身並不包括指揮和決策權，它只是一種輔助性的職權。所以對於參謀職權，首先要考慮其設立的必要性；其次是要考慮其設立以後利用的充分性。

(3) 職能職權

職能職權是某職位或某部門所擁有的原屬於直線主管的那部分權力。直線主管為了改善和提高效率，把一部分原屬於自己的直線職權授予參謀人員或參謀部門的主管人員，這便產生了職能職權。例如一個公司的總經理包攬全局管理公司的職權，他為了節約時間，加速信息的傳遞，就可以授權財務部門直接向生產經營部門的負責人傳達關於財務方面的信息和建議，也可以授予人事、採購、公共關係等顧問一定的職權，讓其直接向直線組織發布指示等等。

由上可以看出，直線與參謀本質上是一種職權關係，而職能職權是組織職權的一個特例，可以認為它介於直線職權和參謀職權之間。因此在管理工作中，一方面應注意發揮參謀為直線主管提供信息、出謀劃策的作用。直線主管應廣泛聽取參謀的意見，而不應該左右他們的意見，但要切記，直線主管是決策者。另一方面應適當限制職能職權。職能職權的使用應限於解決"如何做""何時做"等方面的問題，不能擴大到"在哪兒做""誰來做""做什麼"等方面的問題，否則就會取消直線人員的工作。

5.3.2 集權與分權

1. 概念

集權與分權是研究組織結構特別是縱向管理系統內的職權劃分問題。職權就是指組織設計中賦予某一管理職位的作出決策、發布命令和為保證命令得到執行而進行獎懲的權力。職權在整個組織中的分布可以是集中化的，也可是分散的。集權是指決策權在組織系統中較高層次的一定程度的集中；分權指決策權在組織系統中較低層次的一定程度的分散。集權和分權是兩個彼此對立但又互相依存的概念，它們只能存在於一個連續統一體中。

2. 集權與分權的標誌

考察一個組織集權分權程度究竟有多大，不在於形式上是否按照地域或者按照職能等進行劃分，最根本的標誌是看該組織中各項決策權限的分配是集中的還是分散的。具體而言，判斷組織集權或分權程度的標誌主要有：

(1) 決策的數目

基層決策數量越多，組織分權程度就越高；反之，上層決策數量越多，組織集權的程度就越高。

(2) 下屬決策受控制的程度

組織中低層管理者可自主作決定的事項越多，則組織分權程度就越大；反之，如果下級在作出任何決定之前，都必須請示上級，那麼分權的程度就更低一些。

（3）決策的重要性

低層管理者所作的決策越重要，影響範圍越廣泛，其組織的分權程度也越大；相反，若下級作出的決策無關緊要，則上級集權程度就越高。

3. 影響集權與分權程度的因素

（1）組織的規模

組織規模較小時，實行集權化管理可以使組織高效運行。但隨著組織規模的擴大，其經營領域範圍甚至地域分布相應地擴大，這就要求組織向分權化的方向轉變。

（2）決策的重要性

一般而言，對於較重要決策，耗費較大的決策，宜實行集權。因為基層管理者的能力及獲取的信息有限，決策代價或責任的承受能力也相對有限。相反對重要程度較低的決策可實行較大的分權。

（3）管理者的素質

組織中管理人員素質普遍較高，則分權具備比較好的基礎。

（4）組織的經營環境條件

如果組織所面臨的經營環境經常處於變動之中，那麼組織在業務過程中必須保持較高的靈活性和創新性，這種情況就要求實行較大程度的集權。

（5）組織形成的歷史

組織是在自身較小規模的基礎上逐漸發展起來的，並且發展過程無其他組織的加入，那麼組織可能更明顯趨向集權。

【知識閱讀5-3】

三只老鼠一同去偷油喝

三隻老鼠一同去偷油喝，找到一個油瓶。三隻老鼠商量，一隻踩着一隻的肩膀，輪流上去喝油。於是三隻老鼠開始疊羅漢，當最後一隻老鼠剛剛爬到另外兩隻的肩膀上，不知道什麼原因，油瓶倒了，驚動了人，三隻老鼠逃跑了。回到老鼠窩，大家開會討論為什麼會失敗。最上面的老鼠說，我沒有喝到油，而且推倒了油瓶，是因為下面第二隻老鼠抖動了一下，所以我推倒了油瓶，第二隻老鼠說，我抖動了一下，但我感覺到第三隻老鼠也抽搞了一下，我才抖動了一下。第三只老鼠說："對，對，我是好像聽見門外有貓的叫聲，所以抖了一下。"

（資料來源：佚名. 三只老鼠一同去偷油喝［EB/OL］.（2011-02-16）［2014-06-16］. http://zhidao.baidu.com.）

5.3.3 授權

1. 概念

所謂授權就是指上級授予下屬一定的權力，使下屬在一定的監督下，有相當的自主權和行動權。授權的本質含義是：管理者不要去做別人能做的事，而只做那些必須由自己來做的事，真正的管理者必須知道如何可以有效地借助別人的力量實現組織的目標。

理解授權的含義，應註意區別以下問題：

(1) 授權不同於代理

代理與他所代理的某人之間是平級關係，代理期間相當於取代所代理人的職務，而不是所代理的人授權給他。

(2) 授權不同於助理或秘書

助理或秘書只幫助主管工作，而不承擔責任；而在授權中，授權的主管應該承擔全責，但是被授權者也要承擔相應的責任。

(3) 授權不同於分工

分工是職責和職權的橫向劃分，彼此之間是平行的合作關係；而授權則是職責和職權的縱向劃分，彼此之間是上下級的行政隸屬關係。

(4) 授權不同於分權

授權與分權雖然都與職權授予有關，但二者有區別。分權是組織最高管理層的職責，只涉及管理工作；而授權則是每個層次的管理者都應掌握的一門藝術，既涉及管理工作，也涉及非管理工作，並且主要與非管理工作有關。可以說授權不一定是分權，但分權一定是授權，是授權的特例。

2. 授權應遵循的原則

(1) 因事設人，視能授權

授權時應依照授權者的才能大小和知識水平的高低爲依據。"職以能授，爵以功授"，這是古今中外的歷史經驗。

(2) 明確職責

授權時，授權者必須讓被授權者明確所授權事項的任務目標及權責範圍，這樣才有利於下屬完成任務，又避免下屬推卸責任。

(3) 授權適度

授權並不是將職權放棄或讓渡。管理者授權和教師傳授知識很相像，教師將知識傳授給學生，學生獲得了這些知識，但教師並沒有失去知識。因此，授權要適度：授權過少，下屬的積極性調動不起來；授權過度，等於放棄權力。

(4) 不可越級授權

授權者只能對直接下屬授權，而不可越級授權，否則造成中層主管人員的被動，影響上下級之間的關係。

(5) 職、責、權、利相互平衡

職權是執行任務的自主權，職責是完成任務的義務，因此，職權應該與職責相符。職責不能大於也不能小於職權，反之亦然。在實際工作中，下級人員總是希望增加他們的職權，而同時減少他們的職責；上級人員則要求下級人員多承擔職責，但又不願意給予必要的職權。這兩種做法都欠妥當。正確的做法應該是職權與職責相符，還要註意成功後給予合理報酬進行激勵，真正做到職、責、權、利相互平衡。

3. 授權的程序

授權有許多好處，其中最主要的好處是授權可以使管理者擺脫日常事務，集中精力處理重要的事務。但是在實際工作中，有許多管理者並不善於授權。如管理者在授權時有一個很常見的毛病就是授予"壞工作"，只將人人厭惡的工作授權出去，而把最好的工作留給自己做。爲了使管理者不犯或者說少犯那些授權上常見的錯誤，授權要有系統地按照下面的步驟進行。

(1) 決定什麼工作需要授權

授權者在授權時要註意區別，哪些適宜授權，哪些不適宜授權。一般情況下，決定組織的目標、發展方向、重要人員的任命和升遷、財政預算，以及重大政策問題等，不可輕易授權。向下授權的工作應該是一些日常的業務工作，如搜集資料、編寫報告、擬訂計劃草案、初步甄選、非關鍵性問題的解決等。

(2) 選擇被授權人

應該選擇那些有能力勝任又有工作意願的人。若同時授權給兩個或兩個以上的人時，一定要指明由誰負責。

(3) 下達任務

授權的目的在於完成任務，實現目標。首先要向被授權者說明任務的內容、重要性、完成的時限、交給他做的原因。其次要向被授權人說明他所擁有的權限，告訴他有權做到什麼地步。最後也是最重要的一點，是要獲得被授權人對完成任務的承諾。下達任務時，授權人與被授權人最好能面對面溝通，任務盡可能量化，避免產生誤解。

(4) 排除被授權人的工作障礙

在授權以前，一定要知道被授權者在執行任務時可能會遇到的困難（例如某些人不予合作），要提醒被授權人作好心理準備，告訴他該怎麼做，不該怎麼做。

(5) 監控與考核

在下級運用權力推進工作的過程中，要以適當的方式和手段進行必要的監控。若下屬的工作偏離目標，應立即採取糾正措施，以保證權力的正確運用與組織目標的實現。在工作任務完成之後，要對授權效果、工作績效進行考核與評價。成績優秀者要給予獎勵。對成績不理想者要幫助他總結經驗。

5.3.4 管理幅度與管理層次

1. 管理層次的產生

當生產力水平十分低下，社會分工極其簡單的時候，勞動生產的方式是個體，這時的管理者也就是勞動者自己。未形成完整的嚴密的組織結構，管理者與被管理者關係比較簡單，管理者能領導較多的人有效地實現目標。

隨著生產力繼續發展，科技進步，經濟不斷增長，組織規模越來越大，業務關係日益複雜，管理者需要花大量的時間和精力處理這些錯綜複雜的關係，而一個人的時間、精力、能力都是有限的。因此，最高行政主管通常只是直接領導有限數量的下屬管理人員，委託他們協助完成自己的部分管理責任。這些承擔受托責任的下一級管理人員可能又通過若干直接下屬來協助完成，依次類推，直至受托人能直接安排和協調組織成員的具體業務，如此就形成了組織中由最高行政主管到具體工作人員之間的不同層次的管理層次。

2. 管理幅度與管理層次的關係

管理層次與管理幅度有關，兩者成反比例關係。較大的幅度意味着較小的層次，組織傾向扁平型；較小的幅度意味着較多的層次，組織就傾向高聳型。高聳型組織所配備的管理人員要明顯多於扁平型組織，但組織的層次並不是可以隨意減少的。

3. 有效管理幅度的影響因素

一名管理者能夠有效管理的人數是有限的，但確切的人數受到管理者本身的素質及被管理者的工作內容、能力、工作環境與工作條件等諸多因素的影響，每個組織及組織中的每一管理者都必須根據自身的情況來確定適當的管理幅度

(1) 工作能力

主管人員的素質和能力均較強，則可以迅速地把握問題的關鍵，對下屬的工作提出恰當的指導建議，並使下屬明確地理解，從而可以縮短與每一位下屬接觸所占用的時間。同樣道理，凡是受過良好訓練的下屬，不但所需的監督比較少，還可以在很多問題上根據自己的符合組織要求的主見去解決，減少與其主管接觸的次數，從而增大主管的管理幅度。

(2) 工作條件

（1）下屬人員的空間分布。同一主管人員領導下的下屬，如果工作崗位在地理上的分布較爲分散，那麼，下屬與主管以及下屬與下屬之間的溝通就相對比較困難，該主管所能領導的直接下屬數量就減少。

（2）信息溝通的渠道。掌握信息是進行管理的前提。利用先進的信息技術去收集、處理和傳輸信息，信息傳遞迅速、準確，一方面可以幫助主管人員更及時、全面地瞭解下屬的工作情況，從而提出忠告和建議；另一方面下屬人員也可以更多地瞭解到與自己工作有關的情況，從而更好地自主處理分內的事務。這樣管理幅度就可以放寬。

（3）組織變革的速度

組織面臨的環境是否穩定，會在很大程度上影響組織變革的速度，從而影響組織活動的內容和政策的調整頻率與幅度。環境變化越快，組織變革越快，組織遇到的新問題就越多，下屬向上級的請示就越頻繁，而此時上級能用於指導下屬工作的時間和精力就越少。這樣，組織就可以採用較窄的管理幅度。

（4）工作內容和性質

（1）主管所處的管理層次。處在管理系統中不同層次的主管人員，決策與用人的比重不同。接近組織高層的主管人員面臨的是較複雜、困難的問題或涉及方向性、戰略性的問題，則直接管轄的人數不宜過多。反之，接近基層的管理人員可能面臨的是日常事務，已有規定的程序和解決方法，則管轄的人數可較多一些。

（2）計劃的程序與性質。任何工作都需要在計劃的指導下進行。由下屬執行的計劃如果制訂得非常明確，並且爲下屬人員理解和接受，那麼管理用於親自指導的

時間就越少,因此可以放寬管理幅度。反之,如果下屬要執行的計劃制訂得不妥善或不明確,那麼管理者對下屬的指導、解釋的工作量就要增加,其有效管理幅度就勢必要縮小。

(3) 下屬工作的相似性。同一主管的下屬如果所從事的工作任務相似及工作中需要協調的頻率較少,這樣主管人員就可指揮和監督更多的下屬人員,則管理幅度就可加大。

(4) 授權的程度。應該做的事情規定得清清楚楚,授予的職權又很明確時,則可以減少主管人員與下屬接觸的次數,節約主管人員的時間和精力,同時還可以鍛煉下屬的工作能力和提高積極性。在這種情況下,管轄的人數就可適當增加。相反,如果委派的任務不明確、不授權、授權不足或不當,都會使得管理者耗費大量時間指導和監督下屬人員,則勢必會縮小管理幅度。

(5) 管理性事務。主管人員作爲組織不同層次的代表,除了要處理管理性事務,還要處理一些非管理性事務,而處理這些非管理性事務往往要花費相當多的時間。一個管理者處理這些事務所需的時間越多,則用於指揮和領導下屬的時間相應減小,此時管理幅度就不可能擴大。

除上述所列因素之外,還有其他一些影響管理幅度的因素。例如,下屬是否願意承擔責任和風險、工作態度與積極性、管理者與下屬個別接觸情況等。

5.3.5 委員會與個人管理

上面討論的集權與分權只不過是垂直意義上的集權與分權,而這裡將討論的是水平意義上的集權與分權。水平意義上的分權就是委員會制,水平意義上的集權即是個人管理。

1. 委員會

(1) 概念

委員會可以解釋爲共同執行某些方面職能的同一級人員。在現代社會的組織中,委員會正在作爲一種集體管理的主要形式而被廣泛地利用,在管理中尤其是在決策方面扮演越來越重要的角色。

在現實組織中,委員會有多種類型和形式,它既可以是直線式的,也可以是參謀式的;既可以是正式組成部分,也可以是非正式的組成部分;既可以是永久性的,也可以是達到特定目的就解散的臨時性的。在組織的各個管理層次都可以成立委員會。在公司的最高層,委員會一般叫董事會,他們負責制定重大決策。在中下層的委員會負責落實上級決策,切實保證任務的完成。

(2) 優點

(1) 協調作用。組織部門的劃分,可能會導致"職權分裂",即對一些涉及多個部門的問題,個別部門沒有完全的決策權,只通過幾個相關部門的結合,才能進行完整的決策。遇到此類問題就可以通過委員會召集有關部門來解決,這樣就有利於促進部門間的合作。此外,委員會還可協調各部門間的活動,各部門的主管人員可通過委員會來瞭解其他部門的情況，使之自覺地把本部門的活動與其他部門的活動結合起來。

（2）集思廣益。利用委員會的最重要的理由，是為了取得集思廣益的好處。委員會由一組人組成，其知識、經驗與判斷力均較其中任何一個人要高。因此，通過集體討論、集體判斷可以避免僅憑主管人員的知識和經驗所造成的判斷錯誤。

（3）避免權力過於集中。委員會作出的決策一般都是對組織前途有舉足輕重影響的重大決策。委員會作出決策，一方面可以得到集體判斷的好處；另一方面也可避免個人的獨斷專行、以權謀私等弊端，委員會之間起了權力互相制約的作用。

（4）激發主管人員的積極性。委員會可使下級主管人員和組織成員有可能參與決策與計劃的制訂過程。這樣做可以激發和調動下級人員積極性，以更大的熱情去接受和執行這些決策或計劃。

（5）加強溝通聯絡。委員會對傳送信息有好處。受共同問題影響的各方都能同時獲得信息，都有同等的機會瞭解所接受的決策，這樣可以節約信息傳遞時間。同時，面對面的交談下，有機會說清楚問題，這是一種非常有效的溝通聯絡方式。

（6）有利於主管人員的成長。通過委員會，下級人員能夠瞭解到其他主管人員及其整個組織所面臨的問題，從而對整個組織活動有大概的瞭解。同時，還能有機會互相學習，取長補短，不斷地完善自己。另外，上層主管人員也可以在委員會中考評下級人員的能力，以作為將來向上選拔的依據。

【知識閱讀 5-4】

唐太宗用人

唐太宗登基後，因開國不久，整個朝廷的結構都在建設與調整之中，把手下的有才之人分別放在什麼位置上才能夠成為一個最合理、最有效的組織結構呢？

房玄齡處理國事總是孜孜不倦，知道了就沒有不辦的，於是太宗任用房玄齡為中書令。中書令的職責是：掌管國家的軍令、政令，闡明帝事，調和天人。入宮稟告皇帝，出宮侍奉皇帝，管理萬邦，處理百事，輔佐天子而執大政，這正適合房玄齡"孜孜不倦"的特性。

魏徵常把諫諍之事放在心中，恥於國君趕不上堯舜，於是唐太宗任用魏徵為諫議大夫。諫議大夫的職責是專門向皇帝提意見，這是個很奇特的官，其既無足輕重，又重要無比；其既無尺寸之柄，但又權力很大，而這一切都取決於諫議大夫的意見皇帝是聽還是不聽，像魏徵這樣敢於直諫的人是再合適不過了。

李靖文才武略兼備，出去能帶兵，入朝能為相，太宗就任用李靖為刑部尚書兼檢校中書令。刑部尚書的職責是：掌管全國刑法和徒隸、勾覆、關禁的政令，這些都正適合李靖才能的發揮。

房玄齡、魏徵、李靖共同主持朝政，取長補短，發揮了各自的優勢，共同構建起大唐的上層組織。

除此之外，唐太宗還把房玄齡和杜如晦合理地搭配起來。李世民在房玄齡研究安邦安國時，發現房玄齡能提出許多精闢的見解和具體的辦法來。但是，房玄齡對自己的想法和建議不善於整理。他有許多精闢見解，很難決定頒布哪一條。而杜如晦雖不善於想事，但卻善於對別人提出的意見作周密的分析，精於決斷，什麼事經他一審視，很快就能變成一項決策、律令提到唐太宗面前。於是，唐太宗就重用了他二人，把他倆搭配起來，密切合作，組成合力，輔佐自己，從而形成了歷史上著名的"房（玄齡）謀杜（如晦）斷"的人才結構。

（資料來源：佚名.唐太宗用人［EB/OL］.（2010-09-22）［2014-06-16］. http://wenku.baidu.com.）

3）委員會的缺點

（1）成本較高。委員會召開討論會一般都要花費較多的時間和經費。委員會的每個成員都是平等的，在討論問題時每個人都有發言的機會與權利，並且由於各成員的地位、經歷、知識、角度均不同，許多問題都要經過反復的爭論與推敲，要綜合大家的意見，集體做出結論需較長的時間，從而失去最好的機會。

（2）權責分離。委員會的決策是集體決策，是各種利益妥協的結果，因此，決策不可能反應委員會中每個人的意見，也不會反應每個人的全部意見，這樣就會造成委員會對決策的結果集體負責，集體負責往往導致沒人負責。

（3）決策妥協。委員會是不同部門、不同層次的代表，代表各自不同的利益，委員會內意見的爭論和分歧就難以避免。當議題意見分歧較大時，委員們常常會出於照顧各方的利益、互相尊重或屈於權威而採用折中的方法，以求取得全體委員一致的結論，影響決策的質量。

此外，委員會的決議往往還會因為少數人要把自己的意志強加給他人乃至整個集體，以個人的主張代替集體的結論，從根本上否定委員會的存在。

（4）成功地運用委員會管理

為了有效地發揮委員會這種集體領導形式的作用，必須注意和不斷地研究如何成功地運用委員會，以發揮其長處，遏制其缺陷。那麼，怎樣才能成功地運用委員會，卓有成效地提高管理效率呢？

（1）權限和範圍要明確。委員會的權限究竟是決策，還是建議參謀，應該根據目標與任務加以明確規定。對於那些繁雜的日常事務工作，不宜採用委員會的管理方式去處理，這樣會降低效率；相反對於那些長遠的、全局性的、戰略性的問題，適宜用委員會的方式來決策。

（2）規模要適當。一般來說，委員會要有足夠的規模，以便集思廣益和容納完成任務所需要的各種專家。規模不能過大，因為人數以算術級數增加，而關係的複雜程度是以幾何級數增加的，委員之間的信息溝通質量與委員會的人數成反比。成員越多，信息溝通越困難，溝通的質量也越差，決策就越困難。委員會的規模也不能過小，人數過少的委員會不可能集思廣益，不可能代表各種利益，這與委員會本身的優越性相違背。有人認為，委員會成員一般為5~6人比較合適，最多不超過15~16人。

（3）選擇委員。委員會的成員應該包括哪些人，要根據委員會的工作目的和工作任務來確定。同時，還要求其成員具有一定的知識和才能，成員的職務級別一般要相近，這樣在委員會中才能真正廣開言路，作出正確的決策。最後，主席的重要性。必須慎重選擇擔任委員會主席的人，因爲他決定了委員會能否有效地發揮作用。委員會的成就在很大程度上取決於會議主席的領導才能。一個好的主席，應該做到精心計劃和安排會議，引導大家集思廣益，提高委員會的效率。

2. 個人負責

(1) 概念

個人負責即組織中的最高決策集中在一個人身上，由他對整個組織負責。委員會與個人負責制是組織中兩種不同的高層次職權分配體系。與前面所講的委員會相比，個人負責制的特點是權力集中，責任明確，行動迅速，效率較高。

個人負責制決策權集中在一個人的手中，因爲決策者的知識、經驗以及管理能力有限，難免有考慮不周之處。如果權力落在不合適人手中，還有可能導致專制和職權濫用。對於個人負責制這樣一種職權行使方式的採用，既要考慮採用的必要性，又要考慮職權行使的措施。

(2) 個人負責制的必要性

個人負責制與委員會這兩種職權行使方式各有利弊。前者權責明確、效率高，但是權力過於集中；後者避免了權力過於集中，代表了各方面的利益，但是權責分離。除了代表各方面的利益和避免權力過於集中之外，一般情況下採用個人負責制行使職權更有效。

(3) 有效行使個人負責制的措施

一是將個人負責制與委員會結合起來。例如一些大公司將董事會集體負責制與總經理個人負責制結合起來，取得了很好的效果；另一方面是將個人負責制與委員會在組織同一個層面上結合，這樣既發揮了委員會的集思廣益，又發揮了個人負責制責任明確、效率高等優點。

5.3.6 人員配備

1. 人員配備的任務

(1) 物色合適的人選

爲組織的各部門物色合適的人選是人員配備的首要任務。它根據崗位工作需要，經過嚴格的考查和科學的論證，找出或培訓出爲己所需的各類人員。

(2) 促進組織結構功能的有效發揮

只有使人員配備盡量適應各類職務性質要求，從而使各職務應承擔的職責得到充分履行，組織設計的要求才能實現，組織結構的功能才能發揮出來；如果人員的安排和使用不符合各類職務的要求，或人員的選擇與培養不能滿足組織設計的預期目標，企業組織結構的功能得不到有效發揮。

(3) 充分開發組織人力資源

人力資源在組織各資源要素中佔據首要地位，是組織最重要的資源。現代市場經濟條件下，組織之間的競爭實質是人才的競爭，而競爭的成敗很大程度上取決於人力資源的開發程度。在管理過程中，通過適當選拔、配備和使用培訓人員，可以充分挖掘每個成員的內在潛力，實現人員與工作任務的協調匹配，做到人盡其才，才盡其用，從而使人力資源得到高度開發。

2. 人員配備的程序

人員的配備一般要經過以下步驟：

（1）職務分析，制訂用人計劃。為了有效地選擇管理人員，要求對劃分出的各個部門進行職位設計，明確各個職位的性質和目的，明確各個職位應該做些什麼，如何做，需要什麼知識、態度和技能。為了找出這些答案必須對各個職務進行分析，在分析的基礎上擬訂職務說明書。職務說明書的事項包括：

①職務名稱與代號；

②承擔此職務的員工數；

③所屬部門名稱及直屬主管姓名；

④待遇情況及所處級別；

⑤職務概要，包括工作的性質、範圍和目的等；

⑥擔任該職務應接受的教育程度及工作經驗；

⑦任職者所應擁有的生理狀況、個性和行為特徵；

⑧任職者所應擁有的智商程度和技能等。

（2）人員的來源，即從外部招聘還是從內部重新調配。

（3）應聘人員根據崗位標準進行考查，確定備選人員。

（4）確定人選，必要時進行上崗前培訓，以確保能適用組織需要。

（5）所定人選配置到合適的崗位上。

（6）員工的業績進行考評，並據此決定員工的續聘、調動、升遷、降職或辭退。

3. 人員配備的原則

（1）效率

組織人員配備計劃的擬訂要以組織需要為依據，以保證經濟效益的提高為前提，它既不是盲目地擴大職工隊伍，更不是單純地解決職工就業，而是為了保證組織的正常運行。

（2）任人唯賢

在組織員工的招聘過程中，貫徹任人唯賢的原則。要求在人事選聘方面，從實際需要出發，大公無私、實事求是地發現人才、愛護人才。本着求賢若渴的精神，重視和使用確有真才實學的人。這是組織不斷發展狀大、走向成功的關鍵。

（3）因事擇人

因事擇人就是員工的選聘應從職位的空缺和實際工作的需要出發，以職位對人員的實際要求為標準選拔、錄用各類人員。

（4）量才用人

簡單地說，量才用人就是根據每個人的能力大小安排到適合的工作崗位上，使其發揮聰明才智。

(5) 標準化、程序化

員工的選擇必須遵循一定的標準和程序。科學合理地確定組織員工的選拔標準和聘任程序是組織聘任優秀人才的重要保證。只有嚴格按照規定的程序和標準辦事，才能選聘到真正願為組織的發展做出貢獻的人才。

【學習實訓】 管理遊戲——組織

這是一個很有意思的遊戲，它可以調動參與者的興趣，並且能讓他們從遊戲中體會友誼和協作的樂趣。另外，這個遊戲還可以在培訓中場或結束時使用，既可以活躍課堂氣氛，還能幫助學員放鬆神經，增強學習效果。

● 遊戲規則和程序
  ● 參與人數：5人以上一組為佳。
  ● 時間：5~10分鐘。
  ● 場地：空地。
  ● 將學員分成幾個小組，每組在5人以上為佳。
  ● 每組先派出兩名學員，背靠背坐在地上。
  ● 兩人雙臂相互交叉，合力使雙方一同站起。
  ● 以此類推，每組每次增加一人，如果嘗試失敗需再來一次，直到成功才可再加一人。
  ● 培訓者在旁觀看，選出人數最多且用時最少的一組為優勝。

● 相關討論
  ● 你能僅靠一個人的力量就完成起立的動作嗎？
  ● 如果參加遊戲的隊員能夠保持動作協調一致，這個任務是不是更容易完成？為什麼？
  ● 你們是否想過一些辦法來保證隊員之間動作協調一致？

(資料來源：朱秀文. 管理學教程 [M]. 天津：天津大學出版社，2004.)

【效果評價】

根據學生出勤、課堂討論發言及小組合作完成任務的情況進行評定。

任務 5.4　組織文化與組織變革

【學習目標】

讓學生理解組織文化的功能，熟悉組織變革的原因及其阻力；能夠掌握組織變革過程。

【學習知識點】

5.4.1　組織文化的功能

文化在組織中具有多種功能與作用。斯蒂芬羅賓指出，組織文化的作用主要表現在：第一，它起著分界線的作用。即它使不同的組織相互區別開來。第二，它表達了組織成員對組織的一種認同感。第三，它使組織成員不僅僅註重自我利益，更考慮到組織利益。第四，它有助於增強社會系統的穩定性。第五，文化是一種社會黏合劑，它通過為組織成員提供言行舉止的標準，而把整個組織聚合起來。第六，文化作為一種意義形成和控制機制，能夠引導和塑造員工的態度與行為。

1. 組織文化的六種功能

通過對中外企業文化的比較研究，我們將企業文化的功能歸納為以下六種：

1）凝聚功能

企業文化的形成，使廣大員工對外有向心力，對內有凝聚力，使得企業的個體成員能夠為達成企業的目標同心協力地去奮鬥。美國學者凱茲·卡思認為，社會系統的基礎是人類的態度、知覺、信念、動機、習慣等心理因素；在社會系統中將個體凝聚起來的是心理力量，這種心理力量就是共同的理想與信念。

企業文化正是以各種微妙的方式，溝通人們的思想感情，融合人們的觀念意識，把廣大員工的信念統一到企業價值觀和企業目標上來。通過員工的切身感受，產生對本職工作的自豪感、使命感、歸屬感，從而使企業產生強大的向心力和凝聚力。

2）導向功能

企業文化一旦形成，就產生一種定勢，這種定勢就自然而然地把職工引導到企業目標上來。企業提倡什麼、抑制什麼、擯棄什麼，職工的註意力也就轉向什麼。當企業文化在整個企業內成為一種強文化時，其對員工的影響力也就越大，其職工的轉向也就越自然。比如，日本鬆下集團充分註意了企業文化的導向作用，使職工自覺地把企業文化作為企業前進之舵，引導著企業不斷向確定的方向發展。

3）約束功能

企業文化的約束功能是通過職工自身感受而產生的認同心理過程實現的。它不同於外部的強制機制，如"此處不準吸烟""上班不許脫崗"等，這種強制性的機制是企業管理的基本法則。而企業文化則是通過內省過程，員工產生自律意識，自覺遵守那些成文的規定，如法規、廠紀等。自律意識要比強制機制的效果好得多，因爲強制在心理上與員工產生對抗，這種對抗或多或少要使措施效果打折扣。自律意識是心甘情願地去接受無形的、非正式的和不成文的行爲準則，自覺地接受文化的規範和約束，並按價值觀的指導進行自我管理和控制。所以說，自律意識越強，社會控制力越大。

4）激勵功能

企業文化以理解人、尊重人、合理滿足人們各種需要爲手段，以調動廣大員工的積極性、創造性爲目的。所以，企業文化從前提到目的都是爲了激勵人、鼓舞人。通過企業文化建設，創造良好的安定的工作環境、和諧的人際關係，造就尊重關懷下屬的領導，不斷創造進步的機會、合理的福利待遇、合理的工作時間，在有條件的情況下盡量滿足廣大職工的需求，從而激發職工的積極性和創造性。企業文化的激勵已不僅僅是一種手段，而是一種藝術，它的着眼點不僅在於眼前的作用，而更着眼於人創造文化、文化塑造人的因果循環。

5）輻射功能

企業文化不僅對企業內部產生強烈的影響，通過自己的產品，通過企業職工的傳播，也會把自己企業的經營理念、企業精神和企業形象昭示於社會，有的還會對社會產生強烈的影響。如20世紀50年代鞍鋼的孟泰、60年代大慶的"鐵人"，90年代的李素麗等，都對社會產生了巨大的影響，這就是企業文化的輻射功能。

同時，企業文化還以其深層次結構——觀念形態的因素，對社會產生輻射。一個優秀的企業，它的企業精神、職業道德、經營管理思想、價值準則等都對社會心理產生影響，如鬆下公司的全員經營、首鋼的經濟責任制、豐田的企業精神都衝擊着當代人的心理，激發着人們的創新精神和競爭意識，使人們的觀念不斷發生着變化。

6）協調功能

所謂協調是指組織內部各部門、人與人、人與事、事與事之間的有機配合。進入這個機制就產生了強製作用，不按此運行就破壞了機制。企業文化本身不是一種機制，它是人們心理的一種默契。好的企業文化所產生的這種心理默契比機制更有效。

爲什麼有的企業興衰完全取決於某個主要管理者，這個人以個人的能力支撐着企業的大廈，主宰着企業的命運，一旦這個人下臺，企業就無可補救地衰敗下去呢？這是因爲沒有建立起好的企業文化，沒有建立起好的管理體制和運行機制。在企業文化中制度文化的建設十分重要。例如，日本鬆下電器公司的創始人鬆下幸之助本人已逝世，但鬆下的企業文化照舊發揮作用，沒有因爲鬆下本人的逝世而影響企業的經營管理，可見鬆下的精神和理念已成爲該公司無形的運作法則。

2. 組織文化的負面作用

前面所列舉的組織文化功能說明了文化對組織的重要價值，它有助於提高組織的承諾，增強員工行爲的一致性，提高管理的效果和工作效率。對員工來說，它有助於減少員工行為的模糊性，因為它告訴員工什麼事情應該做、應該怎樣去做事、什麼是重要的、什麼是不重要的等。但我們也不能忽視企業文化對企業發展的潛在負面影響。

1）企業文化會成為改革的障礙

當企業的共同價值觀與進一步提高組織效率的要求不符時，它就成了企業改革的阻力。當組織面對穩定的環境時，行為的一致性對組織而言很有價值，但它卻可能束縛組織的手腳，使企業難以應付變化的環境的挑戰。在社會劇烈變革的時代，這是最可能發生的事情。

2）兼併和收購的障礙

以前，高層管理者在做出兼併或收購的決策時，主要考慮的是融資優勢以及產品的協調性。但近幾年，文化的相容性成了他們重點關注的對象。就是說，在考慮到收購對象在財務和生產方面優勢的同時，還將收購對象的文化與本公司文化的相容與否作為決策的重要依據。美國銀行收購查爾斯・史闊伯公司就是一個生動的例子。

美國銀行為了擴展經營領域、實行多樣化經營戰略，於1983年買下史闊伯公司。但這兩個公司的文化存在著很大差異，美國銀行作風保守，而史闊伯公司喜歡冒險。一個典型表現是，美國銀行的高級管理人員開的是公司提供的四車門的福特車和別克車，而史闊伯公司高級管理人員開的車卻是公司提供的法拉利、寶馬和保時捷等。雖然史闊伯公司利潤豐厚，有助於美國銀行拓展業務，但史闊伯的員工無法適應美國銀行的工作方式。終於在1987年，查爾斯・史闊伯又從美國銀行買回了他的公司。

3）多元化的障礙

現代社會是一個多元化的時代。企業為了在複雜的環境中掌握競爭的優勢，總希望內部員工之間有差異，形成個性和特色，以適應多元化的趨勢。管理人員希望新成員能夠接受組織的核心價值觀，否則，這些成員就難以適應或不被企業所接受。組織文化的強大影響力使員工服從於組織文化，這樣就將員工的行為和思想限定在了企業文化所規定的範圍內。企業之所以雇傭各具特色的個體，是因為他們能給企業帶來多種選擇的優勢。但當員工要在企業文化的作用下試圖去適應該企業的要求時，這種多元化的優勢就喪失了。

【知識閱讀5-5】

泡在水裡的小馬

一匹小斑馬浸泡在水中。它悠閒而自在，完全覺察不出四下的危機。在岸邊，有一頭體積大它數倍的母獅正在窺伺。母獅沒有貿然採取行動，不是因為沒有把握，而是不知道水的深淺，所以靜待良機去獵殺。

不久，小斑馬滿足地站起來了，幾乎沒伸個懶腰。是的，它犯了致命的錯誤，讓岸邊的敵人洞悉：哦，原來那麼淺，只及你膝。母獅蓄銳出擊，一口嚙咬了斑馬的咽喉，並撕裂血肉，大快朵頤。

母獅進餐，是在水中一個小浮島上進行。它並無意與同伴分食。岸上來了些獅子，遠視它吃得痛快，也垂涎慾滴。不過晚來了一點，又不敢輕舉妄動：不知道水的深淺呀，所以沒遊過去搶食。

母獅死守並獨吞食物，得意地盡情享用。一不小心，屍體掉進水裡，它下水叼起，一站起來，群獅洞悉了：哦，原來那麼淺，只及你膝。二話不說，一起下水擁上前。饑餓的獅子群把母獅的晚餐搶走了。

（資料來源：佚名. 泡在水裡的小馬［EB/OL］.（2013-10-13）［2014-06-16］. http://zhidao.baidu.com.）

5.4.2 組織變革的原因

任何設計得再完美的組織，在運行了一段時間以後也都必須進行變革，這樣才能更好地適應組織內外條件變化的要求。組織變革是適應內外條件的變化而進行以改善和提高組織效能為根本目的的一項活動。一般來說，引起組織變革的主要因素可以歸納為以下幾個方面：

1. 戰略

組織在發展過程中需要不斷地對其戰略的形式和內容作出不斷調整。新的戰略一旦形式，組織結構就應該進行調整、變革，以適應新戰略實施的需要。組織結構必須跟著戰略走，否則無法實現其發展戰略。

企業戰略可以在兩個層次上影響組織結構：一是不同的戰略要求開展不同的業務和管理活動，由此就影響到管理職務和部門的設計；二是戰略重點的轉移會引起組織業務活動重心的轉移和核心職能的改變，從而使各部門、各職務在組織中的相對位置發生變化，相應地就要求對各管理職務以及部門之間的關係作出調整。

2. 環境

不僅對計劃，環境對組織結構而言也是一個主要的影響力量。為什麼當今許多著名企業要將他們的組織改組為精干、快速和靈活的結構。因為當今企業普遍面臨全球化的競爭和由所有競爭者推動的日益加速的產品創新，以及顧客對產品質量和交貨期愈來愈高的要求，這些都是環境動態的表現。而傳統的以高度複雜性、高度正規化和高度集權化為特徵的機械式組織無法對快速變化的環境作出敏捷的反應。

與此同時，每個組織都是社會的一個子系統，它與外部的其他社會經濟子系統之間存在着各種各樣的聯繫，環境改變會影響組織目標的變化，目標的變化自然又會影響到隨同目標而產生的組織結構。為使組織結構切實起到促進組織目標實現的作用，就必須對組織結構作出適應性的調整。因此，外部環境的變化迫使管理者改變組織結構，以便使它們變得更具有靈活性。

3. 技術

任何一個組織都需要應用某種技術，將投入轉化為產出，組織的目標就是為了使該技術在應用的過程中產生效益。因此，技術以及技術設備的水平不僅影響組織活動的效果和效率，而且會對組織的職務設置與部門劃分、部門間的關係，以及組織結構的形式和總體特徵等產生相當程度的影響。

比如，現代信息技術的發展會使現代企業組織發生巨大的變化，企業信息網建設大規模化，使企業組織線模糊化；"多對多式"的信息傳遞方式將代替"一對多式"的信息傳遞關係，使得網上各信息處理單位之間的關係變爲水平的對等關係或是縱橫交錯的對等關係，將使企業組織結構從傳統的金字塔式的組織結構變"扁"變"瘦"，向水平化發展。

4. 組織規模和成長階段

有足夠的事實可以證明，組織的規模對其結構具有明顯的影響作用。而組織的規模往往與組織的成長或發展階段相關聯。伴隨著組織的發展，組織活動的內容會日趨複雜，人數會逐漸增多，活動的規模和範圍會越來越大，這樣，組織結構也必須隨之調整，才能適應成長後的組織的新情況。

組織變革伴隨著企業成長的各個時期，不同成長階段要求不同的組織模式與之相適應。例如，企業在成長的早期，組織結構常常是簡單、靈活而集權的。隨著員工的增多和組織規模擴大，企業必須由創業初期的鬆散結構轉變爲正規、集權的，其通常的表現形態就是職能型結構。而當企業的經營進入多元產品和跨地區市場後，分權的事業部結構可能更爲適宜。企業進一步發展進入集約經營階段後，不同領域之間的交流與合作以及資源共享、能力整合、創新力激發問題愈益突出，這樣，以強化協作爲主旨的各種創新型組織形態便應運而生。

總之，組織在不同成長階段所適合採取的組織模式是各不一樣的，管理者如果不能在組織步入新的發展階段之際及時地、有針對性地變革其組織設計，那就容易引發組織發展危機。有效解決這種危機的辦法就是改變組織結構。

當前世界上，成功的組織是向日益精干、快速和靈活的方向發展。組織結構的發展趨勢具有三個特徵：

（1）組織內的一般人員更少。
（2）結構相對扁平而不是高聳，以團隊結構取代層級結構。
（3）組織設計的思路傾向於顧客或過程，而不是職能，即流程式組織結構。

【知識閱讀 5-6】

通用公司的組織結構變革

當杜邦公司剛取得對通用汽車公司的控制權的時候，通用公司只不過是一個由生產小轎車、卡車、零部件和附件的眾多廠商組成的"大雜燴"。這時的通用汽車公司由於不能達到投資人的期望而瀕臨困境，爲了使這一處於上升時期的產業爲它的投資人帶來應有的利益，公司在當時的董事長和總經理皮埃爾·杜邦以及他的繼任者艾爾弗雷德·斯隆的主持下進行了組織結構的重組，形成了後來爲大多數美國公司和世界上著名的跨國公司所採用的多部門結構（multidivisional structure）。在通用公司新形式的組織結構中，原來獨自經營的各工廠依然保持各自獨立的地位，總公司根據它們服務的市場來確定其各自的活動。這些部門均由企業的領導即中層經理們來管理，它們通過下設的職能部門來協調從供應者到生產者的流動，即繼續擔負着生產和分配產品的任務。

這些公司的中低管理層執行總公司的經營方針、價格政策和命令，遵守統一的會計和統計制度，並且掌握這個生產部門的生產經營管理權。最主要的變化表現在公司高層上，公司設立了執行委員會，並把高層管理的決策權集中在公司總裁一個人身上。

執行委員會的時間完全用於研究公司的總方針和制定公司的總政策，而把管理和執行命令的負擔留給生產部門、職能部門和財務部門。同時在總裁和執行委員會之下設立了財務部和諮詢部兩大職能部門，分別由一位副總裁負責。

財務部擔負着統計、會計、成本分析、審計、稅務等與公司財務有關的各項職能；諮詢部負責管理和安排除生產和銷售之外的公司其他事務，如技術、開發、廣告、人事、法律、公共關係等。職能部門根據各生產部門提供的旬報表、月報表、季報表和年報表等，與下屬各企業的中層經理一起，為該生產部門制定出"部門指標"，並負責協調和評估各部門的日常生產和經營活動。同時，根據國民經濟和市場需求的變化，不時地對全公司的投入-產出作出預測，並及時調整公司的各項資源分配。

公司高層管理職能部門的設立，不僅使高層決策機構——執行委員會的成員們擺脫了日常經營管理工作的沉重負擔，而且也使得執行委員會可以通過這些職能部門對整個公司及其下屬各工廠的生產和經營活動進行有效的控制，保證公司戰略得到徹底和正確的實施。這些龐大的高層管理職能機構構成了總公司的辦事機構，也成為現代大公司的基本特徵。

另外，在實踐過程中，為了協調職能機構、生產部門及高級主管三者之間的關係和聯繫，艾爾弗雷德·斯隆在生產部門間建立了一些由三者中的有關人員組成的關係委員會，加強了高層管理機構與負責經營的生產部門之間廣泛而有效的接觸。實際上這些措施進一步加強了公司高層管理人員對企業整體活動的控制。

（資料來源：胡君辰. 組織行為學［M］北京：中國人民大學出版社，2010.）

提示：

1. 通用公司由一個"大雜燴"變成世界知名的大公司。
2. 通用公司的組織變革最終創立了事業部制。

思考題：

1. 事業部制為什麼能夠助通用公司成功？
2. 什麼樣的組織能應用事業部制？在應用事業部制時應注意什麼問題？

5.4.3 組織變革的動力與阻力

1. 組織變革面臨兩種力量的對比

組織變革面臨的動力和阻力的較量，會從根本上決定組織變革的進程、代價、甚至影響到組織變革的成功和失敗。

1) 組織變革的動力

組織變革的動力指的就是發動、贊成和支持變革並努力去實施變革的驅動力。總的說來，組織變革動力來源於世界經濟一體化、知識經濟的到來和人們對變革的必要性及變革所能帶來的好處的認識。

比如，企業內外各方面客觀條件，組織本身存在的缺陷和問題，各層次管理者居安思危的憂患意識和開拓進取的創新意識，變革可能帶來的權力和利益關係的有利變化，以及能鼓勵革新、接受風險、容忍讚賞失敗、變化、模糊和衝突的開放型組織文化，都可能形成變革推動力量，引發變革的動機、慾望和行為。

2) 組織變革的阻力

組織變革的阻力則是指人們反對變革、阻擋變革甚至對變革產生制約力。這種制約組織變革的力量可能來源於個體、群體，也可能來自組織本身甚至外部環境。組織變革阻力的存在意味着組織變革不可能一帆風順，這使變革管理者面臨了更嚴峻的變革管理任務。

成功的組織變革管理者，應該注意到所面臨的變革阻力可能會對變革成敗和進程產生消極的、不利的影響，為此要採取措施減弱和轉化這種阻力；同時變革管理者還應當看到，變革的阻力並不完全都是破壞性的，通過妥善的管理或自理可以轉化為積極的、建設性的動力。比如，阻力的存在至少能引起變革管理者對所擬訂的變革方案和思路予以更理智、更全面的思考，並在必要時做出修正，以使組織變革方案獲得不斷的完善和優化，從而取得更好的組織變革效果。

2. 組織變革阻力的主要來源

1) 個體和群體方面的阻力

變革中個體的阻力來源於人類的基本特徵，如原有的工作和行為習慣、就業安全需要、經濟收入變化、對未知狀態的恐懼以及對變革的認知存有偏差等。群體對變革的阻力，可能來自自上而下地群體規範的束縛，群體中原有的人際關係可能因為變革而受到改變和破壞，群體領導人物與組織變革發動者之間的恩怨、摩擦和利益衝突，以及組織利益相關群體對變革可能不符合組織或該團體自身的最佳利益的顧慮等。

2) 組織的阻力

組織對變革的阻力來源於組織結構慣性、組織的變革點、組織群體慣性、組織已有的專業知識、組織已有的權力關係和組織已有資源的分配等。這些都是可能影響和制約組織變革的因素。

此外，對任何組織系統來說，其內部各部門之間以及系統與外部之間都存在強弱程度不等的相互依賴和相互牽制的關係，一方面出於克服和化解變革阻力的需要，另一方面也由於組織問題本質上是錯綜複雜的，因而很難一蹴而就全部解決的緣故。這樣，具有一定廣度和深度的組織通常只宜採取分階段有計劃地逐步推進的漸進式變革策略。在這種情況下，每一計劃期內的變革都只能針對有限的一些組織問題，這就難以避免會導致系統內外尚未變革的要素對計劃變革的要素構成一種內在的牽制和影響力。這種制約力量需要變革管理者在設計組織變革方案時就事先予以周密的考慮，以便安排合適的變革廣度、深度和進度。

3）外部環境的阻力

組織的外部環境條件也往往是形成組織變革力量的一個不可忽視的來源。比如，充分競爭的產品市場會推動組織變革與其相適應，缺乏競爭性的市場往往造成組織成員的安逸心態，束縛組織變革的進程；對經理人員經營企業之業績的考評重視不足或者考評方式不正確，會導致組織變革壓力和驅動力的弱化；全社會對變革發動者、推進者的期待和支持態度及相關的輿論和行動，以及企業特定組織文化在形成和發展中所根植的整個社會或民族的文化特徵，這些都是重要的影響企業組織變革成敗的力量。

3. 組織變革阻力的管理對策

組織變革過程是一個破舊立新的過程，自然會面臨推動力與制約力相互交錯和混合的狀態。因此作爲變革的管理者，就要採取相應的措施，促進變革的順利進行。

概括地說，改變組織變革力量的策略有三類：

（1）增強或增加驅動力；

（2）減少或減弱阻力；

（3）同時增強動力與減少阻力。

有實踐表明，在不消除阻力的情況下增強驅動力，可能加劇組織中的緊張狀態，從而無形中增強對變革的阻力；在增加驅動力的同時採取措施消除阻力，會更有利於加快變革的進程。

5.4.4 組織變革的過程

成功而有效的組織變革，通常需要經歷解凍、改革、凍結這三個有機聯繫的過程。

1. 解凍

由於任何一項組織變革都或多或少會面臨來自自身及其成員的一定程度的抵制力，因此，組織變革過程需要有一個解凍作爲實施變革的準備階段。解凍階段的主要任務是發現組織變革的動力，營造危機感，塑造出改革乃是大勢所趨的氣氛，並在採取措施克服變革阻力的同時具體描繪組織變革的未來藍圖，明確組織變革的目標和方向，以便形成切實可行的組織變革方案。

2. 改革

改革或變動階段的任務就是按照所擬訂變革方案的要求開展具體的組織變革運動或行動，以使組織從現有結構模式向目標模式轉變。這是變革的實質性階段，通常可以分爲試驗與推廣兩個步驟。這是因爲組織變革的涉及面較爲廣泛，組織中的聯繫相當錯綜複雜，往往"牽一髮而動全身"，這種狀況使得組織變革方案在全面付諸實施之前一般要先進行一定範圍的典型試驗，以便總結經驗，進一步完善變革方案。在試驗取得初步成效後再及時進入大規模的全面實施階段，以便消除某些人的疑慮，讓更多的成員及早地看到或感覺到組織變革的潛在效益，從而獲得更多組織成員的支持，加快變革的速度。

3. 凍結

組織變革過程並不是在實施了變革行動後就宣告結束。組織的變革涉及人的行爲和態度。在實際運用中，經常出現組織變革發生之後，個人和組織都有一種退回到原有習慣的行爲方式和組織形態的傾向。因此，要使變革能真正實現，只有在變革實施後進行凍結，以保證新的行爲方式和組織形態得到強化和鞏固。缺乏這一凍結階段，變革的成果就有可能退化消失，達不到預期的效果。

【學習實訓】 管理遊戲——蒙眼作畫

- 遊戲背景：

人人都認爲睜着眼睛畫畫比閉着眼要畫得好，因爲看得見。是這樣嗎？在日常工作中，我們自然是睜着眼的，但爲什麼總有些東西我們看不到？當出現這些問題時，我們有沒有想到可以借助他人的眼睛？試着閉上眼睛。也許當我們閉上眼睛時，我們的心就敞開了。

- 遊戲規則：
  - 所需時間：10~15 分鐘
  - 教具：眼罩，紙，筆
- 遊戲過程：
  - 所有學員用眼罩將眼睛蒙上，然後分發紙和筆，每人一份。
  - 要求學生蒙着眼睛，將他們的家或者其他指定東西畫在紙上。
  - 完成後，讓學員摘下眼罩欣賞自己的大作。
- 遊戲討論：
  - 爲什麼當他們蒙上眼睛，所完成的畫並不是他們所期望的那樣？
  - 怎樣使這一工作更容易些？
  - 在工作場所中，如何解決這一問題？
- 遊戲變化：
  - 讓每個人在戴上眼罩前將他們的名字寫在紙的另一面。在他們完成圖畫後，將所有的圖片掛到牆上，讓他們從中挑選出自己畫的那幅。
  - 老師用語言描述某一樣東西，讓學生蒙着眼睛畫下他們所聽到的，然後比較他們所畫的圖並思考：爲何每個人聽到是同樣的描述，而畫出的東西卻是不同的？在工作時呢？

（資料來源：佚名. 培訓遊戲：蒙眼作畫 [EB/OL].（2011-09-23）[2014-06-16]. http://www.docin.com/p-262339421.html.）

【效果評價】

根據學生出勤、課堂討論發言及小組合作完成任務的情況進行評定。

綜合練習與實踐

一、判斷題

1. 組織是管理的一項重要職能，它由三個基本要素構成，即目標、結構和關係。
（　　）

2. 法國古典管理理論的代表韋伯在《社會組織與經濟組織理論》一書中最早提出一套比較完整的行政組織體系理論，因此被稱之爲"組織理論之父"。（　　）

3. 企業戰略管理過程一般由戰略制定、戰略實施和戰略評價及控制等環節組成。
（　　）

4. 一個組織選聘管理人員是採用內源渠道還是外源渠道，要視具體情況而定。一般而言，高層主管一般採用外源渠道。（　　）

5. 大批量生產的企業生產專業化程度較高，產品品種少，主要進行標準化生產，對職工技術要求相對較低，適於採用分權式組織形式。（　　）

6. 現代企業管理學認爲，企業管理的重點在經營，而經營的核心是計劃。
（　　）

7. 梅奧認爲，在共同的工作過程中，人們相互之間必然發生聯繫，產生共同的感情，自然形成一種行爲準則或慣例，要求個人服從。這就構成了"人的組織"。
（　　）

8. 依靠人的知識和經驗，對事物變化發展的趨勢作出定性的描述，這就是經濟預測。它往往用於對事物遠期前景的預測。（　　）

9. 究竟是採取扁平型或是高層型組織結構，主要取決於組織規模的大小和組織領導者的有效管理幅度等因素。因爲在管理幅度不變時，組織規模與管理層次成正比。規模大，層次多，則呈高層型結構；反之亦然。（　　）

10. 讓管理人員依次分別擔任同一層次不同職務或不同層次相應職務的方法能全面培養管理者的能力，這種方法是管理人員培訓方法中的職務培訓。（　　）

二、單項選擇題

1. 管理幅度是指一個主管能夠直接有效地指揮下屬成員的數目。經研究發現，高層管理人員的管理幅度通常以（　　）較爲合適。

　　A. 4~8人

　　B. 10~15人

　　C. 15~20人

2. 責任、權力、利益三者之間不可分割，必須是協調的、平衡的和統一的。這就是組織工作中的（　　）原則。

　　A. 責權利相結合

B. 分工協作

C. 目標任務

3. 從組織外部招聘管理人員可以帶來"外來優勢"是指被聘幹部（　　）。

A. 沒有歷史包袱

B. 能為組織帶來新鮮空氣

C. 可以迅速開展工作

4. 人員配備的工作包括（　　）

A. 制定工作規範、選配、培訓組織成員

B. 確定人員需用量、選配、培訓組織成員

C. 確定人員結構、選配、培訓組織成員

5. 行為科學個別差異原則告訴我們，人的差異是客觀存在的，一個人只有處在最能發揮其才能的崗位上，才能做得最好。因此，要根據每個人的能力大小安排合適的崗位。這就是人員配備的（　　）原則。

A. 因人設職

B. 量才使用

C. 因材施教

6. 企業中體現企業目標所規定的成員之間職責的組織體系是（　　）。

A. 正式組織

B. 非正式組織

C. 企業結構

7. 由於管理的廣泛性和複雜性及研究的側重點不同，對管理所下定義也各異。法約爾認為，（　　）。

A. 管理就是要確切地知道要別人做什麼，並注意他們用最好最經濟的方法去做

B. 管理就是實行計劃、組織、指揮、協調和控制

C. 管理就是決策

8. 梅奧等人通過霍桑試驗得出結論：人們的生產效率不僅受到物理的、生理的因素的影響，而且還受到社會環境、社會心理因素的影響，由此創立了（　　）。

A. 行為科學學說

B. 人文關係學說

C. 人際關係學說

9. 環境研究對組織決策有着非常重要的影響，具體表現在可以提高組織決策的（　　）。

A. 有效性、及時性、穩定性

B. 前瞻性、有效性、穩定性

C. 正確性、及時性、穩定性

10. 系統管理學派認為，組織是由一個相互聯繫的若干要素組成、為環境所影

響的並反過來影響環境的開放的（　　）。

  A. 社會技術系統

  B. 社會經濟組織

  C. 社會經濟系統

三、簡答題

  1. 什麼是集權與分權？

  2. 闡述組織結構的含義和類型。

第 6 章

領　導

▶ 學習目標

通過本章學習，學生應掌握領導職能的基本理論和技術，學會運用領導權力，清楚如何選擇領導方式，懂得激勵中需要掌握的激勵方法和激勵方式的選擇。

▶ 學習要求

知識要點	能力要求	相關知識
領導職能概述	能夠區分領導者具有的幾種權力	領導職能的定義及功能
認識瞭解人性	1. 瞭解西方人性假設理論 2. 掌握四種基本人性假設	不同人性的特點
幾種典型的領導理論	1. 瞭解西方的典型領導理論 2. 掌握相關領導理論中的領導方式	各自領導理論適宜的環境
團隊建設和領導用人藝術	1. 掌握團隊的概念、構成要素和發展過程 2. 掌握建立高效團隊的流程 3. 掌握領導用人藝術的技巧	團隊的類型

第 6 章　領　導

案例導入

佛祖的工作安排

去過寺廟的人都知道，一進廟門，首先是彌勒佛，笑臉迎客，而在他的北面，則是黑口黑臉的韋陀，但相傳在很久以前，他們並不在同一個廟裡，而是分別掌管不同的廟。

彌勒佛熱情快樂，所以來的人非常多，但他什麼都不在乎，丟三落四，沒有好好地管理帳務，所以依然入不敷出。而韋陀雖然管帳是一把好手，但成天陰著個臉，太過嚴肅，搞得人越來越少，最後香火斷絕。

佛祖在查香火的時候發現了這個問題，就將他們倆放在同一個廟裡，由彌勒佛負責公關，笑迎八方客，於是香火大旺。而韋陀鐵面無私，錙銖必較，則讓他負責財務，嚴格把關。在兩人的分工合作中，廟裡一派欣欣向榮景象。

其實在用人大師的眼裡，沒有廢人，正如武功高手，不需名貴寶劍，摘花飛葉即可傷人，關鍵看如何運用。

（資料來源：佚名. 人力資源管理的經典故事［EB/OL］.（2013-01-04）［2014-06-20］. http://www.exam8.com.）

任務 6.1　認識領導職能

【學習目標】

讓學生初步認識領導職能，瞭解領導的權力構成，並激發學生學習興趣；學生掌握領導基本概念和相關內容。

【學習知識點】

6.1.1　領導的概念

日常工作中談到"領導"一詞，很容易被理解爲組織的領導者，如企業的經理、公司的總裁等。實際上，"領導"一詞有兩種詞性。作爲名詞時，指領導者，是領導活動的發起者。作爲動詞時，指領導行爲或領導職能。管理學所指的領導是後者，是作爲管理的一種職能來理解的。

【知識閱讀 6-1】

三只鸚鵡

一個人去買鸚鵡，看到一隻鸚鵡前標"此鸚鵡會兩門語言，售價 200 元"，另一隻鸚鵡前標"此鸚鵡會四門語言，售價 400 元"。該買哪隻呢？兩只鸚鵡都毛色光鮮，非常靈活可愛。這人在市場裡轉啊轉，拿不定主意，結果突然發現一隻老掉

157

了牙的鸚鵡，毛色暗淡散亂，標價 800 元。這人趕緊將老板叫來：這隻鸚鵡是不是會說八門語言？店主說：不。這人奇怪了：那爲什麼它又老又醜，又沒有能力，會值這個價格呢？店主回答：因爲另外兩隻鸚鵡叫這只鸚鵡"老板"。

人們印象中的優秀管理領導者好像一定要是能力非常全面的人，其實不然，真正的領導人不一定自己能力有多強，只要懂信任、懂放權、懂珍惜、懂抉擇，管理並團結自己的下級，就能更好地利用在某些方面比自己強的人，從而使自身的價值通過他們得到了提升。相反，許多能力非常強的人卻因爲過於要求完美，事必躬親，認爲什麼人都不如自己，最後只能做最好的科研攻關人員或是銷售代表，成不了優秀的領導人。

（資料來源：佚名. 三只鸚鵡［EB/OL］.（2011-11-28）［2014-06-20］. http://www.cnbm.net.cn/article/gs3899851.html.）

關於領導的概念，不同的學者有不同的認識和表述。孔茨認爲："領導是一種影響力，它是影響人們心甘情願地和滿懷熱情地爲實現群體目標努力的藝術或過程。"他還認爲："領導是一種影響過程，即領導者和被領導者個人的作用和特定的環境相互作用的動態過程。"《中國企業管理百科全書》把領導定義爲"率領和引導任何組織在一定條件下實現一定目標的行爲過程"。

要準確理解領導的概念，需要認識領導的四個本質：

（1）領導行爲會受到外部環境和內部條件的影響。環境對人的心理行爲有着很大的影響作用，領導的行爲必須既適應於客觀環境，又致力於改造環境，領導者必須創造適宜的組織環境，並運用環境來激勵或抑制群體行爲。

（2）領導是在一定的組織中存在的。凡是有人類聚集的地方，就有領導者的存在。任何組織和團體，無論其規模大小，總會有領導人。領導人有的是自然產生的，有的是委派的或團體內部推選的。一般來說，領導的作用只有在組織中才能得以體現。

（3）領導的目的是影響組織成員以實現組織的目標，它作用於整個實現目標的過程。領導實際上是一個動態的行爲過程，這個過程是由領導者、被領導者和所處的環境之間相互作用構成的，是以實現組織目標爲目的的。

（4）領導職能是領導者運用職位權力和個人權力來施加影響力，以實現組織目標。領導者對組織的影響力可分爲兩種，一是自然影響力，二是迫使影響力，分別來自個人權力和職位權力。這兩種權力是領導職能得以施行的權力基礎。

綜合以上觀點和認識，便得出本書對領導的定義：領導是領導者在一定的環境下，運用職位權力和個人權力，通過對組織成員成功地引導、指揮、協調和控制以完成既定組織目標的行爲過程。

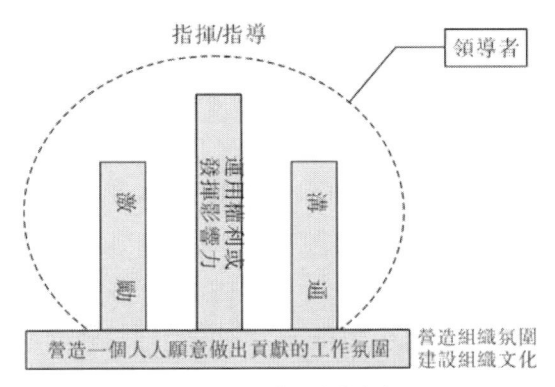

图 6-1 领导智能的内容

6.1.2 領導與管理的關係

一般人往往容易把領導的概念和管理的概念混淆起來，認為領導與管理是一回事，搞管理的人就是領導，領導者就是管理者。所以，要正確地理解領導的概念，還必須明確領導與管理的區別與聯繫。

在本書第一章，我們已討論了管理的含義。管理是為實現組織的目標而對組織的資源進行有效的計劃、組織、控制和領導的過程。按管理的定義，管理的活動是多種多樣的，它比領導活動的範圍要廣泛得多，而領導活動只是組織中管理活動的一種。在實際工作中，管理活動非常複雜，在邏輯順序上也並非一定按計劃、組織、控制和領導等職能依次進行，常常會相互交織、重疊。相應地，管理者不僅包含領導者，還包括其他從事管理工作的人員。一般來講，領導側重於決策和用人，而管理則側重於執行決策、組織力量實現目標。

6.1.3 領導的權力構成及影響形式

從前述領導職能的概念可以看出，為完成既定組織目標，領導者需要影響組織成員，改變他人的態度和行為。要產生這種影響，領導者必須擁有能夠產生影響的"武器"，這個重要的"武器"就是權力。權力是領導者對他人施加影響的基礎，下面分析一下領導權力的構成。

1. 根據來源劃分權力

所謂權力，是指一個人主動影響他人行為的能力。領導者的權力來自兩方面：一是職位權力，二是個人權力。

1) 職權權力

職權（authority）權力（或制度權力）是正式權力，指由於領導者在組織中所處的職位，上級或組織賦予的權利。這種權利和領導者的職位相對應，離任後相應的權利便會消失。

(1) 法定權力，指組織內各領導職位所固有的合法的、正式的權力。這種權力可以通過領導者向直屬人員發布命令、下達指示來直接體現，有時也可借助於組織內的政策、程序和規則等來間接體現。

（2）獎賞權力，指提供獎金、提薪、升職、讚揚、理想工作安排等任何令人愉悅措施的權力。領導者所控制的獎賞手段越多，而且這些獎賞對下屬越重要，那麼其擁有的影響力就越大。

（3）強制權力，指給予扣發工資獎金、降職、批評乃至開除等懲罰性措施的權力。強制權力和獎賞權力都與法定權力密切相關。

2）個人權力

個人權力是非正式權力，指由於領導者的個人特殊品質和才能而產生的影響力，它可以使下屬心甘情願地、自覺地跟隨領導者，這種權利對下屬的影響比職位權力更具有持久性。

（1）專家權力，指由個人的特殊技能或某些專業知識而產生的權力，如律師、醫生、大學教授和企業中的工程師在其專業領域內擁有相當大的影響力。提倡"內行當家"，避免"外行領導內行"，其道理之一就在這裡。

（2）感召力，也稱個人魅力或個人影響力，這是與個人的品質、魅力、經歷、背景等相關的權力。如納爾遜·羅利赫拉赫拉·曼德拉，他領導的非國大在結束南非種族主義的鬥爭中發揮了極其重要的作用，最終當選為南非歷史上第一位黑人總統，享有崇高的聲譽，被譽為"全球總統"。即使在獄中，曼德拉也多次成為全球焦點，他的號召力和影響力遍及全世界，全球53個國家的2 000名市長為曼德拉的獲釋而簽名請願；英國78名議員發表聯合聲明，50多個城市市長在倫敦盛裝遊行，要求英國首相向南非施加壓力，恢復曼德拉自由。

（3）參考權力。某些人因為與某領導者或某權威人物有着特殊的關係，而因此具有與普通人不同的影響力，這可稱為參考權力。如不在公司中擔任職務的董事長夫人卻可以對該企業內的員工產生影響力；總經理的秘書頭銜和職務遠低於部門經理，卻可能令這些人對他敬畏三分。

2. 領導權力的影響形式

領導權力產生的影響可以分為外在形式和內在形式兩種。

1）外在形式的影響

領導者通過權力來推動和影響下級的態度和行為。影響外在形式的因素有：

（1）傳統觀念的影響。下級受傳統觀念影響越深，越認同權威，領導權力的影響效果就越好。

（2）利益滿足的影響。領導者的職位權力越大，獎賞權對下屬所得利益影響越大，領導權力的影響效果就越好。

（3）恐懼心理的影響。領導者的強制權和參考權越大，對下屬所得利益影響越大，會讓其產生恐懼畏懼的情緒，領導權力的影響效果就越好。

2）內在形式的影響

這是指領導權力建立在領導者的良好素質和行為之上，吸引、感化被領導者，它不帶有任何強制性，而是以潛移默化、漸進的方式發揮影響作用。影響內在形式的因素有：

（1）理性崇拜的影響。因為領導者個人的特殊技能或某些專業知識讓下屬信服甚至產生崇拜，領導權力的影響效果就越好。

（2）感情的影響。因為領導者個人的品質、魅力、經歷、背景等個人影響力讓下屬產生信服或喜愛，那領導權力的影響效果就越好。

6.1.4 領導的功能

領導的功能主要體現在以下兩個方面：

（1）管理學認為，領導是管理的一個重要方面，領導的目的就是要實現組織的目標並作出決策。這就是領導的組織功能。領導者必須確立組織目標並作出決策，充分運用計劃、組織和控制等職能，使人力和物力有機結合起來，建立科學的管理系統，以實現組織的目標。孔茨和奧唐納認為領導是指引途徑、進行指揮、督導處理和起帶頭作用的人。領導者的行為是要幫助一個群體盡可能實現目的。

（2）心理學觀點認為，領導具有激勵功能。領導者的作用就在於建立有效的激勵制度，激勵下屬充滿熱情和竭盡全力地為實現組織目標做出貢獻，同時使下屬的個人需要得到滿足。激勵功能是領導者的主要功能。

管理心理學者認為，現代組織管理工作所涉及的專業知識和各種技術日益複雜，領導者不可能懂得各方面的知識，但是，如果他能夠正確地認識自己，就可以借助於別人的力量來彌補自己的不足。也就是說，只要他能夠充分發揮自己的激勵功能，將人們的積極性調動起來，就能借助別人的知識和能力完成工作。相反，如果領導者不能很好地發揮激勵功能，即使目標再好，組織再合理，管理手段再科學，也難以實現組織的目標。激勵的具體內容後面有相應的章節詳細介紹。

【學習實訓】 管理遊戲——測試你的領導作風

● 遊戲規則：

請閱讀下列各個句子，對於（a）句最能形容你時，請打［o］；對於（b）句若對你來說，最不正確時，請打［o］。請你務必按照實際情況作答，以便求得更正確的得分。

1. (a) 你是個大多數人都會向你求助的人。
   (b) 你很激進，而且最註意自己的利益。
2. (a) 你很能幹，且比大多數人更能激發他人。
   (b) 你會努力去爭取一項職位，因為你將對大多數人和所有的財務掌握更大職權。
3. (a) 你會試著努力去影響所有事件的結果。
   (b) 你會急着降低所有達成目標的障礙。
4. (a) 很少人像你那麼有自信。
   (b) 你想取得世上有關你想要的任何東西時，你不會有疑懼。

5. (a) 你有能力激發他人去跟隨你的領導。
   (b) 你喜歡有人依你的命令行動；若必要的話，你不反對使用威脅的手段。
6. (a) 你會盡力去影響所有事件的結果。
   (b) 你會作全部重要的決策，並期望別人去實現它。
7. (a) 你有吸引人的特殊魅力。
   (b) 你喜歡處理必須面對的各種情況。
8. (a) 你會喜歡面對公司的管理人，諮詢複雜問題。
   (b) 你會喜歡計劃、指揮和控制一個部門的人員，以確保最佳的福利。
9. (a) 你會與企業群體和公司諮詢以改進效率。
   (b) 你對他人的生活和財務會作決策。
10. (a) 你會干涉官僚的推諉拖拉作風，並施壓以改善其績效。
    (b) 你會在金錢和福利重於人情利益的地方工作。
11. (a) 你每天在太陽升起前就開始了一天的工作，一直到下午六點整。
    (b) 爲了達成所建立的目標，你會定期而權宜地解雇無生產力的員工。
12. (a) 你會對他人的工作績效負責，也即你會判斷他們的績效，而不是你們的績效。
    (b) 爲求成功，你有廢寢忘食的習慣。
13. (a) 你是一位真正自我開創的人，對所做的每件事充滿着熱忱。
    (b) 無論做什麼，你都會做得比別人好。
14. (a) 無論做什麼，你都會努力求最好、最高和第一。
    (b) 你具有驅動力、積極性人格和奮鬥精神，並能堅定地求得有價值的任何事情。
15. (a) 你總是參與各項競爭活動包括運動，並因有突出的表現而獲得多項獎牌。
    (b) 贏取和成功對你來說比參與的享受更重要。
16. (a) 假如你能及時有所收穫，你會更加堅持。
    (b) 你對所從事的事物會很快就厭倦。
17. (a) 本質上，你都依內在驅動力而行事，並以實現從未做過的事爲使命。
    (b) 作爲一個自我要求的完美主義者，你常強迫自己有限地去實現理想。
18. (a) 你實際上的目標感和方向感遠大於自己的設想。
    (b) 追求工作上的成功對你來說是最重要的。
19. (a) 你會喜歡需要努力和快速決策的職位。
    (b) 你是堅守利潤、成長和擴展概念的。
20. (a) 在工作上，你喜歡獨立和自由遠甚於高薪和職位安全。
    (b) 你是安於控制、權威和強烈影響的職位的。
21. (a) 你堅信凡是對自身本分內的事最能冒險的人，會贏得金錢上的最大報償。
    (b) 有少數人判斷你應比你本身更有自信些。

22. （a）你被公認爲是有勇氣的、生氣蓬勃的樂觀主義者。
    （b）作爲一個有志向的人，你能很快地把握住機會。
23. （a）你善於讚美他人，而且若是合宜的，你會準備加以信賴。
    （b）你喜歡他人，但對他們以正確的方法行事之能力很少有信心。
24. （a）你通常寧可給人不明確的利益，也不願與他人公開爭辯。
    （b）當你面對着［説出那像什麽時］，你的作風是間接的。
25. （a）假如他人偏離正道，由於你是正直的，故你仍會無情地糾正他。
    （b）你是在強調適者生存的環境中長大的，故常自我設限。

● 測試結果評價：
測試完成後可按照下面的要求計算得分，看自己領導特質如何。
　● 你的得分：計算一下你圈（a）的數目，然後乘以四，就是你領導特質的百分比。
　● 同樣的，（b）所得的分數，就是你管理特質的百分比。
　● 領導特質(a 的總數)×4＝　　　％
　● 管理特質(b 的總數)×4＝　　　％
● 遊戲總結
　● 請幾個同學談談他們的測試結果和測試過後對其中一些領導或管理的方式的想法。

（資料來源：佚名. 測試你的領導作風［EB/OL］.（2012-04-23）［2014-06-20］. http://wenku.baidu.com.）

【效果評價】

根據學生出勤、課堂討論發言及小組合作完成任務的情況進行評定。

任務6.2　認識瞭解人性

【學習目標】

讓學生初步認識西方的幾種人性假設理論，掌握四種基本的人性假設並瞭解每種人性的基本特點。檢測學生對四種人性假設和相關內容的掌握。

【學習知識點】

要想對下級實施正確的領導，必須正確地認識和對待下級。所有的領導者都必須回答一個共同的問題：人性的本質是什麽？領導者必須要研究人性、懂得人性、尊重人性，樹立正確的人性觀念，才能有針對性地採取領導措施。

【知識閱讀6-2】

老人愛清靜，戲耍小孩子

有個老人愛清靜，可附近常有小孩玩，吵得他要命，於是他把小孩召集過來，說：我這很冷清，謝謝你們讓這更熱鬧，說完每人發三顆糖。孩子們很開心，天天來玩。幾天後，每人只給2顆，再後來給1顆，最後就不給了。孩子們生氣說：以後再也不來這給你熱鬧了。老人清靜了。

（資料來源：佚名. 老人愛清靜戲耍小孩子［EB/OL］.（2014-04-02）［2014-06-20］. http://wenku.baidu.com.）

6.2.1　四種人性假設理論

在管理學理論中，影響比較大的是西方四種人性假設理論：以泰勒為代表人物的 X 理論；以馬斯洛、阿基裡斯等人為代表人物的 Y 理論；以莫爾斯和洛希為代表人物的超 Y 理論；以大內為代表人物的 Z 理論。

1. X 理論

X 理論是麥克雷戈在 1960 年出版的《企業的人性方面》一書中提出的，其核心觀點是假設人都是"經濟人"。其內容要點有：

（1）大多數人天生是懶惰的，他們都盡量地逃避工作。

（2）多數人是沒有雄心大志的，不願意負任何責任，而心甘情願地受別人指揮。

（3）多數人的個人目標與管理目標是相互矛盾的，必須採取強制的、懲罰的辦法，才能迫使他們為達到組織目標而工作。

（4）多數人工作是為了滿足自己的生理的和安全的需要，因此，只有金錢和其他物質利益才能激勵他們努力工作。

（5）人大致可分為兩類，大多數人具有上述特性，屬被管理者；少數人能夠自己鼓勵自己，能夠克制感情衝動而成為管理者。

X 理論的人性假設理論的一個顯著特點，就是注意反應人的經濟需求，認為人的經濟需求是客觀的、基本的，是人勞動工作的根本性動機，從經濟的角度尋求調動工人生產、工作積極性的途徑、方法和措施，在一定的歷史階段和一定的範圍內，有其適用性。但 X 理論忽視了人的精神需要，在一些比較發達國家的管理界，尤其是在大中型企、事業單位，被認為是不合時宜的過時理論。

2. Y 理論

麥克雷戈總結和概括了馬斯洛等人的"自我實現人"的人性假設理論，提出了一種與 X 理論相對立的理論——Y 理論。這種理論認為：

（1）一般人都是勤奮的，如果環境條件有利的話，人們工作起來就像遊戲和休息一樣自然。

（2）控制和處罰不是實現組織目標的唯一方法，人們在執行工作任務中能夠自我指導和自我控制。

（3）在正常情況下，一般人不僅樂於接受任務，而且會主動地尋求責任。

（4）人群中存在着廣泛的高度的想象力、智謀和解決組織問題的創造性。

（5）在現代工業的條件下，一般人的潛力只利用了一部分，人們蘊藏着極大的潛力。

Y理論的人性假設以及在它影響下產生的一些管理措施，是有一定借鑒意義的。例如：它提倡在可能的條件下爲職工和技術人員創造適當的工作條件，以利於充分發揮個人的才能。企業領導人要相信職工的獨立性、創造性，對我們的管理工作也有借鑒意義。

3. 超Y理論

人類的需要和動機並非那樣簡單，而是複雜多變的，人的需要在不同的情境，不同的年齡，其表現形成是有差別的。約翰·莫爾斯（J. J. Morse）和杰伊·洛希（J. W. Lorsen）在1970年通過反復研究，提出了新的管理理論——超Y理論，基本內容主要有以下幾點：

（1）人的需要是多種多樣的，隨著人的自身發展和社會生活條件的變化而發生變化，並且需要的層次也不斷改組，因人而異。

（2）人在同一時期內有各種需要和動機，它們相互發生作用，並結合成一個統一的整體，形成複雜的動機模式。例如：兩個人都想得到高額獎金，其動機可能不一樣。一個人可能是爲了改善物質、文化生活，另一個人可能是把得到高額獎金看成是自己取得高的技術成就的標誌。

（3）一個人在不同單位或同一單位的不同部門工作，會產生不同的需要。例如：一個人在工作單位可以表現出很不合群，而在業餘時間和非正式團體中卻可以滿足交往的需要。

（4）人可以依據自己的動機、能力和工作性質，來適應各種不同的管理方式。但是，沒有一種萬能的管理方式，適用於各種人。

人的需要和潛力隨著年齡的增長、知識的積累、地位的變化以及人際關係的變化在不斷地變化。因此超Y理論既區別於X理論，又不同於Y理論，一反過去依據某種固定的人性假設理論所採用的一套管理方式和方法，去管理各種不同文化程度的被管理者的舊模式，而是強調根據不同的具體情況，針對不同的管理對象，採取不同的管理方式和方法。它包含有辯證法因素，對我國管理思想發展和實際管理工作具有積極的意義。

4. Z理論

Z理論是美國加利福尼亞大學教授、日裔美籍管理科學學者威廉·大内提出來的。由於威廉·大内深諳日、美兩國文化，加之他對日、美兩國的企業管理進行了長時期的比較研究，因而他所概括的Z理論在管理界引起了較大反響。

Z理論的主要內容可以概括爲以下八點：

（1）終身雇傭制。企業對職工的雇傭是長期的而不是臨時的。職工一旦被雇傭，就不輕易解雇。這樣，職工的職業有了保障，工作就有了穩定感，他們就會積極地關心企業的利益和發展。

（2）採取上情下達的經營管理方式，採用協議參與式的決策過程。

（3）實行比較緩慢的評價和提升制度。

（4）實行個人分工負責制。

（5）採用中等程度的專業化途徑培訓職工，既註意培養他們的專業技術能力，又註意使他們得到多方面的職業訓練。

（6）實行含蓄的控制機制，註意發揮職工的積極性和協調合作精神。

（7）全面地關心職工，建立上下級之間融洽的人際關係。

（8）對職工的考察應是長期而全面的，不僅要考察職工的生產技術能力，而且要考察他們的社會活動能力等。

Z 理論是對 X 理論、Y 理論和超 Y 理論的繼承和超越。這一理論的核心是企業管理必須重視人與人的關係，企業內部必須具有共同的意識和責任，而且要造就親密和合作的人際關係。從 Z 理論的深層結構來看，它"全面而自由發展的人"的假設，更符合於東方傳統文化的價值觀，更富於人情味與人道主義精神。

6.2.1 四種人性假設理論

美國心理學家、行爲科學家沙因在 1965 年出版的《組織心理學》一書中，對人性進行歸類並提出了四種人性假設。

1. 經濟人假設

經濟人假設起源於享樂主義的哲學觀點和亞當·史密斯關於勞動交換的經濟理論認爲人的行爲在於追求本身的最大利益，工作的動機是獲得勞動報酬。其代表人物有"科學管理之父"泰勒、古典組織理論奠基人法約爾等。這一假設的內容有四點：

（1）人是由經濟誘因來引發工作動機的，目的在於獲得最大的經濟利益。

（2）經濟誘因在組織的控制之下，人被動地在組織的操縱、激勵和控制之下從事工作。

（3）人以一種合乎理性的、精打細算的方式行事。

（4）人的情感是非理性的，會干預人對經濟利益的合理追求，組織必須設法控制個人的感情。

基於上述假設，管理者必須採取"命令與統一""權威與服從"的管理方式，把被管理者看成物件一樣，忽視人的自身特徵和精神需要，只滿足他們的生理需要和安全需要，將金錢作爲主要的激勵手段，將懲罰作爲有效的管理方式，採用軟硬兼施的管理辦法。

2. 自我實現人假設

自我實現人又稱"自動人"，代表人物有美國心理學家和行爲科學家馬斯洛等。這一假設有四點內容：

（1）人的需要有低級和高級區別，其目的是爲達到自我實現的需要，尋求工作上的意義。

（2）人們力求在工作上有所成就，實現自治和獨立，發展自己的能力和技術，以適應環境。

（3）人們能夠自我激勵和自我控制，外來的激勵和控制會對人產生一種威脅，造成不良後果。

（4）個人的自我實現同組織目標的實現是一致的。

使用這種理論進行管理要求管理者重視人的自身特點，把責任最大限度地交給工作者，相信他們能自覺地完成任務；外部控制、操作、說服、獎罰不是促使人們努力工作的唯一辦法，應該採用啟發、誘導、信任的方式對待每一位工作人員。基於這一假設的管理理論註意發揮人的主觀能動作用，適應工業化社會經濟發展的需要，在西方很流行，在管理中應用也很廣泛。

3. 社會人假設

社會人的概念來自霍桑試驗，是指人在進行工作時將物質利益看成次要因素，最重視的是和周圍人的友好相處，滿足社會和歸屬的需要。代表人物有行為科學奠基人瑪麗·福萊特、人群關係學說創始人梅奧等。這一假設有四方面內容：

（1）人類工作的主要動機是社會需要。

（2）工業革命和工作合理化使得工作變得單調而無意義，人們必須從工作的社會關係中去尋求工作的意義。

（3）非正式組織的社會影響比正式組織的經濟誘因對人有更大的影響力。

（4）人們對領導者的期望是能承認並滿足他們的社會需要。

由此假設所產生的管理措施為：

（1）作為管理人員不能只把目光局限在完成任務上，而應當註意對人的關心、體貼、愛護和尊重，建立相互瞭解、團結融洽的人際關係和友好的感情。

（2）管理人員在進行獎勵時，應當註意集體獎勵，而不能單純採取個人獎勵。

（3）管理人員的角色應從計劃、組織、指引、監督轉變為上下級的中間人，應當經常瞭解工人的感情並聽取他們的意見和呼聲。

根據這個理論，美國的一些企業曾提倡勞資結合，利潤分享。除了建立勞資聯合委員會、發動群衆提建議之外，還將超額的利潤按原工資比例分配給職工，以謀取良好的人際關係。

4. 複雜人假設

人是複雜的，不同的人或同一個人在不同的年齡和情境中會有不同的表現，因此研究者們提出了複雜人假設。代表人物有社會系統學派巴納德和烏爾登、權變學派約翰·莫爾斯等。這一假設有五方面內容：

（1）人的工作動機是複雜的，變動性很大。

（2）一個人在組織中可以學到新的需求和動機。

（3）人在不同的組織和不同的部門中可能有不同的動機模式。

（4）一個人是否感到滿足，是否肯為組織盡力，決定於他本身的動機構造和他同組織之間的相互關係。

（5）人可以依自己的動機、能力及工作性質對不同的管理方式作出不同的反應。

複雜人假設已貫徹到西方的管理實踐領域之中，學者們從這一假設出發進行了大量具體的研究工作。例如企業組織的性質不同，職工工作的固定性也會不同，因此有的企業需要採取較固定的形式，有的企業則需要有較靈活的組織結構。企業領導人的工作作風也隨企業的情況而有所不同：在企業任務不明確、工作混亂的情況下，需要採取較嚴格的管理措施，才能使生產秩序走上正軌。反之，如果企業的任務清楚，分工明確，則可以更多地採取授權的形式，使下級可充分發揮能動性。此外，根據應變理論，要求管理人員善於觀察職工的個別差異，根據具體情況採取靈活多變的管理方法。

人性假設理論，是管理科學學者根據自己對人性問題的探索研究的結果，對管理活動中的"人"的本質特徵所作的理論假定。這些理論假定，是進一步決定人們的管理思想、管理制度、管理方式和管理方法的根據和前提。人是一種最珍貴的資源，是一種可以開發其他各種資源的資源，一旦人的資源被充分開發，即人巨大的體力和心理智慧的潛力被充分開發出來，21世紀的社會經濟就會獲得空前的繁榮。

【學習實訓】 案例分析——司徒健對風雲公司的有效管理

● 任務案例：

風雲技術開發公司由於在一開始就瞄準成長的國際市場，在國內率先開發出某高技術含量的產品，其銷售額得到了超常規的增長，公司的發展速度十分驚人。然而，在競爭對手如林的今天，該公司和許多高科技公司一樣，也面臨著來自國內外大公司的激烈競爭。當公司經濟上陷入困境時，公司董事會聘請了一位新的常務經理司徒健負責公司的全面工作，而原先的那個自由派風格的董事長仍然留任。司徒健來自一家辦事古板的老牌企業，他照章辦事，十分古板，與風雲技術開發公司的風格相去甚遠。公司管理人員對他的態度是：看看這家伙能待多久！看來，一場潛在的"危機"遲早會爆發。

第一次"危機"發生在常務經理司徒健首次召開的高層管理會議上。會議定於上午9點開始，可有一個人直到9點半才進來。司徒健屬聲道："我再重申一次，本公司所有的日常例會要準時開始，誰做不到，我就請他走人。從現在開始一切事情由我負責。你們應該忘掉老一套，從今以後，就是我和你們一起幹了。"到下午4點，竟然有兩名高層主管提出辭職。

然而，此後風雲公司發生了一系列重大變化。由於公司各部門沒有明確的工作職責、目標和工作程序，司徒健首先頒布了幾項指令性規定，使已有的工作有章可循。他還三番五次地告誡公司副經理徐鋼，公司一切重大事務向下傳達之前必須先由他審批，他抱怨下面的研究、設計、生產和銷售等部門之間互相扯皮、踢皮球，結果使風雲公司一直沒能形成統一的戰略。

司徒健在詳細審查了公司人員工資制度後，決定將全體高層主管的工資削減10%，這導致公司一些高層主管辭職。研究部主任這樣認為：「我不喜歡這裡的一切，但我不想馬上走，因為這裡的工作對我來說太有挑戰性了。」生產部經理也是個不滿司徒健做法的人，可他的一番話頗令人驚訝：「我不能說我很喜歡司徒健，不過至少他給我那個部門設立的目標我能夠達到。當我們圓滿完成任務時，司徒健是第一個感謝我們做得棒的人。」採購部經理牢騷滿腹。他說：「司徒健要我把原料成本削減20%，他一方面拿着一根胡蘿蔔來引誘我，說假如我能做到的話就給我油水豐厚的獎勵。另一方面則威脅說如果我做不到，他將另請高就。但做這個活簡直就不可能，司徒健這種'大棒加胡蘿蔔'的做法是沒有市場的。從現在起，我另謀出路。」

但司徒健對被人稱為"愛哭的孩子"銷售部胡經理的態度則讓人刮目相看。以前，銷售部胡經理每天都到司徒健的辦公室去抱怨和指責其他部門。司徒健對付他很有一套，讓他在門外靜等半小時，見了他對其抱怨也充耳不聞，而是一針見血地談公司在銷售上存在的問題。過不了多久，大家驚奇地發現胡經理開始更多地跑基層而不是司徒健的辦公室了。

隨著時間的流逝，風雲公司在司徒健的領導下恢復了元氣。司徒健也漸漸地放鬆控制，開始讓設計和研究部門更放手地去做事。然而，對生產和採購部門，他仍然勒緊韁繩。風雲公司內再也聽不到關於司徒健去留的流言蜚語了。大家這樣評價他：司徒健不是那種對這裡情況很瞭解的人，但他對各項業務的決策無懈可擊，而且確實使我們走出了低谷，公司也開始走向輝煌。

● 研討規則：
  學生臨時分組，5~8人一組，要求在閱讀案例後，討論下面兩個問題：
● 研討議題
  1. 結合上述案例談談領導類型有哪些。
  2. 應用人性假設理論談談司徒健的領導方式。

（資料來源：佚名.司徒健對風雲公司的有效管理［EB/OL］.（2012-12-30）［2014-06-20］.http://www.docin.com/p-567806725.html.）

【效果評價】

根據學生出勤、課堂討論發言及小組合作完成任務的情況進行評定。

任務6.3　幾種典型的領導理論

【學習目標】

掌握幾種領導理論的內涵，瞭解企業中不同領導風格的特點，增強對領導方式的感性認識。

【學習知識點】

行為學家們對現有的領導理論進行了分類，大致歸結為三種典型的領導理論，即特質理論、行為理論和權變理論。其中行為理論主要包括連續統一體理論、管理系統理論、領導行為的四分圖、管理方格理論。權變理論主要包括菲德勒領導理論和領導生命週期理論。

6.3.1 特質理論

20 世紀二三十年代，早期有關領導理論的研究主要關註於領導者的特質。特質理論主要是通過研究領導者的各種個性特質來預測具有怎樣特質的人才能成為有效的領導者。早期提出這種理論的學者認為，領導者所具有的特質是天生的，是由遺傳決定的。顯然，這種認識是不全面的。實際上，領導者的特性和品質是可以在實踐中逐漸形成的，可以通過教育和培訓而造就。當然，不同的環境對合格領導者提出的標準是不同的。下面列舉一些人們提出的領導者應具有的特徵和品質。

日本企業界要求一個領導具有 10 項品德和 10 項能力。10 項品德是：使命感、責任感、信賴感、積極性、忠誠老實、進取心、忍耐性、公平、熱情和勇氣。10 項能力是：思維能力、決策能力、規劃能力、改造能力、洞察能力、勸說能力、對人理解能力、解決問題能力、培養下級能力、調動積極性能力。美國企業界認為一個企業家應具備 10 個條件，即合作精神、決策才能、組織能力、精於授權、善於應變、敢於求新、勇於負責、敢擔風險、尊重他人、品德超人。從這些研究發現，作為一名領導者必須在多個方面具有比常人更強的能力和更好的品質。這些標準可以用於領導者的選拔和考核。

研究者而後紛紛認定，僅僅依靠特質並不能充分解釋有效的領導，完全基於特質的解釋忽視了領導者與下屬的相互關係以及情境因素。

6.3.2 行為理論

從 20 世紀 40 年代末至 60 年代中葉，有關領導的研究集中在探討領導者偏好的行為風格上。行為理論主要研究領導者的行為及其對下屬的影響，以期尋求最佳的領導行為，也就是要回答一個領導人是怎樣領導他的群體的。行為理論中最有影響力的是連續統一體理論、管理系統理論、領導行為的四分圖、管理方格理論等。

1. 連續統一體理論

基於民主與獨裁兩個極端領導方式，坦南鮑姆（R. Tannenbaum）與施密特（W. H. Schmidt）提出了領導連續統一體理論（如圖 6-2 所示）。圖的左端是獨裁的領導方式，認為權力來自職位；右端是民主的領導方式，認為權力來自群體的授予和承認，這是兩個極端領導方式。從左到右，領導方式的民主程度逐漸提高，領導者運用權力逐漸減少，下屬的自由度逐漸加大。

坦南鮑姆和施密特認為，很難說哪種領導方式是正確的，領導者應當根據具體的情況，考慮各種因素選擇圖中某種領導方式。在這個意義上，連續統一體也是一種情景理論。

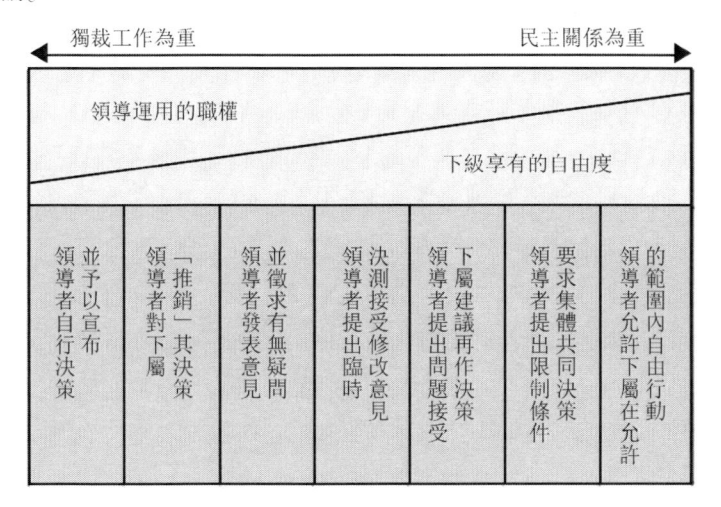

圖 6-2　領導方式的連續統一體

2. 管理系統理論

行為科學家李柯特（R. Likert）以數百個組織機構為對象，通過借鑒領導方式連續統一體理論，發現了四類基本的領導形態。

1）剝削式的集權領導。在這種領導形態中，管理層對下級缺乏信心，下級不能過問決策的程序。決策由管理上層做出，然後以命令宣布，強制下屬執行。上下級之間的接觸互不信任。組織中的非正式組織對正式組織的目標通常持反對態度。

2）仁慈式的集權領導。在這種領導形態中，管理層對下屬有一種謙和的態度，但決策權力仍控制在最高層，下層能在一定的限度內參與，但仍受高層的制約。對職工的激勵有獎勵也有懲處。上下級相處態度謙和但下屬小心翼翼。機構中的非正式組織對正式組織的目標一般不會反對。

3）協商式的民主領導。在這種領導形態中，上下級有相當程度的信任，但不完全信任。主要的決策權仍掌握在高層手裡，但下級對具體問題可以決策。雙向溝通在相當信任的情況下經常進行。機構中的非正式組織一般對正式組織的目標持支持態度。

4）參與式的民主管理。在這種領導形態中，管理階層對下屬完全信任，決策採取高度的分權化。隨時進行上下溝通和平行溝通。上下級之間在充分信任和友誼的狀態下交往，分不出正式組織和非正式組織。

李柯特設計了一套測定表，包括領導、激勵、溝通、交往與相互作用、政策、目標的設定、控制和工作指標等 8 個方面共 51 個問題，編製成一種問卷做企業調查，然後根據答案評定分數，繪成曲線，以判斷企業的領導形態屬於哪種類型。據他們的研究，具有高度成就的部門經理人，大部分採用參與式的民主管理，而成就低的經理人一般採用剝削式的集權領導。

3. 領導行為的四分圖

領導行為的四分圖是 1945 年美國俄亥俄州立大學的學者們提出的。他們將領導行為的內容歸納為兩個方面，即依賴組織與體貼精神兩類。

所謂依賴組織是指領導者規定他與領導群體的關係，建立明確的組織模式、意見交流渠道和工作程序的行為。它包括設計組織機構、明確職責和權力、相互關係和溝通辦法，確定工作目標與要求，制定工作程序、工作方法與制度。所謂體貼精神是建立領導者與被領導者之間的友誼、尊重、信任關係方面的行為。它包括尊重下屬的意見，給下屬以較多的工作主動權，體貼他們的思想感情，注意滿足下屬的需要，平易近人，平等待人，關心群眾，作風民主。

依據這兩方面內容設計了領導行為調查問卷，關於"組織"和"體貼"各列舉了 15 個問題，發給企業的員工，由下級來描述領導人的行為方式。調查者對問卷上的每個項必須在"總是""經常""偶爾""很少"和"從未"這 5 項中選出一個答案，其答案是員工對領導行為的感受。

以依賴組織與體貼精神作為兩個坐標軸建立平面坐標系（如圖 6-3 所示），用 4 個象限來表示 4 種類型的領導行為：高體貼與高組織，低體貼與低組織，低體貼與高組織，高體貼與低組織。

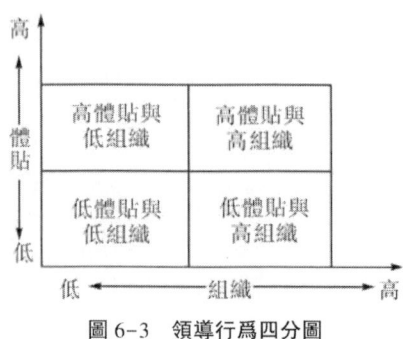

圖 6-3　領導行為四分圖

哪種領導行為效果好結論是不肯定的。一般說來低體貼與高組織帶來更多的曠工、事故、怨言和轉廠。

4. 管理方格理論

管理方格理論是 1964 年由美國管理學者布萊克（Robert R. Blake）和莫頓（Jane S. Moaton）研究提出的。他們用縱坐標表示"對人的關心"，橫坐標表示"對生產的關心"。並將兩個坐標軸劃分為 9 個等份，於是便形成了"81"種領導方式的"9·9 圖"（如圖 6-4 所示）。因此，管理方格圖適應性很強，準確性也很高。

關心生產，指的是領導者對如下許多不同的事項所持的態度，如政策決定的質量、程序和過程、研究工作的創造性、職能人員的服務質量、工作的效率以及產量等。關心人指的是個人對實現目標所承擔的責任，保持工人的自尊，基於信任而非服從的職責，保持良好的工作環境及滿意的人際關係。如果要評價某一位領導者的領導方式，只要在"9·9 圖"中按照他的兩種行為尋找交叉點就行了。布萊克和莫頓在提出方格圖理論的同時，還列舉了5種典型的領導風格。

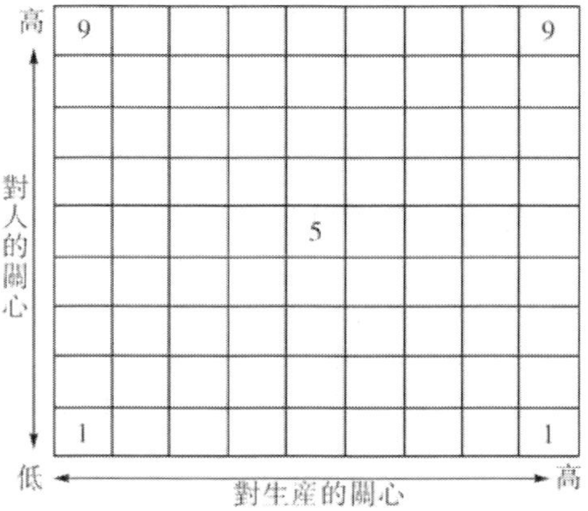

圖6-4 管理方格圖

　　（1，1）型爲貧乏性管理：領導者既不關心生產，也不關心人，表現爲只作最低限度的努力來完成任務和維持士氣。

　　（9，1）型爲任務型管理：領導者非常關心生產，但不關心人。其特徵是把工作安排得使人的因素干擾爲最小來謀求工作效率。

　　（1，9）爲俱樂部型管理：重點在於人們建立友好關係，領導者重視對職工的支持和體諒，導致輕鬆愉快的組織氣氛和工作節奏，但很少考慮如何協同努力去達到企業目標，生產管理鬆弛。

　　（9，9）型爲戰鬥集體型管理：領導者不但註重生產，而且也非常關心人，把組織目標的實現與滿足職工需要放在同等重要的地位。既有嚴格的管理，又有對人高度的關懷和支持。強調工作成就來自獻身精神，以及在組織目標上利益一致、互相依存，從而導致信任和尊敬的關係。

　　（5，5）型爲中遊型管理：兼顧工作和士氣兩個方面來使適當的組織績效成爲可能，使職工感到基本滿意。

　　在這五種類型的管理形態中，布萊克和莫頓認爲（9，9）是最有效的管理，其次是（9，1）型，再次是（5，5）型、（1，9）型，最次是（1，1）。

6.3.3 權變領導理論

　　權變領導理論集中研究特定環境中最有效的領導方式和領導行爲。這種理論的產生來源於這樣一個事實：領導者性格理論無法用個人的特性來區分領導者和非領導者。行爲理論忽略了被領導者的特性和環境因素，而孤立地研究領導者的行爲，即某一具體的領導方式是否能在所有情況下都有效。爲了克服這些理論的缺陷，人們提出了權變領導理論。該理論認爲，沒有一種領導方式對所有的情況都是有效的，沒有一成不變、普遍適用的"最好的"管理理論和方法，管理者做什麼、怎樣做完全取決於當時的既定情況。

權變領導理論的要點是：

1) 人們參加組織的動機和需求是不同的，採取什麼理論應該因人而異。

2) 組織形式與管理方法要與工作性質和人們的需要相適應。

3) 管理機構和管理層次，即工作分配、工資分配、控制程度等，要依工作性質、管理目標和被管理者的素質而定，不能強求一致。

4) 當一個管理目標達到後，可繼續激發管理人員勇於實現新的更高目標。

這就要求管理人員要深入研究、分析客觀情況，使特定的工作由合適的機構和合適的人員來管理和擔任，以發揮其最高效率，提高管理水平。

【知識閱讀6-3】

草帽和猴子的故事

從前有一個賣草帽的老人，每一天他都很努力地賣帽子。有一天他賣得很累，剛好旁邊有一棵大樹，他就把帽子放在樹下，坐在樹下打起盹來。等醒來時，他發現身旁的帽子都不見了，抬頭一看，樹上有很多猴子，每個猴子的頭上都有一頂草帽，他很驚慌，因為如果帽子不見了，他就無法養家糊口了。他著急地向猴子嚷嚷："你們不還我草帽，我就把你們抓起來。"這時猴子也像他一樣指手畫腳。老人更生氣了，捶胸頓足道："我要抓你們進城！"這時猴子也像他一樣捶胸頓足！突然他想到猴子很愛模仿別人，他就試著舉左手，果然猴子也跟他舉手，他拍拍手，猴子也拍手。機會來了，他趕緊把頭上的帽子拿下來狠狠地丟在地上，猴子也將帽子紛紛丟在地上，賣帽子的老人高高興興撿起帽子回家去了。回家之後，他將今天發生的事告訴了他的兒子和孫子。

多年後，賣草帽的孫子繼承了家業。有一天，在他賣草帽的途中，也跟爺爺一樣在大樹下睡著，帽子被猴子拿走，孫子想到爺爺曾經告訴他的方法。於是，他舉左手，猴子也舉左手，拍拍手，猴子也跟著拍拍手。果然，爺爺說的話很有用。最後，他脫下帽子狠狠地丟在地上。奇怪了，猴子竟然沒有跟著他做，還瞪著他看。不久，一個大猴子從樹上掉下來，把他丟在地上的帽子撿起來，還用手拍拍上面的土，說："騙誰啊，你以為只有你有爺爺嗎？"趾溜一下爬到了樹上。

爺爺和孫子遇上了同樣的問題，採取了相同的解決辦法，爺爺成功了，孫子卻失敗了。"過去的經驗也許是今天的毒藥。"事易時移，孫子固守爺爺以前的經驗，以不變應萬變；猴子則不按猴爺的習性，以變應萬變。

"士別三日，當刮目相看。"這句話讓我們明白不能總以老眼光看人，總憑經驗辦事。"世間萬物乃瞬息萬變。"對生活中的新事物、新問題，應該從新的角度尋求解決的新對策，新方法。

(資料來源：佚名. 草帽和猴子的故事 [EB/OL]. (2010-05-10) [2014-06-20]. http://blog.163.com/hblfenxiang@yeah/blog/static/138455613201041015612303/.)

在領導方式方面，權變理論認為，一切應以企業的任務、個人和小組的行為特點以及領導者同職工的關係而定。由此提出了領導的三維權變模式，即認為有三個重要因素直接影響領導效果，即領導與員工的關係、任務結構、職位權力。領導方式歸納爲四種類型：指令性的、支持性的、參與式的和成就指向式。影響領導者能力的個人品質主要有自我認識、信心、溝通思想的能力和對任務的瞭解。

權變因素有兩個方面：一是職工個人的特點，如教育程度、領悟能力等。二是環境因素，如工作性質等因素。

爲了闡明環境因素和領導者行爲間的相互影響，權變理論研究學者們提出了很多理論，最具代表性的是"費德勒領導理論""領導生命週期理論"等。

1. 費德勒模型

通過大量研究，費德勒（F. E. Fiedler）提出了一種領導的權變模型，認爲任何領導形態均可能有效，其有效性完全取決於是否適應所處的環境。環境影響因素主要有三個方面：

1) 領導者和下級的關係。包括領導者是否得到下屬的尊敬和信任，是否對下屬具有吸引力。

2) 職位權力。指領導者的職位能夠提供足夠的權力和權威，並獲得上級和整個組織的有力支持。

3) 任務結構。指工作團體的任務是否明確，是否進行了詳細的規劃和程序化。

費德勒設計了一種"你最不喜歡的同事"（LPC）的問卷，讓被測試者填寫。一個領導者如對其最不喜歡的同事仍能給予好的評價，則表明他對人寬容、體諒、提倡好的人際關係，是關心人的領導。如果對其最不喜歡的同事給以低評價，則表明他是命令式的，對任務關心勝過對人的關心。

費德勒將3個環境變數任意組合成8種情況，通過大量的調查和數據收集將領導風格同對領導有利或不利條件的8種情況關聯，繪成了圖6-5，以便瞭解領導有效所應當採取的領導方式。

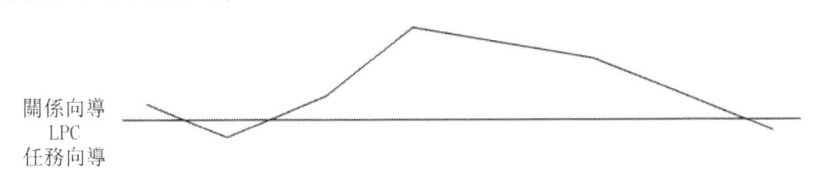

上下級關係	好	好	好	好	差	差	差	差
任務結構	明確	明確	不明確	不明確	明確	明確	不明確	不明確
職位權力	強	弱	強	弱	強	弱	強	弱

圖6-5　費德勒模型

費德勒的研究結果說明，在對領導者最有利和最不利的情況下，採用任務導向效果較好。在對領導者中等有利的情況下，採用關係導向效果較好。費德勒模型在許多情況下是正確的，但有許多批評意見，如取樣太小有統計誤差，該模型只是概括出結論，而沒有提出一套理論等等。儘管如此，費德勒模型還是有意義的，主要表現在：

1) 該模型特別強調效果和應該採取的領導行為，這無疑為研究領導行為指出了新方向。

2) 該模型將領導行為和情景的影響、領導者和被領導者之間關係的影響聯繫起來，指出並不存在一種絕對好的領導形態，必須和權變因素相對應。

3) 該模型指出了選拔領導人的原則，在最好的或最壞的情況下，應選用任務導向的領導，反之則選用關係導向者。

4) 該理論指出必要時可以通過環境的改造以適應領導者的風格。

2. 領導生命週期理論

美國學者卡曼（A. K. Korman）提出了領導的生命週期理論。該理論指出了有效的領導形態和被領導者的成熟度有關：當被領導者的成熟度高於平均以上時應採用低關係、低工作；當被領導者成熟度一般時應採用高關係、高工作或低工作；當被領導者成熟度低於平均水平時應採用低關係、高工作。這裡指的成熟不是指年齡和生理上的成熟，而是指心理和人格上的成熟。它被定義為成就感的動機，負責任的願望與能力，以及具有工作與人群關係方面的經驗和受過相當的教育。年齡是影響成熟度的一個因素，但沒有直接關係。領導的生命週期理論，是由家長對子女在不同的成長期採取不同的管理方式類比而得出的。以工作行為和關係行為作為坐標軸建立坐標系，如圖6-6所示。

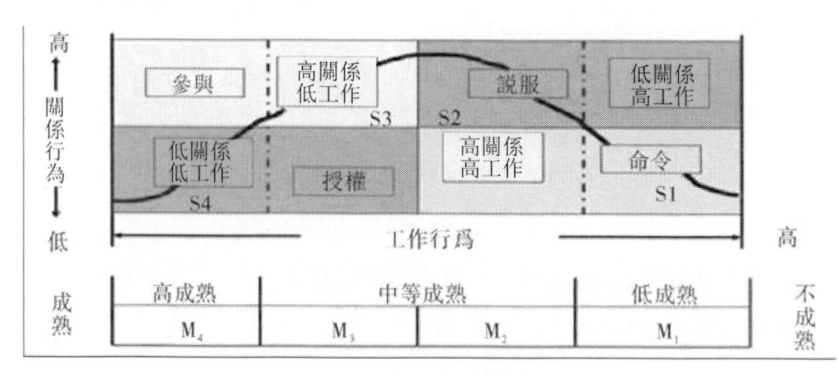

圖6-6　領導生命週期理論

領導生命週期理論提出的四種典型的領導風格是：

1) 命令型（高工作—低關係）：領導者告訴下屬幹什麼、怎麼幹以及何時何地去幹。

2) 說服型（高工作—高關係）：領導者同時提供指導型與支持型的行為。

3) 參與型（低工作—高關係）：領導者與下屬共同決策，並提供便利條件與溝通。

4) 授權型（低工作—低關係）：領導者提供極少的指導。

【學習實訓】 管理遊戲——尋找共同的圖案

● 遊戲準備
  ● 時間：20 分鐘
  ● 所需材料：空白紙條，帶有信息的紙條
● 遊戲規則
  ● 不許越級指揮和匯報，即董事長不能越過經理直接指揮員工，員工也不允許越過經理直接向董事長匯報和詢問。
  ● 只允許使用文字方式溝通，不允許講話。要在 30 分鐘內完成，哪個組最先完成任務就算優勝者。
  ● 不管遇到什麼問題，只有董事長有權舉手示意，並低聲向教師詢問，此外的所有事情都只能在你們組織內部通過文字溝通的方式解決。
● 遊戲步驟：
  ● 教師首先將學生分成多個小組，每個小組 6~8 人。
  ● 小組劃分完，教師要求各小組成員在小組內部選舉出 1 位董事長，然後由董事長從小組成員中挑選並任命 1 位經理，其他小組成員作為員工。
  ● 教師說明遊戲規則。
  ● 教師給每個小組發一沓類似便箋的空白紙條，供大家溝通使用。
  ● 讓這些董事長們遠離他們的經理和員工，經理和員工坐在一起。
  ● 教師先給每一位董事長發一張上面畫有五種圖案的紙，圖的下面有幾行文字說明，接著又給每一個小組的成員發類似的一張紙，鄭重聲明不能交換，遊戲開始。
  ● 經理和員工拿到的紙是一樣的，上面畫有五種圖案，有的圖案是一種鳥，有的圖案是交通標誌，圖案的下面註明教師剛剛宣布的各種遊戲規則，此外什麼都沒有。
  ● 董事長拿到的紙有所不同，除了其他成員掌握的信息外，這張紙上多一條信息"你們小組的每個人都拿了一張紙，上面也有五種圖案，這些圖案是不同的，只有一種圖案在你們每個人拿到的紙上都有，你的任務是帶領你的下屬，在最短的時間內將這個共同的圖案找出來，要求小組成員每個人都能向教師指出這個共同的圖案。"
● 遊戲評價：
  ● 仔細觀察每個小組的做法都有何不同。
  ● 結合案例信息，分析各小組表現差異的原因。

（資料來源：佚名. 領導素質和能力的訓練 [EB/OL]. (2013-06-28) [2014-06-20]. http://www.nuohanwei.com/news/zixun/1366.htm.）

【效果評價】

根據學生出勤、課堂討論發言及小組合作完成任務的情況進行評定。

任務6.4　團隊建設和領導用人藝術

【學習目標】

掌握團隊的基本概念、類型和團隊發展的過程，學習和運用建立有效團隊的方法，瞭解領導用人的藝術，增強對領導藝術的感性認識。

【學習知識點】

6.4.1　團隊建設

1. 團隊的含義與構成要素

1）團隊和團隊建設

隨著社會分工越來越細化，個人單打獨鬥的時代已經結束，團隊合作提到了管理的前臺。一個人不能演奏出交響樂，演奏交響樂需要一個交響樂團。團隊作為一種先進的組織形態，越來越引起企業的重視，許多企業已經從理念、方法等管理層面進行團隊建設，團隊管理建設也就成為了領導職能中非常重要的內容。歐寶是歐洲最佳的汽車製造廠之一，約有200個6~8人組成的團隊。

所謂團隊是由兩個或者兩個以上相互作用、相互依賴的個體，為了特定目標而按照一定規則結合在一起的組織。而團隊建設是指為了實現團隊績效及產出最大化而進行的一系列結構設計及人員激勵等團隊優化行為。

2）團隊構成要素

團隊有幾個重要的構成要素，如圖6-7所示：

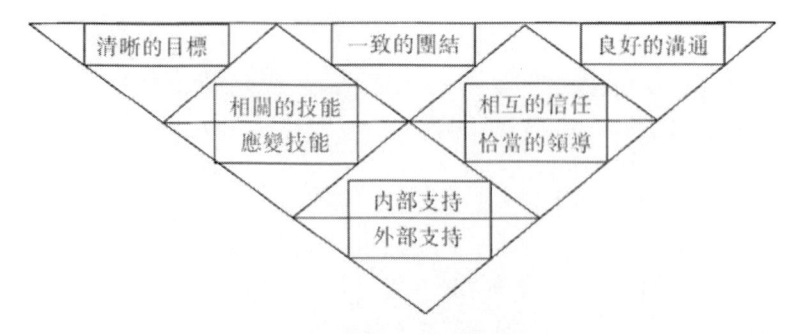

圖6-7　團隊的重要構成要素

一般說來，團隊有5個重要構成要素，即5P。

（1）目標（Purpose）。團隊應該有一個既定的目標，沒有目標這個團隊就沒有存在的價值。團隊的目標必須跟組織的目標一致，團隊大目標分成小目標具體分到各個團隊成員身上。目標還應該有效地向大眾傳播，讓團隊內外的成員都知道這些目標。

【知識閱讀6-4】
　　自然界中有一種昆蟲很喜歡吃三葉草（也叫鵝公葉），這種昆蟲在吃食物的時候都是成群結隊的，第一個趴在第二個的身上，第二個趴在第三個的身上，由一隻昆蟲帶隊去尋找食物，這些昆蟲連接起來就像一節一節的火車車廂。管理學家做了一個實驗，把這些像火車車廂一樣的昆蟲連在一起，組成一個圓圈，然後在圓圈中放了它們喜歡吃的三葉草。結果它們爬得精疲力竭也吃不到這些草。
　　（資料來源：佚名．團隊［EB/OL］．（2014-02-28）［2014-06-20］．http://baike.baidu.com.）

　　（2）人（People）。目標是通過人員具體實現的，所以人員的選擇是團隊中非常重要的一個部分。不同的人通過分工來共同完成團隊的目標，在人員選擇方面要考慮人員的能力如何，技能是否互補，人員的經驗如何。
　　（3）定位（Place）。團隊的定位包含兩層意思：①團隊的定位，即：團隊在企業中處於什麼位置？由誰選擇和決定團隊的成員？團隊最終應對誰負責？團隊採取什麼方式激勵下屬？②個體的定位，即：作為成員在團隊中扮演什麼角色？是訂計劃還是具體實施或評估？
　　（4）權限（Power）。團隊當中領導人的權力大小跟團隊的發展階段相關，一般來說，團隊越成熟，領導者所擁有的權力相應越小，在團隊發展的初期階段領導權相對比較集中。
　　（5）計劃（Plan）。目標最終實現，需要一系列具體的行動方案支持。可以把計劃理解成目標的具體落實的程序。提前制訂計劃可以保證團隊的順利進度。
　　2. 團隊的類型及發展過程
　　1）團隊類型
　　根據團隊存在的目的和擁有自主權的大小可將團隊分成四種類型，如表6-1：
　　（1）解決問題型團隊。其核心點是提高生產質量，提高生產效率，改善企業工作環境等。在這樣的團隊中，成員就如何改變工作程序和工作方法相互交流，提出一些建議。成員幾乎沒有什麼實際權利來要求對方根據建議採取行動。
　　（2）自我管理型團隊。也稱自我指導團隊，通常由10~16人組成，他們承擔著以前自己的上司所承擔的一些責任。一般來說，他們的責任範圍包括控制工作節奏，決定工作任務的分配，安排工間休息。
　　（3）多功能型團隊。由來自同一等級、不同工作領域的員工組成，他們走到一起的目的就是完成某項任務。
　　（4）虛擬型團隊。人員分散於不同地點，通過遠距離通訊技術一起工作的團隊。虛擬團隊的人員分散在相隔很遠的地點，可以是在不同城市，甚至可以跨國、跨洲；人員可以跨不同的組織；工作時間可以交錯；聯繫依靠現代通訊技術；他們完成共同的目標和任務。

表 6-1　　　　　　　　　　　團隊類型

團隊類型	成員特點	團隊特點
解決問題型	同一部門，一般 5~12 人	定期開會提出解決問題的建議，但無決策權
自我管理型	同一部門，一般 10~15 人	擁有獲得所需資源和決策的權利，對工作結構承擔全部責任
多功能型	同一等級，跨部門和技能，人數靈活	成員相互交流，合作解決面臨的問題，完成比較複雜的項目
虛擬型	不同等級，跨部門和技能，人數靈活	充分使用網路、電話或視訊工具進行溝通、協調，突破時間和空間的限制

2）團隊發展過程

團隊發展會經歷四個階段，如圖 6-8：

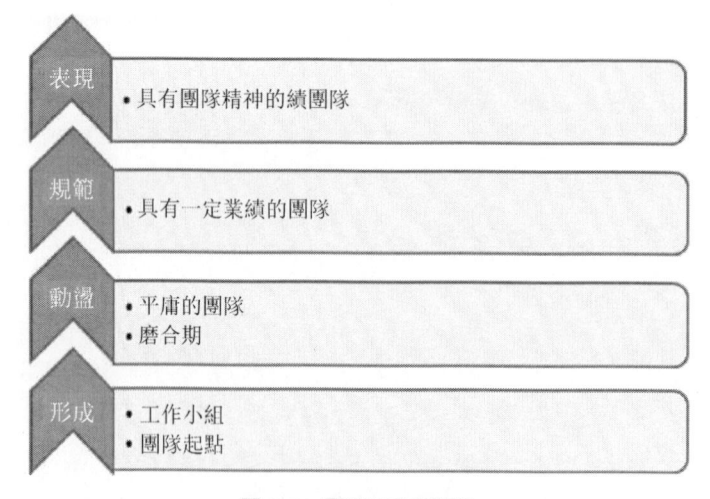

表現
- 具有團隊精神的績團隊

規範
- 具有一定業績的團隊

動盪
- 平庸的團隊
- 磨合期

形成
- 工作小組
- 團隊起點

圖 6-8　團隊的發展階段

（1）形成期（Forming）。個體成員轉變成為團隊成員，團隊的成員開始相互認識，團隊成員總體上有一個積極的願望，急於開始工作，團隊要建立起形象，並試圖完成工作。

（2）磨合期（Storming）。團隊目標更加明確，成員們開始運用技能執行分配到的任務，開始緩慢地推進工作。現實也許會與當初的設想不一樣，團隊成員之間會爭論。

（3）規範期（Norming）。經受磨合期的考驗，團隊進入了相對正規的發展階段，團隊成員之間、團隊成員與領導之間的關係逐漸理順，團隊成員接受了這種工作環境，有了團隊的歸屬感，凝聚力開始形成，彼此能互相接受。

（4）表現期（Performing）。團隊成員積極工作，工作程序規範，績效很高，大家有集體感和榮譽感，信心十足，彼此能夠開放、坦誠、及時地進行溝通，團隊成員通過團隊參與，自我受到鼓舞，工作熱情高，表現出高水平的相互支持，把團隊的進步看成是個人的進步。

3. 建設有效團隊

有效的團隊具有以下優點：一是減少摩擦和内耗，節約成本。二是可以使成員獲得安全感，免於被排斥的恐懼。三是可以爲成員提供社交滿足，從中獲得友愛、支持、信任和信息。四是可以使成員體會到工作的價值，在工作場所獲取集體情感的滿足。五是能夠幫助成員克服單獨面對新問題的膽怯和恐懼的心理。六是可以增強成員的自信心。

既然有效團隊對企業和組織這麼重要，那麼領導者設計一個真正有效的團隊要做些什麼？建設有效團隊要註意以下方面：

1) 績效爲主

團隊的一般目的可以理解爲具體的、可測量的績效目標。以團隊爲基礎的績效目標幫助定義和區分團隊產品，鼓勵團隊内部溝通，激勵和鼓勵團隊成員合作，提供反饋，確保團隊明確關註結果。

最好的團隊衡量系統會向高層管理者通知團隊的績效，幫助團隊成員理解自己的進步，檢查自己的進度。理想狀態下，團隊在設計自己的衡量系統時居於主導地位，這是團隊是否被授權的很好的指示器。

2) 激勵團隊合作

當成員間相互瞭解後，他們之間可以交流，明確績效目標，任務對執行者有意義，他們認爲努力有利於自身時，既存在支持團隊的動機。團隊努力也來自於把團隊的任務設計得更具有激勵性，需使用多種技能、提供足夠的任務多樣性、確定性、自主性和及時的績效反饋時，任務是有激勵作用的。

最後，團隊將通過將績效與相應報酬掛勾獲得最大的激勵。團隊内的個人根據積極參加活動、合作、領導和對團隊其他成員的貢獻等給以不同的報酬。如果團隊成員的報酬不同，不應由老板來決定，應由團隊通過評估系統來確定，團隊更易於進行有效的報酬分配，組織擁有越多的團隊，更加全面的團隊越會存在，通過分享利潤和其他組織激勵報酬分配就會有效。

3) 成員合作

當個人認爲他們的貢獻是不重要的，其他人可以做他的工作，他們偷懶可以躲過監督，就不會願意做唯一努力工作的傻瓜。當個人關註別人怎樣看他，他們希望保持正面的形象，這時他就會努力工作。這樣，理想的團隊就是每個人努力工作，爲團隊作出具體的貢獻，對團隊其他成員負責。相互負責而不是只對"老板"負責是一個好團隊成員的基本要求，責任激發了成員之間相互的承諾和信任。信任你的團隊夥伴——也就是信任你，也可能是有效性的方法。

團隊成員要進行選拔和培訓以使其成爲團隊有效的貢獻者。團隊經常雇傭新成員，選擇新成員是一個複雜的過程，但非常值得。

4) 規範

規範是人們應該如何思想和行爲的共同認識。從組織的立場出發，規範可以起正面和負面的作用。在一些團隊中，每個人都努力工作，在其他團隊中，雇員反對管理並盡可能少地減少自己的工作，規範可以在雇員在公共場合讚揚或者批評公司中體現，規範還支持開放、誠實、尊重他人的意見，避免衝突和背後議論別人。

5）角色

有兩個角色必須執行。任務專家由更多相關工作技能和能力的人來擔當。這些雇員有更多的決策責任，提供指導和建議。他們推動團隊走向成功。團隊維護專家在團隊內發展和維持協調，他們提高士氣，給予支持，提供幽默感，撫慰悲傷者，創造成員的好情緒。

如果團隊有正式的領導者，領導者的角色就是確立團隊的目標，建立承諾和信任，加強團隊成員技能的融合和水平，管理與外界的聯繫；消除提升團隊績效的障礙，為團隊和成員創造機會，真正做工作而不是監督。

6）凝聚力

工作團隊最重要的財產之一就是凝聚力。第一，它有助於成員滿意；第二，對績效有重要的影響。

如果任務是決策或者解決問題，凝聚力就會導致較壞的績效。當一個緊密群體如此合作以至於意見相同時，避免批評就會成為規範。

7）建立凝聚力和高效規範

以下行動可以幫助建立有凝聚力和高效規範的團隊。

（1）補充具有相似態度、價值觀和背景的成員，相似的個人相互之間易於交往。如果團隊的任務需要多種技能和素質，就不要這樣做。

（2）維持高進入和社交標準，團隊和組織難以進入有許多優點，經過困難的面試、挑選或培訓的個人會為成功而自豪，對團隊歸屬感更強。

（3）使團隊維持小規模（但足以完成工作），群體越大，成員會感覺到越不重要，小型團隊使個人感覺是重要的貢獻者。

（4）幫助團隊成功，公布其成功。

（5）作一名參與的領導。參與決策使成員之間相互緊密，致力於目標的成功；太多的獨裁會使群體脫離管理。

（6）從團隊外部引入挑戰。和其他團隊的競爭會使團隊成員緊密團結以對抗敵人。

（7）把報酬和團隊績效聯繫起來。

6.4.2 領導用人藝術

管理學家西蒙說過這樣一句名言："長官"從事決策，而真正到戰場上開槍打仗的則是"士兵"。不能挑選一批精幹的士兵，不能認真地訓練士兵，不能激勵士兵勇敢地衝鋒殺敵，長官有再好的決策也無法實現。士兵的具體行動是領導實現決策目標的手段。由此可見，領導作出決策與企業決策目標的實現之間只有間接聯繫，領導還必須通過員工這個中間環節來實現決策目標。這種領導決策行為與企業經營目標之間聯繫的間接性充分顯示了領導用人的重要性。我們將着重從領導用人的方法與藝術這一角度加以闡述。

【知識閱讀6-5】

動物園裡的駱駝

在動物園裡，小駱駝問媽媽："媽媽，爲什麼我們的睫毛那麼長？"駱駝媽媽説："當風沙來的時候，長長的睫毛可以讓我們在風暴中都能看得到方向。"小駱駝又問："媽媽，爲什麼我們的背那麼駝？醜死了！"駱駝媽媽説："這個叫駝峰，可以幫我們儲存大量的水和養分，讓我們能在沙漠裡耐受十幾天的無水無食條件。"小駱駝又問："媽媽，爲什麼我們的腳掌那麼厚？"

駱駝媽媽説："它可以讓我們重重的身子不至於陷在軟軟的沙子裡，便於長途跋涉啊。"小駱駝高興壞了："嘩，原來我們這麼有用啊！！可是媽媽，爲什麼我們還在動物園裡，不去沙漠遠足呢？"

無可置疑，每個人的潛能都是無限的，問題的關鍵在於找到一個能充分發揮潛能的舞臺。好的管理者就是能爲每一個員工提供這個合適的舞臺的人，我們需要細心觀察，找到每一個員工的特長，並盡可能地爲他們提供適合他們發展的舞臺。

一個好領導不一定是業務能力最強的人，但他一定是個懂得惜才、用才的人。

（資料來源：佚名. 動物園裡的駱駝［EB/OL］.（2010-02-28）［2014-06-20］. http://wenku.baidu.com）

1. 善於發現人才

在企業的衆多員工中，有作爲有才能的人才是客觀存在的，問題在於企業的領導者如何去發現人才，如何去發現每一個員工的特長。領導必須在發現上下工夫，努力使自己成爲獨具慧眼的伯樂。實踐證明，深入的調查研究，經常性的個別談話，與員工交朋友，定期的民意測驗和有計劃的組織考察都可以瞭解員工的某些特長，都是發現人才的重要手段。關鍵是領導要把發現人才當作管理工作的重中之重，把人才的發展同企業的發展放在同等位置上來思考。領導要做有心人，以信任的態度敏鋭尋找、大膽使用企業中每一個有能力的員工，積極地爲他們發揮才能創造條件。

2. 用人之長，容人之短

"金無足赤，人無完人"。每個人都是許多優點與缺點的結合體。領導用人一定要用人之長，容人之短。所謂用人之長是指發揮人才在專業上的長處和才能。在具備基本道德素養的前提下，起用與否和怎樣起用，主要取決於才能之高低、特長之多寡。起用人才時以德才爲主，這樣才能始終保證第一流的人才在最合適的崗位上發揮作用。

在現實生活中，領導時常面臨兩類人：一類是有突出優點但也伴有某些輕微缺點的人；另一類是長短處不明顯，成就沒有、錯誤不犯的人。對此，有魄力、有遠見的領導應該選用第一類人。

此外，企業在用人時需要量才使用。一般來説，分配工作應適合員工的才能、性格、愛好等，工作難度應比其平時表現出的能力稍大一些，這樣能夠激發人才的進心，把工作需要和個人能力很好地結合起來，兢兢業業地做好本職工作，真正做到人盡其才，才盡其用。

3. 尊重人才，充分信任

"用人不疑，疑人不用"。誠信是領導同廣大員工交往之本，是長期真誠合作的感情基礎。將心比心、以誠待人是調動積極性的最好方法。信任能夠激發人才的責任心和成就感，使其積極主動發揮自己的優勢，在實現自身價值的同時推動企業不斷發展。信任是人才自由發揮才幹的前提，如果領導在此基礎上對他們在合適的時間給予合適的支持，則能取得事半功倍的理想效果。領導同人才之間最怕由信任而轉爲懷疑，因感情傷害而轉爲對抗，這必然會嚴重削弱企業發展的基本動力。

領導必須註意尊重人才，通過誠摯的交談、中肯的批評和熱情的鼓勵，激發員工的自尊心，使其認識到自己有實力完成任務，有毅力改正缺點，有能力協調好人際關係，從而鼓起工作生活的信心和勇氣。要學會換位思考，允許不同的人在個性特徵、思維方法和認識水平上的差異，不求全責備，不諷刺挖苦，不打擊報復。對衆多人才的思維成果，甚至是一閃念的靈感，領導都應及時給予鼓勵和支持，促使其繼續深入思考下去；對人才因獨出心裁的思路、建議、言行或舉措引起的非議、攻擊、誣陷等，領導要及時批評制止，嚴肅處理，避免人才因智慧出衆、技藝超群而遭嫉妒、受打擊，以至於喪失鬥志。領導要主動關心人才在工作和生活中的實際困難，切實解決人才的後顧之憂，如此，他們自然會全身心地投入到企業的生產經營中去。這是一種相輔相成的關係。

4. 講求人才使用效益

市場經濟是唯效益至上的經濟，勞動力是商品的一種。人才作爲高層次的勞動力，同樣具有價值和使用價值。市場經濟體制下領導使用人才也應以效益爲中心。領導用人應打破論資排輩的舊觀念，任人唯賢，把人才用在刀刃上，用在關鍵崗位上，講求人員與職位的最佳配置，人員與人員的最優組合，使人員整體配置的社會效益大於個人效益的總和，即"1+1>2"理論。要正確看待人才對物質利益的正當追求，建立貢獻與報酬對等的分配體制，鼓勵按勞取酬和多勞多得。但是，人才並不是普通意義上的商品，人才本身除了經濟價值，還具有精神價值，等價交換的原則用於人才的交換和流通領域中是有一定的局限性的。在選人用人時，領導既要重視人才的物質利益追求，也要重視人才的精神追求，給人才提供建功立業的環境和機會，幫助他們實現個人價值。

5. 勇於啓用比自己更出色的人才

領導應當心胸寬廣，勇於啓用比自己更出色的人才。能夠承認別人比自己強並且大膽地雇傭之，這本身就是一個人格的跨越。美國的鋼鐵大王卡內基的墓碑上刻着這樣的話："這裡躺着一個知道如何使用比他自己更有本領的人們來爲他服務的人。"中國古代的劉邦也懂得同樣的道理："運籌帷幄，出謀劃策，決勝於千裡之外，我不如張良；鎮守後方，安撫百姓，籌集軍需糧草，我不如蕭何；統率大軍，戰必勝，攻必取，我不如韓信。這三個人均是傑出的人才，而我能夠重用他們，這才是我奪得天下的主要原因。"利用自己的優勢，使強將良才都心甘情願地爲我所用才是真正的領導者風採。

6. 不斷進行人才更新

"流水不腐，户樞不蠹。"領導要學會及時、慎重、果斷地淘汰企業富餘人員。當企業原有人才發生變動、人才與職位無法有效結合時，領導應當努力改變現狀，淘汰那些對企業的發展起障礙作用的人員，或者經過認真考核，對有能力者進行智力投資（如後期培訓等），給他們創造其他的就業機會。如果企業建立了合理的人才選聘機制，那麼富餘人員的淘汰並不會對企業員工隊伍的穩定構成威脅。

7. 樹立發展的人才觀念

發展的人才觀包含兩層含義：一是在人才的選擇上有發展的眼光；二是在人才的使用上有發展的思想。

領導選聘人才時，應當用發展變化的觀點看待問題，辯證地對待人才的成績與過失，將主流和細節分開，將歷史表現與現實政績分開。不能把人才的貢獻和能力混爲一談，有貢獻的要獎勵，有能力的則委以重任。以發展的眼光選拔人才，還在於善於挖掘人才的潛能，預見其長遠的發展趨勢，甚至於在"小荷才露尖尖角"時就大膽起用，讓人才在一定的壓力下得到鍛煉和發展。

在人才的使用過程中，要大力提倡開發式使用，即邊使用邊培訓，邊鍛煉邊提高，使人才的智慧和素質不斷完善，技能和經驗不斷豐富，實現人才在使用過程中的增值，以適應今後更高層次工作的需要。切忌"涸澤而漁、焚林而獵"，對人才進行掠奪式使用。如果領導只利用人才的顯能，而不發掘其潛能，只對人才的現有機智感興趣，而不註重使用過程中的保護和再生產，那麼再豐富的人才資源也有枯竭耗盡之時。只有將使用與培養相結合，才能實現人才的可持續發展，使人才這一生產力中最重要的因素成爲推動社會發展的無盡財富。

8. 重視個人素質，也要重視群體互補效應

人的素質各不相同，優點缺點更是千差萬別。英國學者貝裡奇在他的《科學研究的藝術》一書中，引用這樣的事例："一個大型商業性研究機構的工作安排：他們雇傭推測型的人才來隨意設想，一旦發現這些人有某個有價值的設想時，這個設想就不再讓他們過問，而交給一個條理型的研究人員去加以檢驗和充分發展。"因此，任何工作和科學研究一樣，他認爲要把"不同類型的頭腦"結合起來，取長補短、相互促進，切忌把同一類型的人才湊在一起。

軍事上也是如此。第二次世界大戰中諾曼底登陸，美軍在確定地面部隊的指揮員時，馬歇爾説："巴頓當然是領導這次登陸的最理想的人選。但是，他過於急躁，需要有一個能夠對他起制約作用的人來限制他的速度。他上面總要有一個人管着，這就是我把指揮權交給布雷德利的原因。"巴頓作戰勇猛，但性格剛直粗烈，而布雷德利老練持重，處事穩健。所以，把他們搭配在一起，可以挾制他們性格中的弱點，並發揮各自的長處。當然，搭配時要慎重，否則，"互補"變成了"窩裡鬥"，

就會產生起破壞作用的摩擦和內訌。

【學習實訓】 管理遊戲——建立有效的工作團隊

● 遊戲規則
  ● 班級成員以5~6人爲單位分成若干個團隊。
  ● 每個團隊需要準備一個新的作業本。
● 遊戲要求
  ● 爲自己的團隊起一個名字。
  ● 確定一首隊歌,確保每個團隊成員都會唱。
  ● 每個團隊設法收集完成以下各條目中的內容:一張團隊的照片、一件帶有學院名字或標誌的物品、一個棉球、一根飲料吸管、一本金庸的作品、一份介紹電子產品的說明書、一打口香糖、一個U盤、一條長於30cm的繩子。
  ● 30分鐘後,所有團隊回到教室裡,教師和班級成員檢查所有團隊是否完成任務。
  ● 完成本次實訓的簡要總結,總結由每個團隊的自我評價匯總而成。
● 遊戲總結:
  ● 團隊的策略是什麼?
  ● 每位成員所扮演的角色如何?
  ● 團隊的效果如何?
  ● 怎樣才能使團隊的工作效率更高?
● 集中討論
  ● 更有效的團隊和缺少效率的團隊區別何在?
  ● 你從這次團隊合作中學到了什麼?

【效果評價】

根據學生出勤、課堂討論發言及小組合作完成任務的情況進行評定。

綜合練習與實踐

一、判斷題

1. 領導者只要有權力,下屬自然會跟從。　　　　　　　　　　(　　)
2. 高關係高工作是最有效的領導方式。　　　　　　　　　　　(　　)
3. 知識經濟時代人們最認可的是個人的品德魅力、知識能力和成功經歷。
(　　)
4. 高層領導者擁有概念技能的比重應大於基層領導者。　　　(　　)
5. 1型即消息俱樂部型管理,上屬關心下屬,努力營造和諧的氛圍。(　　)

二、單項選擇題

1. 領導活動的全過程，主要有五個構成要素，其中起決定作用的是（　　）。
   A. 領導者　　　　　　　　　　B. 被領導者
   C. 職權　　　　　　　　　　　D. 客觀環境

2. 下面關於領導授權意義的說法錯誤的是（　　）。
   A. 使組織成員，相信自己有能力
   B. 為自己的工作意義，提高工作效率
   C. 減少領導者的工作量和責任
   D. 使成員在工作中全身心地投入，做出貢獻，承擔起自己的責任

3. 下面關於領導特質說法正確的是（　　）。
   A. 領導特質是天生的，領導者也是天生的
   B. 我們現在仍然要進行領導特質理論的研究，以便於區分領導者和被領導者
   C. 沒有所謂的領導者特質，特質理論沒有什麼意義
   D. 沒有一個一般的、普遍適用和有效的領導者特質清單

4. 下面哪個理論認為領導者的風格是不可改變的？（　　）
   A. 情境理論　　　　　　　　　B. 菲德勒的權變理論
   C. 途徑—目標理論　　　　　　D. 領導風格連續流一體理論

5. 途徑—目標理論指出的領導方式是（　　）。
   A. 獨裁型、支持型、推銷型和成就型
   B. 指導型、授權型、參與型和推銷型
   C. 獨裁型、授權型、參與型和推銷型
   D. 指導型、支持型、參與型和成就型

三、多項選擇題

1. 早期研究領導行為的學者，主要是從領導者如何運用其職權的角度來劃分領導方式，風格或形成的最基本的分類有（　　）。
   A. 專制式　　　　　　　　　　B. 民主式
   C. 放任式　　　　　　　　　　D. 仁慈專制式
   E. 支持式

2. 領導者要正確運用組織賦予的權力，進行有效的領導，因此，需把握的原則有（　　）。
   A. 合法性原則　　　　　　　　B. 民主性原則
   C. 時代性原則　　　　　　　　D. 綜合性原則
   E. 例外性原則

3. 具體講職權主要涉及（　　）。
   A. 合法權　　　　　　　　　　B. 專長權

C. 獎賞權　　　　　　　　　　D. 感情權
E. 懲罰權

4. 管理方格理論認爲：領導風格取決於兩個維度，即（　　　）。
   A. 對利潤的關心　　　　　　B. 對產值的關心
   C. 對人的關心　　　　　　　D. 對制度的關心
   E. 對生產的關心

5. 菲德勒所確定的對領導的有效性起影響因素的三個準度是（　　　）。
   A. 職位權力　　　　　　　　B. 任務結構
   C. 領導與下屬的關係　　　　D. 領導者性格
   E. 領導者素質

四、簡答題

1. 如何認識領導特質理論？
2. 簡述管理方法圖中的五種典型的領導方式。
3. 利克特的"四種領導體制"是什麼？
4. 簡述路徑—目標理論。

五、深度思考

"堅果島效應"：當優秀團隊誤入歧途

這是一支每個經理人心目中理想的團隊——他們任勞任怨，無償加班數千小時，甚至用自己的錢爲公司購買備用的零件。這支團隊幾乎不需要監管，自己就能作出人員調配的安排，在工作中互相幫助，共同提高工作水平。儘管有預算的限制，運營過程中也困難重重，他們還是能創造性地改進工作方法。他們對公司的事業充滿責任心並富有團隊精神。但他們的勤奮工作卻導致公司的經營遭受了災難性的失敗。堅果島污水處理廠將30億加侖（1加侖＝3.785 412升）的污水排入港口。爲了讓排出的污水看起來被淨化過，他們還幹了更糟的事，比如在未處理的污水中加入氯，使港口已經很糟糕的水質更加惡化。

爲什麼這麼優秀的團隊會表現得如此之壞呢？爲什麼堅果島污水處理廠的員工——更不用說他們在波士頓的老闆——沒有能夠認識到他們在搞垮他們的事業，甚至他們自己呢？這個問題的核心就是我所說的"堅果島效應"。

每一個發生"堅果島效應"的地方，都存在一對矛盾，矛盾的雙方一個是有奉獻精神、有凝聚力的團隊，另一個是漠不關心的高級管理層。矛盾分爲五個階段，矛盾的雙方都遵循一定的行爲方式。"堅果島效應"的各個實例中，五個步驟發生的順序都不盡相同，但大體症狀是相似的。這種變化與其說是一種惡性循環，不如說是一個不斷惡化的怪圈，雙方的關係在不理解與不信任中慢慢地瓦解，直至最終徹底破裂。

這種組織形態的惡化並不總像堅果島案例那樣鮮明與典型，更經常的情況是，這種效應緩慢且逐漸地起作用，猶如煤氣泄漏，輕微、難以察覺。然而，堅果島的故事對那些把主要時間花在解決組織表層問題的經理們是一個警示：嚴重的問題往往隱藏在我們看不到的角落。

堅果島故事

1952年，為解決昆西地區的污水問題，堅果島污水處理廠應運而生。原打算用來處理波士頓都會區南部產生的污水，並將處理後的污水排入1英裡（1英裡=1.609 344千米）外的波士頓港。從一開始堅果島污水處理廠的適用性就存在問題。這個污水處理廠設計每天可以處理污水2.85億加侖，遠高於每天平均產生的1.12億加侖污水，但是，大量的海潮和暴雨使實際產生的污水高於平均值的3倍，超出了污水處理廠的能力，並使它的效用降低。

在本文涵蓋的30年中，運作污水處理廠的團隊是由監察長比爾·史密斯（Bill Smith）、操作主任傑克·馬登（Jack Maden）、實驗室主任邁克·金農（Mac Kinnor）三個人領導的。這三人與我最近還在堅果島重聚。沒聊幾句，這三個朋友就陷入對昔日在堅果島工作的那段歲月的回憶。他們仍然把那段時光看作他們工作以來最開心的日子。在講述充滿昔日同事綽號的故事時他們還會開懷大笑，卻不記得在堅果島每天的工作艱難。

在談話中，他們經常會說自己和同事們是一個大家庭。但是堅果島並不總是像他們講的那樣和諧。1963年，從海軍退役的史密斯剛到這裡的時候，就陷入了不同部門的冷戰。每一個部門都認為自己的作用最重要，看不起其他部門的同事。

這之後的幾年間，史密斯盡其所能使各個部門之間有了一些合作。到1968年，金農和馬登成為他的兩個主要盟友。不久，他們就把污水處理廠那些懶惰的、愛抱怨的人清除出去，並建立了一個團結的團隊。他們雇傭的人大都與他們秉性相投：勤奮、願意默默無聞地工作，為能在公共事業部門得到一份有保障的工作感到慶幸。這些人在污水處理廠設備老化、人員不足的艱苦條件下，處理經常發生的危機。

由於這種用人原則，堅果島形成了一個內部高度一致的團隊。團隊的成員由共同的事業和相同的價值觀聯繫在一起。與此同時也排除了所謂的"刺頭"，這些刺頭有可能對團隊標準操作程序提出質疑，並提醒管理層工廠的情況正在惡化。但這正是史密斯和他的同事們所不樂於見到的。建立一個思想一致的團隊，跨部門培訓會更容易，部門之間的不和也更易消除。團隊的領導人把工作的滿足感作為優先考慮的對象，將員工從原來的崗位調到更適合他們的崗位。這些措施提高了士氣，並在員工中建立了高度信任和很強的歸屬感。

團隊成員工作的犧牲精神就是這種強烈歸屬感的證明。在堅果島很少有人的工資超過年薪2萬美元，這在20世紀60年代和70年代也是低工資。即使是這樣，當他們沒錢買零件時，團隊的成員也願意自己出錢為工廠買需要的設備。他們同樣不吝惜時間，工廠的骨幹員工經常加班，但很少要求加班費。

1952—1985年，堅果島污水處理廠一直在都會區委員會的管轄之下。到了60年代，委員會成了州議會的玩偶，州議會的議員們把這個機構作為他們的政治資本。這些議員們非常清楚，在他們的選區內建滑冰廠和游泳池比改善污水處理廠更能得到選民們的選票。選票決定了他們如何施加政治影響和進行財政撥款。這樣一來，大波士頓地區污水處理的管理權就落在了這些政客手裡。這些人的主要興趣是在州議會取悅他們的支持者，為了這個目的，他們寧願再造一個滑冰場也不去維修堅果島污水處理廠。都會區管理委員會領導層對污水處理系統的態度，造成了這樣一個有典型意義的企業悲劇，也是造成堅果島團隊自行其是的主要原因。都會區管理委員會的高級管理者到堅果島的次數是如此之少，以至於當有一個委員真的在工廠出現的時候，員工都不認識他，並要求他離開。史密斯先生對這件事主要的評價是："我們干我們的，他們只要別來惹我們。"

至此，堅果島效應的第一階段已經形成。我們已經有了一個偏離軌道的管理層和一個頗有責任心的團隊，雙方已在暗中發生摩擦。堅果島團隊不僅與管理層產生隔閡，而且也與他們的客戶——也就是公衆——失去聯繫。團隊的成員有共同的背景、價值觀和世界觀，他們彼此互相信任，但對外人，尤其是管理層，缺乏信任。管理層表現出的過分冷漠使情況進一步惡化，這時堅果島效應就進入第二階段。

在1976年1月份，堅果島污水處理廠的四個大型柴油機被迫關閉。自從20世紀70年代初，堅果島的工人就一直提醒他們在波士頓的老板，工廠的柴油機急需維修，但是都會區委員會拒絕提供任何資金，他們對堅果島的人説，你們還是自力更生吧。如果有機器真的壞了，我們會給你們錢修理的。事實上都會區委員會的管理層拒絕採取任何措施，直至危機發生。當這四個柴油機徹底停止運行時，危機就爆發了。堅果島的團隊急切地要修好這些柴油機，但整整四天，未經處理的污水流進了波士頓港。

這個事件使堅果島團隊與管理層的矛盾發展到第三階段——從反感到疏遠。堅果島污水處理廠的員工們認為這個事件原本是可以避免的，如果都會區委員會的"頭頭們"能聽取他們的意見，而不是任他們自生自滅。在一般的情況下，管理層的冷漠會打擊團隊的士氣和進取心，但堅果島的情況正好相反，它使堅果島的團隊更加團結。他們認爲堅果島污水處理廠是他們的事業，工廠能維持下去都是他們努力的結果。波士頓的那些官僚們不會妨礙他們，工廠該怎麼運行就怎麼運行。

漸漸地，堅果島的人盡可能地避開與管理層的接觸。當污水處理廠缺少氯化鐵時，堅果島沒有人到總部去要求撥款。他們聯絡當地社區的一個積極分子，請求他向州議員提出投訴，污水處理廠裡飄出異味，州議員再去要求都會區委員會的官員們給堅果島污水處理廠撥款購買氯化鐵。史密斯和他的同事們導演了這出下情上達的好戲，這説明堅果島的團隊是多麼不願意與他們的管理層打交道。

為了減少與管理層的接觸，堅果島的人盡量延長機器的使用壽命。儘管他們對機器的維修十分有創意，他們甚至在現場爲機器製造零件，但最終，團隊這種廢物利用的精神無助於他們完成使命。

在堅果島污水處理廠，最麻煩的設備是水泵，這些水泵主要是用來將糞便和其他固態污染物註入消化池，再加進用來消滅病原菌的厭氧性細菌，縮小它們的體積，使其安全地排放到波士頓港中。由於缺乏維護，這些水泵的效能已在降低，堅果島人並没有要求波士頓市政當局更換它們，而是往水泵中加入了大量的潤滑油，這些潤滑油最終滲入了消化罐，隨著污泥排入了波士頓港。污水處理系統的一位科學家對我講，他認爲，由於這些被潤滑油污染的固體污染物排入波士頓港中，港底的沉積物中油的含量遠遠高於美國東海岸其他港口。

大拇指規則

一個團隊如果過分關註於眼前棘手的工作，就很容易喪失全局觀念，忽視其他的工作。爲了避免這種趨勢，聰明的經理們往往在督查當前工作的同時，向他的團隊成員介紹其他部門的想法和做法。如果一個團隊已處在堅果島效應的第四階段，那他們就不會對其他公司或部門的任何做法和想法發生興趣，他們固執己見，與外界完全隔絶，並制定自己的規則。這些規則通常都是非常有害的，因爲這些規則使團隊和團隊的管理層錯誤地認爲他們的工作做得還不錯。

在堅果島有一條關於氯的使用規則也是這樣一條"大拇指規則"（意指單憑經驗做事的方法）。當輸入污水處理廠的污水過多時，有一部分污水沒有經過完全的處理就被排出，堅果島污水處理廠的人就在這些未被完全處理的污水中加入大量的氯，並將它們排入大海，氯可以殺滅污水中的一些細菌，但同時也有副作用。美國環保局把氯列爲環境污染物，氯殺死海洋生物，耗盡海水中的氧氣，並破壞海岸生態系統。但堅果島的團隊認爲，加入氯總比什麼都不加強。他們精心地測算，對污水進行最低限度的處理，當昆西的居民投訴這些沒有處理的污水污染了海水和海灘時，堅果島污水處理廠的人則以污水已被處理過爲理由憤然反駁。

在堅果島效應的第五階段，現實已經完全被扭曲了。這種情況的形成應完全歸罪於管理層。管理層原本就不想嚴格地監管團隊，團隊又很巧妙地掩飾他們的問題和不足，所以管理層就很容易被誤導。事實上他們願意被誤導，他們面臨太多的問題。管理層之所以放任堅果島，一個很重要的原因是，堅果島的情況雖然在惡化，但它看起來還不錯。他們可以集中精力應付那些看起來更緊迫的問題。

堅果島團隊自欺的方式則頗爲耐人尋味：他們往往不願意接受那些與自己預想情況相矛盾的信息。實際上這是一種自欺做法。例如，美國環境保署允許污水處理廠處理的污水含有一定數量的大腸桿菌，但要求每處污水處理廠都對此進行實驗室試驗，以確定被處理污水中細菌的含量。據一個原來在馬薩諸塞州工作過的技術人員講，在堅果島的實驗室，不利的實驗結果被他們輕易地放過。"他們倒不是有意欺騙環保署，"這位前環保署的技術人員緊接着說："得到這些數據後他們可能會說，這個實驗也許沒做好，我們再做一遍吧。"一般實驗室都難以避免犯這種無意識的錯誤，但通常，這種誤差是可以被矯正的，但在堅果島，這種偏差是無法被矯正的。堅果島的數據只要基本符合環保署的標準，都市區委員會的管理層就認爲沒有理由去質疑堅果島的實驗結果。對於堅果島人自己來說，獲得這種許可就證明他們在改善波士頓港的水質。

戴維·斯坦德利（David Standley）是一位在昆西任職多年的環境顧問。他高大、隨和、有着天生的工程師的精確，他向我講述了1996年堅果島污水處理廠消化罐的情況。爲了逃避現實，堅果島污水處理廠的人不僅需要自欺欺人，還需要在外界指出事實時予以堅決的否認。

無論什麼時候，這些固體污染物都是十分污濁的，甚至污水處理廠的人都避之不及。斯坦德利在污水處理廠看到工人們以最隨意的方式處理這些污物，從未考慮到處理後再加以利用。堅果島人是有責任將這些固體污染物處理後轉化爲肥料的。1995—1996年，負責將波士頓的固態污染物轉化爲肥料的公司拒收了40%由堅果島處理的固態污染物，顯然，堅果島污水處理廠的消化罐出了問題。斯坦德利說：「我記得，我看了一眼消化罐的操作儀表就告訴他們，這個東西應該報廢了。理論上講，如果罐中的活性酸每天變化達到20%，消化罐就存在很嚴重的問題。」

然而正如意料當中的，這些質疑並沒有被堅果島人接受。「堅果島的人一開始就存有敵意，」斯坦德利說，「他們不喜歡我管他們的事情，並堅持消化罐沒有問題。而消化罐中酸性值的波動只是這些消化罐的小毛病」。堅果島的團隊沒有從根本上去解決問題，而只是發明了搪塞的辦法。當從消化罐中採集的樣本酸性過高時，他們就在消化罐中加入大量的鹼。

如果沒有外部的干預，堅果島污水處理廠的情況還會繼續惡化下去，一直到消化罐徹底報廢或其他的危機爆發。當然這種情況沒有發生，爲了大規模檢修波士頓污水處理系統和清潔波士頓港，堅果島污水處理廠在1997年就被關閉了。堅果島的團隊被解散了，團隊的核心成員在20世紀60年代來到這裡，經過30年的努力工作，波士頓港並沒有比他們來的時候更乾淨。

當我把這個故事講給其他經理人時，他們都頗有同感。也許沒有一個正式的名稱，正說明堅果島效應的微妙與隱蔽性。堅果島效應沒有被經理人和管理學者所重視，正如在堅果島效應下團隊的成員被管理層所忽視一樣。堅果島效應是在公共機構和私人企業中一個常見的頑症，但它並沒有被看做一種病態，而被視爲一種常態。即使是優秀的人才陷入堅果島效應也難免做錯事。但我確信，這種局面是不正常的也是可以避免的。堅果島效應是一個悲劇，它浪費了人們的熱情和精力，使組織功能無法正常發揮，並降低了企業的盈利能力。管理層有責任找出可能產生堅果島效應的環境，並阻止堅果島效應的發生。

案例討論：

分析堅果島效應五個階段的問題及原因，你認爲應該如何有效地防止堅果島效應。

（資料來源：佚名. 管理哲學和領導藝術（一）[EB/OL].（2013-08-22）[2017-01-25]. http://wenku.baidu.com.）

第 7 章

激 勵

↘ 學習目標

通過本章學習,學生應掌握激勵的基本理論和技術,瞭解不同激勵方法的適用條件及在管理中的運用,學會使用各種不同的激勵方法。

↘ 學習要求

知識要點	能力要求	相關知識
激勵概述	掌握激勵的含義和過程	激勵構成要素
激勵理論	1. 瞭解激勵思想的發展 2. 瞭解和掌握不同的激勵理論 3. 掌握不同激勵理論的在管理中的運用	不同激勵理論的優缺點
激勵職能的運用	1. 瞭解激勵的原則 2. 學會使用不同的激勵方式	不同激勵方式的內容

案例導入

獎金發放故事

企業的一名行銷員兢兢業業，取得不俗業績，公司決定獎勵他13萬元。年終總經理單獨把他叫到辦公室，對他說："由於本年度你工作業績突出，公司決定獎勵你10萬元！"業務員非常高興，謝謝總經理後推門要走。

總經理突然說道："回來，我問你一件事，今年你有幾天在家裡陪你的妻子？"

該業務員回答道："今年我在家不超過10天。"總經理驚嘆之餘，拿出了一萬元遞到業務員手中，對他說"這是獎勵你妻子的，感謝她對你工作無怨無悔的支持。"

然後總經理又問："你兒子多大了，你今年陪他幾天？"

這名業務員回答道："兒子不到六歲，今年我沒有好好陪他。"

總經理又從抽屜裡拿出一萬元放在桌子上，說："這是獎勵你兒子的，告訴他，他有一個偉大的爸爸。"

該業務員熱淚盈眶，剛準備走，總經理又問道："今年你和你的父母見過幾次面？盡到當兒子的孝心了嗎？"

業務員難過地說："一次面也沒有見過，只是打了幾個電話。"

總經理感慨地說："我要和你一起去拜見伯父、伯母，感謝他們為公司培養了如此優秀的人才，並代表公司送給他們一萬元。"

這名業務員此時再也控制不住自己的感情，哽咽著對總經理說："感謝公司多給的獎勵，我今後一定更加努力。"

好的獎勵方法如同將胡蘿蔔變成沙拉，同樣的材料稍作加工，拌上美味的沙拉醬，就可以更大限度地滿足調動人的胃。

（資料來源：http://xm.pxto.com.cn/news/xm/af7f1ad3d160fa50.html.）

任務7.1　激勵概述

【學習目標】

讓學生認識瞭解激勵及其相關定義和過程；訓練學生發現別人優點、讚美別人的能力；讓學生深刻理解，激勵並非只有靠物質手段，讚美也是一種有效的激勵。

【學習知識點】

激勵是管理的基本職能，同時又是管理的最重要的職能之一，激勵在現代管理中具有不可替代的作用。激勵活動在管理中無處不在，它貫穿、滲透在管理的其他職能如組織職能、決策職能中，發揮著積極的作用。制訂計劃必須考慮組織成員的士氣如何提高，提高至何種程度等相關激勵因素。

組織的各種活動同樣也要以是否有利於激勵效果的提高來展開，優秀的組織文化本身就是強有力的激勵措施。指揮所運用的手段，同時也是激勵的各種方法。協調離不開激勵手段的運用，激勵工作的好壞會爲協調工作帶來直接的後果。激勵貫穿於整個控制過程中，無一不包含激勵方法的具體運用。

綜上所述，激勵滲透於管理過程的每一個要素之中，與其他職能相互作用、相輔相成，爲實現管理目標而承擔着不可替代的重要功能。成功的管理者必須知道用什麼樣的方式有效地調動下屬的工作積極性。

7.1.1 激勵的內涵

1. 激勵的含義

無論在理論界和管理實踐中，"激勵"一詞幾乎說是人盡可知，但要對其下一個明確的定義，卻並不是一件容易的事。在中文中，"激勵"有兩層意思：一是激發、鼓勵的意思，如在《六韜·王翼》中，"主揚威武，激勵三軍"；在《英烈傳》第十四回中，"太祖又說：'此舉非獨崇獎常將軍，正以激勵諸侯。'"這些文獻中的激勵均有激發、鼓勵之意。二是斥責、批評之意，如在《後漢書·袁安傳》中，"司徒恒虞改義從安，太尉鄭弘、司空第五倫皆恨之。弘因言激勵虞曰：'諸言當生還口者，皆爲不忠'"，此處激勵則爲斥責、批評。當然，在我們日常生活中，目前一談到激勵，人們想到的主要是第一層意思，即激發、鼓勵。

【知識閱讀 7-1】

鯰魚效應

挪威人愛吃沙丁魚，但沙丁魚非常嬌貴，極不適應離開大海後的環境。漁民們把剛捕撈上來的沙丁魚放入魚槽運回碼頭後，用不了多久沙丁魚就會死去，而死掉的沙丁魚味道不好銷量也差。倘若抵港時沙丁魚還存活着，魚的賣價就要比死魚高出若干倍。爲延長沙丁魚的活命期，漁民想方設法讓魚活着到達港口。後來漁民想出一個法子，將幾條沙丁魚的天敵鯰魚放在運輸容器裡。鯰魚是肉食魚，放進魚槽後，便會四處遊動尋找小魚吃。爲了躲避天敵的吞食，沙丁魚自然加速遊動，從而保持了旺盛的生命力。如此一來，一條條沙丁魚就活蹦亂跳地回到漁港。這在經濟學上被稱作"鯰魚效應"。

其實用人亦然。一個公司如果人員長期固定，就缺乏活力與新鮮感，容易產生惰性，尤其是一些老員工，工作時間長了就容易厭倦、疲憊、倚老賣老，因此有必要找些外來的"鯰魚"加入公司，製造一些緊張氣氛。當員工們看見自己的位置多了些"職業殺手"時，便會有種緊迫感，知道該加快步伐了，否則就會被殺掉。這樣一來，企業自然而然就生機勃勃了。

（資料來源：佚名. 鯰魚效應［EB/OL］.（2009-01-12）［2014-06-10］. http://wiki.mbalib.com/wiki.）

在英文中，作爲動詞的激勵（motivate）來自於拉丁語，有兩個含義：一是提供一種行爲的動機，即誘導、驅使之意；二是通過特別的設計來激發學習者的學習興趣，如教師可以通過一系列教學管理措施來引導學生的學習行爲。相應的，作爲名詞的 motivation 則含有三層意思：一是指被激勵（motivated）的過程；二是指一種驅動力、誘因或外部的獎酬（incentive）；三是指受激勵的狀態，比如說受到激勵的程度比較高。而在目前的中文版或英文版教材中，激勵一般是兼具動詞和名詞詞性的，即既可視爲動詞，又可視爲名詞，需要相機而定。

從管理學的角度出發，國內外的專家和學者從不同的角度對激勵的定義進行了闡述。

美國管理學家貝雷爾森（Berelson）和斯坦尼爾（Steiner）給出如下定義："一切内心要争取的條件、希望、願望、動力等都構成了對人的激勵。它是人類活動的一種内心狀態。"[1]

斯通納將激勵論述爲："激勵是人類心理方面的特徵，它決定着個體的努力程度。激勵對人們在其承諾的某一特定方面的行爲具有始發、引導和支持的作用。激勵是管理的一個過程，即利用有關動機的知識來影響人們的行爲。"[2]

周三多的定義爲："激勵是指影響人們的内在需求或動機，從而加强、引導和維持行爲的活動或過程。"[3]

張文士和張雁的定義："激勵是一種精神力量或狀態，起加强、激發和推動作用，並且指導和引導行爲指向目標。"[4]

綜合起來，我們對激勵做出如下界定，激勵就是管理者採用某種有效的措施或手段調動人的積極性的過程，它使人產生一種興奮的狀態並保持下去，在這種狀態的支配下，員工的行爲效率得以不斷提高，其行爲趨向並最終高效地完成組織的目標。

2. 激勵的構成要素

激勵一般由五個要素組成：

（1）激勵主體，指施加激勵的組織或個人，在管理中，激勵是由組織管理者（可以是組織中各個層次的）作出。

（2）激勵客體，指激勵的對象，而對象則是與所設定目標相關的個體或群體。激勵對象的確定與慾達成的目標是相關的。

（3）目標，指主體期望激勵客體的行爲所實現的成果。激勵是爲達到某些目標而作出的，這些目標可以是一種行爲，也可以是一種結果，或者二者兼而有之。如果没有明確設定的目標（無論是組織層次的，還是個體或群體層次的），那麽，激勵則無從談起。換而言之，激勵首先要做到的，就是要有的放矢。

---

[1] 小詹姆斯·H. 唐納利，等. 管理學基礎 [M]. 北京：中國人民大學出版社，1982：195.
[2] 斯通納. 管理學教程 [M]. 北京：華夏出版社，2001：355.
[3] 周三多. 管理學 [M]. 北京：高等教育出版社，2000：212.
[4] 張文士，等. 管理學原理 [M]. 北京：中國人民大學出版社，1994：329.

（4）激勵手段，指能導致激勵客體的物質或精神的因素。激勵主要通過改變個體或群體的行為，使其更加努力地工作來達到目標，但這需要充分考慮被激勵者的需要特徵，管理者需要對此作出詳細的分析，通過滿足激勵對象的需要來獲得期望激勵效果。激勵是一種措施、力量或過程，也可以是一種意願等其他形式。

（5）激勵環境，指激勵所處的環境因素，它會影響激勵的效果。這些因素可以進一步地區分為內部因素和外部因素。

為了引導人的行為達到激勵的目的，領導者既可在瞭解人的需要的基礎上，創造條件促進這些需要的滿足，也可心通過採取措施，改變個人的行動環境。這個環境被研究人員稱為人的行動的"力場"。對企業而言，領導者對在"力場"中活動的員工行為的引導，就是要借助各種激勵方式，減少阻力，增強驅動力，提高員工的工作效果，從而改善企業經營的效率。

7.1.2 激勵過程

1. 激勵與動機

激勵的實質是動機的激發過程。人的行為是由動機決定的，而動機則是由需要引起的。當人們產生某種需要而未能滿足時，就會引起人的慾望，它促使人處在一種不安和緊張狀態之中，從而成為做某件事的內在驅動力。心理學上把這種驅動力叫作動機。動機是由需要驅動、刺激強化和目標誘導三種因素相互作用的一種合力。

動機具有三個特徵：

（1）動機與實踐活動有密切關係，人的一切活動、行為都是由某種動機支配的；

（2）動機不但能激起行為，而且能使行為朝着特定的方向、預期目標行進；

（3）動機是一種內在的心理傾向，其變化過程是看不見的，通常只能從動機表現出來的行為來逆向分析動機本身的內涵和特徵。

動機產生以後，人們就會尋找、選擇能夠滿足需要的策略和途徑，而一旦策略確定，就會採取一定的行為。活動的結果如果未能使需要得到滿足，則人們會採取新的行為，或重新努力，或降低目標要求，或變更目標去從事別的活動。如果活動的結果使作為活動原動力的需要得到滿足，則人們往往會被自己的成功所鼓舞，產生新的需要和動機，確定新的目標，進行新的活動。因此，從需要的產生到目標的實現，人的行為是一個周而復始、不斷進行、不斷升華的循環過程。激勵就是要指導內驅力、需要、目標三個相互影響、相互依存的要素銜接起來，構成動機激發的整個過程。需要、動機、行為之間的關係模型如圖7-1所示：

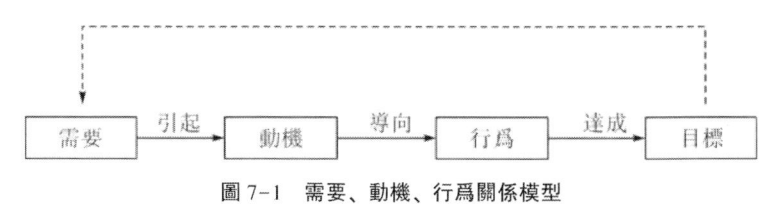

需要 —引起→ 動機 —導向→ 行為 —達成→ 目標

圖7-1 需要、動機、行為關係模型

2. 激勵的過程

我們可以把激勵的過程看成是為了滿足被激勵對象的某些需要的一系列連鎖反應。正如上文所談到的，激勵其實是對人的行為施加影響的一種過程，那麼，人的行為又是怎樣發生並改變的呢？我們需要瞭解與此相關的過程。參見圖7-2。

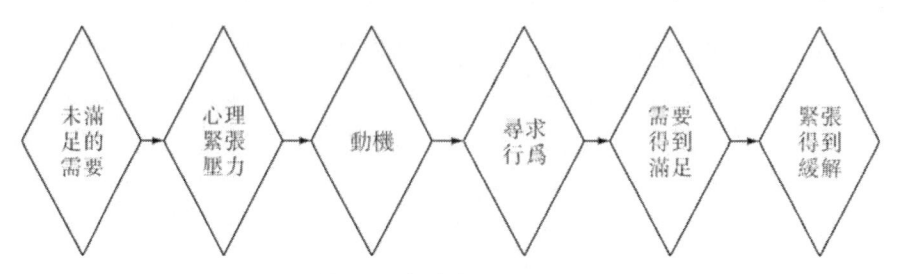

未滿足的需要 → 心理緊張壓力 → 動機 → 尋求行為 → 需要得到滿足 → 緊張得到緩解

圖 7-2　個體被激勵的過程

在圖7-2中，顯然，人的未滿足的需要是其行為的起點。所謂需要，是指能使特定的結果具有吸引力的某種內部狀態。通俗地講，需要就是人們對某種事物的渴求和慾望。正如下文中可以看到的那樣，人的需要是多種類型的，也是有層次劃分的，比如有基本層次的需要（如饑餓等生理需要）和高層次的需要（如社交和安全需要）。還需指出的一點是，人們的需要不是獨立存在的，還可能受環境的影響。比如聞到食物的香味就容易使人們產生食慾和饑餓感，而看到電視上的商品廣告或商品的現場展示等人們就容易產生購買慾望。

當一種未被滿足的需要形成時，就會給人們帶來一定程度的緊張和壓力，從而使人們產生減少這種不安的內在驅動力量，這就是動機。所謂動機往往是使人們有某種行為衝動的一種心理狀態。當條件許可時，動機會產生尋求行為，引導人們去尋找滿足需要的特定目標。如果目標達到，需要會得到滿足，同時緊張程度也得以降低。所以從整個過程來看，被激勵的員工處於一種緊張狀態，為緩解緊張他們會努力工作。緊張強度越大，努力程度越高。如果這種努力成功地滿足了需要，緊張感將會減輕。但是，需要指出的是，這種減輕緊張程度的努力必須是指向組織目標的。否則，即使個體表現出高努力水平，但也有悖於組織的利益。

這個過程有時也並不經常像前述那樣簡單地運轉。需要會引起行為，但需要也可能是由於行為引起的結果。滿足了一種需要，可能會引起滿足更多需要的願望。例如，一個人對成熟的需要，可能在所追求的目標實現後變得更加強烈，也可能因得不到滿足而減弱下來。這種連鎖過程的單向性，也已受到了一些生物科學家研究成果的挑戰，他們發現，需要並不總是人們行為的原因，而可能是行為的結果。換言之，行為常是我們做什麼，而不是我們為什麼要做。

【學習實訓】　管理遊戲——發現優點、學會讚美

● 遊戲規則
　　● 學生臨時分組，2人一組。

- 在 15 分鐘內，各自在紙上列出對方盡可能多的優點，針對每一個優點，都必須有一句讚美。
- 寫完後，組內 2 人交換，並進行評價。
● 遊戲總結
- 可適當選出幾組，上臺演示，教師與同學進行點評並討論。

【效果評價】

根據學生出勤、課堂討論發言及小組合作完成任務的情況進行評定。

任務 7.2　激勵理論

【學習目標】

瞭解激勵思想的發展，掌握幾種激勵理論的內涵，瞭解管理中不同激勵理論如何運用。

【學習知識點】

激勵是一種活動，同時又是一個過程。它的產生有一定的內外因素。激勵的起點是需求，由此產生出的動機會引起人們一定的行為，從而對目標的實現產生相關的作用。研究激勵，不僅要研究產生激勵的誘因，還要研究由此產生的不同的行為，那必須要對激勵理論進行研究了。

在管理學中，激勵理論是研究如何預測和激發人的動機、滿足人的需要、調動人的生產積極性的理論。有關激勵的理論有很多種，大體上可以分為三種類型：內容型激勵理論、過程型激勵理論和綜合型激勵理論三種。內容型激勵理論側重研究用什麼樣的因素激勵人、調動人的積極性；過程性激勵理論著重探討人們接受了激勵信息以後到行為產生的過程。綜合型激勵理論則對已有的激勵理論進行概括與綜合，試圖全面揭示人在激勵中的心理過程。目前比較流行的激勵過程理論有期望理論、公平理論、目標設置理論和認知評價理論等。

【知識閱讀 7-2】

表演大師鞋帶解鬆了

有一位表演大師上場前，他的弟子告訴他鞋帶鬆了。大師點頭致謝，蹲下來仔細繫好。等到弟子轉身後，又蹲下來將鞋帶解鬆。有個旁觀者看到了這一切，不解地問："大師，您為什麼又要將鞋帶解鬆呢?"大師回答道："因為我飾演的是一位勞累的旅者，長途跋涉讓他的鞋帶鬆開，可以通過這個細節表現他的勞累憔悴。""那你為什麼不直接告訴你的弟子呢?""他能細心地發現我的鞋帶鬆了，並且熱心地告訴我，我一定要保護他這種熱情的積極性，及時地給他鼓勵，至於為什麼要將鞋帶解開，將來會有更多的機會教他表演，可以下一次再說啊。"

對待"善意錯誤"要講究策略，善意的地方要肯定，錯誤的地方要糾正，獎懲不但要分明，而且要分開。有時處理問題的時候，保護別人的熱情和積極性比評價事情本身的是非更爲重要，特別是對於無大礙的小事，更應當如此。

（資料來源：佚名. 表演大師鞋帶解鬆了［EB/OL］.（2011-04-02）[2014-06-10]. http://blog.sina.com.cn/s/blog_6647861d0100pz8c.html.）

7.2.1 激勵思想的發展

在認識三大類激勵理論之前，先來瞭解一下激勵思想的發展。在西方管理理論中，激勵思想大致經過了四個發展階段：

（1）以"恐嚇與懲罰"爲主的激勵思想，盛行於20世紀以前至20世紀初，以泰勒爲代表。這種思想堅持"經濟人"的人性假設，以恐嚇和懲罰作爲激勵的主要措施，而以獎賞作爲較爲次要的措施。

（2）以"獎賞"爲主的激勵思想，流行於20世紀20年代至40年代，以霍桑實驗爲代表。這種思想堅持"社會人"的人性假設，更爲重視對雇員的關心，提供各種福利和良好的工作條件，以使雇員心情愉快，對工廠"感恩戴德"，從而起到激勵的作用。

（3）以"工作中的獎賞"爲主的激勵思想，二戰後開始流行於美國，強調工作本身的激勵作用。這種思想實際上是堅持了"自我實現的人"的人性假設，認爲有利於員工交往的工作組織形式和工作內容的豐富化就是對員工的激勵。

（4）以"激勵特徵"爲主的激勵思想，始於20世紀70年代，中心內容是建立具有期望的激勵特性的組織。包括設計具有激勵特徵的工作，培養有利於員工發揮主動性和創造性的組織氣氛，建立扁平化的組織結構，註重員工自我激勵等。這種思想以"複雜人"的人性假設爲基礎和前提。

前面已經詳細介紹過四種人性假設了，在這就不再重複介紹。

7.2.2 內容型激勵理論

內容型激勵理論研究的是"什麼樣的需要會引起激勵"這樣的問題，它說明了激發、引導、維持和阻止人的行爲的因素，旨在瞭解人的各種需要，解釋"什麼會使員工努力工作"的問題，如馬斯洛的需要層次論、赫茨伯格的雙因素理論、麥克萊蘭的三種需要理論、奧爾德弗的EGR理論等。

1. 需要層次理論

1）理論内容

需要層次理論（Hierarchy of needs theory）是研究人的需要結構的一種理論，是美國心理學家馬斯洛（Abraham h. Maslow，1908—1970）首創的一種理論。他在1943年發表的《人類動機的理論》（A Theory of Human Motivation Psychological Review）一書中提出了需要層次理論。

馬斯洛的需要層次論主要有三個基本出發點：第一，人要生存，他的需要能夠影響他的行為。只有未滿足的需要能夠影響行為，滿足了的需要不能充當激勵工具。第二，人的需要按重要性和層次性排成一定的次序，從基本的（如食物和住房）到複雜的（如自我實現）。第三，當人的某一級的需要得到最低限度滿足後，才會追求高一級的需要，如此逐級上升，成為推動繼續努力的內在動力。

在此基礎上，馬斯洛認為，每個人都有五個層次的需要：生理的需要、安全的需要、社會或情感的需要、尊重的需要、自我實現的需要。如圖7-3。

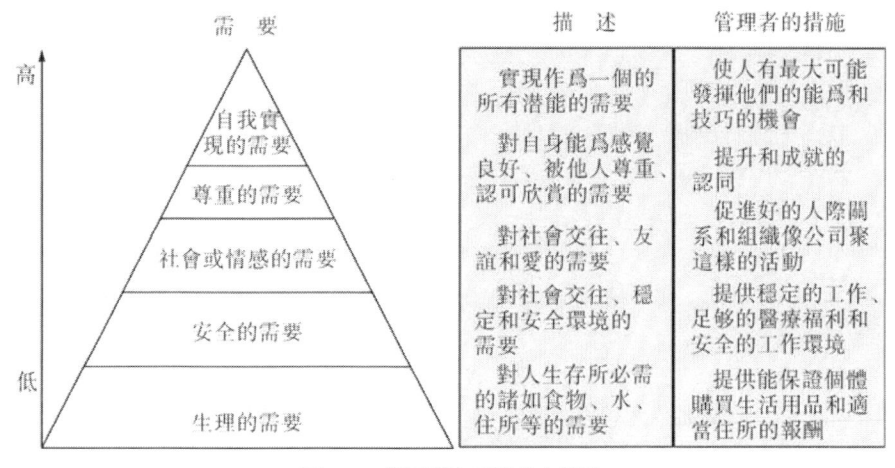

需要	描述	管理者的措施
自我實現的需要	實現作為一個的所有潛能的需要	使人有最大可能發揮他們的能力和技巧的機會
尊重的需要	對自身能力感覺良好、被他人尊重、認可欣賞的需要	提升和成就的認同
社會或情感的需要	對社會交往、友誼和愛的需要	促進好的人際關係和組織像公司聚這樣的活動
安全的需要	對社會交往、穩定和安全環境的需要	提供穩定的工作、足夠的醫療福利和安全的工作環境
生理的需要	對人生存所必需的諸如食物、水、住所等的需要	提供能保證個體購買生活用品和適當住所的報酬

圖7-3 需要層次理論綜合圖示

（1）生理的需要。任何動物都有這種需要，但不同動物的需要的表現形式是不同的。就人類而言，人們為了能夠繼續生存，首先必須滿足基本的生活要求、如衣、食、住、行等。馬斯洛認為，這是人類最基本的需要。人類的這些需要得不到滿足就無法生存，也就談不上其他需要。所以在經濟不發達的社會，必須首先研究並滿足這方面的需要。

（2）安全的需要。基本生活條件具備以後，生理需要就不再是推動人們工作的最強烈力量，取而代之的是安全的需要。這種需要又可分為兩小類：一類是現在的安全的需要，另一類是對未來的安全的需要。對現在的安全需要，就是要求自己現在的社會生活的各個方面均能有所保證，如就業安全、生產過程中的勞動安全、社會生活中的人身安全等等；對未來的安全需要，就是希望未來生活能有保障。未來總是不確定的，而不確定的東西總是令人擔憂的，所以人們都追求未來的安全，如病、老、傷、殘後的生活保障等。

（3）社會或情感的需要。馬斯洛認為，人是社會的一員，需要友誼、愛情和群體的歸屬感，人際交往需要彼此同情、互助和讚許。因此，人們常希望在一種被接受的情況下工作，在他所處的群體中占有一個位置，否則就會感到孤獨而消沉。

（4）尊重的需要。這是指人希望自己保持自尊和自重，並獲得別人的尊敬，得到別人的高度評價。這種需要可分為兩類：一類是那種要求力量、成就、信心、自由和獨立的願望，屬於內在需要；另一類是要求名譽和威信（別人對自己的尊敬和尊重)、表揚、注意、重視和讚賞的願望，屬於外在需要。每一個人都有一定的自尊心。這種需要得到滿足，就會使人感到自信、有價值、有力量、有能力並適於生存；若得不到滿足，就會產生自卑感、軟弱無能感，從而導致情緒沮喪，失去自信心。

（5）自我實現的需要。這是指人希望從事與自己能力相稱的工作，使自己潛在的能力得到充分的發揮，成爲自己向往久已的人物。一個人通過自己的努力，實現自己對生活的期望，從而對生活和工作真正感到很有意義。當人的其他需要得到基本滿足以後，就會產生自我實現的需要，它會產生巨大的動力，使人努力盡可能實現自己的願望。

馬斯洛還將這五種需要劃分爲高低兩級。生理的需要和安全的需要稱爲較低級需要，而社會需要、尊重需要與自我實現需要稱爲較高級的需要。高級需要是從內部使人得到滿足，低級需要則主要是從外部使人得到滿足。

馬斯洛的需要層次理論，揭示了人類心理發展的一種普遍特性，得到了實踐中的管理者的普遍認可。因爲該理論簡單明了、易於理解、具有內在的邏輯性，到目前爲止，仍然是最被廣泛傳播的一種，它作爲一種重要的激勵理論，對管理工作具有重要的指導作用。

研究表明，馬斯洛的理論也存在不足：

（1）對需要的五個層次的劃分似乎過於機械。

（2）需要並不一定依循等級層次遞增。

（3）許多行爲的後果可能與滿足一種以上的需要有關（如適當的薪酬不止能滿足生理和安全的需要，也能滿足自尊的需要）。

（4）一個人的自我觀感會影響需要層次體系對個人動機的激勵力。有人滿足了低層次的需要後，不一定就會對高層次的需要有所渴求。

2）理論在管理中的運用

馬斯洛的需要層次理論對於管理實踐具有重要的啓發意義，在管理中的應用主要體現爲以下三個方面。

（1）掌握員工的需要層次，滿足員工不同層次的需要

管理者在實踐中應該根據員工的不同層次的需要，採取相應的組織措施，以使其行爲與組織的或社會的需要相一致。表7-1給出了員工的需要層次及相應的激勵因素和組織管理措施之間的對應關係，管理者可參考。

表7-1　　激勵因素、需要層次與組織管理措施的對應關係

一般激勵因素	需要層次	組織管理措施
1. 成長 2. 成就 3. 提升	自我實現需要	1. 挑戰性的工作 2. 創造性 3. 在組織中提升 4. 工作的成就

表7-1(續)

一般激勵因素	需要層次	組織管理措施
1. 承認 2. 地位 3. 尊重	尊重需要	1. 工作職稱 2. 給予獎勵 3. 上級/同事認可 4. 對工作有信心 5. 賦予責任
1. 志同道合 2. 愛護關心 3. 友誼	社交需要	1. 管理的質量 2. 和諧的工作小組 3. 同事的友誼
1. 安全 2. 保障 3. 勝任 4. 穩定	安全需要	1. 安全工作條件 2. 外加的福利 3. 普遍增加工資 4. 職業安全
1. 食物 2. 住所	生理需要	1. 基本工作報酬 2. 物質待遇 3. 工作條件

(資料來源：傅永剛. 組織行爲學 [M]. 北京：清華大學出版社，2011.)

(2) 瞭解員工的需要差異，滿足不同員工的需要

員工不但有着不同層次的需要，而且其職業、年齡、個性、物質條件、社會地位等不同，需要層次的排列及需要特點也各有差異。因此，管理者要註意掌握不同員工的不同需要，針對不同員工的不同需要採取不同的激勵方法和管理措施。

(3) 把握員工的優勢需要，實施最大限度的激勵

在一定時期内，員工可能存在着多種需要，但一定有一個占主導地位的優勢需要支配、推動其行爲。而且，隨著時間、條件的改變，人的優勢需要的内容也在變化。例如，當員工的收入很高時，其第一位的需要會由金錢需要轉變爲自我實現需要。因此，管理者不但要註意分析不同員工的需要差異，還要掌握一定時間内、一定條件下員工的優勢需要及其變化。只有滿足員工的優勢需要，才能產生較大的激發力量。

2. 雙因素理論

1) 理論内容

雙因素理論，又稱爲激勵—保健理論（Motivation-hygiene theory），是由美國心理學家赫茨伯格（Frederick Herzberg）於20世紀50年代所提出。他通過對200名工程師和會計師的訪談，深入研究了"人們希望從工作中得到些什麼"。他要求受訪者詳細描述哪些因素使他們在工作中感到特別滿意及受到高度激勵，又有哪些使他們感到不滿和消沉。赫茨伯格對調查結果進行了分類歸納，如圖7-4。

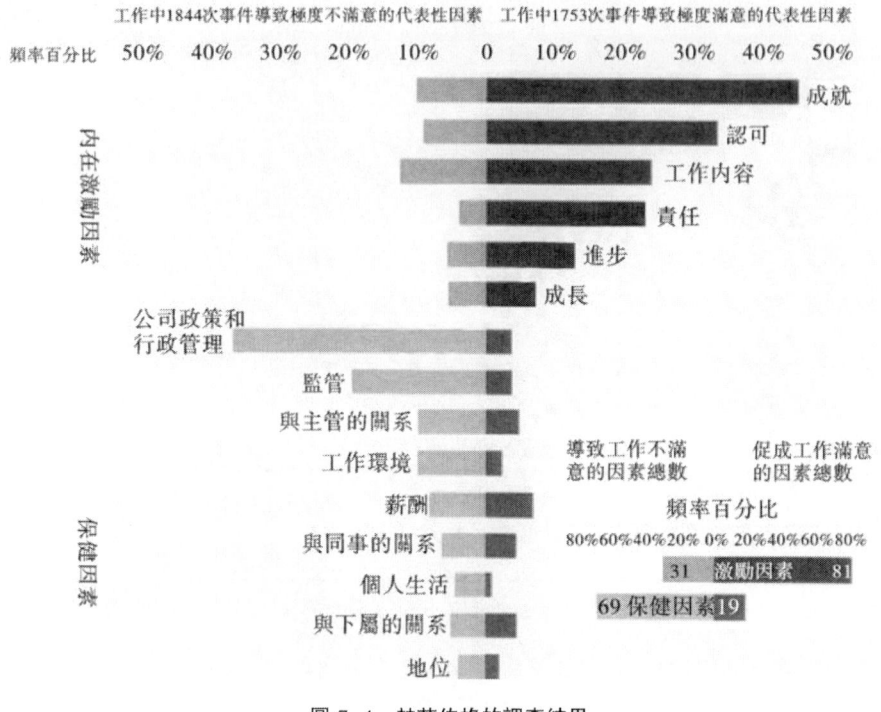

圖 7-4 赫茨伯格的調查結果

赫茨伯格在分析調查結果驚訝地發現，對工作滿意的員工和對工作感到不滿意的員工的回答十分不同，與滿意和不滿意相關的因素是兩類完全不同的因素。例如"低收入"通常被認爲會導致不滿，但"高收入"卻不一定被歸結爲滿意的原因。圖 7-4 上方列出的因素是與工作滿意有關的特點；下方列出的因素是與工作不滿意有關的特點。一些內在因素如成就、認可、責任與工作滿意相關。當對工作感到滿意時，員工傾向於將這些特點歸因於他們本身；而當他們感到不滿意時，則常抱怨外部因素，如公司的政策、管理和監督、人際關係、工作條件等。

這個發現使赫茨伯格對傳統的"滿意—不滿意"相對立的觀點提出了修正。傳統的看法認爲滿意和不滿意是一個單獨連續體相對的兩端（見圖 7-5）。但是，赫茨伯格認爲，滿意的對立面並不是不滿意，消除了工作中的不滿意因素並不必定能使工作結果令人滿意。如圖 7-5 所示，赫茨伯格提出這之中存在雙重的連續體：滿意的對立面是沒有滿意，而不是不滿意；同時，不滿的對立面是沒有不滿，而不是滿意。

图 7-5　满意—不满意观点的对比

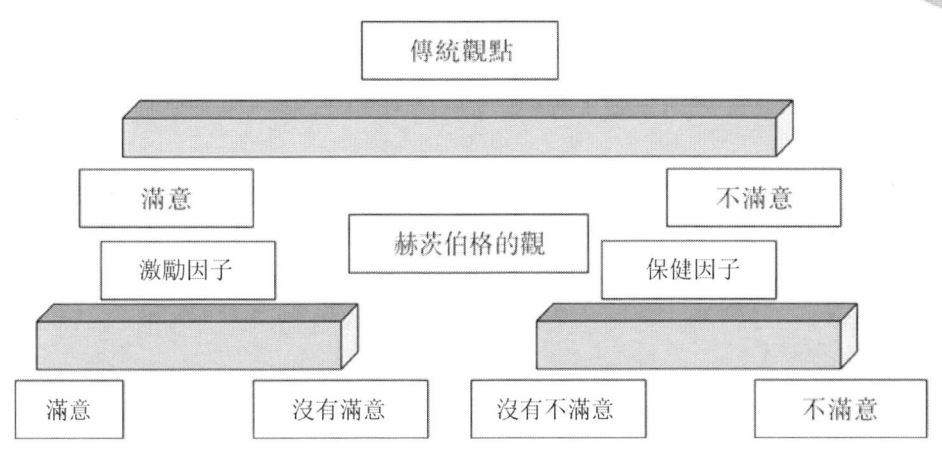

　　因此，赫茨伯格提出，影响人们行为的因素主要有两类：保健因素和激励因素。
　　（1）保健因素是那些与人们的不满情绪有关的因素，如公司的政策、管理和监督、人际关系、工作条件等。保健因素处理不好，会引发对工作不满意情绪的产生，处理得好，可以预防或消除这种不满。但这类因素并不能对员工起激励的作用，只能起到保持人的积极性、维持工作现状的作用。所以保健因素又称为"维持因素"。
　　（2）激励因素是指那些与人们的满意情绪有关的因素。与激励因素有关的工作处理得好，能够使人们产生满意情绪，如果处理不当，其不利效果顶多只是没有满意情绪，而不会导致不满。他认为，激励因素主要包括这些内容：工作表现机会和工作带来的愉快，工作上的成就感，由于良好的工作成绩而得到的奖励，对未来发展的期望，职务上的责任感等。
　　按照赫茨伯格的观点，在企业管理的过程中，要调动和维持员工的积极性，首先要注意保健因素，以防止不满情绪的产生。但更重要的是要利用激励因素去激发员工的工作热情，创造奋发向上的局面，因为只有激励因素才会增加员工的工作满意感。
　　双因素理论在学术界同样存在着争议，批评意见主要来自于以下几个方面：
　　（1）赫茨伯格所采用的研究方法具有一定的局限性。人们容易把满意的原因归于他们自己，而把不满意的原因归因于外部因素。
　　（2）赫茨伯格研究方法的可靠性令人怀疑。评估者必须要进行解释，但他们有可能会对两种相似的回答作出不同的解释，因而使调查结果掺杂偏见。
　　（3）缺乏普遍适用的满意度评价标准。一个人可能不喜欢他工作的一部分，但他仍认为这份工作是可以接受的。
　　（4）双因素理论忽视了情境变量，没有考虑情境变量在其中所起的作用。
　　（5）赫茨伯格认为满意度与生产率之间有一定的关系，但他所使用的研究方法只考察了满意度，而没有涉及生产率。

再來看看雙因素理論與需要層次理論之間的關係。通過仔細分析，我們發現，它們之間是兼收並蓄的。圖7-6則描述了二者之間的相關性。

赫兹伯格的保健因素對應著需要層次理論中的較低層次需要，而激勵因素則與馬斯洛的高層次的需要是相對應的。二者的差別體現在：馬斯洛主要針對需要本身而言，而赫兹伯格則是針對這些需要的目標和誘因而言的。如果某些保健因素，如加薪、優化工作環境等不再發揮激勵作用，這可能是因爲作爲一種低層次的需要，員工已經得到了足夠的滿足，從而不再具有激勵效果。所以，需要考慮更高層次的需要來作爲激勵因素，使得員工提高努力程度。正如前文所指出的那樣，赫兹伯格的理論是作爲對馬斯洛的需要層次理論的檢驗和修正而出現的，所以他們之間的這種關係也應該是自然存在的，只不過，赫兹伯格從更具體的層次上深化和驗證了馬斯洛的需要層次理論。

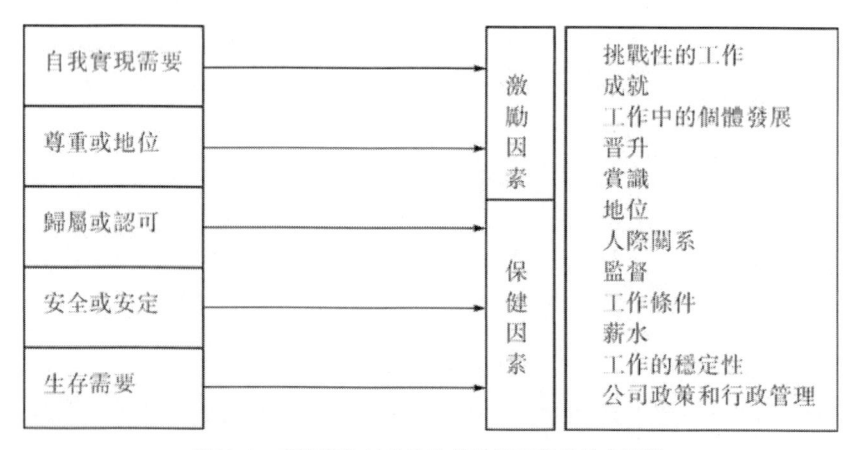

需要層次	雙因素	具體因素
自我實現需要	激勵因素	挑戰性的工作；成就；工作中的個體發展；晉升；賞識
尊重或地位		
歸屬或認可	保健因素	地位；人際關係；監督；工作條件；薪水；工作的穩定性；公司政策和行政管理
安全或安定		
生存需要		

圖7-6　馬斯洛和赫兹伯格的激勵理論比較與聯繫

（資料來源：哈羅德・孔茨，等．管理學［M］．北京：經濟科學出版社，1998：306.）

2）理論在管理中的應用

赫茨伯格的雙因素理論在現代激勵理論中占有重要的地位，特別是雙因素理論所提示的内在激勵的規律，爲許多管理者更好地激發員工的工作動機提供了新的思路，具有重要的指導和應用價值。雙因素理論對管理者的啓發主要表現爲以下兩方面。

（1）注重對員工的内在激勵

管理者若想持久而高效地激勵員工，必須注重工作本身對員工的激勵。第一，改進員工的工作内容，進行工作任務再設計，從而使員工能從工作中感到責任和成長。第二，對高層管理者而言，應下放權力，實施目標管理，擴大基層管理者和員工的自主權及工作範圍，並敢於給予基層管理者富有挑戰性的工作任務，使他們的聰明才智得到充分發揮。第三，對員工的成就及時給予肯定、表揚，使他們感到自己受到重視和信任。

（2）正確處理保健因素與激勵因素的關係

首先，不應忽視保健因素，但又不能過分地注重改善保健因素。雙因素理論指出，滿足員工的保健因素，只能防止反激勵，並不構成激勵。赫茨伯格通過研究還發現：保健因素的作用是一條遞減曲線。當員工的工資、獎金等報酬達到某種滿意程度後，其作用就會下降，過了飽和點，還會適得其反。

其次，要善於把保健因素轉化爲激勵因素。保健因素和激勵因素是可以轉化的，不是一成不變的。例如，員工的工資、獎金如果同其工作績效掛鈎，就會產生激勵作用，變爲激勵因素。如果兩者沒有聯繫，獎金發得再多，也構不成激勵，且一旦減少或停發，還會造成員工的不滿。因此，高明的管理者既要註意保健因素，以消除員工的不滿，又要努力使保健因素轉變爲激勵因素。

3. 三種需要理論

1）理論內容

三種需要理論（Three needs theory）（也稱爲成就需要理論）是由美國哈佛大學教授戴維·麥克萊蘭（David McClelland）等人在 20 世紀 40~50 年代通過對人的需求和動機的研究而提出來的。

麥克萊蘭認爲個體在工作情境中有三種主要的動機或需要：

（1）成就需要（Need for achievement）：達到標準、追求卓越、爭取成功的需要。麥克萊蘭認爲，具有強烈的成就需要的人渴望將事情做得更爲完美，提高工作效率，獲得更大的成功，他們追求的是在爭取成功的過程中克服困難、解決難題、努力奮鬥的樂趣，以及成功之後的個人的成就感，他們並不看重成功所帶來的物質獎勵。個體的成就需要與他們所處的經濟、文化、社會、政府的發展程度有關；社會風氣也制約着人們的成就需要。麥克萊蘭發現高成就需要者的特點是：他們希望得到有關工作績效的及時明確的反饋信息，從而瞭解自己是否有所進步；他們喜歡設立具有適度挑戰性的目標，不喜歡憑運氣獲得成功，不喜歡接受那些在他們看來特別容易或特別困難的工作任務。高成就需要者事業心強，有進取心，敢冒一定的風險，比較實際，大多是進取的現實主義者。

高成就需要者對於自己感到成敗機會各半的工作，表現得最爲出色。他們不喜歡成功的可能性非常低的工作，這種工作碰運氣的成分非常大，那種帶有偶然性的成功機會無法滿足他們的成功需要；同樣，他們也不喜歡成功的可能性很大的工作，因爲這種輕而易舉就取得的成功對於他們的自身能力不具有挑戰性。他們喜歡設定通過自身努力才能達到的奮鬥目標。對他們而言，當成敗可能性均等時，才是一種能從自身的奮鬥中體驗成功的喜悅與滿足的最佳機會。

（2）權力需要（Need for power）：影響或控制他人且不受他人控制的慾望。權力需要是指影響和控制別人的一種願望或驅動力。不同人對權力的渴望程度也有所不同。權力需要較高的人喜歡支配、影響他人，喜歡對別人"發號施令"，註重爭取地位和影響力。他們喜歡具有競爭性和能體現較高地位的場合和情境，他們也會追求出色的成績，但他們這樣做並不像高成就需要的人那樣是爲了個人的成就感，而是爲了獲得地位和權力或與自己已具有的權力和地位相稱。權利需要是管理成功的基本要素之一。

（3）歸屬需要（Need for Affiliation）：建立友好親密的人際關係的願望。麥克萊蘭提出的第三種需要是歸屬需要，也就是尋求被他人喜愛和接納的一種願望。高歸屬需要者渴望友誼，喜歡合作而不是競爭的工作環境，希望彼此之間的溝通與理解，他們對環境中的人際關係更爲敏感。有時，歸屬需要也表現爲對失去某些親密關係的恐懼和對人際衝突的回避。歸屬需要是保持社會交往和人際關係和諧的重要條件。

2）理論在管理中的應用

在如何辨別一個人是高成就需要者還是其他類型這個問題上，麥克萊蘭主要通過投射測驗進行測量。他給每位被試者一系列圖片，讓他們根據每張圖片寫一個故事，而後麥克萊蘭和他的同事分析故事，對被試者的三種需要程度作出評估。

在大量的研究基礎上，麥克萊蘭對成就需要與工作績效的關係進行了十分有說服力的推斷。

（1）高成就需要者喜歡能獨立負責、可以獲得信息反饋和中度冒險的工作環境。他們會從這種環境中獲得高度的激勵。麥克利蘭發現，在小企業的經理人員和在企業中獨立負責一個部門的管理者中，高成就需要者往往會取得成功。

（2）在大型企業或其他組織中，高成就需要者並一定就是一個優秀的管理者，原因是高成就需要者往往只對自己的工作績效感興趣，並不關心如何影響別人去做好工作。

（3）歸屬需要與權力需要和管理的成功密切相關。麥克利蘭發現，最優秀的管理者往往是權力需要很高而歸屬需要很低的人。如果一個大企業的經理的權利需要與責任感和自我控制相結合，那麼他很有可能成功。

（4）可以對員工進行訓練來激發他們的成就需要。如果某項工作要求高成就需要者，那麼管理者可以通過直接選拔的方式找到一名高成就需要者，或者通過培訓的方式培養自己原有的下屬。

麥克萊蘭的動機理論在企業管理中很有應用價值。首先在人員的選拔和安置上，通過測量和評價一個人動機體系的特徵對於如何分派工作和安排職位有重要的意義。其次由於具有不同需要的人需要不同的激勵方式，瞭解員工的需要與動機有利於合理建立激勵機制。再次麥克萊蘭認爲動機是可以訓練和激發的，因此可以訓練和提高員工的成就動機，以提高生產率。

4. 生存、關係、發展理論（ERG）

美國耶魯大學的克雷頓·奧爾德弗（Clayton Alderfer）在馬斯洛提出的需要層次理論的基礎上，進行了更接近實際經驗的研究，提出了一種新的人本主義需要理論。

奧爾德弗認爲，人們共存在三種核心的需要，即生存（Existence）的需要、相互關係（Relatedness）的需要和成長發展（Growth）的需要，因而這一理論被稱爲ERG理論。生存的需要與人們基本的物質生存需要有關，它包括馬斯洛提出的生理和安全需要。第二種需要是相互關係的需要，即指人們對於保持重要的人際關係的要求。這種社會和地位的需要的滿足是在與其他需要相互作用中達成的，它們與馬斯洛的社會需要和自尊需要分類中的外在部分是相對應的。最後，奧爾德弗把成長發展的需要獨立出來，它表示個人謀求發展的內在願望，包括馬斯洛的自尊需要分類中的內在部分和自我實現層次中所包含的特徵。

ERG 理論假設激勵行為是遵循一定的等級層次的。在這點上雖然和馬斯洛提出的觀點相類似。但它又有兩個重要的區別：第一，ERG 理論認為在任何時間裡，多種層次的需要會同時發生激勵作用。所以它承認人們可能同時受賺錢的慾望（生存的需要）、友誼（關係的需要）和學習新的技能的機會（成長的需要）等多種需要的激勵。第二，ERG 理論明確提出了"氣餒型回歸"的概念。馬斯洛理論認為人的低層次的需要得到滿足後，就會上升為更高層次的需要，受高層次需要的激勵。可是奧爾德弗認為，如果上一層次的需要一直得不到滿足的話，個人就會感到沮喪，然後回歸到對低層次需要的追求。

ERG 理論比馬斯洛理論更新、更有效地解釋了組織中的激勵問題。當然，管理人員不應只局限於用一兩個理論來指導他們對職工的激勵工作，但通過對需要層次論的瞭解，應看到人個人的需要重點是不同的，當某種需要得到滿足後，人們可能會改變他們的行為。

以上幾種內容型激勵理論雖各有自己獨特的觀點，但它們相互之間又有聯繫，其關係如圖 7-7 所示。

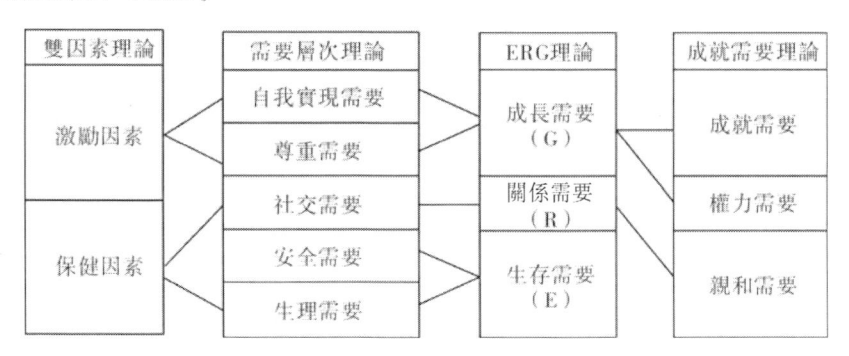

圖 7-7 幾種內容型激勵理論的比較

7.2.3 過程型激勵理論

過程型激勵理論研究"激勵是怎樣產生的"問題，解釋人的行為是怎樣被激發、引導、維持和阻止的，着重分析人們怎樣面對各種滿足需要的機會以及如何選擇正確的激勵方法，過程型激勵理論解釋的是"為什麼員工會努力工作"和"怎樣才會使員工努力工作"這兩個問題，如弗魯姆的"期望理論"、亞當斯的"公平理論"、斯金納的"強化理論"、洛克的"目標設置理論"等。

1. 期望理論
1) 理論內容

相比較而言對激勵問題進行比較全面研究的，是激勵過程的期望理論。期望理論（Expectancy theory of motivation）是美國心理學家弗魯姆（Victor Vroom）在1964年出版的《工作與激發》一書中首先提出來的。

期望理論的基本內容主要包括弗魯姆的期望公式和期望模式。

（1）期望公式。弗魯姆認爲，人總是渴求滿足一定的需要並設法達到一定的目標。這個目標在尚未實現時，表現爲一種期望，這時目標反過來對個人的動機又是一種激發的力量，而這個激發力量的大小，取決於目標價值（效價）和期望概率（期望值）的乘積。用公式表示爲：

激勵水平（M）＝目標效價（V）×期望值（E）

M表示激發力量，是指調動一個人的積極性，激發人內部潛力的強度。

V表示目標價值（效價），這是一個心理學概念，是指達到目標對於滿足他個人需要的價值。同一目標，由於各人所處的環境不同，需求不同，其需要的目標價值也就不同。同一個目標對每一個人可能有三種效價：正、零、負。效價越高，激勵力量就越大。

E是期望值，是人們根據過去經驗判斷自己達到某種目標的可能性是大還是小，即能夠達到目標的概率。目標價值大小直接反應人的需要動機強弱，期望概率反應人實現需要和動機的信心強弱。

這個公式說明：假如一個人把某種目標的價值看得很大，估計能實現的概率也很高，那麼這個目標激發動機的力量越強烈。

（2）期望模式。怎樣使激發力量達到最好值，弗魯姆提出了他的期望模式，我們將之表示在圖7-8中。

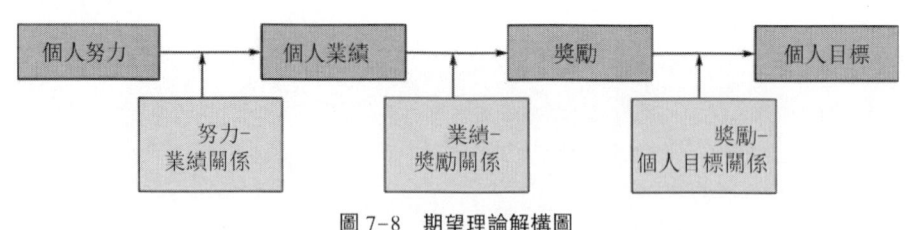

個人努力 → 個人業績 → 獎勵 → 個人目標

努力-業績關係　　業績-獎勵關係　　獎勵-個人目標關係

圖7-8　期望理論解構圖

在這個期望模式的四個因素中包含了以下三個方面的關係：

①努力和績效的關係。個人感覺到通過一定程度的努力而達到工作績效的可能性。

②績效與獎勵關係。個人對於達到一定工作績效後即可獲得理想的獎賞結果的信任程度。人們總是期望在達到預期成績後，能夠得到適當的合理獎勵，如獎金、晉升、提級、表揚等。組織的目標，如果沒有相應的有效的物質和精神獎勵來強化，時間一長，積極性就會消失。

③獎勵和個人需要關係。如果工作完成，個人所獲得的潛在結果或獎賞對個人

的重要性程度。獎勵什麼要適合各種人的不同需要，要考慮效價。要採取多種形式的獎勵，滿足各種需要，最大限度地挖掘人的潛力，最有效地提高工作效率。

通過對弗魯姆的期望模式的分析，我們可以總結出期望理論中所包含的激勵產生過程的四個步驟：

①員工感到這份工作能提供什麼樣的結果？這些結果可以是積極的，如工資、人身安全、同事友誼、信任、額外福利、發揮自身潛能或才干的機會等；也可以是消極的，如疲勞、厭倦、挫折、焦慮、嚴格的監督與約束、失業威脅等。當然，也許實際情況並非如此，但這裡我們強調的是員工知覺到的結果，無論他的知覺是否正確。

②這些結果對員工的吸引力有多大？他們的評價是積極的、消極的還是中性的？這顯然是一個內部的問題，與員工的態度、個性及需要有關。如果員工發現某一結果對他有特別的吸引力，也就是說，他的評價積極，那麼他將努力實現它，而不是放棄工作。對於相同的工作，有些人則可能對其評價消極，從而放棄這一工作，還有人的看法可能是中性的。

③爲得到這一結果，員工需採取什麼樣的行動？只有員工清楚明確地知道爲達到這一結果必須做些什麼時，這一結果才會對員工的工作績效產生影響。比如，員工需要明確瞭解績效評估中"干得出色"是什麼意思，管理者使用什麼樣的標準評價他的工作績效。

④員工是怎樣看待這次工作機會的？在員工衡量了自己可以控制的決定成功的各項能力後，他認爲工作成功的可能性有多大？

2）理論在管理中的應用

期望理論對企業安全管理具有啓迪作用，它明確地提出職工的激勵水平與企業設置的目標效價和可實現的概率有關，這對企業採取措施調動職工的積極性具有現實的意義。

（1）企業應重視安全生產目標的結果和獎酬對職工的激勵作用，既充分考慮設置目標的合理性，增強大多數職工對實現目標的信心，又設立適當的獎金定額，使安全目標對職工有真正的吸引力。

（2）要重視目標效價與個人需要的聯繫，將滿足低層次需要（如發獎金、提高福利待遇等）與滿足高層次需要（如加強工作的挑戰性、給予某些稱號等）結合運用；同時，要通過宣傳教育引導職工認識安全生產與其切身利益的一致性，提高職工對安全生產目標及其獎酬效價的認識水平。

（3）企業應通過各種方式爲職工提高個人能力創造條件，以增加職工對目標的期望值。管理者應該與下級一起設置切實可行的目標，激發下級的工作積極性；同時，管理者可以通過指導、培訓等方法提高下級的工作能力，從而提高下級通過努力實現績效的期望。

2. 公平理論

1）理論內容

公平理論（Equity Theory）是美國心理學家亞當斯（J. S. Adams）於 20 世紀

60年代首先提出的，也稱爲社會比較理論。這種理論的基礎在於，員工不是在真空中工作的，他們總是在進行比較，比較的結果對於他們的工作中的努力程度有影響。大量事實表明員工經常將自己的付出與所得和他人進行比較，而由此產生的不公平感將影響到他以後付出的努力。

公平理論主要討論報酬的公平性對人們工作積極性的影響。人們通常通過兩個方面的比較來判斷其所獲報酬的公平性，即橫向比較和縱向比較。所謂橫向比較，就是將"自我"與"他人"相比較來判斷自己所獲報酬的公平性，從而對此作出相對應的反應。縱向比較則是把自己目前的與過去的進行比較。

亞當斯提出"貢獻率"的公式，描述員工在橫向和縱向兩個方面對所獲報酬的比較以及對工作態度的影響：

$$O_A/I_A = O_B/I_B$$

式中：I 爲個人所投入（付出）的代價，如資歷、工齡、教育水平、技能、努力等；O 爲個人所獲取的報酬，如獎金、晉升、榮譽、地位等。

該式簡明地表達了影響個體公平感的各變量間的關係。從中可以看出，人們並非單純地將自己的投入或獲取與他人進行比較，而是以雙方的獲取與投入的比值來進行比較，從而衡量自己是否受到公平的對待。比較會產生三種結果，如表7-2所示：

①若 $O_A/I_A = O_B/I_B$，人們就會有公平感；
②若 $O_A/I_A < O_B/I_B$，人們就會感到不公平，產生委屈感；
③若 $O_A/I_A > O_B/I_B$，人們也會感到不公平，產生內疚感。

表7-2　　　　　　　　　　　公平理論

公平狀態	當事人a		參照者b	實　例
公平	O_a/I_a	=	O_b/I_b	a認爲比b的投入多，也相應地得到更多的報酬
低報酬不公平	O_a/I_a	<	O_b/I_b	a認爲比b的投入多，但得到的報酬相同
高報酬不公平	O_a/I_a	>	O_b/I_b	a認爲與b的投入相同，但得到的報酬比b多

在公平理論中，員工所選擇的與自己進行比較的參照對象（Referents）是一個重要變量，我們可以劃分出三種參照類型："他人""制度"和"自我"。"他人"包括同一組織中從事相似工作的其他個體，還包括朋友、鄰居及同行。員工通過口頭、報刊及網路等渠道獲得了有關工資標準、最近的勞工合同方面的信息，並在此基礎上將自己的收入與他人進行比較。"制度"指組織中的薪金政策與程序以及這種制度的運作。"自我"指的是員工自己在工作中付出與所得的比率。它反應了員工個人的過去經歷及交往活動，受到員工過去的工作標準及家庭負擔程度的影響。

當一個人發現自己受到不公平（利己或損己）待遇時，他往往採取以下幾種方式消除心理的不公平感：

(1) 力求改變自己的報酬

阿倫（J. Allen）和布魯斯（K. Bruce）做過一個處於不公平狀態下的人怎樣改

變自己報酬的實驗。實驗是讓被試大學生每兩人一組解數學題，一人為解題者，一人為驗算者，並告訴他們按解題的速度和正確的程度支付報酬，報酬付給兩人後，再由他們兩人自己分配。在實際解題過程中，解題者和驗算者投入的時間量相等，因此公平的分配方法是將報酬平分。實驗分兩次進行。第一次由解題者掌握報酬分配權，第二次由驗算者掌握報酬分配權。無論哪一次，沒有分配權的人有權對分配者的決定作出 5 美分的修正。

在第一次實驗中，絕大多數解題者提出的是公平的分配（平分），故驗算者無異議。在第二次實驗中，實驗者操縱驗算者使分配發生變化，即將得到的 1 美元 40 美分分別按 85.7%（1 美元 20 美分）、67.9%（95 美元）、50%（70 美分）、32.1%（45 美分）、14.3%（20 美分）、3.6%（5 美分）、1.4%（2 美分）分配給解題者。結果是，得到 85.7% 和 67.9% 報酬的解題者，提出要將自己的報酬減少 5 美分，而所得報酬不足 50% 的，提出要把自己的報酬增加 5 美分。只有恰好獲得 50% 報酬的，才沒有異議。這說明，解題者不僅在損己不公平（所得報酬不足 50%）時，而且在利己不公平（所得報酬超過 50%）時，都想通過改變自己的報酬以減少不公平感。

（2）要求改變他人的報酬

這點在上面的實驗中也得到了證明。當報酬總額衡定時，要求改變自己的報酬實際上就是要求改變他人的報酬。

（3）設法改變自己的投入

雅各布森（P. R. Jacbson）等人做過處於利己不公平狀態下的人的實驗。實驗是讓哥倫比亞大學的學生（被試）參加印刷品校對工作。事先告訴被試校對一頁給 30 美分。實驗之前，先檢測被試的校對能力，再隨機分為 3 個實驗組（3 組成員的校對能力實際上大致相等，沒有統計學意義上的差別）。

實驗開始前，實驗者告訴第一組被試："測驗證明，你們的校對能力並不強。但由於我們要趕任務，所以還是聘請你們。報酬還是事先商定的，即每頁 30 美分。"然後對第二組說："測驗證明，你們的校對能力不大強。因此不能按事先商定的支付報酬，只能每頁 20 美分。"最後告訴第三組："測驗證明你們的校對能力很強。因此按事先所說每頁 30 美分付錢，這種報酬與有資格從事這項工作的其他人所得的報酬相同。"

實驗結果證明：第一組覺得自己報酬過多而要改變不公平，於是比其他兩組更努力地工作，矯正校樣的錯誤最多。其他兩組都覺得自己的投入與報酬相當，沒有不公平感，因而在投入上也比較正常。這是利己不公平實驗。至於因損己不公平而減少投入的，實際生活中屢見不鮮。

（4）要求改變他人的投入

處於不公平待遇狀態下的人，不僅能通過改變自己的投入和報酬，而且能通過改變他人的投入和報酬消除不公平。因為改變他人的投入，也就改變了他人的投入與報酬之比值，就有可能使其比值與自己的投入與報酬比值接近。

(5) 自我消除不公平感

具體的辦法是改變比較對象或知覺方式。前者如換一個投入與報酬比值低於自己的人和自己作比較。後者如重新分析自己的投入，使自己的投入和報酬之比接近比較對象。

公平理論揭示了人們公平心態的激勵功能，把一個客觀存在卻不大爲人們注意的問題納入了科學研究領域。但是這種理論還有待深入研究，這主要因爲：其一，公平可以消除人們的不滿，但它似乎難以激勵人們。因爲公平感本身是一種心理平衡感，平衡而無衝突，就失去了動力。這在上述一些實驗中可找到證明。其二，公平的主觀色彩甚濃，因此實際上很難操作，也就難以利用。其三，有利於自己的不公平感也是激勵人們的力量。這點也可從上述實驗中看出。實際生活中的"傾斜政策"等能調動積極性的原因也在於此。因此公平的激勵價值也許存在於盡量減少人們損己的不公平感而擴大人們利己的不公平感的策略之中。

2) 理論在管理中的運用

公平理論爲組織管理者公平對待每一位員工提供了一種分析處理問題的方法，對於組織管理有較大的啓示意義。

(1) 管理者要引導員工形成正確的公平感

員工的比較往往是憑個人的主觀感覺進行的，因此，管理者要多作正確的引導，使員工形成正確的公平感。在人們的心理活動中，往往會過高估計自己的貢獻和作用，而壓低他人的績效和付出的行爲，因此總認爲自己報酬偏低，從而產生不公平心理的現象。隨著信息技術的發展，人們的社會交往越來越廣泛，比較範圍也越來越大，加之收入差距增大的社會現實，都增加了產生不公平感的可能性。組織管理者要引導員工正確進行比較，多看到他人的長處，認識自己的短處，客觀公正地選擇比較基準，多在自己所在的地區、行業內比較，盡可能看到自己報酬的發展和提高，避免盲目攀比而造成不公平感。

(2) 員工的公平感將影響整個組織的積極性

事實表明，員工的公平感不僅對其個體行爲有直接影響，而且還將通過個體行爲影響整個組織的積極性。在組織管理中，管理者要着力營造一種公平的氛圍，如正確引導職工言論，減少因不正常的輿論傳播而產生的消極情緒；經常深入群衆中，瞭解員工工作、生活中的實際困難，及時幫助其解決困難。

(3) 領導者的管理行爲必須遵循公正原則

領導者的行爲是否公正將直接影響員工對比較對象的正確選擇。例如，領導者處事不公，員工多會選擇受領導者"照顧的人"作比較基準，以致增大比較結果的反差而產生不公平心理。因此，組織管理者要平等地對待每一位員工，公正地處理每一件事情，依法行政，避免因情感因素導致管理行爲不公正。同時，也要注意，公平是相對的，是相對於比較對象的一種平衡，而不是平均。例如，在分配問題上，必須堅持"效率優先，兼顧公平"的原則，允許一部分人通過誠實勞動和合法經營先富起來，帶動後富者不斷改變現狀，逐步實現共同富裕，否則就會產生"大鍋飯"現象，使組織運行機制失去活力。

(4) 報酬的分配要有利於建立科學的激勵機制

對員工報酬的分配要體現"多勞多得、質優多得、責重多得"的原則，堅持根據不同工作的特點，配合採用多種分配方式相結合的辦法。如按時間付酬時，收入超過應得報酬的員工的生產率水平，將高於收入公平的員工；按產量付酬，將使員工爲實現公平感而加倍努力，這將促使產品的質量或數量得到提高；按時間付酬，對於收入低於應得報酬的員工來說，將降低他們生產的數量或質量；按產量付酬時，收入低於應得報酬的員工與收入公平的員工相比，他們的產量高而質量低。

3. 強化理論

1) 理論內容

強化理論（Reinforcement theory）又是由美國哈佛大學教授、心理學家斯金納（B. F. Skinner）提出來的。強化理論也叫作行爲矯正理論，是斯金納在對有意識行爲特性深入研究的基礎上提出的一種新行爲主義理論，它是以學習的強化原則爲基礎的關於理解和修正人的行爲的一種學說。此理論認爲人的行爲具有有意識條件反射的特點，可以對環境起作用，促使其產生變化，環境的變化（行爲結果）又反過來對行爲發生影響。因此，當有意識地對某種行爲進行肯定強化時，可以促進這種行爲重複出現；對某種行爲進行否定強化時，可以修正或阻止這種行爲的重複出現。因此，人們可以用這種正強化或負強化的辦法來影響行爲的後果，從而修正其行爲。根據這一原理，採用不同的強化方式和手段，可以達到有效激勵職工積極行爲的目的。

所謂強化，從其最基本的形式來講，指的是對一種行爲的肯定或否定的後果（報酬或懲罰），它至少在一定程度上會決定這種行爲在今後是否會重複發生。

強化包括正強化、負強化、懲罰和自然消退四種類型：

(1) 正強化，又稱積極強化。正強化即當人們採取某行爲時，能從他人那裡得到某種令其感到愉快的結果，這種結果反過來又成爲推進人們趨向或重複此種行爲的力量。例如，企業用某種具有吸引力的結果（如獎金、休假、晉級、認可、表揚等），以表示對職工努力進行安全生產的行爲的肯定，從而增強職工進一步遵守安全規程進行安全生產的行爲。

(2) 負強化，又稱消極強化。負強化是指在行爲反應之後減少個體所厭惡的刺激，所產生的強化作用，如關掉令人痛苦的電流。負強化有兩種，其中逃脫制約表現爲在令人厭惡的刺激剛出現時用行爲終結它，例如抓癢或按下鬧鐘的按鈕。回避制約出現在一個爲了避免出現厭惡刺激的行爲時，例如爲了避免饑餓而進食，或是爲了避開塞車而改變路徑。若職工能按所要求的方式行動，就可減少或消除令人不愉快的處境，從而也增大了職工符合要求的行爲重複出現的可能性。例如，企業安全管理人員告知工人不遵守安全規程，就要受到批評，甚至得不到安全獎勵，於是工人爲了避免此種不期望的結果，而認真按操作規程進行安全作業。

(3) 懲罰是負強化的一種典型方式。在消極行爲發生後，以某種帶有強制性、威懾性的手段（如批評、行政處分、經濟處罰等）給人帶來不愉快的結果，或者取消現有的令人愉快和滿意的條件，以表示對某種不符合要求的行爲的否定。

（4）自然消退，又稱衰減。它是指對原先可接受的某種行爲強化的撤銷。由於在一定時間內不予強化，此行爲將自然下降並逐漸消退。例如，企業曾對職工加班加點完成生產定額給予獎酬，後經研究認爲這樣不利於職工的身體健康和企業的長遠利益，因此不再發給獎酬，從而使加班加點的職工逐漸減少。

如上所述，正強化和負強化用於加強期望的個人行爲；懲罰和自然消退的目的是爲了減少和消除不期望發生的行爲。這四種類型的強化相互聯繫、相互補充，構成了強化的體系，並成爲一種制約或影響人的行爲的特殊環境因素。

2）理論在管理中的運用

強化理論具體應用的一些行爲原則如下：

（1）應以正強化方式爲主。正強化比負強化更有效，在強化手段的運用上，應以正強化爲主。在企業中設置鼓舞人心的安全生產目標，是一種正強化方法，但要註意將企業的整體目標和員工個人目標、階段目標等相結合，並對在完成個人目標或階段目標中做出明顯績效或貢獻者，給予及時的物質和精神獎勵，以便充分發揮強化作用。

（2）二是採用懲罰要慎重。懲罰應用得當會促進安全生產，應用不當則會帶來消極影響，如可使人產生悲觀、恐懼等心理反應，甚至發生對抗性消極行爲等。因此，在運用懲罰時，應尊重事實，講究方式方法，以盡量消除其副作用。與正強化結合應用一般能取得更好的效果

（3）注意強化的時效性。採用強化的時間對於強化的效果有較大的影響一般而言，及時強化可提高行爲的強化反應程度，但須註意，及時強化並不意味着隨時都要進行強化。不定期的非預料的間斷性強化，往往可取得更好的效果。

（4）因人制宜，採用不同的強化方式。由於人的個性特徵及其需要層次不盡相同，不同的強化機制和強化物所產生的效應會因人而異。因此，在運用強化手段時，應採用有效的強化方式，並隨對象和環境的變化而相應調整。

（5）設立明確而又適當的目標。對於人的激勵，首先要設立一個明確的、鼓舞人心而又切實可行的目標，只有目標明確而具體時，才能進行衡量和採取適當的強化措施。而太高的目標會使人感到不達到的希望很小，從而難以充分調動人們爲達到目標而做出努力的積極性。

4. 目標設置理論

1）理論內容

目標設置理論是由美國著名行爲科學家洛克（Edwin A. Locke）於1967年首先提出的。它是組織行爲學中理論與實踐相結合的一個典型範例。

該理論認爲，設置目標是管理領域中最有效的激勵方法之一，是完成工作的最直接動力，也是提高激勵水平的重要過程。目標會導致努力，努力創造工作績效，績效又增強自尊心和自信心，從而通過目標的達成來滿足個人的需要。

洛克等人在研究中還發現，從激勵的效果來看，有目標比沒有目標好，具體的目標比空泛的目標好，能被執行者接受而又有適當難度的目標比唾手可得的目標好。個體的目標設置並不是對所有任務都具有相同效果。當任務是簡單的而不是複雜的時，是經過仔細研究的而不是突發奇想的時，是相互獨立的而不是相互依賴的時，目標對工作績效更有實質性的影響。對相互依賴性強的任務來說，群體目標更爲可取。

2）理論在管理中的運用

目標設置理論是組織行爲學中較新的一種激勵理論，它對管理學的意義是重大的，對於實踐管理者也具有重要的應用價值。

（1）目標是一種外在的可以得到精確觀察和測量的標準，管理者可以直接調整和控制，具有可應用性。

（2）管理者應幫助下屬設立具體的、有相當難度的目標，使下屬認同並內化爲自己的目標，變成員工行動的方向和動力。

（3）管理者應盡可能地使下屬獲得較高的目標認同，對目標的實現採取各種形式的激勵和肯定，以強化和調動員工實現目標的積極性。

（4）促進目標管理。目標設置理論爲目標管理技術提供了心理學方面的理論依據，是對目標管理的進一步發展，目標管理正是應用目標設置原理來提高績效的一種管理技術。要制定出組織整體目標和其他層次、部門、團體和個人的目標，各層次必須瞭解組織目標要求、工作範圍與組織的關係，做到彼此支持、協調、上下左右兼顧，以達成組織預定目標。

7.2.4　綜合激勵模型

綜合激勵理論是指有綜合特性的激勵理論，是這內容型和過程型兩類理論的綜合、概括和發展，它爲解決調動人的積極性問題指出了更爲有效的途徑。羅伯特·豪斯（R. House）的綜合激勵模型、波特（L. Porter）和勞勒（E. Lawler）的綜合激勵模型以及羅賓斯的綜合激勵理論都屬於此種類型。

1. 波特-勞勒綜合激勵模型

波特-勞勒綜合激勵理論是由美國心理學家萊曼·波特（Lyman W. Porter）和愛德華·勞勒（Edward E. Lawler）在1968年的《管理態度和成績》一書中首先提出來的。它是在期望理論的基礎上引申出的一個更爲實際更爲完善的激勵模式。

波特和勞勒以工作績效爲核心，對與績效有關聯的許多因素，進行了一系列相關性研究，並在此基礎上提出了一個激勵綜合模型。如圖7-9所示，圖中涉及10種因素，分別由圖中10個方框表示，實線表示因素間的因果關係，虛線表示反饋回路。

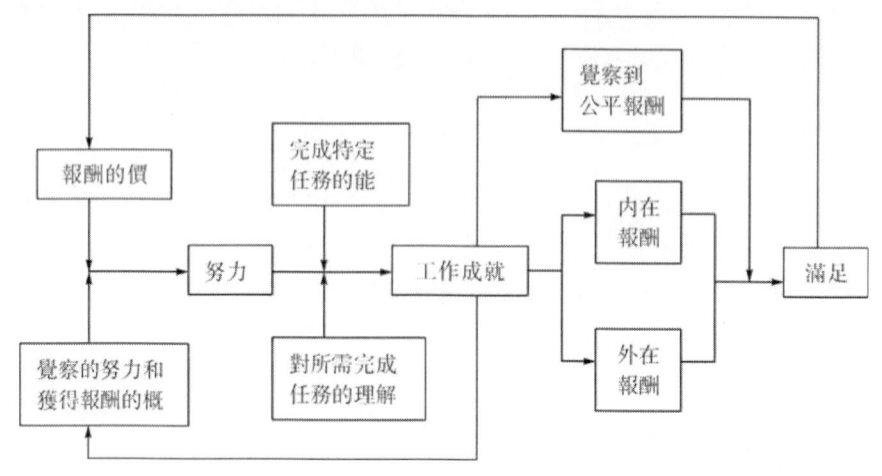

圖 7-9　波特－勞勒的激勵模式

在該模式中，突出了四個變量，即努力程度、工作成果績效、報酬和滿意感之間的有機聯繫。把整個激勵過程（特別是期望理論和公平理論）聯結為一個有機的整體。

從圖 7-9 中我們可以歸納出該模式的幾個基本點：

(1) 個人是否努力以及努力的程度不僅僅取決於獎勵的價值，而且還受到個人覺察出來的努力和受到獎勵的概率的影響。個人覺察出來的努力是指其認為需要或應當付出的努力，受到獎勵的概率是指其對於付出努力之後得到獎勵的可能性的期望值。很顯然，過去的經驗、實際績效及獎勵的價值將對此產生影響。如果個人有較確切的把握完成任務或曾經完成過並獲得相當價值的獎勵的話，那麼他將樂意付出相當的或更高程度的努力。

(2) 個人實際能達到的績效不僅僅取決於其努力的程度，還受到個人能力的大小以及對任務瞭解和理解程度深淺的影響。特別是對於比較複雜的任務如高難技術工作或管理工作，個人能力以及對此項任務的理解較之其實際付出的努力對所能達到績效的影響更大。

(3) 個人所應得到的獎勵應當以其實際達到的工作績效為價值標準，盡量剔除主觀評估因素。要使個人看到：只有完成了組織的任務或達到目標時，才會受到精神和物質上的獎勵。不應先有獎勵，後有努力和成果，而應當先有努力的結果，再給予相應的獎勵。這樣，獎勵才能成為激勵個人努力達到組織目標的有效刺激物。

(4) 個人對於所受到的獎勵是否滿意以及滿意的程度如何，取決於受激勵者對所獲報酬公平性的感覺。如果受激勵者感到不公平，則會導致不滿意。

(5) 個人是否滿意以及滿意的程度將會反饋到其完成下一個任務的努力過程中。滿意會導致進一步的努力，而不滿意則會導致努力程度的降低甚至離開工作崗位。

綜上所述，波特和勞勒的激勵模式是對激勵系統比較全面和恰當的描述，它告訴我們，激勵相績效之間並不是簡單的因果關係。要使激勵能產生預期的效果，就必須考慮到獎勵內容、獎勵制度、組織分工、目標設置、公平考核等一系列的綜合性因素，並注意個人滿意程度在努力中的反饋。

2. 羅伯特‧豪斯激勵綜合模式

羅伯特‧豪斯（Robert House）把前述若干種激勵理論綜合起來，使人們從事工作的內在性激勵與外在性激勵結合起來，提出了有名的綜合激勵模式。其代表性的公式是：

$$M = V_{it} + E_{ia}(V_{ia} + E_{ej}V_{ej})$$

式中：i 爲內在的，e 爲外在的，t 爲任務本身的，a 爲完成。

M 表示激勵水平。

V_{it} 表示活動本身提供的內酬效價，它給予的內部激勵不受任務完成與否及結果如何的影響，因而與期望值大小無關。

E_{ia} 表示活動能否完成任務的期望值。

V_{ia} 表示完成任務的效價。

$E_{ej}V_{ej}$ 表示一系列雙變量的總和，其中 E_{ej} 表示任務完成能否獲得某項外酬的期望值，V_{ej} 表示該項外酬的效價。

運用乘法分配律，可將此公式變爲：

$$M = V_{it} + E_{ia}V_{ia} + E_{ia}E_{ej}V_{ej}$$

式中：$E_{ia}V_{ia}$ 表示內激勵。

$E_{ia}E_{ej}V_{ej}$ 表示各種外激勵之和。

上述模型表明，整體激勵力量取決於內部和外部兩大方面。所以，要提高對職工的激勵效果，就必須同時重視對職工內在性激勵和外在性激勵的提高。

1）內在性激勵的提高

對職工的內在性激勵包括工作本身的內在性價值（V_{it}）和完成工作給職工所能帶來的內在性激勵作用（$E_{ia}V_{ia}$）。提高工作本身的內在性價值可以有許多辦法，如採取工作豐富化和工作多樣化等措施，讓職工經常體驗到一些新的工作，感受到工作的樂趣和挑戰性，減少工作的單調乏味感；鼓勵職工參與決策計劃的制訂工作，讓他們瞭解自己所從事的工作在整個組織工作中的位置和作用，提高他們對自身工作重要性的認識，等等。在職工認識到自己所從事的工作的重要性之後，關鍵的問題是設法保證職工自身努力之後，能夠達到預期的目標，實現預期的期望。所以，要加強對職工的培訓，提高他們完成工作任務的能力，幫助他們克服工作中出現的各種問題和困難，爲職工創造完成工作任務的良好條件。同時，根據職工在工作中做出的各種成績隨時對職工進行強化，使他們明確自己正在不斷地朝著目標邁進，從而提高完成工作任務的自信心，加大工作動力。

2）外在性激勵的提高

外在性激勵取決於職工對各種外在性報酬的追求。所以，要提高外在性激勵水平，必須瞭解職工所追求的外在性報酬的種類及重視程度，以便對症下藥。目前有些企業領導經常深入群眾，定期或不定期地走訪職工家庭，就某些問題向職工進行問卷調查等，在不同程度上都具有這樣的目的。另外，要註重獎罰及時兌現，取信於民。職工努力工作並取得了較大成績之後，要及時地滿足他們對外在性報酬的需求，這樣才能促使職工繼續努力地工作。

3. 羅賓斯的綜合激勵理論

美國著名的管理學教授、組織行爲學權威人物斯蒂芬·P.羅賓斯（Stephen P. Robbins）在《管理學》（第七版）中整合了各種關於激勵的理論後，提出了一個綜合激勵模型，見圖7-10：

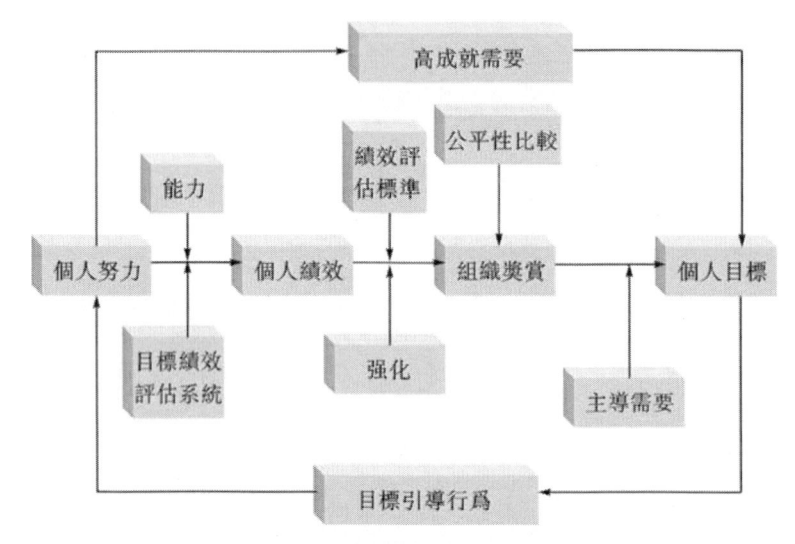

圖7-10 羅賓斯的綜合激勵模型

羅賓斯的綜合激勵理論指出，機會可以幫助也可以妨礙個人的努力。"個人目標"方框中有一個從"個人努力"延伸而來的箭頭，這與目標設置理論相一致，目標—努力鏈接提醒人們註意目標對行爲的導向作用。

這一模型，總結了前面所提到的關於激勵問題的大部分內容。它的基本構架是簡化的期望理論模型。期望理論認爲如果個體感到在努力與績效、績效與獎賞之間、獎賞與個人目標的滿足之間存在密切聯繫，那麼他就會付出高度的努力；反過來，每一種聯繫又受到一定因素的影響。對於努力與績效之間的關係來說，個人還必須具備必要的能力，對個體進行評估的績效評估系統也必須公正、客觀。對於績效與獎賞之間的關係來說，如果個人感知到自己是因績效因素而不是其他因素而受到獎勵時，這種關係最爲緊密。期望理論中最後一種聯繫是獎賞-目標之間的關係。在這一方面需要理論起着重要作用。當個人由於他的績效而獲得的獎賞滿足了與其目標一致的主導需要時，他的工作積極性會非常高。

這個模型包含了成就需要理論。高成就需要者不會因爲組織對他的績效評估以及組織獎賞而受到激勵，對他們來說，努力與個體目標之間是一種直接關係。對於高成就需要者而言，只要他們所從事的工作能使他們產生個體責任感、有信息反饋並提供了中等程度的風險，他們就會產生內部的驅動力。這些人並不關心努力-績效、績效-獎賞以及獎賞-目標之間的關係。

模型中還包含了強化理論，它通過組織的獎勵強化個人的績效體現。如果管理層設計的獎勵系統在員工看來是用於獎勵卓越的工作績效的，那麼獎勵將進一步強化和激勵這種良好績效。

最後，在模型中報酬也體現了公平理論的重要作用。個人經常會將自己的付出與所得比率同相關他人的比率進行對比。若感到二者之間不公平，將會影響到個體的努力程度。

本章所論述的許多理論的觀點事實上是相互補充的，只有將各種理論融會貫通，才會加深對如何運用激勵職能的理解。

【知識閱讀 7-3】

李英的困惑

李英現已 40 歲。回首這二十幾年的奮鬥歷程，很為自己早年艱苦而又自強不息的日子感嘆不已。

想當初自己沒有穩定的工作就結了婚，妻子是位孤女，有父母留下的一棟雖然面積不小但很破舊的平房。妻子在待業之中，倆人常為生計發愁。

後來，李英在某企業找到了一份固定的工作，並很快地被提拔為工段長，接著又成為車間主任，進而升為生產部長。他記得那段日子對他個人和公司來說，都是極重要的轉折。他沒命地為公司工作，很為自己是其中的一分子感到自豪。

他的付出也給他帶來了豐厚的回報。他的工資收入已相當可觀了，更重要的是，他在不斷的提拔、升級中得到了他妻子很為他感到自豪的權力和地位。有段時間，他自己也沾沾自喜過，可現在細細想來，他覺得自己並沒有成就什麼，心裡老是空落落的。

他現在是企業生產的總指揮官，可他看著企業一年比一年不景氣，很想在開發新產品方面為企業做些更大的貢獻，可他在研究開發和銷售方面並沒有什麼權力。他多次給企業領導提議能否變革組織設計方式，使中層單位能統籌考慮產品的生產、銷售及研究開發問題，以增強企業的活力和創新力。可領導一直就沒有這方面的想法。

所以，李英想換個單位，換個職務不要太高，但能真正發揮自己潛能的地方。可自己都步入中年了，"跳槽"又談何容易。

案例分析思考題：

1. 請運用有關激勵理論，對李英走過歷程中所體現的個人需要的滿足情況以及他目前的困惑心境作一分析。

2. 如果李英有意跳槽到你所領導的單位來工作，你應該在哪些方面採取措施以吸引他並給他提供所看重的激勵？請說明理由。

任務7.3　激勵職能的運用

【學習目標】

瞭解激勵的原則，瞭解幾種常用的激勵方式，掌握和運用這些激勵方式。

【學習知識點】

人的心理、需求和行為的複雜性以及外部環境的多樣性決定了在不同的情形下對不同的人進行激勵的複雜性和困難性。同時，激勵總是存在一定的風險性，所以在制定和實施激勵政策時，一定要謹慎。儘管如此，在管理中仍然有一些共同的激勵原則可以遵循和參考。

【知識閱讀7-4】

獵人與獵狗的故事

目標

一條獵狗將兔子趕出了窩，一直追趕它，追了很久仍沒有捉到。羊看到此情景，譏笑獵狗說："你們兩個之間，個子小的反而跑得快得多。"獵狗回答："你不知道，我們兩個跑的目的是完全不同的。我僅僅為了一頓飯，他卻是為了性命！"

這話被獵人聽到了。獵人想：獵狗說得對啊，我要是想得到更多的獵物，就得想個好法子。

引入競爭，績效

於是，獵人買來幾條獵狗，凡是能夠在打獵中捉到兔子的，就可以得到幾根骨頭，捉不到的就沒有飯吃。這一招果然有用，獵狗們紛紛去努力追兔子，因為誰都不願意自己沒吃的。過了一段時間，問題又出現了。大兔子非常難捉到，小兔子好捉，但捉到大兔子得到的獎賞和捉到小兔子得到的骨頭差不多。獵狗們善於觀察，發現了這個竅門，專門去捉小兔子。

獵人知道後，經過思考，將分配方式改為根據獵狗捕捉的兔子的總重量決定其待遇。於是獵狗們捉到兔子的數量和重量都增加了。

養老

獵人很開心。但是過了一段時間，獵人發現，獵狗們捉兔子的數量又少了，而且越有經驗的獵狗捉兔子的數量下降得就越多。

於是獵人又去問獵狗。獵狗說："我們把最好的時間都奉獻給了您，主人。但是我們會變老，當我們捉不到兔子的時候，您還會給我們骨頭吃嗎？"獵人決定論功行賞，規定如果捉到的兔子超過了一定的數量後，即使捉不到兔子，每頓飯也可以得到一定數量的骨頭。一段時間過後，有一些獵狗達到了獵人規定的數量。

自立門戶

沒過多久，其中有一隻獵狗説："我們這麼努力，只得到幾根骨頭，而我們捉的獵物遠遠超過了這幾根骨頭，我們爲什麼不能給自己捉兔子呢？"於是，有些獵狗離開了獵人，自己捉兔子去了。

吸引留住人才

獵人意識到獵狗正在流失，並且那些流失的獵狗像野狗一般和自己的獵狗搶兔子。情況變得越來越糟，於是獵人再次進行了改革，使得每條獵狗除骨頭外，還可以獲得其所獵兔肉總量的 N%，而且隨著服務時間加長，貢獻變大，該比例還可遞增，並有權分享獵人總兔肉的 M%。這樣之後，連離散的獵狗也紛紛要求重新歸隊。

（資料來源：佚名. 獵人與狗［EB/OL］.（2008-12-30）［2014-06-10］. http://www.ycy.com.cn/Article/myjj/200812/28941.html.）

1. 物質激勵與精神激勵相結合

物質激勵是激勵的一般模式，也是目前使用最爲普遍的一種激勵模式。精神激勵相對而言不僅成本較低，而且常常能取得物質激勵難以達到的效果。將精神激勵和物質激勵組合使用，可以大大激發員工的成就感、自豪感，使激勵效果倍增。

2. 目標合理

激勵往往和目標聯繫在一起，因此，應樹立合理的目標及盡可能準確、明確的績效衡量標準。目標既不能過高，也不能過低。過高使員工的期望值降低，影響積極性，過低則會使目標的激勵效果下降。

3. 獎懲結合

對有貢獻者進行獎勵是必需的，而對有過失者實施適當的懲罰也是必要的。在獎懲時要注意獎懲分明，以獎爲主。同時，對於無功無過者也不能採取不聞不問的態度。對無功無過者也必須給予適當的批評、教育，讓他們懂得"無功便是過"，激發他們的熱情，促使他們進取。

4. 因人而異

不同人的需求是不一樣的，同一個人在不同時期的需求也是不一樣的。管理者必須努力與員工共同去發現最有效的激勵因素，是物質獎勵、培訓、發展機會、良好的工作氛圍，還是其他什麼回報。個人的需求有多種，見表 7-3。

表 7-3　　　　　　　　　　　　　個人需求表

你想從工作中得到什麼？
通過圈出下面每一個工作回報的重要性，以決定你想從工作中得到什麼。

我想從工作中得到哪些？

	非常重要	比較重要	無所謂	不重要	很不重要
晉升機會	5	4	3	2	1
適當的公司政策	5	4	3	2	1
權威	5	4	3	2	1
工作的自主性和自由	5	4	3	2	1
挑戰性的工作	5	4	3	2	1
公司聲望	5	4	3	2	1
額外福利	5	4	3	2	1
地理位置	5	4	3	2	1
良好的同事	5	4	3	2	1
良好的監督	5	4	3	2	1
工作安全	5	4	3	2	1
金錢	5	4	3	2	1
個人發展機會	5	4	3	2	1
舒適的辦公室和工作條件	5	4	3	2	1
績效反饋	5	4	3	2	1
受尊重的工作頭銜	5	4	3	2	1
對出色工作的認可	5	4	3	2	1
責任	5	4	3	2	1
成就感	5	4	3	2	1
培訓項目	5	4	3	2	1
工作類型	5	4	3	2	1
與人共事	5	4	3	2	1

(來源：托馬斯·S. 貝特曼. 管理學：構建競爭優勢 [M]. 北京：北京大學出版社，2001.)

5. 公開公平公正

激勵應堅持公開公平公正的原則，切忌平均。公開是公平公正的基礎，公開的核心是信息的公開，包括制度、程序及結果的公開。公平公正必然導致價值分配實際上的不平均，而這種不平均正好體現了制度和程序的公平公正。追求成果分享的平均主義，可能產生副作用，打擊優秀員工的積極性。

6. 適度激勵

激勵要適度，獎勵和懲罰不適度都會影響激勵效果，同時增加激勵成本。獎勵過重會使員工產生驕傲和滿足的情緒，失去進一步提高自己的慾望。懲罰過重會讓員工感到不公，或者失去對公司的認同，甚至產生怠工或破壞的情緒。

下面對組織在堅持基本激勵原則的基礎上常用的激勵方法進行分析和介紹。

7.3.1 工作設計

1. 工作設計概述

工作設計是指為了有效地達到組織目標以及合理有效地處理人與工作的關係，對能滿足個人需要的工作內容、工作職能和工作關係的特別處理。組織通過工作設計向員工分配工作任務，使員工履行自己的職責，目的是滿足員工和組織的需要。科學合理的工作設計能夠激發員工的工作積極性，提高員工的工作滿意度及工作績效。

工作設計的內容包括以下事項：

(1) 確定工作的常規性、多樣性、複雜性、難度及整體性；

(2) 確定工作責任、工作權限、工作方法及信息溝通方式；

(3) 確定工作承擔者與其他人相互交往聯繫的範圍、建立友誼的機會；

(4) 確定工作任務完成所達到的具體標準（如產品產量、質量、效益等）；

(5) 確定工作承擔者對工作的感受與反應（如工作滿意度、出勤率、離職率等）；

(6) 確定工作反饋等。

2. 工作設計的發展

1）工作專業化

工作專業化是指把工作劃分為單一的、標準化和專業化的任務，以提高生產率的一種工作設計方式。其實質是，一個人只負責完成某一步驟或某一環節的工作，而不是承擔一項工作的全部。

工作專業化是最早的工作設計模式。其思想可以追溯到古典經濟學的鼻祖亞當·斯密斯（Adam Smith, 1723—1790）。亞當·史密斯在《國富論》中提出了勞動分工理論，指出如果每位工人被指派完成一件小的重複性的工作任務，大頭針生產線的生產率就會大大提高。例如，一個人抽鐵線，一個人拉直，一個人削尖線的一端，一個人磨另一端，一個人裝上圓頭，一個人塗色，一個人包裝，這便是專業化分工。這種專業化分工對提高勞動生產率和增加國民財富產生了巨大作用。

由於工作專業化確實有助於提高勞動生產率，因此不僅在生產性組織中成為主流的工作設計方式，而且在其他組織也越來越流行，如銀行、醫院等組織。但是，隨著社會的發展，工作專業化的負面影響日益突出，如員工長期從事單一的工作會產生厭倦心理、出現疲勞感、員工的缺勤率和離職率上升等。為了減少工作專業化的弊病，管理者及學者又探索出了自主性更高的工作設計方法，如工作輪換、工作擴大化、工作豐富化、工作再設計等。

2）工作輪換

工作輪換即讓員工在能力相似的工作崗位之間不斷調換，以使員工對不同的工作有更多的瞭解，從而改變員工長期從事一種單一工作的單調感，從而提高生產效率。這是早期爲減少工作重複最先使用的方法。

工作輪換不僅能夠有效激發員工的工作熱情，提高員工的工作生活質量，對促進組織發展也有一定的作用：適時的工作輪換，能夠促進企業內部的人員流動，增加組織活力。而且工作輪換有利於組織儲備複合型、多樣化人才，有助於打破部門之間的界限，增加組織及團隊內部的溝通與交流，增強部門間的協作。但是，工作輪換要求合理設計工作輪換的流程和績效評價體系。另外，工作輪換增加了員工培訓成本，員工變換工作的最初時期工作效率較低，從而會影響組織效率。

3）工作擴大化

工作擴大化是指擴大員工的工作範圍或領域，增加工作的內容，以改變員工對常規性的、重複性的簡單工作感到單調乏味的狀態。

工作擴大化能夠克服專業化過強、工作多樣性不足的缺點，提高員工的工作滿意度和工作與質量，進而提高員工的工作效率。但它沒有使員工獲得參與、控制的機會，也沒有提高員工的工作自主權，因此，工作擴大化在激發員工的積極性和培養挑戰意識等方面成效並不十分理想。

4）工作豐富化

工作豐富化是指增加員工在工作計劃、參與決策、進度控制乃至績效評估與獎勵等方面的內容，使之介入到工作的管理過程之中，增加工作自主性，使員工獲得成就感、責任感和得到認可的滿足感，從而促進員工的自身發展。

工作豐富化的核心是體現工作本身對員工的激勵作用，因此工作豐富化可以從以下幾方面入手：

（1）提高員工的責任心和決策的自主權，進而提高其工作成就感。

（2）充分授權，賦予員工一定的工作自主權，降低對其的控制程度，使其獲得更多支配個人行爲的權力。

（3）對員工工作績效定期進行反饋。

工作豐富化雖然會增加組織的培訓費用，並要求組織向員工提供更高的工資，但它卻可以提高員工的工作滿意程度，進而提高生產效率與產品質量，對降低員工離職率和缺勤率能產生積極的影響。

5）工作特徵模型

哈克曼（Hackman）和奧德漢姆（Oldham）認爲，工作特徵與員工對工作的反應之間存在相互影響的關係，如果工作具有高水平的核心維度，員工可以因此產生高水平的心理狀態和工作成果。他們在此基礎上提出了工作特徵模型。工作特徵模型的基本觀點是，工作的五個核心維度能夠使員工體驗到"關鍵心理狀態"，進而影響"個人和工作成果"。

哈克曼和奧德漢姆指出，工作的五個維度是技能多樣性、任務完整性、任務重要性、工作自主性和反饋。這五個維度可以讓員工體驗到三種心理狀態：體驗到的工作意義、體驗到的工作責任和對工作結果的瞭解。

技能多樣性、任務完整性和任務重要性能夠使員工體驗到工作的意義，體驗到的工作意義是指員工把工作知覺為一種有價值的貢獻以及工作值得做的程度；工作自主性有助於員工體驗到工作責任；反饋可使員工瞭解自己的工作結果。哈克曼和奧德漢姆認為，三種心理狀態同時具備時，工作對員工的內在激勵作用最高。在工作特徵對員工的心理狀態產生影響的過程中，員工的成長需要是一種重要的中介變量，如圖7-11所示。

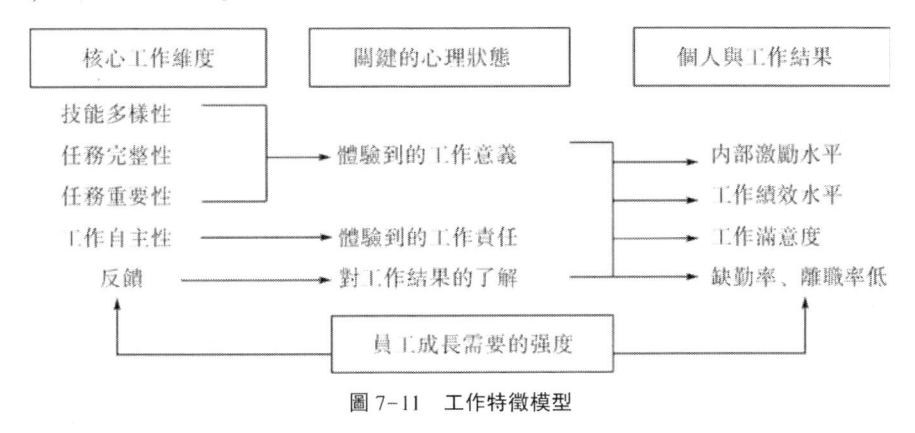

```
核心工作維度              關鍵的心理狀態              個人與工作結果

技能多樣性
任務完整性      →      體驗到的工作意義                內部激勵水平
任務重要性                                           工作績效水平
工作自主性      →      體驗到的工作責任                工作滿意度
反饋           →      對工作結果的了解                缺勤率、離職率低

                      員工成長需要的強度
```

圖 7-11　工作特徵模型

6）工作再設計

工作再設計是指重新確定組織員工所要完成的具體任務及方法，同時確定一種工作如何與組織中其他工作相互聯繫起來的過程。它被視為提高員工工作生活質量的重要途徑之一。

工作再設計是為了提高生產效率和工作質量而對某些具體工作內容和安排的改變。工作再設計必須從整體入手，不僅要考慮組織的環境因素和工作本身的因素，如工作內容、工作難度、工作自主性、責任等，還要關注工作結果因素，如生產率、員工滿意度、出勤率、離職率等，以及員工的個人特徵，如個人需求、價值觀傾向等。

7.3.2　員工參與

1. 員工參與概述

員工參與是組織為了發揮員工所有的潛能，鼓勵員工為了組織成功而付出更多努力、做出更多貢獻的過程。其隱含的邏輯是，讓員工參與與他們相關的決策，增加他們對工作的自主權和控制力，會提高員工的工作積極性和工作效率，提高員工的工作滿意度，從而使員工對組織更忠誠。

2. 員工參與的主要形式

作為一種管理思想和管理過程，員工參與有多種形式，較常見的、比較有效的形式有參與式管理、質量圈、員工持股計劃、員工代表參與。

1）參與式管理

參與式管理是指在不同程度上讓員工與管理者共同作出決策。它強調通過員工參與組織的管理決策，使員工改善人際關係，發揮聰明才智，實現自我價值，同時達到提高組織效率、增長組織效益的目標。參與式管理是員工參與最常見的形式。

2) 質量圈

質量圈的理論基礎是全面質量管理（TQM）。全面質量管理強調質量存在於組織管理的全過程，質量與企業的每一個員工都有關係。

質量圈是由 8~10 個員工和管理者組成的共同承擔責任的一個工作群體。他們定期會面討論質量問題，探討問題的成因，提出解決建議及實施糾正措施。他們承擔着解決質量問題的責任，對工作進行反饋並對反饋進行評價，但管理層一般保留建議方案實施與否的最終決定權。另外，質量圈的思想也包含對參與的員工進行培訓，向他們講授群體溝通技巧、各種質量策略、測量和分析問題的技術等。質量圈是一種應用最廣泛的、比較正式的員工參與方式。

3) 員工持股計劃

員工持股計劃是指員工擁有所在公司的一定數額的股份，使員工一方面把自己的利益與公司的利益聯繫在一起，另一方面體驗做主人翁的自豪感。員工持股計劃能夠提高員工工作的滿意度，提高員工的工作績效水平。一項研究對 45 個採用員工持股計劃的公司和 238 個傳統公司進行了比較，結果顯示，在員工滿意度和銷售增長方面，採用員工持股計劃的公司都要優於傳統公司。

4) 員工代表參與

員工代表參與是指普通員工並不直接參與企業管理決策，而是由一小群員工的代表進行參與決策。西方大多數國家都通過立法的形式要求企業實行代表參與。其目的是在企業內重新分配權利，把勞方放在和資方、股東利益平等的地位上。在西方企業中，最常見的代表參與方式是工作委員會和董事會代表。在中國企業中，最常見的代表參與方式是職工代表大會。

員工代表參與能否起到激勵員工的目的，並非取決於這種形式，而在於這種形式能否發揮應有的作用，使員工受到激勵。

總之，員工參與在一定程度上能夠提高員工的工作滿意度和工作效率。因此，員工參與在西方企業得到了廣泛應用，其形式也不斷推陳出新。近年來，中國的企業也開始注重使用員工參與的方式來激勵員工，例如聯想等企業已開始採用員工持股計劃。

7.3.3 多樣化的工作安排

為了提高員工的工作熱情和工作積極性，許多組織還通過多樣化的工作安排（如彈性工作制、工作分享、遠程辦公）來激勵員工。

1. 彈性工作制

彈性工作制是指在完成規定的工作任務或固定的工作時間長度的前提下，員工可以靈活地、自主地選擇工作的具體時間安排，以代替統一、固定的上下班時間的制度。

20 世紀 60 年代，德國的經濟學家為了解決員工上下班交通擁擠的問題，提出了彈性工作制。20 世紀 70 年代開始，這一制度在歐美等國得到穩定發展。例如，20 世紀 90 年代，美國大約 40%的大公司採用了彈性工作制，如杜邦公司、惠普公司等著名的大公司。

彈性工作制常見的形式有核心工作時間與彈性工作時間結合、成果中心制、壓縮工作時間。核心工作時間與彈性工作時間結合是指工作日分為核心工作時間和彈性工作時間，在核心工作時間，所有員工必須到崗，而在彈性工作時間，員工可以自由安排，如圖 7-12 所示。這種彈性工作時間能夠使員工根據自己的實際情況對工作時間進行合理安排。例如，有的員工喜歡上午早上班，下午早下班；有的員工喜歡上午晚上班，下午晚下班。

彈性時間	核心工作時間	午餐	核心工作時間	彈性時間
6:00	9:00	12:00 13:00		17:00 18:00

圖 7-12 彈性工作時間與核心工作時間結合

成果中心制是指組織對員工的工作只考核其成果，不規定具體時間，只要在所要求的期限內按質按量完成任務就照付薪酬。

一些組織的員工還可以把一個星期的工作壓縮在兩三天內完成，剩餘時間自由安排。這種工作安排屬於壓縮工作時間。由於壓縮了工作時間，員工的上班時間減少，提高了公司設備的利用率。

在企業中推行彈性工作制，對員工個人而言，由於可以自由選擇工作時間，可以避免上下班的交通擁擠，免除由於擔心上班遲到或缺勤所帶來的緊張感；能夠合理安排私人社交活動；有利於安排家庭生活和追求業餘愛好。更重要的是，由於員工感到個人的權益受到尊重，自己的社會交往和尊重等高層次的需要得到滿足，因此有利於其提高工作責任感、工作滿意度和工作士氣。對組織而言，彈性工作制可以減少員工的缺勤率、遲到率和離職率，提高工作效率。另外，彈性工作制增加了組織工作營業時限，減少了加班費的支出。例如，一份研究結果顯示，德國的一家公司實行彈性工作制後，加班費減少了 50%。

2. 工作分享

工作分享有廣義和狹義之分。廣義的工作分享是指為了減少非自願失業，通過對經濟系統內部，如一個組織的工作總量和工作時間進行重新分配，以增加就業機會而採取的措施。狹義的工作分享是指通過對工作崗位的勞動時間（工作日或工作周）進行不同形式的分割和組合，從而創造出更多就業機會，如兩個人分享一個工作崗位。

工作分享不是對工作的簡單平均分享，而是以兼顧效率和公平為原則，通過對勞動時間的分割，讓更多的人分享工作，實現更多的人就業。因此，工作分享是勞動用工制度的一場革命。對員工而言，工作分享有助於提高他們的積極性，增加工作滿意度。

3. 遠程辦公

遠程辦公是指通過現代互聯網技術，實現非本地辦公，如在家辦公、異地辦公、移動辦公等。隨著互聯網的普及，遠程辦公成為發展最為迅速的工作安排方式之一。

從員工的角度來說，遠程辦公提供了相當大的靈活性，進而使員工的工作效率和工作滿意度都有所提升。但對於社交需要較高的員工來說，遠程辦公增加了隔離感，在一定意義上反而降低了他們的工作滿意度。對管理者而言，遠程辦公可以幫助其從更多優秀人才中挑選員工，使生產效率更高、員工士氣更高以及辦公空間成本削減。不過，遠程辦公的不足也是顯而易見的。例如，管理者難以直接監督員工。

7.3.4 薪酬激勵

薪酬激勵是強化理論在組織管理中的具體應用。薪酬的內容豐富多彩，主要有基本薪酬、可變薪酬和福利等。

1. 基本薪酬

基本薪酬又叫基本工資，是指一個組織根據員工所承擔或完成的工作本身、所具備的完成工作的技能或能力和資歷而向員工支付的穩定性報酬。基本報酬具有定期性和保障性的特點，為員工提供較為穩定的收入來源，滿足員工的基本生活需求；同時也為組織薪酬體系符合國家或當地政府規定的最低工資保障法規提供了依據。基本薪酬是員工對組織報酬制度的公平性、合理性的評價基礎。

2. 可變薪酬

可變薪酬是一種按照企業業績的某些預定標準支付給經營者的薪酬。組織廣泛使用的可變薪酬形式是計件工資、利潤分享和收益分享。

1）計件工資

計件工資是指按照合格產品的數量和預先規定的計件單位來計算的工資。它不直接用勞動時間來計量勞動報酬，而是用一定時間內的勞動成果如產品數量或作業量來計算勞動報酬。

計件工資可分為個人計件工資和集體計件工資兩種。個人計件工資適用於個人能夠單獨操作而且能夠制定個人勞動定額的工種；集體計件工資適用於工藝過程要求集體完成，不能直接計算個人完成合格產品的數量的工種。

2）利潤分享計劃

利潤分享計劃是指員工根據自己的工作績效水平而獲得的一定比例的組織利潤的組織整體激勵計劃。在利潤分享計劃中，組織對員工報酬的支付是建立在對利潤這一組織績效指標的評價的基礎上的，是一次性支付給員工的獎勵，它不會進入到僱員的基本工資中去，因而不會增加組織的固定工資成本。利潤分享計劃的優點是員工的利益能夠在組織利潤中得到體現，從而使全體員工都關注公司的利潤。在實際運用中，利潤分享計劃在成熟型企業中顯得更為有效。

3）收益分享計劃

收益分享計劃是指組織與員工分享因生產率提高、成本節約和質量提高等而帶來的收益。收益分享計劃的主旨是通過員工參與來提高組織的整體績效水平，因此收益分享計劃成功的關鍵在很大程度上取決於員工的參與程度。因爲員工能夠與組織共同分享通過自己的努力使成本節約、生產率提高、產品和服務質量提高等而帶來的收益，因此，收益分享計劃最終能夠增強員工自己是老闆的意識和提高員工對組織的忠誠度。

3. 福利

福利是指員工作爲組織成員所享有的組織爲員工提供的間接報酬。一般包括健康保險、帶薪假期或退休金等形式。

組織福利的直接目標不是提高員工個人的工作績效，而是希望以此爲手段吸引、保留和凝聚員工，從而達到長期提高組織整體績效水平的目的。

【知識閱讀7-5】

達納公司：一個非凡的紀錄

美國達納公司主要生產螺旋槳葉片和齒輪箱之類的普通產品，這些產品多數是滿足汽車和拖拉機業普通二級市場需要的，該公司是一個擁有30億美元資產的企業。20世紀70年代初期，該公司的雇員人均銷售額與全行業企業的平均數相等。到了70年代末，在並無大規模資本投入的情況下，公司雇員人均銷售額已猛增3倍，一躍成爲《財富》雜誌按投資總收益排列的500家公司中的第2位。這對於一個身處如此乏味行業的大企業來說，的確是一個非凡紀錄。

1973年，麥斐遜接任公司總經理。他做的第一件事就是廢除原來厚達22英吋半的政策指南，代之而用的是只有一頁篇幅的宗旨陳述。其大意是：

1. 面對面的交流是聯繫員工、保持信任和激發熱情的最有效手段。關鍵是要讓員工知道並與之討論企業的全部經營狀況。

2. 我們有義務向希望提高技術水平、擴展業務能力或進一步深造的生產人員提供培訓和發展的機會。

3. 向員工提供職業保險至爲重要。

4. 制訂各種對設想、建議和艱苦工作加以鼓勵的計劃，設立獎勵基金。

麥斐遜很快把公司班子從500人裁減到100人，機構層次也從11個減到5個。大約90人以下的工廠經理都成了"商店經理"。因爲這些人有責任學會做廠裡的一切工作，並且享有工作的自主權。麥斐遜說："我的意思是放手讓員工們去做。"

他指出："任何一項具體工作的專家就是幹這項工作的人，不相信這一點，我們就會一直壓制這些人對企業做出貢獻及其個人發展的潛力。可以設想，在一個製造部門，在方圓2.32平方米的天地裡，還有誰能比機床工人、材料管理員和維修人員更懂得如何操作機床、如何使其產出最大化、如何改進質量、如何使原材料流量最優化並有效地使用呢？沒有。"

他又說:"我們不把時間浪費在愚蠢的舉動上。我們辦事沒有種種程序和手續,也沒有大批的行政人員。我們根據每個人的需要、每個人的志願和每個人的成績,讓每個人都有所作爲,讓每個人都有足夠時間去盡其所能……我們最好還是承認,在一個企業中,最重要的人就是那些提供服務、創造和增加產品價值的人,而不是管理這些活動的人——這就是說,當我處在你們那2.32平方米的空間裡時,我還是得聽你們的!"

達納公司和惠普公司一樣,不搞什麼上下班時鐘。對此,麥斐遜說:大伙都抱怨說,"沒有鐘怎麼行呢?"我說:"你該怎麼去管10個人呢?要是你親眼看到他們老是遲到,你就去找他們談談嘛。何必非要靠鐘表才能知道人們是否遲到呢?"我的下屬說:"你不能擺脫計時鐘,因爲政府要瞭解工人的出勤率和工作時間。"我說:"此話不假。像現在這樣,每個人都準時上下班,這就是記錄嘛!如果有什麼例外,我們自會實事求是地加以處理的。"麥斐遜非常注意面對面的交流,強調與一切人討論一切問題。他要求各部門的管理人員和本部門的所有成員之間每月舉行一次面對面的會議,直接而具體地討論公司每一項工作的細節情況。

麥斐遜非常注重培訓工作,以此來不斷地進行自我完善。僅達納大學,就有數千名雇員在那裡學習,他們的課程都是務實方面的,但同時也強調人的信念,許多課程都由老資格的公司副總經理講授。

達納公司從不強人所難。麥斐遜說:"沒有一個部門經理會屈於壓力而被迫接受些什麼。"在這裡,人們受到的壓力是同事間的壓力。大約100名經理人員每年要舉行兩次爲期5天的經驗交流會,同事間的壓力就是前進的動力。他說:"你能一直欺騙你的頭頭,我也能。但是你沒法逃過同行的眼睛,他們可是一清二楚的。"

麥斐遜強調說:"切忌高高在上、閉目塞聽和不察下情的不良作風,這是青春不老的秘方。"

案例分析思考題

1. 在上述案例中,麥斐遜採取的激勵方法有哪些?
2. 試用學過的激勵理論分析麥斐遜的激勵措施及其作用。

(資料來源:佚名.一個非凡的記錄[EB/OL].(2010-11-25)[2014-06-10]. http://wenku.baidu.com.)

綜合練習與實踐

一、判斷題

1. 弗魯姆提出的期望理論,他認爲"激勵力=效價×期望值"。   (   )
2. 具有高成就需要的人一定是優秀的管理者,特別是在大組織當中。   (   )
3. 強化理論認爲,正強化應保持漸進性和連續性。   (   )
4. 麥克萊認爲人們建立友好和親密的人際關係的願望是成就需要。   (   )

5. 能夠促進人們產生工作滿意感的一類因素叫作激勵因素。　　　　（　　）

二、單項選擇題

1. 需要層次理論，是由（　　）最先提出的。
   A. 赫茨伯格　　　　　　　　B. 馬斯洛
   C. 弗魯母　　　　　　　　　D. 亞當斯
2. 在激勵工作中，最爲重要的是要發現職工的（　　）。
   A. 安全需求　　　　　　　　B. 現實需求
   C. 主導需求　　　　　　　　D. 自我實現的需求
3. 在赫茨伯格的領導理論中，下列哪一個因素與工作環境和條件有關？（　　）
   A. 激勵因素　　　　　　　　B. 保健因素
   C. 環境因素　　　　　　　　D. 人際因素
4. 不僅提出需要層次的"滿足—上升"趨勢，而且提出"挫折—倒退"趨勢的理論是（　　）。
   A. 需要層次理論　　　　　　B. 成就需要理論
   C. ERG 理論　　　　　　　　D. 雙因素理論
5. 有一種強化方法是撤除消極的行爲後果，以鼓勵良好的行爲。這種方法是（　　）。
   A. 正強化　　　　　　　　　B. 負強化
   C. 懲罰　　　　　　　　　　D. 消退

三、多項選擇題

1. 美國心理學家麥克萊蘭（D. C. Maclelland）提出的激勵需求理論認爲人的基本需要有（　　）。
   A. 權力的需要　　　　　　　B. 生理的需要
   C. 對成就的需要　　　　　　D. 安全的需要
   E. 對社交的需要
2. 激勵理論可以分爲（　　）。
   A. 過程型激勵理論　　　　　B. 內容型激勵理論
   C. 行爲改造激勵理論　　　　D. 強化激勵理論
3. 赫茨伯格提出，影響人們行爲的因素主要有（　　）兩類。
   A. 滿意因素　　　　　　　　B. 不滿意因素
   C. 保健因素　　　　　　　　D. 激勵因素
4. 根據雙因素理論，（　　）往往與職工的不滿意關係密切。
   A. 企業政策　　　　　　　　B. 工作的成就感
   C. 工資水平　　　　　　　　D. 責任感
5. 強化的方法按強化的手段來劃分有（　　）。
   A. 正強化　　　　　　　　　B. 負強化

C. 消退   D. 懲罰
E. 學習

四、簡答題

1. 簡述激勵理論的基本種類。
2. 麥克萊蘭的三種需要理論。
3. 簡述亞當斯的公平理論。

五、深度思考

華爲的激勵制度的功與過

華爲技術有限公司成立於1988年，總部位於深圳，是一家專門從事通信網路技術與產品研發、生產以及銷售的公司。2010年華爲全球銷售收入達1,852億元人民幣，對比增長24.2%。目前，華爲擁有員工8萬多人。面對如此眾多的員工，華爲是如何對其進行激勵，並使他們創造出了如此佳績的呢？

華爲的人才激勵機制，主要表現在以下幾個方面。

一是建立以自由雇傭爲基礎的人力資源管理體系，不搞終身雇傭制。1996年通信市場爆發大戰，華爲的市場體系有30%的人員下崗，其中有曾經立下汗馬功勞而又變爲落後者的員工。這次變革讓華爲人認識到："在市場一線的人，不允許有思想上、技術上的沉澱。必須讓最明白的人、最有能力的人來承擔最大的責任。"從此，華爲形成了干部沒有任期的說法。那些居功自傲、故步自封的人，不得不在企業快速發展的壓力下，不斷提高個人素質，不斷提高工作能力。

二是建立內部勞動市場，允許和鼓勵員工更換工作崗位，實現內部競爭與選擇，促進人才的有效配置，最大限度地發現和開發員工潛能。

三是高工資。華爲被稱爲"三高"企業，指的是高效率、高壓力和高工資。華爲的工資相對於其他同類公司是比較高的，應屆本科生起薪大約是稅前4,000元，碩士生大約是稅前5,000元。且在進公司三個月左右有一次加薪，幅度在200～3 000元不等，主要取決於部門業績和自己的表現。除了高工資，還有獎金與股票分紅，內部職工的投資回報率每年都超過70%，有時甚至高達80%。經濟利益是最直接、最明顯的激勵方式，高收入是高付出的有效誘因。

四是提供持續的開發培訓。華爲實行在職培訓與脫產培訓相結合，自我開發與教育開發相結合的開發方式，讓員工素質適應企業的發展，同時讓員工有機會充分提升個人能力。每年華爲都要派遣大量的管理人員、技術人員到國外考察、學習、交流，優化了重要領域的人員素質，爲有進取精神的人才提供了提高知識和素質的機會，這個機會是當前高素質人才最看重的，有着很強的激勵效果。

五是"公平競爭，不唯學歷，註重實際才干"。華爲看重理論，更看重實際工作能力，大量起用高學歷人才和有實際工作能力的人。例如，華中科技大學畢業的李一南到華爲工作的第二天就被提升爲工程師，半個月後升任爲主任工程師，半年後升任中央研究部副總經理，27歲時李一男坐上了華爲公司副總裁的寶座。華爲大膽的用人策略，讓員工看到了希望，激發了員工的事業心，使大批年輕人成爲公司的中堅力量。

六是客觀公正的考評。華爲的考評工作有著嚴格的標準和程序，是對員工全方位的考評，其依據依次是才能、責任、貢獻、工作態度與風險承諾，依據考評結果對員工實行獎懲。

七是知識資本化、知識職權化。華爲的員工持股制度是按知分配的，即把員工的知識勞動應得的一部分回報轉化爲股權，即轉化爲資本，股金的分配又使得由股權轉化來的資本的收益得到體現，通過股權和股金的分配來實現知識資本化。另外，組織權力也按照知識的價值來分配。組織權力的分配形式是機會和職權，因而知識可以通過職權分配來表現。這是華爲的一項長期激勵方法，體現了知識的價值，保證了企業的穩定。

華爲頗有成效的激勵機制，調動了員工的工作熱情，增加了企業的競爭實力。2011年上半年，華爲實現銷售收入983億元人民幣，同比增長11%。華爲首席財務官孟晚舟表示，借助終端和企業業務的增長，預計華爲在今年全年將完成1 990億元人民幣的銷售收入。

閱讀以上材料，回答問題：

請運用本章的激勵理論評價華爲的激勵機制。

（資料來源：佚名. 華爲高效的人力資源管理在於人才激勵機制［EB/OL］.（2011-01-22）［2014-06-10］. http://wenku.baidu.com.）

第 8 章

控 制

▶ 學習目標

通過本章學習，學生應掌握控制的含義與類型，學會建立控制標準，清楚控制過程管理，懂得採用 PDCA 循環對工作進行有效的控制。

▶ 學習要求

知識要點	能力要求	相關知識
控制的含義	掌握控制的作用	管理控制的特點
控制類型	1. 瞭解事前控制 2. 掌握不同類型控制的作用 3. 學會在不同階段進行控制	管理控制的重要性
控制的過程	1. 瞭解控制過程的基本要素 2. 掌握管理控制過程的四個步驟	有效控制
PDCA 循環	1. 掌握 PDCA 循環的含義 2. 掌握 PDCA 循環各個階段的主要任務	執行力

案例導入

Sin-Tec 企業

Sin-Tec 企業的總經理喬治‧譚就其產品印刷電路板的銷路，到歐洲同買主建立聯繫後返回了新加坡。同往常一樣，他的郵件箱中堆滿了信件。但是他卻沒有時間瀏覽這些信件並處有關產品發送、抱怨和其他內部問題。

正當喬治埋頭於這些信件時，工廠經理和財務經理來到了他的辦公室。他們來這兒是由於喬治的盛怒：為什麼沒有任何人告訴我，我們公司究竟發生了什麼？為什麼我未能知道周圍發生了什麼？為什麼我始終一無所知？我沒有時間去瀏覽所有這些文件並瞭解問題。沒有一個人告訴我我們的企業是如何運作的，而且我似乎從沒聽過我們的問題，直到它們變得相當嚴重。我要求你們制訂一個系統從而使我能持續得到信息。我對一無所知已經很厭倦了，特別是那些我要對公司負責就必須知道的事情。

當這兩位經理返回他們的部門時，工廠經理對財務經理說："每一件喬治想知道的事都在他桌上的那堆報告之中。"

（資料來源：朱秀文. 管理學教程［M］. 天津：天津大學出版社，2004.）

任務 8.1　瞭解管理控制

【學習目標】

讓學生初步認識管理控制，激發學生學習興趣；檢測學生對管理基本概念和相關內容的掌握。

【學習知識點】

控制就是由管理人員對組織實際運行是否符合預定的目標進行測定，並採取措施確保組織目標實現的過程。

8.1.1　控制

1. 控制的含義

控制是監視組織各方面的活動，保證組織實際運行狀況與組織計劃要求保持動態適應的一項管理工作。作為一項重要的管理職能，控制就是由管理人員對組織實際運行是否符合預定的目標進行測定，並採取措施確保組織目標實現的過程。從傳統意義上理解，控制工作指的是"糾偏"，即按照計劃標準衡量計劃的完成情況，針對出現的偏差採取糾正措施，以確保計劃得以順利實現。控制既可以說是一個管理過程的終結，又是一個新的管理工作的開始，而且計劃與控制工作的內容往往相互交織在一起。管理工作本質上就是由計劃、組織、領導、控制等職能有機地聯繫而構成一個不斷循環的過程。

控制工作與計劃工作密切相關。計劃和控制是同一事物的兩個方面。一方面，有目標和計劃而沒有控制，人們可能知道自己干了什麼，但無法知道自己做得怎樣、存在哪些問題、哪些方面需要改進。另一方面，有控制而沒有目標和計劃，人們將不會知道要控制什麼，也不會知道怎麼控制。事實上計劃越是明確、全面和完整，控制的效果也就越好；控制工作越是科學、有效，計劃也就越容易得到實施。控制把組織、人員配備、領導指揮職能與計劃設定的目標聯繫在一起，在必要時，它能隨時啟動新的計劃方案，使組織運行的目標更加符合自身的資源條件和適應組織環境的變化。

2. 管理控制的特點

1）目的性

管理控制無論是着眼於糾正執行中的偏差還是適應環境的變化，都是緊緊圍繞組織目標進行的。同其他管理工作一樣，控制工作也具有明確的目的性特徵。換言之，管理控制並不是管理者主觀任意的行爲，它總是受到一定的目標指引，服務於組織特定目標的需要。控制工作的意義就體現在，它通過發揮"糾偏"和"調適"兩個方面的功能，促使組織更有效地實現其根本的目標。

2）動態性

管理工作中控制不同於電冰箱的溫度調控，後者是一種高度程序化的控制，具有穩定的特徵。組織則不是靜態的，其外部環境和內部條件隨時都在發生着變化，從而決定了控制標準和方法不可能固定不變。管理控制應具有動態的特徵，這樣可以保證和提高控制工作的有效性與靈活性。

3）整體性

管理控制的整體性包括兩層含義：一是從控制的主體來看，完成計劃和實現目標是組織全體成員的共同責任，管理控制應該成爲組織全體成員的職責，而不單單是管理人員的職責。讓全體成員參與到管理控制中來，這是現代組織中推行民主化管理思想的重要方面。二是從控制的對象上來看，管理控制覆蓋組織活動的各個方面，人、財、物、時間、信息等資源，各層次、各部門、各單位的工作，以及企業生產經營的各個不同階段等，都是管理控制的對象。不僅如此，管理控制中需要把整個組織的活動作爲一個整體來看待，使各個方面的控制能協調一致，達到整體優化。

4）人性

管理控制應該成爲提高員工工作能力的工具。控制不僅僅是監督，更重要的是指導和幫助。管理控制本質上是由人來執行的，而且主要是對人的行爲的一種控制。與物理、機械、生物及其他方面的控制不同，管理控制不可忽視其中人性方面的因素，管理者可以制訂偏差糾正計劃，但這種計劃要靠員工去實施，只有當員工認識到糾正偏差的必要性並具備糾正能力時，偏差才會真正被糾正。通過控制工作，管理者可以幫助員工分析偏差產生的原因，端正員工的態度，指導他們採取糾正的措施。這樣既能達到控制的目的，又能提高員工的工作能力和自我控制能力。

8.1.2 管理控制的重要性

1. 在執行組織計劃中的保障作用

在管理活動中所制訂的計劃是針對未來的，由於各方面原因，制訂計劃時不可能完全準確、全面，計劃在執行中也會出現變化，因此，爲了實現目標，實行控制是非常必要的。

2. 在管理職能中的關鍵作用

有效的管理有五個職能，它們構成一個相對封閉的循環。控制工作是管理職能循環中最後的一環，它與計劃、組織、領導工作緊密結合在一起，使組織的整個管理過程有效運轉，循環往復。

【知識閱讀 8-1】

不要授權給"猴子"

有一個國王老待在王宮裡，感到很無聊。爲了解悶，他叫人牽了一隻猴子來給自己做伴。猴子天性聰明，很快就得到國王的喜愛。這只猴子到王宮後，國王給了它很多好吃的東西，猴子漸漸地長胖了，國王周圍的人都很尊重它。國王對這只猴子更是十分相信和寵愛，甚至連自己的寶劍都讓猴子拿著。

在王宮的附近，有一片供人遊樂的樹林。當春天來臨的時候，這片樹林簡直美極了，成群結隊的蜜蜂嗡嗡地詠嘆著愛神的光榮，爭芳鬥艷的鮮花用香氣把林子弄得芳香撲鼻。國王被那裡的美景所吸引，帶著他的正宮娘娘到林子裡去。他把所有的隨從都留在樹林的外邊，只留下猴子給自己做伴。

國王在樹林裡好奇地遊了一遍，感到有點疲倦，就對猴子說："我想在這座花房裡睡一會兒。如果有什麼人想傷害我，你就要竭盡全力來保護我。"說完這幾句話，國王就睡著了。

一隻蜜蜂聞到花香飛了來，落在國王頭上。猴子一看就火了，心想："這個倒霉的家伙竟敢在我的眼前螫國王！"於是，它就開始阻擋。但是這只蜜蜂被趕走了，又有一隻飛到國王身上。猴子大怒，抽出寶劍就照著蜜蜂砍下去，結果把國王的腦袋給砍了下來。

同國王睡在一起的正宮娘娘嚇了一跳，爬起來大聲喊起來："哎呀！你這個傻猴子，你究竟幹了什麼事兒呀！"

猴子把事情的經過原原本本地說了一遍，聚集在那裡的人們把它罵了一頓，將它帶走了。

(資料來源：佚名. 不要授權給"猴子"[EB/OL]. (2013-01-25) [2014-06-10]. http://wenku.baidu.com.)

8.1.3 控制的類型

根據前述對控制過程和控制體系的分析，可以將管理控制分爲事前控制、同步控制和事後控制三種類型。

1. 事前控制

事前控制也稱前饋控制，是根據過去的經驗或科學分析，對各種偏差發生的可能性進行預測，並採取措施加以防範。事前控制的重點是預防組織過遠地偏離預期的標準，防止不合期望的事情發生。例如，對市民進行交通規則和違章駕駛後果的教育，就是一種試圖事前控制駕駛行爲的努力。又如，預測公司未來現金流入與流出的現金預算也是一種事前控制。通過制定現金預算，管理人員可以知道是否發生資金短缺或是資金過剩的情況，如果預測在某個月份將發生資金短缺，則可事先安排好銀行貸款，或是利用其他方式加以解決，以免到時捉襟見肘。

事前控制的必要性表現在以下兩個方面：首先，管理控制過程中存在着"時間延遲"現象。例如，財務部門在11月份才能向總經理報告10月份的企業虧損情況，而這些虧損又可能是因爲7月份所做的事情造成的。所以，爲了能及時地採取糾正措施，就必須預測可能發生的錯誤和問題。其次，如果等到事情已經發生才去控制，所造成的損失是無法彌補的。例如，如果企業等到產品製造出來之後才進行質量檢驗，雖然可以把不合格品剔除出來，但廢品和次品造成的資源損失已無法挽回。所以，同樣需要在工作開始之前就對可能發生的問題進行預防。事前控制能在還來得及採取糾正措施之前就向管理者發出警告信息，使他們知道如果不採取措施就會出問題。

2. 同步控制

同步控制也叫即時控制或現場控制，是指偏差在剛一發生或將要發生時，便能立即測定出來，並能迅速查明原因和採取糾正措施。同步控制的出發點是，在偏差剛一發生時就進行調整，要比等到結果產生之後再進行糾正造成的損失小，而且也容易糾正。例如，生產過程中用於控制工序質量的控制圖就是同步控制的一個例子。在控制圖中標出了質量的控制上限和控制下限。在生產過程中，定時隨機抽取生產線上的產品進行測量，將測得的質量特性數據用點標在圖上。如果點落在控制界限，或點雖未越出控制界限，但排列有缺陷，則表明生產過程異常，應及時查明造成異常的原因，採取措施使生產過程恢復控制狀態。

同步控制需要有實時信息。實時信息就是事件一發生就出現的信息，在企業的經營活動中，利用各種手段取得實時信息在技術上是有可能的。例如，許多航空公司已經能夠做到只要把航班班次、起始站名和日期輸入計算機系統，就能立刻反應出有關訂座狀況的信息，從而瞭解到機上是否還有座位。

有些學者認爲，除了最簡單的情況和例外之外，單有實時信息是不可能做到同步控制的。在許多管理領域內，搜集用來衡量績效情況的實時信息是可能的，把這些信息和標準進行比較，找出存在的偏差甚至也是可能的。但是，偏差原因的分析、糾偏方案的制度以及方案的執行，都不是一蹴而就的。

3. 事後控制

很明顯，事前控制和同步控制並不足以把組織的活動維持在期望的限度之內。

因此，仍有必要進行事後控制。事後控制也叫反饋控制，是指偏差和錯誤發生之後，再去查明原因，並制定和採取糾正措施。產品質量檢驗、盤點、檢查費用帳目等都是事後控制的例子。在每種情況下，實際成就與標準之間的差距都要查清，並制訂改進方案。事後控制雖然無法挽回過去的錯誤所造成的損失，但它可以防止同樣的錯誤再次發生；可以消除偏差對下遊活動的影響。例如，產品質量檢驗可以防止不合格品流入市場給消費者造成損失；可以找出薄弱環節，幫助管理人員改進工作。

　　事前控制、同步控制和事後控制對管理者來說都有價值。如果所有的控制都可以預先測知，當然最好，但事實上這是不可能的，也是沒有必要的。管理者還需要依賴同步控制和事後控制。這三種類型的控制如果能夠結合使用，控制的效果會更佳。對一些非常重要的活動，可以三種控制方式同時採取，將偏差發生的可能性降低至接近於零的水平。全面質量控制就是一種綜合運用三種控制方式的管理方法。

【學習實訓】　黃金臺招賢

　　《戰國策·燕策一》記載：燕國國君燕昭王（公元前311—前279年）一心想招攬人才，而更多的人認爲燕昭王僅僅是葉公好龍，不是真的求賢若渴。於是，燕昭王始終尋覓不到治國安邦的英才，整天悶悶不樂。

　　後來有個智者郭隗給燕昭王講述了一個故事，大意是：有一國君願意出千兩黃金去購買千裡馬，然而時間過去了三年，始終沒有買到，又過去了三個月，好不容易發現了一匹千裡馬，當國君派手下帶着大量黃金去購買千裡馬的時候，馬已經死了。可被派出去買馬的人卻用五百兩黃金買來一匹死了的千裡馬。國君生氣地説：“我要的是活馬，你怎麼花這麼多錢弄一匹死馬來呢？”國君的手下説：“你舍得花五百兩黃金買死馬，更何況活馬呢？我們這一舉動必然會引來天下人爲你提供活馬。”果然，沒過幾天，就有人送來了三匹千裡馬。

　　郭隗又説：“你要招攬人才，首先要從招納我郭隗開始，像我郭隗這種才疏學淺的人都能被國君採用，那些比我本事更強的人，必然會聞風千裡迢迢趕來。”

　　燕昭王採納了郭槐的建議，拜郭槐爲師，爲他建造了宮殿，後來沒多久就引發了“士爭湊燕”的局面，投奔而來的有魏國的軍事家樂毅，有齊國的陰陽家鄒衍，還有趙國的遊説家劇辛等等。

　　落後的燕國一下子便人才濟濟了。從此以後一個內亂外禍、滿目瘡痍的弱國，逐漸成爲一個富裕興旺的強國。接着，燕昭王又興兵報仇，將齊國打得只剩下兩個小城。

　　思考題：
　　你從案例中得到什麼啓示？

　　（資料來源：佚名. 黃金臺招賢［EB/OL］.（2013-01-25）[2010-06-10]. http://wenku.baidu.com.）

【效果評價】

　　根據學生出勤、課堂討論發言及小組合作完成任務的情況進行評定。

任務 8.2　控制的過程

【學習目標】

讓學生掌握控制的過程，瞭解執行力的概念。

【學習知識點】

從本質上來看，管理系統中的控制過程與物理系統、生物系統和社會系統中的控制過程是相同的。控制論創立人諾伯特·維納指出，所有類型的系統都是通過信息反饋揭露目標實現過程中的錯誤，並採取糾正措施來控制自己的。反饋控制系統具有四個基本要素：①輸入目標信息；②測量輸出信息並反饋到輸入端；③將輸出的結果信息與輸入的目標信息相比較求出差值信息；④利用差值信息對系統進行調節使之達到期望的輸出。管理控制就是這樣一種典型的反饋控制系統。

8.2.1　管理控制的步驟

1. 確定標準

要控制就要有標準。因此，控制過程的第一個步驟就是確定標準。目標和計劃是控制的總標準。為了對各項業務活動實施控制，還必須以目標和計劃為依據設置更加具體的標準，如勞動定額、消耗定額、生產進度、質量標準等，作為控制的直接依據。這是因為，對許多業務工作的控制而言，目標和計劃顯得不夠具體和詳盡。此外，直接用目標和計劃進行控制會導致權力高度集中，管理人員特別是高層管理人員，不可能事事過問。標準是衡量績效的尺度，是從計劃方案中選出的對工作成果進行衡量的一些關鍵點。以這些關鍵點作控制的標準，可使管理人員在計劃執行中無須親歷全過程就能瞭解工作的進展狀況。

2. 衡量績效

所謂績效就是行為或行動實際的結果，衡量績效就是搜集反應實際結果的信息，目的是為控制提供必要有用的信息。

績效衡量應該定期進行。例如，每隔10分鐘從生產線上抽取一批產品進行質量檢驗，每個月末盤點一次倉庫存貨等。衡量績效的週期或頻率視工作性質而定。有些工作如質量檢驗、生產進度、成本核算等，需要頻繁地將實際工作情況和標準作比較。以質量檢驗為例，如果間隔很長時間才對產品質量進行抽查，則大部分產品可能要報廢或返工。但是有些工作，如技術開發、職工培訓、公共關係等，就不宜過於頻繁地比較。任何一項工作或任務，其進行過程和取得明顯的效果之間總是需要一定的時間。複雜工作需要的時間比簡單工作要長些。對複雜工作來說，在工作成果變得明顯之前就對它進行比較並得出結論，往往有欠公正。對複雜工作的過早比較，會使得到的信息失去可靠性和有效性。另外，對不同類別的人員，如有經驗者和無經驗者、工程技術人員和普通工人，比較的週期也應該有所不同。

3. 比較實際績效與標準

這一步就是按照標準衡量工作實績達到標準的程度。當工作實績低於（或超過）標準時，就說明工作出現偏差。"防患於未然"，洞察力和遠見卓識可以使管理人員預見到可能會出現的偏差，並採取適當措施加以避免。具有這種能力當然最好不過，問題是大多數管理人員可能並不具備這種超凡的能力。如果缺乏這種能力，則需要盡早找出偏差。

如果有明確的標準和準確衡量下屬人員實際工作情況的方法，對工作績效的評價是很容易做到客觀公正的。但是，有許多工作不是很難制定出明確的標準，就是很難衡量，特別是需要某種程度的主觀判斷時，評價工作就不那麼容易和單純了。

一般來說，專業化程度高的工作比專業化程度低的工作、技術性強的工作比技術性低的工作容易確定標準，因而也容易評價。例如，對大量生產的產品，可以運用時間研究方法制定出精確的工時定額作為控制標準，根據這些標準來評價計劃執行情況就十分容易了。如果產品不能大量製造，而是根據客戶需要定做的，則工作績效的衡量與評價就比較困難。又如，對財務經理和公關經理的工作績效的控制，就要比對裝配線上的工人的工作績效的控制困難得多，因為很難為前者擬訂明確的工作標準，這類人員的工作標準往往是含糊的，據此做出的評價也難免是含糊的。這些技術性低的工作往往過分重視那些可以衡量的項目，例如，重視利潤、成本、產量等容易衡量的指標，忽視商譽、公關等難衡量的項目。實際上，難以衡量的項目往往比容易衡量的項目更重要。

4. 糾正偏差或修改標準

採取必要措施糾正偏差是控制過程的關鍵步驟。它要求在衡量工作績效的基礎上，針對偏離標準的偏差進行及時有效的糾正，從而恢復到原定標準中去。任何控制行為都是針對問題及其產生的原因而採取解決對策的過程。控制措施的制定必須建立在對偏差原因進行正確分析的基礎上。對問題原因的不正確解釋，可能會導致控制行動的低效、無效甚至反效果。如果環境變化導致控制標準或計劃失效，則需要考慮修正標準或改變計劃，使組織的運行能夠適應新的環境變化。

有效的控制系統應能揭示出哪些環節上出了差錯，誰應當對此負責，並能確保採取糾正措施。對控制系統來說，發現偏差及尋找偏差的原因是必要的，但更重要的是進一步採取明確、有效的糾正措施。只有糾正偏差，才能證明控制系統是有效的。

控制過程如圖8-1所示。控制過程的四個步驟是緊密聯繫的。沒有第一步確定標準，就不會有衡量實際績效的依據；沒有第二步衡量績效，就無法獲得所需要的控制信息；沒有第三步實際績效與標準的比較，就不會知道是否存在偏差以及是否需要採取糾正措施；沒有第四步糾偏措施的制定和落實，控制過程就會成為毫無意義的活動。

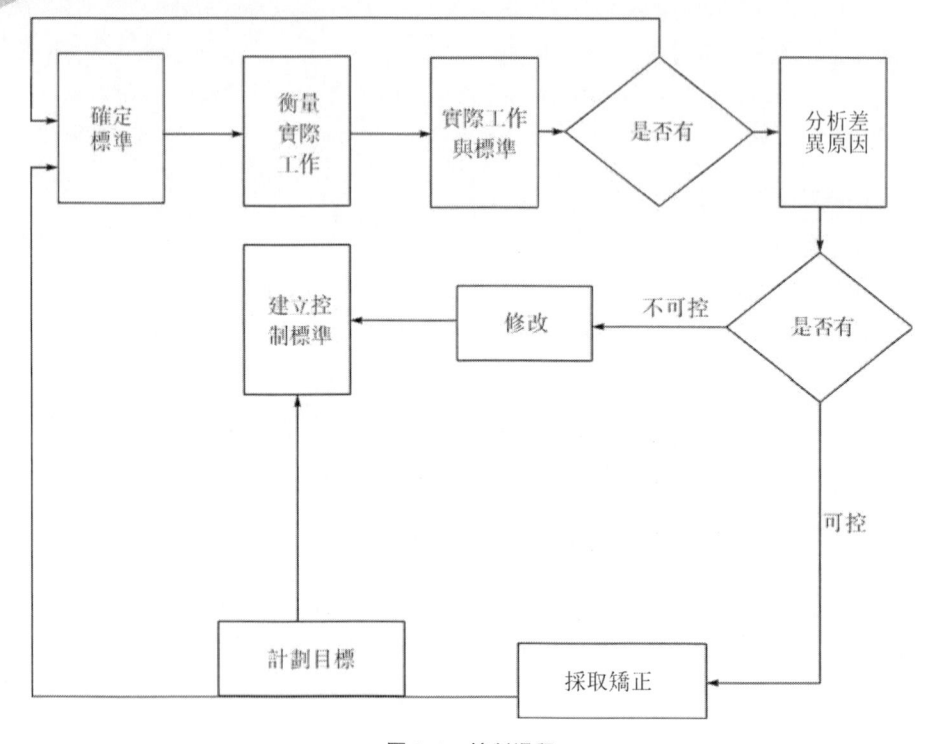

圖 8-1　控制過程

【知識閱讀 8-2】

大宇公司改變企業文化

　　大宇公司創建於 1967 年，其創始人金宇中勤奮、嚴屬，具有強烈的進取心。大宇最初在出口紡織品方面取得成功。公司業務不斷擴展到貿易、汽車、機械、電子、建築、重型造船、電腦、電信以及金融領域，成爲韓國第四大企業集團。大宇公司是西爾斯（Sears）、Christian Dior 等多家公司的紡織品供應商。大宇還同通用汽車公司成立了合資企業生產牌汽車。然而，由於勞動力和其他一些問題，汽車產品發送受到了限制。

　　公司成功的重要因素是總裁金宇中努力工作的理念以及植入人們腦海深處的價值觀。可是，到 20 世紀 80 年代末和 90 年代初，公司開始面臨著幾個問題。其中一個是金宇中的擔心——隨著韓國進一步繁榮和發展，工人們可能會喪失努力工作的熱情。另外，年輕工人的不滿情緒越來越強烈，奮發向上的精神正被淡忘。

　　由於金宇中對此疏於管理、放任自流，大宇集團公司的某些公司便處於失控狀態。例如，在並不賺錢的重型造船行業他註意到有許多不必要的花費。後來，僅是撤除公司開辦理發店便爲公司節約 800 萬美元。

　　總體上講，大宇公司的員工年輕，受教育程度高，大宇公司的高級職位只聘任能干的人，並無裙帶關係，這一點與許多其他韓國公司的相似職位，大有不同。

雖然大宇公司擁有91,000名員工，是一家大型公司，但它在任何一個產業中都不佔有支配地位。大宇制定了努力成爲通用汽車公司和波音等幾家國外大公司供應商的戰略，這也許會導致大宇以自己的品牌成爲主要市場開拓者的機會。在20世紀90年代，金宇中也一直在歐洲尋找機會，比如，他同在法國的一家經銷公司成了合資企業。

這些重大的重組活動已經産生了積極效果，金宇中出售了一些鋼鐵、金融和房地産項目，以加強管理代替了放任自流的管理風格，重新實行了集權化管理；一些管理者或者退休，或者解聘，此外，還撤銷了幾千崗位。

所有這些變化對財物狀況和公司文化都産生了積極的影響，然而，到90年代初期，大宇還需要對付堅挺的韓國貨幣、上升的勞動力成本、與日本的競爭，以及其業務涉及的不同國家的經濟衰退等不利因素。

思考題：
1. 本案例中，哪些是可控因素，哪些是不可控因素？
2. 你如何評價金宇中的反應對策？從本案例中你能得出什麼結論？

(資料來源：李英. 管理學基礎［M］. 大連：大連理工大學出版社，2009.)

8.2.2 PDCA 循環

PDCA 是英語單詞 Plan（計劃）、Do（執行）、Check（檢查）和 Action（處理）的第一個字母，PDCA 循環就是按照這樣的順序進行質量管理，並且循環不止地進行下去的科學程序。P（plan）計劃，包括方針和目標的確定以及活動計劃的制訂。D（do）執行，指具體運作，實現計劃中的內容。C（check）檢查，指總結執行計劃的結果，分清哪些對了，哪些錯了，明確效果，找出問題。A（action）處理，指對檢查的結果進行處理，對成功的經驗加以肯定，並予以標準化；對於失敗的教訓也要總結，引起重視。對於沒有解決的問題，應提交給下一個PDCA循環中去解決。見圖8-2。

一是計劃階段。要通過市場調查、用戶訪問等，摸清用戶對產品質量的要求，確定質量政策、質量目標和質量計劃等。

二是執行階段。實施上一階段所規定的內容。根據質量標準進行產品設計、試制、試驗及計劃執行前的人員培訓。

三是檢查階段。主要是在計劃執行過程之中或執行之後，檢查執行情況，看是否符合計劃的預期結果效果。

四是處理階段。主要是根據檢查結果，採取相應的措施。鞏固成績，把成功的經驗盡可能納入標準，進行標準化，遺留問題則轉下一個PDCA循環去解決，即鞏固措施和下一步的打算。

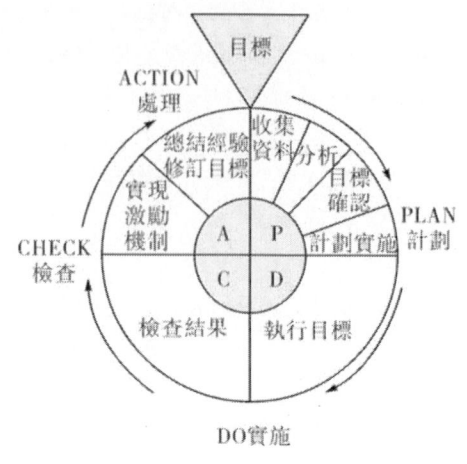

圖 8-2　PDCA 循環

8.2.3　執行力

　　執行力是目前在企業管理領域比較流行的一個概念。關於什麼是執行力，目前還沒一個比較確切的定義。比較通俗的理解就是：執行並完成任務的能力。比較理論化的理解就是：執行並實現企業既定戰略目標的能力。

　　每一個老板、每一名管理人員都會對下屬有要求，無論這些要求是否明確、合理，這些要求與期望都會遭遇它們各自的結果；每一個企業都會有戰略目標，無論是否明確、合理或者宏大，同樣每一個目標都會有最終的結果。這些老板、管理人員與企業必須共同面對的現實是：結果往往與目標之間有很大的差距，或者說"沒有完成任務""沒有達成目標"，問題在哪裡呢？想法沒有得到實施，方案沒有得到執行，所以沒有達成目標，這是一個很符合邏輯的推斷，於是執行力的概念就應運而生。

　　由於這裡主要探討執行，所以這裡我們假定探討的前提是：目標方向是正確的、方案本身是完善的，也就是說戰略規劃是沒有問題的。

　　其實"執行"就是"做"，我們可以從兩個不同層次去理解執行力，一是個人執行力，另一個就是企業執行力。

　　個人執行力整體上表現為"執行並完成任務"的能力，對於企業中不同的人要完成不同的任務需要不同的具體能力，個人執行力嚴格說來包含了戰略分解力、時間規劃力、標準設定力、崗位行動力、過程控制力與結果評估力，是一種合成力，對於企業中不同位置的個體所需要的技能需求並不完全一致（見表 8-1）。

表 8-1　　　　　　　　　　企業員工執行力構成要素

層次＼要求	戰略分解力	標準設定力	時間規劃力	崗位行動力	過程控制力	結果評估力
高層管理	√	√	√	√	√	√
中層管理		√	√	√	√	√
基層管理			√	√	√	√
普通員工						

　　由表 8-1 可以直觀地看到越是高層所需要的技能越全面，因此企業高層的執行技能比一般中層的執行技能和普通員工的執行技能更重要，很多人想當然地認爲企業執行力不強是下屬沒有按照上級的意志去落實其實是一種誤區。直接把任務簡單地拋給員工，當然不會得到有效的執行，如果管理人員把某個任務的完成標準、時間都明確了，在下屬執行的過程中進行檢查和協助，而下屬還是完不成任務的話，只能把任務沒有交代給真正有能力去完成這件事的人或者說他應該找更合適的人來做，所以執行的效果關鍵還是看管理人員是不是有計劃（時間規劃、完成標準）、有組織（找合適的人幹活）、有領導（協助、激勵）和控制。

【知識閱讀 8-3】
經濟學院的教學過程控制

　　某大學經濟學院下設經濟管理、市場行銷、會計學、國際貿易、經濟學五個系，共有老師 150 名，學生（包括博士、碩士研究生）2,500 名，每個學生必須在一個系裡學習專業課，專業課約占整個課程的 1/3，其餘 2/3 課程可在大學和學院的其他系去選修，按學分制管理。

　　1990 年，已連續任職 20 年的老院長退休。他德高望重，採用獨裁型的領導方式，老師的聘任和解聘，教職工的工資和晉升，各系的教學計劃和對主要課程的要求等，均由他自己決定，然後宣布其決定，要求執行。不同意這位院長領導方式的教師都只好辭職而去。

　　新院長是按學校規定程序選聘的，他年輕有爲，曾任大公司總經理，對企業很熟悉。他一上任，就約見五位系主任，請他們繼續留任並請求合作和支持。他說：「我想按管理的基本原則來管理學院，即把我們所教的東西付諸實踐。我主要關心的是建立學院教學管理的程序，我需要經常瞭解各系課程的開設、選用教材、教師是否在按所選教材授課、學生是否已從教學中得到收益，以及哪些教師的教學效果好。」

　　新院長又說：「我非常讚賞教師們在教學之外從事的研究和服務活動，但在目前，要求大家把精力集中在教學上。首先要對教學建立管理程序，制訂一套標準，還要經常掌握教學的實際情況，並在必要時可以採取糾正的行爲。」他指示各系主任找骨幹教師組成委員會，共同草擬一個說明草案，提出能回答他所提問題的最適合的辦法。各系的草案在一月之内提出。

幾天後，經濟學系主任去向院長說："我和系上教師都積極地配合您的工作，但老實說，我們對如何回答您所提的問題真有點一無所知。經濟學家不同於企業家，您說要按管理的基本原則來管理教學。我不懂您的意思。作爲系主任，我過去所做的事就是向全體老師傳達院長對教學的指示和決定，僅此而已。現在您要求系組成委員會，提出教學管理程序，制訂教學標準，請您給我們規定好，越詳細越好。"

思考題：

（1）學校確實不同於企業，新院長提出"按管理基本原則來管理學院、管理教學活動"是否合理？應當如何理解？

（2）新院長是否能說服經濟學系主任以及其他系主任和教師們？

（3）你認爲學院能否制訂出一套包括反饋控制程序的教學管理程序，這個程序大體應包括哪些内容？

（資料來源：李英. 管理學基礎 [M]. 大連：大連理工大學出版社，2009.）

綜合練習與實踐

一、判斷題

1. 企業集權程度越高，控制就越有必要。　　　　　　　　　　　　　（　）
2. 計劃編制程序、統計報告程序、信息傳遞程序等都屬於跟蹤控制性質。
   　　　　　　　　　　　　　　　　　　　　　　　　　　　　　（　）
3. 同期控制的主要作用是通過總結過去的經驗和教訓，爲未來計劃的制訂和活動安排提供借鑒。　　　　　　　　　　　　　　　　　　　　　（　）
4. 統計標準是建立在歷史數據的基礎上的。　　　　　　　　　　　　（　）
5. 利用既定的標準去檢查工作，有時並不能達到有效控制的目的。　（　）
6. 一般來說，科研機構的控制程度應大於生產勞動。　　　　　　　（　）

二、單項選擇題

1. 財務分析、成本分析、質量分析等都屬於（　　）。
   A. 反饋控制　　　　　　　　B. 結果控制
   C. 同期控制　　　　　　　　D. 前饋控制
2. （　　）是進行控制的基礎。
   A. 確定控制對象　　　　　　B. 選擇控制重點
   C. 確立控制對象　　　　　　D. 糾正偏差
3. （　　）是企業需要控制的重點對象。
   A. 資源投入　　　　　　　　B. 組織的活動
   C. 人員分配　　　　　　　　D. 經營活動的成果

4. 所有權和經營權相分離的股份公司，爲強化對經營者行爲的約束，往往設計有各種治理和制衡的手段，包括：①股東們要召開大會對董事和監事人選進行投票表決；②董事會要對經理人員的行爲進行監督和控制；③監事會要對董事會和經理人員的經營行爲進行檢查監督；④要強化審計監督。這些措施是：（　　）。

　　A. 均爲事前控制
　　B. 均爲事後控制
　　C. ①事前控制，②同步控制，③④事後控制
　　D. ①②事前控制，③④事後控制

三、多項選擇題

1. 管理中，控制存在必要的原因是（　　）。
　　A. 領導者的素質差異　　　　　B. 環境的變化
　　C. 工作能力的差異　　　　　　D. 管理權力的分散
2. 根據時機、對象和目的的不同，可以將控制劃分爲（　　）。
　　A. 前饋控制　　　　　　　　　B. 同期控制
　　C. 條件控制　　　　　　　　　D. 反饋控制
3. 一般來說，企業可以使用的建立標準的方法有（　　）。
　　A. 員工通過討論確立的標準
　　B. 利用統計方法來確定預期的結果
　　C. 根據經驗和判斷來估計預期的結果
　　D. 在客觀定量分析的基礎上建立工作標準

四、簡答題

1. 簡述控制過程的概念。
2. 管理者怎樣使用三種基本類型的控制才是最有效的？

五、深度思考

爲什麽説員工進行自我控制是提高控制有效性的根本途徑？

第 9 章

溝通與協調

學習目標

通過本章學習，學生應掌握溝通和協調職能的基本理論和技術，學會運用有效溝通的方法和技巧，能夠運用協調衝突的策略和技巧，懂得溝通中哪些會成為障礙。

學習要求

知識要點	能力要求	相關知識
溝通概述	1. 掌握溝通的定義和功能 2. 瞭解溝通過程 3. 認識和瞭解溝通的類型	各種溝通類型的適用條件
溝通網路與溝通障礙分析	1. 瞭解溝通的網路形式 2. 掌握常見的溝通障礙 3. 掌握並運用有效溝通的方法和技巧	溝通的小竅門
協調	1. 瞭解協調的定義和原則 2. 瞭解和掌握管理者協調的內容	管理中協調的作用
衝突協調	1. 掌握衝突的概念 2. 瞭解衝突的特性和類型 3. 掌握和運用協調衝突的策略和技巧	處理與上司衝突的方法

案例導入

小宏的褲子

小宏明天就要參加小學畢業典禮了，怎麼也得精神點，把這一美好時光留在記憶之中。於是他高高興興上街買了條褲子，但可惜褲子長了兩寸（1寸≈3.33厘米）。吃晚飯的時候，趁奶奶、媽媽和嫂子都在場，小宏把褲子長兩寸的問題說了一下，飯桌上大家都沒有反應。飯後大家都去忙自己的事情，這件事情就沒有再被提起。媽媽睡得比較晚，臨睡前想起兒子明天要穿的褲子還長兩寸，於是就悄悄地一個人把褲子剪好疊好放回原處。半夜裡，狂風大作，窗戶"哐"的一聲關上把嫂子驚醒，她猛然醒悟小叔子褲子長兩寸，自己輩分最小，怎麼也得是自己去做了，於是披衣起床將褲子處理好才又安然入睡。老奶奶覺輕，每天一大早醒來給小孫子做早飯上學，趁水未開的時候也想起孫子的褲子長兩寸，馬上快刀斬亂麻。最後小宏穿着短四寸的褲子去參加畢業典禮了。

一個團隊僅有良好的願望和熱情是不夠的，要積極引導並靠良好的溝通來分工協作，這樣才能把大家的力量形成合力。管理一個項目如此，管理一個部門也是如此。

團隊協作需要默契，是靠長期的日積月累來達成的，在協作初創起，還是要有明確的約束和激勵。沒有規則，不成方圓，衝天的幹勁引導不好，彼此之間沒有很好的溝通和協調，就會欲速不達。

（資料來源：佚名. 從《小宏的褲子》看企業管理［EB/OL］.（2011-11-13）［2014-06-10］. http://blog.sina.com.cn/s/blog_499a54610100z8z6.html.）

任務9.1　溝通概述

【學習目標】

讓學生初步認識溝通職能，掌握溝通的功能和過程，瞭解溝通的類型，激發學生學習興趣；檢測學生對溝通基本概念和相關內容的掌握。

【學習知識點】

正如美國杜邦公司前任董事長查爾斯·麥考爾所指出的那樣："我們把溝通放在絕對優先的位置。雇員們有權利獲得信息，他們應該及時瞭解公司的重要新聞。"在一個組織中，如果沒有良好的溝通，那麼群體就無法正常運轉，團隊就無法存在，因為人們需要通過溝通來獲得和傳遞各種信息。有效的溝通可以使組織運轉得更有效率，從而帶來競爭優勢。而無效的溝通則對管理者、員工和組織本身都是有害的，它會導致組織中的人際關係緊張、效率低下、工作質量下降等。

9.1.1 何爲溝通

1. 溝通的概念

溝通（communication）作爲管理者的基本技能，一直以來都是諸多管理學者研究的重要課題之一。當然，不同的管理學家對溝通的界定也是不盡相同的。當代著名管理學家斯蒂芬・P. 羅賓斯認爲溝通是"意義的傳遞與理解"，他指出，如果存在完美的溝通的話，應是經過傳遞之後被接受者感知到的信息與發送者發出的信息完全一致。紐曼和薩默把溝通解釋爲在兩個或更多的人之間進行的事實、思想、意見和情感等方面的交流。美國主管人員訓練協會把溝通界定爲：它是人們進行的思想或情況交流，以此取得彼此的瞭解、信任及良好的人際關係。加雷思・瓊斯、珍妮弗・喬治和查爾斯・希爾則認爲溝通是指兩個或兩個以上的人或組織爲達成共識而進行的信息分享。

儘管上述幾種解釋不盡相同，但把幾者結合起來理解的話，我們則可以從中歸納出溝通的五個基本特徵：第一個特徵是溝通必然涉及至少兩個以上的主體。孤單單的一個人是不需要也不可能形成溝通的，也就是說，只有涉及與他人接觸時，才存在溝通的可能性。第二個特徵就是在溝通的主體之間，一般應該存在溝通主體與溝通客體（也可稱爲溝通對象）之分。也就是說，要完成這個溝通，應該明白哪一方是主動的，而哪一方是被動的。第三個特徵是溝通過程中一定存在溝通標的，如信息等，這個標的是一個溝通過程所必須要完成的主要任務的載體。第四個特徵是溝通是爲了改善現有的績效水平，取得更高水平的目標。如果一個溝通過程完成後，對現狀的改進沒有任何貢獻，則這個溝通就沒有存在的必要。這個特徵其實表明了溝通的基本動機。第五個特徵就是溝通需要正確的方式和途徑選擇。不管是交流也好，分享也罷，對不同的溝通對象而言，其相應的方式應該是有所差別的。在下文將進行論述。

基於上述內容，我們對管理中的溝通作出如下界定：溝通是指兩個以上主體，爲了改善組織績效等目的，通過對相關信息的傳遞、理解和共享，達成共識並指導行動的過程。需要指出的是，這裡的共識並不僅僅指好的共識，比如協議達成、項目立項等，還應該包括不好的共識，比如協議無法成立、項目無法立項等。無論好壞結果，都應視爲經過溝通過程的產物。當然，我們都希望經過有效的溝通，達成理想目標。

2. 溝通的功能

在群體或組織中，溝通主要有控制、激勵、情緒表達和信息傳遞四項功能。

1) 控制

溝通的控制功能是指可以通過有效的溝通控制組織成員的行爲，使之遵守組織中的指導方針和權力等級，按照組織的要求工作。例如，組織成員首先要和自己的直接主管交流工作中的不滿，也要按照職務說明書工作，等等，通過溝通可以實現這種功能。

2）激勵

激勵是指管理者運用溝通來影響員工的思想、情感和行爲，鼓勵並激發員工爲實現組織的目標積極、努力地工作。溝通可以通過以下一些途徑來激勵組織成員：明確告訴他們做什麼、如何做，沒有達到標準時應如何改進。在實現組織目標過程中的持續反饋及對理想行爲的強化都有激勵作用，而這些都需要溝通。

3）情緒表達

情緒表達指溝通的目的在於每一個群體中的成員進行情感性的而非任務性的相互交流的需要。組織工作群體也是主要的社交場所，組織成員通過溝通可以表達出自己的滿足感和挫折感。因此，溝通提供了一種釋放情感的情緒表達機制，並滿足了人們的社交需要。

4）信息傳遞

信息傳遞是指溝通的目的在於實現某種信息的交流。這與決策角色有關。溝通可爲個體和群體提供決策所需要的信息，使決策者能夠確定並評估各種備選方案。

溝通的四種功能沒有輕重之分，在組織管理中交叉運用。群體或組織中的每一次溝通都可以實現這四種功能中的一種或幾種。

9.1.2 溝通過程

1. 溝通過程的構成要素

溝通過程就是發送者將信息通過選定的渠道傳遞給接收者的過程，必需的四大要素是：

（1）溝通主體。溝通主體是溝通的開始者，負責提出溝通信息、進行編碼並發送信息。

（2）溝通客體。溝通客體接收溝通信息，並負責實現溝通最終的執行。溝通客體最關鍵的是通過解碼來達到理解溝通信息，並轉化爲可以執行的指令或信息。

（3）通道。即溝通信息傳遞的路徑和渠道。它決定了採用什麼形式傳遞信息。

（4）環境。環境是指對整個溝通過程產生影響的外部環境，其中，噪聲是溝通環境中常見的影響因素。

2. 溝通過程

從根本上來講，一個完整的溝通過程由兩大部分構成。第一個部分是傳播階段，主要包括信息的傳播、理解和共享等內容。第二個部分爲反饋階段，主要包括溝通各方達成共識並能形成行動。具體來說，溝通的過程可以被細分爲如下組成部分：

在傳播階段，溝通的出發點是發送者（sender）。發送者在進行溝通之前，首先要形成一個意圖，我們稱之爲信息（message），它貫穿隨後的整個溝通過程，是發送者想與他人或群體共同分享的標的物。在發送前，發送者要把該信息轉變成爲符號或語言，即進行編碼（encoding）工作，然後通過溝通渠道（channel），即媒介物（如電話、信箋、面對面的交流等）將之傳送給接收者（receiver）。接收者隨後對收到的信息進行翻譯和理解，這個過程稱爲解碼（decoding），這樣信息就由一個人傳到了另一個人那裡。需要指出的是，解碼是個非常關鍵的過程，可以視爲溝通的關鍵點。

隨後則進入了反饋階段。在這個階段中，第一階段中的發送者和接收者恰好進行了換位，即原來的信息接收者成爲了發送者，他將需要傳遞的信息進行編碼，然後通過選擇的渠道發送出去，而原發送者變成了接收者，他將對收到的信息重新解碼。信號中必須確認原信息已經收到和理解，也可重述原信息以確保原信息被正確理解，或者請求更多的信息。這樣的過程可能會發生多次，直到雙方確保達到了彼此理解。具體過程可參見圖 9-1。

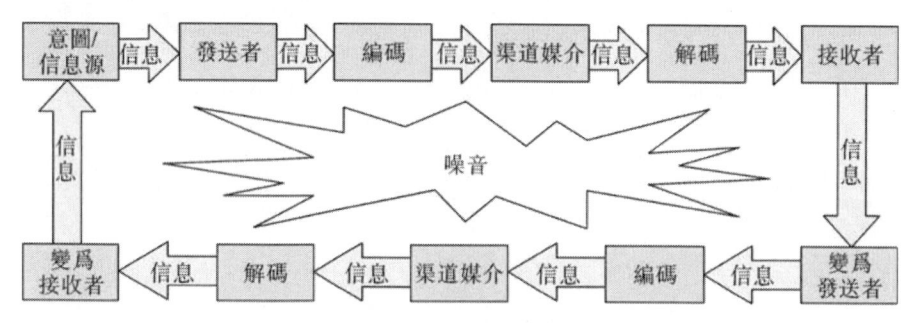

圖 9-1　溝通過程模型

9.1.3　溝通的類型

溝通在管理中是如此重要，以至於人們發展了各種樣的方法來提高溝通的效率。如果從不同的角度進行劃分，可能會得出多種分類：言語溝通、非言語溝通和電子媒介溝通，單向溝通和雙向溝通，正式的溝通和非正式的溝通等。下面我們對各種常見溝通方法進行簡要介紹。

1. 言語溝通、非言語溝通和電子媒介溝通

從信息編碼方式和承載的媒體不同劃分，溝通主要包括三類：言語溝通、非言語溝通和電子媒介溝通。

1）言語溝通

把信息通過寫或説的字詞進行編碼，我們稱之爲言語溝通。我們又可以進一步把言語溝通劃分爲口頭溝通和書面溝通。

（1）口頭溝通

人們之間最常見的交流方式是面對面的交談，就是口頭溝通。此外，常見的口頭溝通方式包括演講，正式的一對一討論和小組討論，非正式的討論以及傳聞或小道消息的傳播。

口頭溝通的優點是快速傳遞和快速反饋。在這種方式下，信息可以在最短的時間裡被傳送，並在最短時間裡得到對方的回復。口頭溝通的主要缺點是卷入的人越多，信息失真的可能性就越大。如果組織中的重要決策通過口頭方式在權力金字塔中上下傳遞，則信息失真的可能性相當大。

（2）書面溝通

書面溝通包括備忘錄、信件、組織內發行的期刊、布告欄及其他任何傳遞書面文字或符號的手段。書面溝通的優勢在於它持久、有形、可以核實。一般情況下，發送者與接收者雙方都擁有溝通記錄，溝通的信息可以無限期地保存下去。對於複雜或長期的溝通來說，這尤爲重要。書面溝通的最終效益來自其過程本身，比口頭語言考慮得更爲周全。把東西寫出來促使人們對自己要表達的東西更認真地思考。因此書面溝通顯得更爲周密，邏輯性強，條理清楚。

2）非言語溝通

如果在溝通過程中我們不把信息通過語言進行編碼，那麼就構成了非語言溝通。顯然，它指的是既非書面的也非口頭的溝通方式，而是通過面部表情（微笑、揚眉、皺眉、拉下巴等）、體態語言（手勢、姿勢、點頭、聳肩和其他身體動作）、語調（輕柔、平穩、刺耳、着重音、反問），甚至衣服的款式（隨意、保守、正式、流行）進行的溝通。美國心理學家艾伯特·梅拉比安經過研究認爲：人們在溝通中所發送的全部信息僅有7%是由言語來表達的，而另外93%的信息是由非言語來表達的，如圖9-2所示。

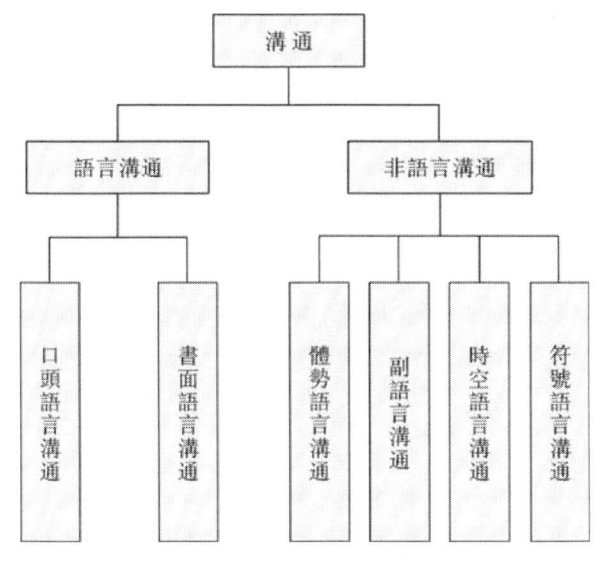

圖9-2 言語溝通與非言語溝通

非言語溝通能夠支持或加強語言溝通，就像一個熱情和真誠的微笑能夠增強對一件干得好的工作表示讚賞一樣，一個關切的表情能增強表達對個人問題的同情。有時，不好用語言表述的，用表情或身體語言可以順利地進行表達。某位員工在讚同一個實際上他並不喜歡的建議時，也許會無意識地通過皺眉來表達他的不喜歡。非言語溝通內涵十分豐富，主要包括體勢語言溝通、副語言溝通、時空語言溝通和符號語言溝通等。

（1）體勢語言溝通。體勢語言溝通是指通過目光、表情、手勢、坐姿、站姿、立姿等身體運動形式來實現的溝通。

（2）副語言溝通。副語言溝通是指通過非語詞的聲音，如重音、聲調的變化、哭、笑等來實現的溝通。心理學家稱非語詞的聲音信號爲副語言。

（3）時空語言溝通。時空語言主要是指春夏秋冬四季變換以及時間、空間變化所傳遞的信息。

（4）符號語言溝通。符號語言主要是指各種信息符號、物體等代表的某一公共信息的特定含義，如SOS、國旗、國徽、企業標識等所代表的含義。

3）電子媒介溝通

目前人類已步入信息時代和知識經濟時代，各種複雜多樣的電子媒介已經逐步成爲溝通渠道。除了傳統的媒介（如電話和公共郵寄系統），現代的組織還擁有閉路電視、計算機、靜電復印、傳真機等一系電子設備。將這些設備與言語和紙張結合起來就產生了更有效的溝通方式。有學者研究表明，通過電話進行口頭溝通的信息充裕度（information richness）僅次於面對面溝通。在互聯網時代裡，電子郵件正變得越來越普及，其溝通的功效則類似於個人的書面溝通，並且電子郵件還具有迅速且廉價的特點。它的優缺點與書面溝通相似。

2. 雙向溝通和單向溝通

根據溝通時是否出現信息反饋，可以把溝通分爲雙向溝通和單向溝通。見表9-1。

1）雙向溝通

雙向溝通是指有反饋的信息溝通，如討論、面談等。在雙向溝通中，溝通者可以檢驗接收者是如何理解信息的，也可以使接收者明白其所理解的信息是否正確，並可以要求溝通者進一步傳遞信息。

【知識閱讀9-1】

我還要回來

美國知名主持人林克萊特一天訪問一名小朋友，問他說："你長大後想要當什麼呀？"小朋友天真的回答："嗯，我要當飛機的駕駛員！"林克萊特接着問："如果有一天，你的飛機飛到太平洋上空所有引擎都熄火了，你會怎麼辦？"小朋友想了想："我會先告訴坐在飛機上的人綁好安全帶，然後我掛上我的降落傘跳出去。"當現場的觀衆笑得東倒西歪時，林克萊特繼續註視着這孩子，想看他是不是自作聰明的家伙。沒想到，接着孩子的兩行熱淚奪眶而出，這才使得林克萊特發覺這孩子的悲憫之情遠非筆墨所能形容。於是林克萊特問他說："爲什麼要這麼做？"小孩的答案透露出一個孩子真摯的想法："我要去拿燃料，我還要回來！！"

你聽到別人說話時，你真的聽懂他說的意思嗎？你懂嗎？如果不懂，就請聽別人說完吧，這就是"聽的藝術"：聽話不要聽一半；不要把自己的意思，投射到別人所說的話上頭。

（資料來源：佚名. 聽的藝術［EB/OL］.（2009-03-26）［2014-06-16］. http://blog.sina.com.cn/s/blog_4e6178070100c95k.html.）

2）單向溝通

單向溝通是指沒有反饋的信息溝通。如大家熟悉的例行公事，向低層傳達命令，可用單向溝通；從領導者個人來講，如果經驗不足，無法當機立斷，或者不願下屬指責自己無能，想保全權威，那麼單向溝通對他有利。

有關單向溝通和雙向溝通的效率和利弊比較研究表明：單向溝通的速度比雙向溝通快；雙向溝通的準確性比單向溝通高；雙向溝通中有更高的自我效能感；雙向溝通中的人際壓力比單向溝通時大；雙向溝通動態性高，容易受到干擾。

表 9-1　　　　　　　　　　雙向溝通和單向溝通比較

因素	結果
時間	雙向溝通比單向溝通需要更多的時間
信息和理解的準確程度	在雙向溝通中，接受者理解信息和發送信息者意圖的準確程度大大提高
接受者和發送者置信程度	在雙向溝通中，接受者和發送者都比較相信自己對信息的理解
滿意	在雙向溝通中，接受者和發送者都比較滿意單向溝通
噪音	由於與問題無關的信息較易進入溝通過程，雙向溝通的噪音比單溝通要大得多。

在企業管理中，雙向溝通和單向溝通各有不同的作用。一般情況下，如果要求接收者準確無誤地接收消息，或處理重大問題，或做出重要決策時，宜用雙向溝通。而在強調工作速度和工作秩序時，宜用單向溝通。

3. 正式溝通與非正式溝通

在正式組織中，成員間所進行的溝通可因其途徑的差異分為正式溝通和非正式溝通兩類。

1）正式溝通

正式溝通是指組織中依據規章制度明文規定的原則進行的溝通。例如，組織之間的公函來往、組織內部的文件傳達、召開會議等。顯然，正式的溝通包括組織內的正式溝通和組織外的正式溝通。按照信息流向的不同，正式溝通又可細分為下向溝通、上向溝通、橫向溝通、斜向溝通等幾種形式，如圖 9-3 所示。

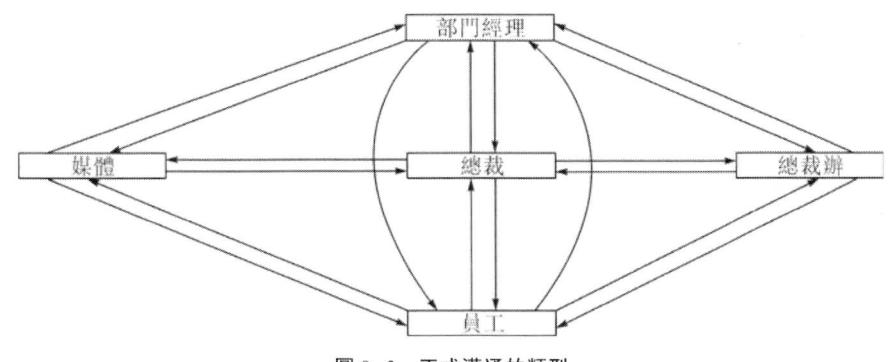

圖 9-3　正式溝通的類型

通常，上行溝通多用於向上傳遞信息，下行溝通多用於下達指示、指令或績效反饋，而水平溝通則多用於協調努力與活動。在多層次的正式溝通中，由於人們的價值取向和認識水平不同，在上行溝通和下行溝通中都會不同程度地出現由於"過濾""誇大""縮小"甚至"曲解"而帶來的偏差。從組織基層向較高層次的直接上級交流信息的上行溝通一般少於下行溝通，大體為15%，而且往往會出現嚴重的失真或偏差。

例如，下屬常常覺得需要強調自己的成績，對自身差錯卻"大事化小，小事化了"，或者是"報喜不報憂"，有避免傳遞壞消息的傾向。通常，正式溝通中的水平溝通比較隨意和準確，在良好的組織文化條件下，可以作為上行和下行溝通的重要補充。

2）非正式溝通

非正式溝通是指組織另一方面的溝通不是通過組織內正式的溝通渠道、組織與外界的正式溝通渠道進行，而是一種非官司方的、私下的溝通，其溝通途徑超越了單位、部門以及級別層次等。這樣的非正式溝通包括兩個方面：一是通過非正式組織進行，二是通過私人進行。非正式溝通相應於正式溝通其傳遞的消息有時又被稱為小道消息。

研究表明，小道消息溝通的主要問題不是溝通方式的問題，而在於信息源本身的準確性低。Davis（1953）在一家中型皮件廠的經理中進行的經典研究發現，小道消息溝通有四種基本模式：聚類式、概率式、流言式、單線式。聚類式溝通是把小道消息有選擇地傳遞給朋友或有關人員；概率式溝通以隨機的方式傳遞信息；流言式是有選擇地把消息傳播給某些人；單線式則以串聯方式把消息傳播給最終接收者。Davis的研究結果表明，小道消息傳播的最普通形式是聚類式，傳播小道消息的管理人員一般占10%。後來進行的驗證研究也證實，非正式溝通網路的發送者並不多。

但不可否認的一個趨勢是，在知識經濟時代，在專業化分工越來明確的時代，非正式溝通在知識共享和組織創新方面的作用正在逐漸加大，這已經引起了越來越多的學者關注的目光。

【學習實訓】 心理測試——非語言溝通和傾聽技能調查

● 非語言溝通：

以下是一個非語言溝通方法的清單。選擇一個日期，記錄該日期之後這些方法的應用情況，在每天結束時，回憶你與3個人以某種形式溝通的反應。

非語言溝通工作表

溝通途徑	表達什麼信息？	你是怎麼反應的？	對你影響最大或最小的方式是什麼？
他們握手的方式			
他們的姿勢			

續表

溝通途徑	表達什麼信息？	你是怎麼反應的？	對你影響最大或最小的方式是什麼？
他們的面部表情			
他們的形象			
他們的口氣			
他們的笑容			
他們的眼神			
他們的自信度			
他們的行走方式			
他們的站姿			
他們離你的距離			
他們的氣味			
他們用的手勢和符號			
他們的聲音大小			

（來源：托馬斯·S.貝特曼.管理學：構建競爭優勢［M］.北京：北京大學出版社，2001.）

● 傾聽技能調查

為了衡量你的傾聽技能，圈出每個項目的讚同程度，完成調查表。

傾聽技能調查

	非常讚同	讚同	中立	反對	強烈反對
1. 我通常耐心聽講，在作出反應之前確定對方已經把話說完了。	5	4	3	2	1
2. 在聽別人說話時，我不會亂畫亂動以防走神。	5	4	3	2	1
3. 我試圖理解說話人的觀點。	5	4	3	2	1
4. 我不會用爭論和批評來挑戰說話者。	5	4	3	2	1
5. 在聽說話時，我關註說話人的情感。	5	4	3	2	1
6. 說話人討厭的方式會分散我的註意力。	5	4	3	2	1
7. 別人說話時，我仔細註意其表情和形體語言。	5	4	3	2	1
8. 在別人想說什麼時，我從不說話。	5	4	3	2	1
9. 說話中，小段的沉默都使我感到尷尬。	5	4	3	2	1
10. 我只想別人把事實告訴我，然後我作決定。	5	4	3	2	1
11. 當人家把話說完時，我對其感情作出反應。	5	4	3	2	1
12. 只有當別人把話說完時，我才會對其話語作出評估。	5	4	3	2	1
13. 當別人還在說話時，我就對其作出反應。	5	4	3	2	1
14. 我從不假裝我正在傾聽。	5	4	3	2	1
15. 即使別人表達得很糟，我也能關注其表達的信息。	5	4	3	2	1

續表

	非常贊同	贊同	中立	反對	強烈反對
16. 我通過點頭、微笑和其他形體語言鼓勵別人說下去。	5	4	3	2	1
17. 有時我能預知別人下面要說什麼。	5	4	3	2	1
18. 即使說話的人使我惱怒，我也控制住怒火。	5	4	3	2	1
19. 我和說話人保持很好的眼神接觸。	5	4	3	2	1
20. 我試圖註意說話人所要表達的信息，而非言語本身。	5	4	3	2	1
21. 如果我未弄懂，在明白之前我不會作出反應。	5	4	3	2	1

（來源：托馬斯·S. 貝特曼. 管理學：構建競爭優勢 [M]. 北京：北京大學出版社, 2001.）

● 傾聽技能結果判斷

• 在"傾聽"技能測驗表中的每個題項中勾選出最符合你自身情形的答案，然後將所有得分加起來。

- 得分在 90~100 分，則說明你是一個優秀的傾聽者。
- 得分在 80~89 分，你是一個很好的傾聽者。
- 得分在 65~79 分，你是一個勇於改進、尚算良好的傾聽者。
- 得分在 50~64 分，在有效傾聽方面，你確實需要再訓練。
- 若得分在 50 分以下，你就要反問自己，你注意傾聽了嗎？

【效果評價】

根據學生出勤、課堂討論發言及小組合作完成任務的情況進行評定。

任務 9.2　溝通網路與溝通障礙分析

【學習目標】

讓學生認識瞭解溝通的網路結構，瞭解溝通的常見障礙，並掌握良好溝通的方法和技巧。

【學習知識點】

9.2.1　溝通的網路結構

在現實中，溝通往往是多人一起參與的。雖然人們可以運用不同的溝通渠道和媒介，但組織中總會形成一定的溝通模式，在組織中信息流入和流出群體和團隊的渠道結構，我們稱之為溝通網路。在組織溝通活動中存在着如下五種溝通網路模式：衛星模式、Y型模式、鏈型模式、環型模式和全通道模式。請參見圖9-4。

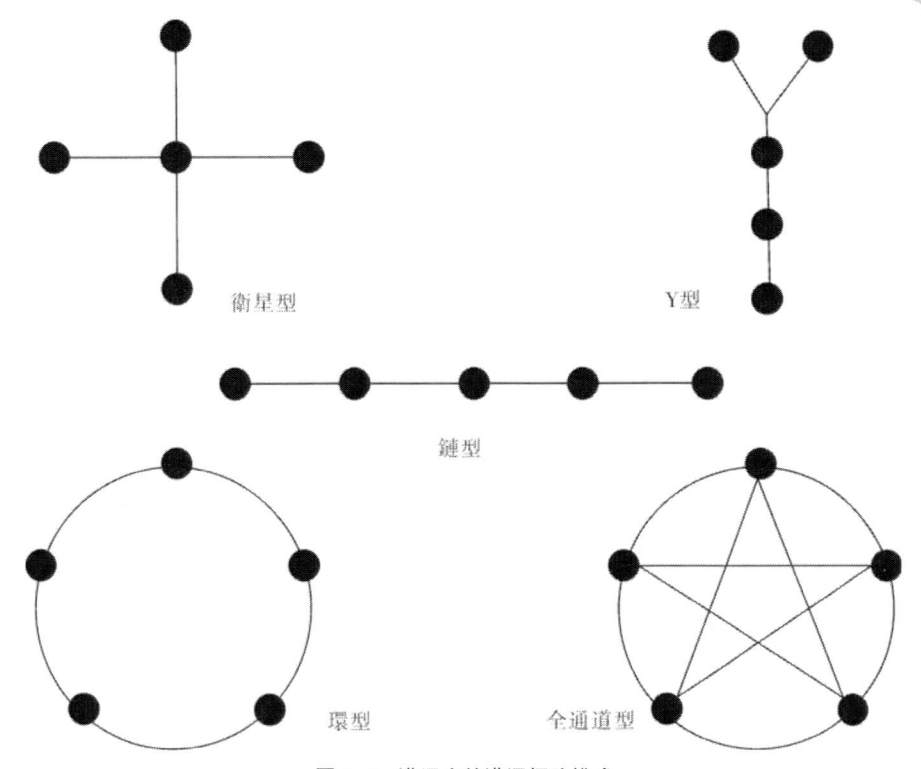

圖 9-4　溝通中的溝通網路模式

1. 衛星型網路

在衛星型模式中，信息流向來自於網路中的一個中心成員，其餘群體成員沒有必要相互溝通，所有成員通過與中心成員溝通來完成群體目標。衛星型網路經常出現於相互合作、相互依賴的指揮群體中。比如一群向調度員報告的出租車司機，該調度員也是他們的指揮者，每個司機都需要與調度員進行溝通，但是司機之間不必相互溝通。在這樣的群體中，衛星型網路能產生高效的溝通，能節省時間。儘管衛星型網路可在群體中出現，但是因為團隊工作緊密、相互作用性強等特性，衛星型網路其實無法在團隊中出現。

2. Y 型網路

這是一個縱向溝通網路，其中只有一個成員位於溝通網路的中心，成為溝通的聯結者。在組織中，這一網路大體相當於組織領導、秘書班子再到下級主管或一般成員之間的縱向關係。這種網路集中化程度高，解決問題速度快，組織中領導人員預測程度較高。此網路適用於主管人員工作任務比較繁重，需要有人選擇信息，提供決策依據，節省時間，而又要對組織實行有效控制。但此網路容易導致信息曲解或失真，影響組織中成員的士氣，阻礙組織提高工作效率。

3. 鏈型網路

在鏈形網路中，成員們按照原先設定的順序互相溝通。鏈型網路一般出現在流水線群體這樣任務有先後順序、相互依賴的群體中。當群體工作必須按預選設定的順序完成時，因爲群體成員需要與他前面的成員溝通，所以通常採用鏈型網路。同衛星型網路一樣，因爲成員之間相互作用的有限性，鏈型網路在團隊中也不易出現。

  4. 環形網路

  在環形網路中，群體成員與同他們具有同樣經歷、信仰、專門技術、背景、辦公場所甚至聚會時坐在一起的人進行溝通。例如，特別任務工作隊和常務委員會的成員們習慣於與那些具有同樣經歷或背景的成員溝通。人們也習慣於與相鄰辦公室的人交流。同衛星型和鏈型網路一樣，環形網路常見於群體而非團隊中。

  5. 全通道網路

  全通道網路出現於工作團隊中。它體現了高水平溝通的特色：第一個團隊成員與其餘隊員進行交流。高層管理團隊、跨職能管理團隊、自我管理團隊經常有全通道網路，經常出現的團隊任務的相互依賴性要求信息的全方位流動。因爲能給團隊成員提供分享信息的有效途徑，所以專門設計的計算機軟件可以幫助採用全通道溝通網路的工作團隊實現有效的溝通。

  6. 關於溝通網路的比較分析

  不同的溝通網路適用不同的群體，而不同的溝通網路也是各有千秋，我們採用如下標準來比較這五種溝通網路的特徵。

  第一條標準是"集中化程度"，即某些成員比另一些成員能占有更多交流通道的程度。衛星型網路可以說是集中化程度最高的，因爲所有成員的溝通信息都要經過中心成員流進與流出。全通道網路則是最不集中的，因爲其中任何一個成員都可以與任意其他成員進行即時的信息溝通，故其成員所占有的交流通道是均等的，也是最不集中的。

  第二個標準是"可能的交流通道數"，它與集中化程度標準密切相關，但方向相反。它是指占用交流通道的成員的增加速度，把全體成員當作一個整體來看，衛星型網路的可能的交流通道數是最少的，全通道型網路則最多。

  第三個標準是"領導預測度"，它測量的是哪個成員可能會脫穎而出成爲群體領導的可能性。比較五種網路圖，衛星型網路中的中心成員、鏈型網路中第一位成員，Y型網路中的聯結者，相比其他成員最有可能成爲領導者。而環形網路和全通道網路中的成員這個指標是相同的，都有可能，但也都不可能。這要取決於哪位成員掌握的信息要多些，對這些信息、建議的控制力度等因素。

  最後的兩個指標是群體的平均滿意度和各成員之間滿意度的相關幅度。它們度量的是在每種網路中把全體成員當作一個整體來考慮時，總體表現出來的滿意度和個體所表現出來的滿意度。衛星型網路中，中心成員處於大家註意的中心，對群體具有相當大的影響力，會覺得該網路最能令自己滿足，可是其他成員卻十分依賴該中心成員，在決策中只能當配角，接受決策結果，故滿意度相當低，滿意度的相差幅度又是最高的。全通道網路爲全體成員更多地參與創造了潛在的可能性，它的群體平均滿意度相對來說可能較高，而且每個成員的滿意度的相差幅度也是比較小的。

我們把對如上五種網路的比較用表 9-2 來直觀地表示出來，供參考。

表 9-2　　　　　　　　　　　四種溝通網路的比較

網路類型 標準	衛星型	Y 型	鏈型	環型	全通道型
集中化程度	很高	高	中等	低	很低
可能的交流通道數	很低	低	中等	中等	很高
領導預測度	很高	高	中等	低	很低
群體平均滿意度	低	低	中等	中等	高
各成員滿意相差幅度	高	高	中等	低	很低

9.2.2　溝通障礙分析

1. 溝通中的障礙

在信息溝通的過程中，人們常會受到各種因素的影響和干擾，造成了信息溝通的延誤或曲解，影響了溝通的有效性。溝通過程中主要存在以下影響因素：

1）信息表達障礙

信息發送者要把自己的觀念和想法傳遞給接收者，首先必須通過整理將其變成雙方都能理解的信息，即信息發送者把要傳遞的信息表達出來，並表達得十分清楚。這方面容易出現的障礙主要有以下幾個方面：

（1）表達能力不佳。詞不達意，口齒不清，或者字體模糊，使人難以瞭解信息發送者所要表達的意圖。

（2）語義的差異。信息溝通所使用的主要信號是語言和文字。語言是通過人的思維反應客觀事物的符號，它與事物之間只存在間接的關係。另外，由於客觀事物及人的思想意識的複雜多變，語言的表達範圍和人使用語言的能力受到較大的局限。有時，所用的語言和文字又是多義的，對不同對象會產生不同的意思、不同的理解，從而引起誤解錯譯。即使同樣的詞彙對不同的人來說含義也是不同的。由此造成了溝通中的障礙。

（3）傳送形式不協調。當信息用幾種形式（符號）傳送時，如果互相之間不協調，就難以正確理解所傳信息的內容。在用非言語符號（如表情等）傳遞信息時，如果非言語信息與言語信息有不相符（如笑容滿面的訓斥）之處，則將使信息不能完整、無誤地傳出去。只有兩者一致時，才會彼此增強效果。

（4）社會環境與知識經驗的局限。當發送者把自己的觀念翻譯成信息時，他只能在自己的知識和經驗範圍內進行編譯。同樣，接收者也只能在他自己的知識和經驗內進行譯解、理解對方傳送來的信息的含義。如果雙方的知識經驗範圍有共同經驗區（共通區），那麼，信息就可以容易地被傳送和被接收。相反，如果雙方沒有共同經驗區，就無法溝通信息，接收者就不能準確地譯解和理解發送者發送過來的信息的含義。因此，信息溝通往往受到知識和經驗的局限。只有存在共通區，才能進行有效的信息溝通。

2）信息傳遞障礙

信息在傳遞過程中，也會出現種種障礙。

（1）不失時機。信息傳遞的時機會增加或減低信息溝通的價值，不合時機地發送信息，對於接受者的理解將是一個難以克服的障礙。時間上的耽擱和拖延，會使信息因過時而無用。

（2）漏失和錯傳。在信息傳遞過程中，信息內容的漏失和錯傳都會造成溝通的障礙。

（3）干擾。傳遞信息時，如果受到客觀因素的干擾就會影響信息的正確傳遞。

3）信息接收和理解障礙

接收者接收到信息符號之後，要進行譯解，以變成對信息的理解。在這個過程中經常出現的障礙有如下幾種：

（1）知覺選擇性。知覺選擇性是指在溝通過程中，接收者會根據自己的需要、動機、經驗、背景等有選擇地去看或去聽信息。解碼的時候，接收者還會把自己的興趣和期望帶入信息中。

（2）發送者對信息的"過濾"。過濾是指發送者有意操縱信息，以使信息顯得對接收者更爲有利。例如，一名管理者告訴上級的信息都是上級想聽到的東西，那麼管理者就是在過濾信息。過濾的主要決定因素是組織結構中的層次數目。組織垂直的層次越多，過濾的機會也就越多。

（3）傳送者的理解差異和曲解。傳送者往往會根據個人的立場和認識來解釋其所獲得的信息。由於人的生活環境、社會背景和思想願望不同，人們對於同一信息的理解也有所差異。即使是同一個人，由於其接收信息時的情緒狀態或場合不同，也可能對同一信息有不同解釋。極端的情緒體驗，如狂喜或大悲，都可能阻礙有效的溝通。

（4）信息過量。在現代組織中，由於每天接受的信息過量，管理者無暇一一獲取，因此很多信息都被擱置，阻礙了有效溝通。

（5）心理障礙。當接收者對發送者懷有不信任感、敵意，或者緊張、恐懼的心理時，就會拒絕傳遞來的消息，或者歪曲信息的內容。

2. 克服溝通障礙的方法

1）作爲信息發送者的溝通技巧

正如我們在前文指出的那樣，信息的發送者的技巧水平在溝通過程中會起到至關重要的作用。下面這些是對信息發出者有幫助的技巧。

（1）明確溝通的目的

溝通不應是漫無邊際和漫無目的的，這就要求信息的發送者必須對他想要傳遞的信息有清晰的想法。所以溝通的第一步是闡明信息的目的，並制定實現預期目的的計劃。一般而言，溝通者在溝通之前要明了溝通的5W1H，即清楚知道爲什麼要溝通（Why），溝通什麼（What），和誰溝通（Who/Whom），什麼時候溝通（When），什麼地點溝通（Where）以及怎麼溝通（How）。確定了溝通的目標，溝通就容易規劃了。

(2) 確保自己發出完整和清晰的信息

信息發出者需要學習如何發出清楚而完整的信息。所謂清楚是指能讓信息接收者理解和領會。所謂完整，是指溝通過程中包含了發送者和接收者達成共識所需的全部信息。爲了使信息既清楚又完整，信息發出者必須考慮接收者如何接收信息，如何對信息進行矯正以消除誤會和混淆。要做到這一點，管理者應當具備溝通的理論知識、概念、操作性技藝。

(3) 信息的編碼應讓接收者容易理解

有效的溝通應使編碼、解碼信號易於理解。信息發出者在將信息進行編碼時，必須使用接收者能夠理解的符號或語言，應當避免使用不必要的術語或行話，它們是同一職業、群體或組織的成員方便溝通的特殊語言，不能用來與非同職業、群體、組織的成員進行溝通。例如，在全球化時代的跨國公司中，當你用英語給母語是非英語者發送信息時，要盡量使用常見的詞彙，避免用一些冷僻詞彙，以免接收者在翻譯時不知所云。

(4) 選擇適當的溝通管道

信息發出者可以從許多的溝通管道中加以選擇，包括個人面對面溝通、書面信函、便箋、簡報、電話交談、電子郵件、聲音郵件和電視會議等。在選擇這些渠道時，要考慮所需的信息充裕程度、時間限制、書面或電子記錄等，其中主要要考慮的是信息的性質：它是否是私人性的？重要程度如何？是否非常規？是否會引起誤解？是否需要作進一步澄清？

另一個在渠道方面所要考慮的因素是發送者所選擇的媒介，是否是接收者關注的媒介，或是否能引起接收者的關注。一些具體有效的溝通渠道包括①定期提交書面報告。②提出議題，引發溝通。③隨時隨地自然溝通，在午飯和咖啡廳休息時間裡，在超市或街道上，以非正式的方式自然進入話題。④在溝通中保持互動，對上級或下級提出的要求、意見和建議及時反饋、及時答復，等等。

最後一個在溝通媒介方面的選擇是要考慮接收者是否有某種習慣性的偏好或殘疾性障礙，這會限制到他對某些信息的解碼能力。如對一個盲人來說，書面信息是無法被閱讀的（除非是盲文）。

(5) 注意非言語提示

行動比言語更明確，因此注意使你的行動和語言相匹配並起到強化語言的作用。非言語信息在溝通中占很大比重，因此有效的溝通者十分注意自己的非言語提示，保證它們也同樣傳達了所期望的信息。溝通中的聲音、語調、措辭、講話內容和講話方式之間的和諧一致等等都會影響信息接收者的反應。

(6) 避免信息過濾和信息曲解

當信息發送者認爲接收者不需要某信息或不想接收某信息時，發送者會保留部分信息而導致信息過濾。信息在經過一系列的發送者和接收者後，產生了意思的改變，我們稱之爲信息曲解。信息過濾和曲解會發生在組織的每個層次，一些信息曲解是偶然的，但也有一些信息曲解可能是故意的。減少、避免這一問題的最好途徑是在組織中建立信任，讓下屬相信自己不會因超出自己控制能力的事受到責備，並依然會受到公平對待，上級也會向下屬提供清楚、完整的信息，同時建立必要檢查和監管機制。

(7) 注重運用反饋機制

發送者只有得到反饋，他才能知道信息是否被人正確理解，反饋對於有效的溝通來説是相當必要的。信息發出者可以在信息中提出反饋的要求，也可以表明何時或通過何種方式知道信息已收到或理解。信息傳遞後必須設法取得積極的、建設性的反饋，以弄清對方是否已確切瞭解、是否願意遵循、是否採取了相應的行動等。通過在溝通中建立這樣的反饋機制，管理者才能確保自己的信息被接收到和正確理解。

2) 作爲信息接收者的溝通技巧

信息接收者的技巧水平在溝通過程中也是很重要的，需要掌握的必要接收技巧如下：

(1) 抑制情緒

當人處在比較情緒化的狀態，情緒能使信息的傳遞嚴重受阻或失真。當信息接收者不能很好控制情緒時，他就很可能對所接收的信息產生誤解，在解碼過程中無法做到清晰和準確。所以，在溝通過程能夠較好地控制情緒是非常重要的。當你確實對某些發送者有了負面情緒時，那麼，最好的方法之一就是暫停溝通，直到情緒恢復正常。

(2) 集中註意力

一個人在組織中往往會同時承擔多種任務，在溝通過程中產生超負荷溝通的障礙，或者被迫同時思考多個事情，造成對接收到的信息沒有足夠的註意。要進行有效的管理，無論多忙，管理者都要對收到的信息有足夠的註意。只有專心專意，才能明白對方説些什麼。

【知識閱讀9-2】

溝通小竅門

- 善於像收音機那樣，仔細、完整地接收和傾聽信息。
- 註意分析和抓住段落信息，要求對方加以復述，並進行小結和回顧。
- 盡量採用"我……"的表述，而避免"我們如何如何……"的稱呼。
- 在溝通信息中，訂立階段目標，例如，"這次主要解決……問題"等。
- 註重運用肯定技巧，通過信息反饋、姿勢、表情和運用"對抗"方式肯定自己意見。
- 註意在溝通中針對情景或人員作出不同的信息處理，並強調時機性。

(3) 積極傾聽：信息接收的關鍵

正如管理學大師斯蒂芬·P.羅賓斯所指出的那樣，當別人説話時，我們在聽，但很多情況下我們並不是在傾聽。傾聽是對信息進行積極主動的搜尋，而單純的聽則是被動的。例如，美國聯邦快遞公司採用開門政策，鼓勵雇員直接與管理層交流意見，反應他們的問題以及對公司和行業的評論。公司不斷重申公正對待每個快遞郵送員，確保公司傾聽雇員對公司的任何抱怨和意見。

信息接受者需要掌握以下幾點傾聽技能：①與講話者保持眼睛接觸，使講話者知道你在認真地聽。②不要隨便打斷別人說話，這樣講話者不會被打斷思路。③學會運用復述，即用自己的話復述說話者講的內容。④作一個批判的傾聽者。在接收信息後，信息接受者要對模糊不清的或混淆的地方提出疑問，以保證你對該信息的充分瞭解。

此外，基思·戴維斯和約翰·紐斯特龍提出了改進傾聽的十條建議：①自己不再講話；②讓談話者無拘束；③向講話者顯示你是要傾聽他的講話；④克服心不在焉的現象；⑤以設身處地的同情態度對待談話者；⑥要有耐心；⑦不要發火；⑧與人爭辯或批評他人時要平和寬容；⑨提出問題；⑩自己不再講話。第一條和第十條是最重要的，即在我們能夠傾聽意見之前必須自己不再講話。

（4）移情

當試圖從信息發送者的感覺和描述中理解信息，而不只是從自己的觀點理解信息時，接收者便成功做到了移情。通過與發送者的移情，也就是讓自己處於發送者的位置，可以提高積極傾聽的效果。從另一個角度來審視移情時，它某種程度上也包含着在溝通過程中對發送者投入感情。

（5）瞭解語言風格

語言學家坦能（Deborah Tennen）將語言風格（Linguistic Style）描述為人們講話時特有的方式，包括聲調、語速、音量、停頓、率直或含蓄、遣詞造句、提問方式、笑話和其他的語言方式。當語言風格不同，而人們又沒有瞭解這些差異時，會導致無效的溝通。信息接收者不應該期望和試圖改變人們的語言風格，而應該瞭解這種差異性。

在跨文化環境中，語言風格的差別更多更大。比如，日本的管理者在與較高層管理者或地位較高的人交談時，顯得比美國管理者更正式、更尊重上級。當他們感到進一步交談可能不利時，日本的管理者不會介意交談中的長時間的停頓。相反美國管理者會感覺到停頓時間太長，氣氛似乎不協調，被迫講話，打破沉默。還比如，在進行商務談判時，談話者與聆聽者之間要保持適當的身體距離。在美國，交談者之間的距離要比在巴西或者沙特阿拉伯要大。不同國家的居民在溝通中，有的率直，有的含蓄。對為個人成就而取得榮譽的態度也有不同。在日本，倡導的是集體主義和群體主義，其語言風格傾向於鼓勵與強調群體成績，而在美國則恰恰相反。

【學習實訓】 溝通對策情景模擬

假定你是一家大型全國性公司的一分支機構經理，你對地區事業部經理負責。你的分支機構有120名員工，在他們與你之間有兩個層次的管理人員——作業監督人員和部門負責人。你所有下屬人員都在本分支機構的所在地工作。請對下面描述的四種案例情形分別製定出有效的溝通對策方案，並說明你的理由。

情景1

你的1名新任命的部門經理明顯地沒有達到該部門預算的目標。成本控制人員的分析報告表明，該部門在上上個月，原材料和設備費、加班費、維修費和電話費等項目超支了40%。當時你沒有說什麼，因為這是部門經理就任的頭1個月。但這次你感到必須採取某種行動了，因為上月份該部門的開支又超預算55%，而其他的部門並沒有這樣的問題。

情景2

你剛剛從地區事業部經理的電話中聽說，你們的公司已被一家實力雄厚的企業收購。這項交易在1小時內就會向金融界宣布。事業部經理人知道具體的細節，他要求你盡快將這消息告訴你的手下人。

情景3

一項新的加班制度將在1個月內生效。過去作業監督人員在確定加班人選時，是當面或通過電話並按工齡長短的次序徵求個人意見後敲定。這樣，資歷較長的工人便享有加班工作的優先權。這種做法已被證明為慢而低效，因為過去幾年內不少資深的工人已經減少了加班時間投入。而新的制度將在加班任務安排方面給各位監督人員以更大的變通性，也即要將提前1個月徵得工人們對加班的允諾。你發現部門經理和監督人員都明確讚成這項新的制度，且大多數的工人也都會喜歡的，但一些資歷較深的工人可能對此有意見。

情景4

你的上司曾在你的職位上工作過多年。這次你瞭解到，他越過你而直接同你的兩位部門經理進行了溝通。這兩位部門經理向你的上司報告了幾件對你不利的事情，並由此使你受到了輕微的責備。你有些驚訝，因為儘管他們所說的是事實，但他們並沒有向你的上司全面說明情況。你的上司兩天後要來視察，你想當面向他解釋以消除誤會。

（資料來源：陳春花，楊忠，曹周濤.組織行為學［M］.北京：機械工業出版社，2013.）

【效果評價】

根據學生出勤、課堂討論發言及小組合作完成任務的情況進行評定。

任務9.3 協調

【學習目標】

讓學生初步認識協調職能，掌握協調的原則，瞭解和掌握管理者協調的內容，激發學生學習興趣；檢測學生對協調基本概念和相關內容的掌握。

【學習知識點】

法約爾1916年在其管理學名著《工業管理與一般管理》中指出，管理活動有五項職能，即計劃、組織、指揮、協調和控制，協調是其中之一。後來許多管理學家認為管理的其他職能都有協調之意，所以不能把協調從管理的職能中獨立出來。儘管如此，協調是管理者的一項重要職能是毋庸置疑的，協調能力也應是管理者必須具備的最重要的能力之一。協調的功能就是通過正確處理組織內外各種關係，為組織發展創造良好的內部條件和外部環境，從而促進組織目標的實現。組織內經常因目標不一致而出現矛盾、衝突，這就需要管理者通過協調加以解決。

9.3.1 何為協調

1. 協調的含義

法約爾認為，協調就是指企業的一切工作都能和諧地配合，以便企業的經營活動順利進行，並有利於企業取得成功。他要求企業各部門、部門內各成員都要對自己在完成企業共同目標方面必須承擔的工作和應相互提供的協助有準確的認識；同時，必須反對各自為政、互不通氣和不顧企業整體利益的行為。

任何組織都是由人、財、物、技術、信息等要素共同構成的。組織要順利運轉，必須根據組織的目標，對各要素進行統籌安排和全面調度，使各要素間能夠均衡配置、各環節相互銜接、相互促進。這裡的統籌安排和全面調度就是協調，它需要管理者的管理行為來落實。這種協調就是理順組織內部的各種關係，如部門之間的關係、員工之間的關係、上下級間的關係等。同時，組織是開放的系統，在其運轉過程中，必然會與外部環境發生多種關係，如組織與政府之間的關係、與消費者之間的關係、與新聞界之間的關係等。這些關係處理是否得當，也會影響組織的正常運轉。所以，管理者也必須正確處理這些關係，為組織正常運轉創造良好的條件和環境。

總之，協調就是正確處理組織內外各種關係，為組織正常運轉創造良好的條件和環境，促進組織目標的實現。因此，從一定意義上說，管理者的任務就是協調關係。協調如同"潤滑劑"，是組織凝聚力的源泉之一。

2. 協調的作用

協調的作用主要表現在以下方面：

（1）使個人目標與組織目標一致，促進組織目標的實現。若個人目標與組織目標一致，人們的行為就會趨向統一，組織目標就容易得到實現。但是我們知道，人們加入組織是為了滿足個人的某些需要，如生存的需要、安全的需要、尊重的需要等，這使得個人目標往往與組織目標不完全一致。管理者可以通過協調工作，使個人目標與組織目標相輔相成，從而促進組織目標的實現。

（2）解決衝突，促進協作。人與人之間、人與組織之間、組織與組織之間的矛盾、衝突是不可避免的，並且這種矛盾和衝突如果積累下去就會由緩和變到激烈、由一般形式發展到極端形式。如果這樣下去，輕則干擾組織目標的實現，重則會使組織目標崩潰、瓦解。所以，管理者必須通過協調很好地處理和利用衝突，發揮衝突的積極作用，並使部門之間、人與人之間能夠相互協作、很好地配合。

（3）提高組織效率。協調使組織各部門、各成員都能對自己在完成組織總目標中所需承擔的角色、職責以及應提供的配合有明確的認識，組織內所有力量都集中到實現組織目標的軌道上來，各個環節緊密銜接，各項活動和諧地進行，而各自爲政、相互扯皮、不顧組織整體利益的現象則會大大減少，從而極大提高組織的效率。

3. 協調的原則

1）目標一致原則

協調的目的是使組織成員充分理解組織的目標和任務，並使個人目標（或集體目標）與組織目標一致，從而促進組織總目標的實現，所以管理者的協調工作必須圍繞組織總目標進行。從這個意義上講，目標管理（MBO）是實現組織分工、協作的有效工具。

2）效率原則

協調的目的不是掩蓋、抹殺問題，也不是"和稀泥"，而是通過發現問題、解決問題，使部門之間、個體與個體之間更好地分工、合作，每個人都能滿腔熱忱、信心十足地去工作，從而提高組織效率。

3）責任明確原則

明確責任是協調的基本手段。明確責任就是規定各部門、各崗位在完成組織總目標方面所應承擔的工作任務和職責範圍。除了要明確自己的職責範圍，還要明確互相協作的責任，提倡部門間、同事間發揚主動支援、積極配合的精神，反對各自爲政、相互扯皮的惡劣作風。

4）加強溝通原則

溝通是協調的槓桿，組織內部以及組織與外部環境之間的信息溝通越有效，彼此間的理解、支持就越容易建立，發生誤會、摩擦、扯皮的可能性就越小，而組織的協調性就越強；反之，溝通效果越差，組織協調性也越低。所以，管理者在其工作中，要掌握有效的溝通技能，合理選擇信息溝通渠道，積極排除溝通障礙，充分發揮信息溝通在協調中的積極作用。

9.3.2 協調的內容

組織是一個由多要素組成的、開放的系統，在其生存和發展過程中，需要協調的關係很多也很複雜，但它們大體上可以分爲兩部分：一部分是組織內部關係，另一部分是組織與外部環境間的關係。通過對組織內部關係的協調，組織內部各種力量都統一到爲實現組織目標而努力的軌道上來；通過與外部的溝通、協作，爲組織發展創造良好的外界環境。

1. 組織與外部關係的協調

在市場經濟條件下，組織運行既有高度自主性、獨立性，又有對外部環境的依存性，因此，作爲組織的一名管理人員，必須注意適應外部環境，處理、協調好外部關係。任何組織的活動都是社會活動的一部分，必然要受整個社會的制約和監督，組織的自身利益必須服從社會的整體利益。因此，組織的管理人員研究外部關係的類型、處理好與各部門和機構的關係，有助於組織活動的開展，也有助於協調好組織利益與社會整體利益的關係。社會整體利益是由各類社會成員的利益匯集而成，各種組織機構在一定程度上代表一些成員的利益要求，組織必須通過處理好外部關係，盡量滿足社會公衆的要求。

按照瞭解到的情況，管理人員要着重處理好與政府機構、新聞單位、社區組織、消費者或用戶的關係。

1）與政府機構的關係

政府是具有特殊性質的社會機構。一方面，政府是國家權力的執行機構，代表國家行使對全社會進行統一管理的職能；另一方面，政府是國家利益和社會總體利益的代表者和實現者，政府行爲對社會各個領域和組織的利益都具有不同程度的影響。

在市場經濟條件下，政府具有對經濟建設組織、指導、調控的職能。按照國民經濟發展的客觀要求，政府機構運用行政的、經濟的、法律的手段，對經濟組織及其他組織進行必要的管理、監督；扶持弱小產業，支援重點建設。

組織在處理和政府機構的關係時，首先要瞭解和熟悉政府頒布的政策、法規、條例等，準確把握政府的大政方針和宏觀意圖，接受政府的宏觀管理；自覺遵守政府的法規、條例等，規範組織的活動；主動協調處理好組織利益與國家利益的關係，維護和服從國家的整體利益。其次是依法開展活動，照章納稅，向政府有關部門通報情況，提供資料，熟悉政府機構的設置和職能分工，加強與政府機構及工作人員的聯繫與溝通。最後是利用各種方式，協助政府機構解決一些社會問題，如積極參加社會公益活動，保護生態環境，以取得政府機構的瞭解與信賴。

2）與新聞媒介的關係

新聞媒介是指大衆傳播媒介的社會組織機構及其人員、工具，包括報紙、雜誌、電臺、電視臺、通訊社等機構和編輯、記者等新聞從業人員。

在現代社會，新聞傳播媒介發揮着越來越重要的作用，它傳播信息、影響公衆輿論、溝通社會聯繫。

處理好和新聞媒介的關係，對組織的生存和發展具有重要的影響。新聞媒介是塑造組織形象的主要力量，對社會輿論具有強大的影響作用。它將組織的信息通過收集、整理，廣泛傳送給社會各界受衆，並利用輿論導向作用，引導社會公衆對組織的評價。在現實中，正面報道是組織塑造形象的先導；反之，負面報道會使組織形象受到嚴重損害。

新聞媒介能夠密切組織與社會各界的廣泛聯繫。新聞媒介傳播範圍廣、受衆多，組織借助新聞媒介的力量，可以在更大範圍內加強與公衆的溝通，擴大影響，獲得公衆的理解與支持。同時，新聞媒介還是組織獲得社會公衆動態、市場信息，瞭解公衆意向、要求的重要渠道。

總之，新聞媒介處於特殊的社會地位，組織管理者必須高度重視，協調處理好與新聞媒介及新聞從業人員的關係。具體來說要做好以下幾個方面的工作：

（1）瞭解尊重新聞媒介的基本權利，與新聞機構及其從業人員建立相互信任的關係。新聞媒介是社會公衆傳播機構，新聞報道具有客觀性、社會性、及時性。組織應充分尊重新聞媒介的各種權利，不要橫加干涉，應當把新聞界人士視爲組織的朋友和支持力量，在相互信任的基礎上建立起友好合作關係。

（2）瞭解各種新聞媒介的特點，如受衆範圍、傳播方式、傳播渠道、報道重點、主要欄目等。新聞界從業人員講究效率，分秒必爭；新聞有極強的時效性。組織發布信息，要符合新聞媒介的慣例和要求，選擇適宜的傳播媒介，提供各種必要的文稿、素材等。

（3）及時向新聞媒介通報組織的重大事件，提供真實、準確的信息。組織對記者的採訪，應實事求是地提供便利條件，對負面事件的採訪，也應認真對待，清楚地加以說明，不應隱瞞事情真相。還可以通過定期或不定期向新聞機構寄發各類資料和新聞稿件、邀請記者參加組織活動等方式向新聞媒介提供信息。

3）與社區的關係

社區是指組織活動的所在區域。社區關係是指組織與相鄰的單位和居民的相互關係。社會單位、社區居民是組織活動的外部環境，對組織的生存與發展也有重要影響。

組織活動的正常進行有賴於社會許多部門的服務，如交通、水電、治安保衛等部門；特別是員工的生活有賴於社區的社會公益部門。組織活動對周圍環境發生的影響，既有積極的，如繁榮經濟、增加就業，也有消極的，如噪音、廢水、廢氣、廢渣、污染環境等。

組織管理者在處理、協調與社區的關係時，主要是向社區單位、居民通報情況，闡述組織宗旨，表達與社區單位、居民友好相處的良好意願。

經常邀請社區單位、居民代表到本單位來參觀、座談乃至共同舉辦娛樂活動，聽取社區單位、居民對組織及員工的意見、反應、要求，可以正確、及時地處理矛盾糾紛。

在可能的條件下，要資助社區公益部門，如教育、文化、福利單位、醫療機構等；參加社會公益活動，如植樹、打掃環境衛生、捐助社區機構、幫助解決困難等。

從表面上看，組織開展上述活動，是一種負擔，但從長遠看，上述活動的開展有利於組織處理好與社區的關係，取得社區公衆的理解與支持，爲組織發展創造良好的外部環境。

4）與用戶（消費者）的關係

一個組織必然有其產品或服務的消費者或用戶，這是組織所面對的最重要的公衆群體，是組織最重要的外部關係。在市場經濟條件下，組織的活動是以市場爲中心，圍繞市場進行的，取得消費者（或用戶）的信賴直接關係到組織的生存、成敗，因此，管理中要高度重視這種關係。

處理與消費者關係，最重要的是樹立"消費者第一"的宗旨，爲消費者提供最佳的產品或服務。要從產品（或服務）的設計、製造、包裝、廣告宣傳、購物環境、銷售方式、促銷活動、售後服務等方面爲消費者提供優質的產品和全方位的服務，充分滿足消費者的物質需求和精神需求。

處理與消費者的關係，一方面要及時、全面、準確地向消費者傳遞組織的信息，另一方面要瞭解消費者的信息。特別要注意保護消費者的利益，設立專門機構，接待、處理消費者投訴，尊重消費者的合法權益，並爲消費者傳遞產品使用、消費的各種知識。與消費者建立穩定的關係，在現代市場經濟中，是組織得以生存和發展的重要保障。

2. 組織內部關係的協調

1）對組織各要素的協調

組織要順利地運轉，必須根據組織總目標的要求，對組織各要素進行統籌安排和合理配置，並使各環節相互銜接、相互配合。在要素配置過程中，就產生了各種各樣的關係。例如，企業中有產品銷售與生產能力的關係、生產任務與原材料供應的關係、生產任務與生產技術準備的關係、資金需求與資金籌措的關係等。組織的諸多關係大多表現爲部門與部門間的關係。

（1）對組織要素進行協調的主要工具是計劃。在組織發展中，要編制的計劃主要有組織發展總體規劃、銷售計劃、生產計劃、供應計劃、財務計劃、人力資源計劃等。在編制計劃時，要注意三點：一是加強信息傳遞、溝通，使計劃工作有充分、準確的依據；二是學會使用滾動計劃法，這種方法能夠靈活地適應環境變化；三是實施目標管理，建立組織目標體系，並把目標的完成情況作爲部門和個人績效考評的依據。

（2）完善、科學的規章制度是協調工作能夠順利進行的基本保證。組織的規章制度主要由管理制度、工作制度或程序等組成。管理制度是爲了規範組織內各種關係而制定的，它明確了各部門在完成組織目標中應承擔的職責範圍，以及應提供的配合，是協調工作的主要依據，具體有企業中的生產技術準備制度、原材料供應制度、質量管理制度、財務管理制度、考核制度等。工作制度或程序主要說明工作任務及要求、工作程序、責任範圍等，是每個工作崗位行爲的依據。

（3）會議也是協調的重要方式。橫向部門間可採用定期或不定期的會議方式，加強彼此間的聯繫、溝通，如聯席會、調度會、信息發布會等。組織通過協調性會議，使橫向部門間步調一致，進展平衡，相互銜接，按期完成任務。

2）對組織內部人際關係的協調

組織內部的人際關係主要指下級與上級關係的上行、上級與下級關係的下行和同級關係之間的平行等，協調好這些人際關係是密切組織與員工感情、提高組織凝聚力的重要途徑。

(1) 上行關係的協調

人際關係中存在着下級組織對上級組織、下級對上級領導者的關係，處理這種關係稱爲對上關係協調或上行協調。正確協調好與上級領導者的關係，需要註意把握以下五點：

①尊重而不恭維。作爲下級應該懂得尊重領導者。在工作中要主動請示匯報，自覺接受上級的領導，樹立上級領導的威信，甘當無名英雄。在生活中要註意謙虛禮讓，盡量給上級領導者以體面；對私下議論上級領導者的人，要好言規勸，正確引導；對上級領導者的家庭困難要主動關心，幫助解決。

②服從而不盲從。下屬服從領導者，是領導者實現領導的基本條件，是維護上下級關係的基本組織原則。這裡需要註意三點：一是抵制和反對原則錯誤，大是大非問題。二是對大是大非問題，一定要堅持原則，決不能妥協，但要講究方式方法，註意場合，考慮到效果。三是要胸懷坦蕩，氣量恢宏。自己一時受了委屈，要相信組織上會弄清事實，作出公正的結論。

③到位而不越位。作爲下級在協調與上級領導關係時，一定要明確自己在組織系統中的角色地位，努力按照角色的行爲規範去做好工作，做到盡職盡責盡力而不越位。就是要求做到以下幾個方面：一是要有很強的事業心、責任感，主動積極地做好工作，而不能被動消極地應付了事；二是對於領導者臨時交辦的任務，一旦承擔下來，就要有頭有尾盡職盡力做好，讓領導放心；三是對工作目標責任不清、職責權限不明的，要請示弄清楚；四是遇到超出自己職責範圍的問題，要及時請示報告，並提出建議，供領導參考；五是對工作進度和問題要定期匯報，以便讓領導者及時瞭解情況並給予必要的提示和支持；六是在工作中出現差錯和失誤時，要勇於承擔責任，不推諉責任，不上交矛盾。

④建議而不強求。下級在協調與上級人際關係時，要特別註意善於將自己的意見用適當的方式讓上級領導者採納，變成領導者自己的意見。爲此，一要研究不同領導者聽取下邊意見的特點，採用不同的反應意見方法；二要反覆研究推敲自己的意見，使之既有科學性，又有可行性，易於被領導者採納；三要選擇向領導者提建議的適當時間、地點和場合，最好是領導者也在思考這個問題而又百思不得其解的時候，或是領導者心情舒暢的時候；四要在建議中有幾種方案，留給領導者以選擇的餘地，一般不要造成逼領導者就範、被你牽着鼻子走的局面；五要點出問題的成敗利害，使領導者有緊迫感；六要語言簡明，邏輯性強，態度端正，讓人信服。

(2) 下行關係協調

在人際關係中存在着上級領導者與下級領導者的關係，對這些關係的協調稱爲對下關係協調或下行協調。作爲上級領導者，要協調好與下級關係，必須遵循公正、平等、民主、信任的原則，在此基礎上，需要掌握好以下三個方面的方法與藝術：

①對親者應保持距離。在領導和管理實踐中，成功的領導者都是以一種超然的、不受感情影響的方式來看待同下屬的關係的。這是因爲，首先，領導的責任是團結大多數人，共同把事業搞上去。其次，"保持距離"容易客觀地觀察到不同觀點的

利弊是非，從而冷靜地去調整內部各種關係，化解下屬之間的分歧和矛盾。第三，"保持距離"不致使領導者與下屬的違法亂紀行爲打成一片，也避免使自己在錯誤的泥坑裡越陷越深。第四，"保持距離"有利於領導者與下屬保持一種深沉、持久、真摯的私人友誼。所以，我們堅持"只有公事以外才是朋友"的準則，才能正確處理好與下級的關係協調問題。

②對疏者當正確對待。人際關係中總存在着一些不願接近上級領導或與上級領導持不同意見，甚至反對上級領導的"疏者"。正確對待疏者，團結一個可以帶動一批，有利於調動一切積極因素。唐人魏徵說得好："愛而知其惡，憎而知其善"。只要我們充分肯定疏者的優點、成績，對他們與"親者"一樣愛護、使用，本着"親者嚴，疏者寬"的精神，在分清大是大非的基礎上求大同、存小異，允許疏者和自己有不一致的地方，並力圖在實踐中逐漸取得統一的認識，這樣才能消除隔閡，增進人際關係的協調發展。

③對下級要尊重。高明的領導者，都懂得尊重下級的道理，對自己的下級謙虛有禮，平等相待，善於調動他們的積極性。爲此，應該做到：一要尊重下級的人格，建立和諧的人際關係最關鍵的是尊重下級的人格和尊嚴。二要尊重下級的首創精神，保護好下級的積極性和創造性。三要關心信任下級，最好的尊重是在思想上充分信任，工作上大膽任用，生活上關心幫助。四要對糾紛公平處理，一視同仁，不因親疏愛憎而區別。

（3）平行關係協調

人際關係中存在不僅有上下級關係，而且有同一組織層次和部門同事之間的平行關係，因此，就有平行關係協調或稱橫向關係協調問題。所以，協調同事關係要註意做到以下幾個方面。

①彼此尊重，平等相待。只有尊重別人，平等相待，才會有融洽和諧的同事關係，這也是社會道德的要求。因此，需要做到：首先，要尊重同事的人格。尊重最根本的問題是對人格的尊重。不能隨意散布有損他人人格的言論，做出有損他人形象的事情。其次，要尊重同事的意見。盡可能地減少失誤，對於自己分管的工作應該註意多與其他同事商討、交流，積極主動地徵詢他們的意見，採納他們的合理建議，歡迎同事對自己所轄工作的有益批評。再次，要尊重同事的勞動。事情是大家合作做成的，對於其他同事的勞動，我們決不能熟視無睹，甚至據爲己有。

②相互信任，不要權術。只有真誠坦率，相互信任，才能換得真情實意，才能使彼此關係純潔親密、淳樸美好。因此，需要做到：首先，要爲人正直，光明正大。正直正派的人，總能贏得人們的讚賞和信賴，必然有深厚的群衆基礎。其次，要相互信任，不亂猜疑。同事之間切記不要在上級那裡打小報告，當聽到社會上的閑言碎語時，要認真分析，明辨是非。再次，要相互理解，彼此寬容。同事之間要相互理解，彼此寬容，嚴於律己，寬以待人，做到"大事清楚，小事糊塗"。

③團結同志，密切合作。每個人要做好自己的本職工作，不僅需要個人努力，而且還需要相互支持和幫助。只有歸屬群體，才能使自己的工作才能得到充分發揮，

才能創造出更突出的成績。

首先，要培養合作精神。只有大家通力合作，使各自付出的力量達到最大並通過合作合理疊加，從而產生一種新的合力，才能做好各自的工作。

其次，要平等競爭，甘爲人梯。在和同級的競爭中做到領先時、落後時都一如既往地積極進取，同時爲別人的進步成長提供條件和幫助，衷心鼓勵別人在事業上冒尖，才能贏得同事的尊重。

最後，要化解矛盾，協調關係。這裡需要註意的是同事之間要經常交流思想，溝通情況，才能彼此瞭解，相互信任，將一切不必要的誤會和摩擦消滅在萌芽狀態，只有這樣才可能進行有效的合作。

【學習實訓】 案例討論——處理投訴

作爲生意人，不僅要向顧客提供優質的產品和上乘的服務，更重要的是通過自己的產品和服務使顧客獲得一定程度的滿足。但是往往事非人願，並不是所有顧客都對產品和服務滿足。我們常常會被那些不滿足的顧客抱怨和指控。所以一個具有遠見卓識的經營者不但在經營方面有奇招和怪招，而且在處理投訴方面也要有庖丁解牛、遊刃有餘的能力。

有一個生產美容品的工廠，一天來了一位不速之客，她怒氣衝衝地跑進工廠，對張廠長說："你們的美容霜不如叫毀容霜算了！我的18歲的女兒用了你們廠的'美容霜'後，面容受到嚴重破壞，現在她連門都不敢出，我要控告你們，你們要負起經濟責任，要賠償我們所有的損失！"

張廠長聽完，稍加思索，心裡明白了幾分。但他仍誠懇地道歉："是嗎？竟發生這樣嚴重的事，實在對不起您，對不起令嬡。不過，現在當務之急是馬上送令嬡到醫院醫治，其他的事我們以後再慢慢說。"

那位不速之客本想臭罵一番，出口寫囊氣，萬萬沒想到廠長不但認真而且還挺負責的。想到這裡她的氣消了一些。於是在廠長的親自陪同下，她的女兒去了醫院皮膚科檢查。

檢查的結果是：小姐的皮膚有一種遺傳性的過敏症，並非由於美容霜有毒所致。醫生開了處方，並安慰她説不久便會痊愈，不會有可怕的後遺症。

這時，母女的心才放下來。她們對張廠長既感激又敬佩。張廠長又説："雖然我們的護膚霜並沒有任何有毒成分，但小姐的不幸我們是有責任的，因爲雖然我們的產品説明書上寫着'有皮膚過敏症的人不適用本新產品'，但小姐來選購時，售貨員一定忘記問她是否有過皮膚過敏症，也沒有向顧客叮囑一句注意事項，致使小姐遇到麻煩。"

小姐聽到這些話，再拿起美容霜仔細一看，果然包裝上明確説明，只怪自己沒看清就用了，心中不禁有些懊悔。張廠長見此情景便安慰她："小姐請放心，我們曾請皮膚專家認真研究過關於患有過敏症的顧客的護膚問題，並且還開發設計了好幾種新產品，效果都很好，等您治愈後，我再派人給您送兩瓶試用一下，保證以後不再出現過敏反應，也算我們對今天這事的補償，你們意見如何？"

思考題：

請問張廠長是如何協調處理顧客的投訴的？

（資料來源：佚名. 處理投訴［EB/OL］.（2013-11-10）［2014-06-16］. http://www.docin.com/p-723853650.html.）

【效果評價】

根據學生出勤、課堂討論發言及小組合作完成任務的情況進行評定。

任務9.4 衝突協調

【學習目標】

認識瞭解衝突，瞭解掌握企業中協調衝突的策略和技巧，增強對衝突協調的感性認識。

【學習知識點】

衝突是一種客觀存在的、不可避免的、正常的社會現象，是組織行為的一個部分。企業作為社會中一種重要的組織不可能不存在衝突。當其中的一方（個體或群體）感覺自己的利益受到另一方（另一個體或群體）的反對或威脅時，衝突就會發生。為了協調組織內部及組織間的人際關係，提高組織的生產效率，衝突的處理方式是非常重要的。

9.4.1 何為衝突

1. 衝突的含義

美國管理協會曾對中層和高層管理人員做過一次調查，調查發現管理者平均花費20%的工作時間來處理衝突，而且大多數管理者認為衝突管理的重要性排在決策、領導之前。那麼，什麼是衝突呢？

衝突廣泛存在於組織的各項活動之中，影響和制約着組織及其成員個體的行為傾向和行為方式，是組織活動的基本內容和基本形式之一。從不同的角度出發，對衝突會有不同的認識。如從政治學角度看，衝突是"人類為了達到不同的目標和滿足各自相對利益而發生的某種形式的鬥爭"。從社會學角度看，衝突是"兩個或兩個以上的人或團體之間直接的或公開的鬥爭，彼此表示敵對的態度和行為"。管理心理學則認為，"衝突是指兩個人或兩個團體的目標互不相容或互相排斥，從而產生心理上的矛盾"。

總之，衝突可以理解為兩個或兩個以上的行為主體因在特定問題上目標不一致、看法不相同或意見分歧而產生的相互矛盾、排斥、對抗的一種態勢。

2. 衝突的特性

1) 客觀性

衝突是客觀存在的、不可避免的社會現象，是組織的本質特徵之一。任何組織中都存在衝突。

2) 主觀知覺性

客觀存在的各種衝突必須由人們自身去感知。當客觀存在的分歧、爭論、競爭等成為人們大腦中或心理上的內在矛盾鬥爭，導致人們進入緊張狀態時，衝突才被人們意識或知覺到。

3) 二重性

衝突並非總是意味着對抗和分歧，也不都是具有破壞性的，適當的衝突不但能使組織保持旺盛的生命力，還能使人不斷進行自我批評和創新。因此，衝突具有二重性，即衝突具有破壞性、有害性，有產生消極影響的可能，又具有建設性、有益性，有產生積極影響的可能。以前者為主要特徵的衝突稱為破壞性衝突，以後者為主要特徵的衝突稱為建設性衝突。二者的區別見表9-3。

表9-3　　　　　　　　　破壞性衝突和建設性衝突的區別

破壞性衝突	建設性衝突
關心勝負	關心目標
針對人（人身攻擊）	對事不對人
降低工作動機	提升創造力
阻礙溝通	促進溝通
危害整體利益	平衡利益關係

9.4.2 衝突的類型

1. 按衝突對組織的作用，可以把衝突劃分為建設性衝突和破壞性衝突兩種

建設性衝突是指對組織生存和發展有促進作用的衝突；破壞性衝突則是指對組織生存和發展有不利影響的衝突。目前，在國外，主要以衝突的水平（即激烈程度）或衝突的多少來區分建設性衝突和破壞性衝突，它們之間的關係如表9-4所示：

表9-4　　　　　　　　　衝突水平與組織績效

衝突水平	衝突類型	組織狀態	組織績效
沒有衝突或很少衝突	破壞性衝突	呆滯，沒有活力，缺乏創新精神	低
衝突水平適當	建設性衝突	充滿活力，對環境變化反應快，不斷創新	高
衝突太激烈或衝突太多	破壞性衝突	秩序混亂，合作性差，甚至分裂	低

(1) 沒有衝突，或衝突太激烈（或太多），屬於功能失調的衝突，即破壞性衝突。在這種情況下，組織或顯得呆滯、沒有活力，或秩序混亂甚至出現分裂，組織

績效都較低。

（2）衝突水平（或次數）適度，屬於功能正常的衝突，即建設性衝突。在這種情況下，組織充滿活力，對環境變化反應快，組織績效較高。

遺憾的是，到目前爲止，還沒有一個用來判斷建設性衝突和破壞性衝突界限的標準或工具。要評估某種衝突水平是建設性的還是破壞性的，需要依靠管理者自己的經驗判斷。總之，沒有衝突或衝突太激烈都是不利的。

2. 根據衝突表現出來的狀態，可以把衝突分爲戰鬥、競爭、辯論

（1）戰鬥。戰鬥是衝突程度最激烈的一種情況。在這種情況下，衝突雙方自我控制能力都急劇下降，並且其中一方的任何行爲都可能成爲另一方產生類似行爲的起點。如超級大國間的軍備競賽，當一國研制出一種新型的武器時，另一國必定會在短時間裡研制出同樣的或更高級的武器來對付它；接着，前者又會研制更爲厲害的武器。在組織內部，戰鬥的情形經常會發生，如兩人爲爭奪同一個職位而相互對對方進行人身攻擊。

（2）競爭。在競爭狀態下，雙方的對抗程度要小於戰鬥的狀態，而且對抗雙方對自己的行爲都有一定的理性控制。在競爭中，雙方都會考慮採取什麼樣的策略會對自己有利，自己的行動會對對方產生什麼影響，最終自己會得到什麼。在競爭中，雙方都會盡力避免兩敗俱傷。如兩個企業爲爭奪同一個市場而進行的價格競爭、技術競爭等，就屬於這種類型的衝突，爭奪的結果往往是雙方達成一種均衡狀態而共生存。此外，在競爭中常會產生一些新的思想或新的技術，如某個企業爲了在競爭中取得優勢，下大力氣研究新技術，這必然會對新技術的產生起到積極的促進作用。

（3）辯論。這是一種理性的和有控制的對抗。在辯論中，雙方各抒己見，並通過批駁對方來維護自己。此外，通過辯論還可以使雙方得到一定的情感發泄。

在辯論中，由於雙方都在積極地思考，因此同樣可能產生一些新思想或新方法。如企業中，兩名技術人員爲某一技術問題發生衝突並進行辯論。在辯論中，雙方都想維護自己的說法；通過辯論也有可能產生一種新的思路，並且這種思路好於兩人原有的想法，從而使衝突得到解決。

3. 根據衝突雙方主體的不同，還可以把衝突分爲人與人之間的衝突、部門與部門之間的衝突、個體與組織之間的衝突以及組織與外部環境之間的衝突

組織中人與人之間的衝突、部門與部門之間的衝突、個體與組織之間的衝突，統稱爲組織內部的衝突。組織內部衝突經常因個體利益（或局部利益）與組織利益不一致而發生，如勞資衝突、生產環節與銷售環節間的衝突等。組織與外部環境之間的衝突也是衝突管理的重要內容，如企業與消費者之間的衝突、企業與政府部門之間的衝突等，若協調不好同樣會影響組織目標的實現。

9.4.3 衝突協調的策略

美國行爲科學家托馬斯（Thomas）認爲，衝突發生以後衝突各方至少存在兩種

可能的行為反應：

關心自己和關心他人。其中，關心自己是指在追求個人利益過程中的武斷程度，關心他人則是指在追求個人利益過程中的合作程度。根據關心自己還是關心他人這兩個維度，Thomas區分出五種衝突管理策略：競爭、合作、回避、遷就和折中。如圖9-5所示。

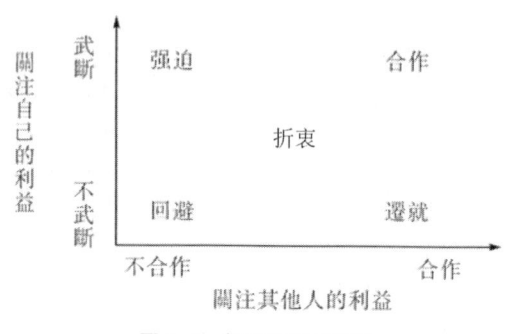

圖9-5 衝突管理的策略

1. 回避策略

這是既不合作又不武斷的策略。此時，人們將自己置身於衝突之外，忽視了雙方之間的差異，或保持中立態度。這種方法反應出當事人的態度是放任衝突自然發展，對自己的利益和他人的利益均無興趣。回避可以避免問題擴大化，但常常會因為忽略了某種重要的意見、看法，使對方受挫，易遭對手的非議，故長期使用效果不佳。

回避策略適用於下列情境：衝突主體中沒有一方有足夠的力量去解決問題；與衝突主體自身利益不相干或輸贏價值很低；衝突一方或多方不關心、不合作。

2. 強制策略

這是高度武斷且不合作的策略，它代表了一種"贏一輸"的結果，即為了自己的利益犧牲他人的利益。一般來說，此時一方在衝突中具有絕對優勢的權力和地位，因此認為自己的勝利是必要的。相應地，另一方必然以失敗而告終。強制策略通常是使人們只考慮自己的利益，所以不受對手的歡迎。

強制策略適用於以下情境：衝突各方中有一方具有壓倒性力量；衝突發展在未來沒有很大的利害關係；衝突各方的利益彼此獨立，難以找到共贏或相容部分；衝突一方或多方堅持不合作立場。

3. 克制策略

它代表一種高度合作而武斷程度較低的策略，也是一種無私的策略，因為當事人是犧牲自己的利益而滿足他人的要求。通俗地講，是指為了維持相互關係，一方願意做出自我犧牲，旨在從長遠角度出發換取對方的合作，或者是不得不屈從於對手的勢力和意願。

通常克制策略是為了從長遠利益出發換取對方的合作，或者屈從於對手的要求。

因此，克制策略是受到對手歡迎的，但是容易被認爲是過於軟弱的表示。

4. 合作策略

這是在高度的合作和武斷的情況下採取的策略，它代表了衝突解決中的"雙贏"結果，即最大限度地擴大合作利益，既考慮了自己的利益，又考慮了對手的利益，一般來說，持合作態度的人有幾個特點，一是認爲衝突是一種客觀的、有益的現象，處理得當會有利於問題的解決；二是相信對手；三是相信衝突雙方在地位上是平等的，並認爲每個人的觀點都有其合理性；四是他們不會爲了共同的利益而犧牲任何一方的利益。

合作策略適用於下列情境：衝突雙方不參與權力鬥爭；雙方未來的正面關係很重要；未來結果的賭註很高；雙方都是獨立的問題解決者；衝突各方力量對等或利益互相依賴。

5. 妥協策略

妥協是當衝突各方都選擇放棄一些利益，從而共同分享利益時的衝突管理策略。在妥協策略裡，沒有明顯的贏家或輸家。大家願意共同承擔衝突問題，並接受一種雙方都達不到徹底滿足的解決辦法。因此，它的突出特點是，雙方都傾向於放棄一些利益。妥協策略在滿足促成雙方一致的願望時十分有效。

妥協策略常用於下列情境：衝突雙方沒有一方有絕對勝算，可以按各方擁有資源情況來分配利益；雙方未來的利益有一定的相互依賴性和相容性，有某些合作、磋商或交換的餘地；雙方實力相當，任何一方都不能強迫或壓服對方。

伯克於1970年曾對以上五種策略的有效程度做過調查，如表9-5所示。

表9-5　　　　　　　　伯克關於各種衝突協調策略有效性的研究

衝突處理策略	有效（%）	無效（%）
回避	0.0	9.4
克制	0.0	1.9
妥協	11.3	5.7
強迫	24.5	79.2
合作	58.5	0.0
其他	5.7	3.8

調查結果表明使用合作策略常常能有效解決問題，強迫的效果很不好，回避和克制策略一般較少使用，使用時效果也不好。妥協策略只能部分地滿足雙方的要求。但妥協策略卻是常用並且也容易被人們接受的一種處理衝突的策略。因爲它具備以下幾個優點：一是儘管它部分地阻礙了對手的行爲，但仍然表示出合作的姿態；二是它反應了處理衝突問題的實際主義態度。

9.4.4　衝突協調技巧

對於組織來說，理想的狀態是只有適度的群體間的衝突和競爭。管理者不能讓衝突過於激烈而造成太大損失，應盡可能地激勵群體間的合作來實現組織目標。因此管理者對衝突的處理技巧就顯得非常重要。

1. 對話和談判

當衝突雙方通過直接接觸來解決分歧時，便會有對話。在對話的過程中雙方互講條件的過程就是談判，它使雙方有條不紊地找到解決問題的方法。對話和談判都有某種風險，因爲不能保證討論集中於某種衝突，也不能保證雙方都能控制住情緒。但是，如果人們能夠在面對面討論的基礎上解決衝突，他們就會發現對方的另一面，進一步的合作將變得容易。通過直接的談判可能會開始相對持久的態度轉變過程。

2. 正式的權力

使用規章制度賦予不同的部門以合法權力，爲衝突管理提供了正式的途徑。比如，廣告部和銷售部對廣告策略的看法不一致。廣告部習慣利用廣播和電視，而銷售部希望直接與客戶打交道，這類衝突可以通過將問題交給負責市場行銷的副總裁來解決，這是組織內合法的權力安排。這種方法的不利之處在於它並不能改變對合作的態度，只能處理臨時的問題。當組織中對某種特定衝突的解決方案沒有一致意見時，正式權力是有效的。

3. 第三方管理

當雙方衝突激烈並持續時間較長時，部門間的成員就會多疑並不合作，這時，可以由第三方作爲顧問來管理衝突。第三方顧問應該是行爲問題方面的專家，他們能被衝突雙方接受。第三方並不是要判斷雙方的是非曲直，而是要讓雙方瞭解其相互依賴的關係。通常組織中衝突調解的第三方由雙方的共同上級充當。爲了使雙方合作，第三方需要做好以下工作：保證雙方有良好的動機；使雙方把註意力轉移到問題的解決上來；使雙方在衝突中保持權力的平衡，因爲如果雙方地位不對等，那麼公開的交流、信任和合作是不可能的；增加雙方之間的透明度，並使雙方在高透明度下不會受到對方的傷害。

4. 群體的整合

將發生衝突的部門代表結合在一起是減少衝突的一個有效辦法，這些代表可以是項目組和超出邊界的項目經理。通過設置一個專職人員與各部門成員交流信息來實現協調。該整合員必須能懂得各部門的問題，必須能提出雙方都可以接受的解決方法。

作爲團隊和任務組的進一步發展，今天許多組織正在構建多重約束的、自我管理的工作團隊，與以往註重職能的組織不同的是，工作團隊更註重橫向結合。實踐表明，工作團隊能減少衝突促進合作，因爲它們將不同部門的人整合到了一起。

5. 設置超級目標

超級目標的作用在於使衝突雙方的成員有緊迫感和吸引力，然而任何一方單憑自己的資源和精力又無法達到目標，只有在相互競爭的群體的通力合作下才能實現。在這種情況下，衝突雙方可以相互謙讓和作出犧牲，共同爲這個超級目標做出貢獻，從而使原有的衝突與超級目標統一起來。爲了保證有效性，超級目標的設置必須很實在，要使群體成員認爲在一定的時間內通過合作確實能達到該目標。最有力的超級目標當然就是組織的生存。當組織的生存受到威脅，群體會忘記它們的差別，並試圖拯救組織。

6. 群體間的輪換和培訓

這種方法是由 Robert Blake，Jane Mouton，Richard Walton 等幾位心理學家發展起來的。當其他的方法不合適或無法解決問題時就應該對群體成員進行特殊的培訓。這種培訓要求群體成員離開他每天面對的工作到其他的工作場所，即實現崗位的短期輪換，在此期間要安排各種活動，目的是讓衝突的群體感知到它們之間的差異。群體間的培訓工作步驟如下：

（1）將衝突的群體分開，讓每個群體討論並列出對自己和對方團體的感知。

（2）召開交流會議，當兩個群體列席時，由各群體代表公開各自對自己和對方群體的認識，雙方應盡可能準確地向另一群體報告對方在本群體內形成的形象。

（3）實行部門交換之前，各個群體回到本部門消化、分析所聽到的內容，大多數情況下，自己對自己的看法和對方對自己的看法是有分歧的。

（4）通過再一次交流會議，共同探討所暴露出來的分歧和造成分歧的可能原因，分析真實的可觀察到的行為。

（5）綜合探討如何處理雙方未來的關係以促進群體之間的合作。

7. 敏感性訓練

敏感性訓練是為了加強不同群體成員對不同文化環境的反應和適應能力，促進不同文化背景的成員之間的溝通和理解。具體措施是將不同文化背景的管理者和雇員結合在一起進行多種文化培訓，通過角色扮演、案例分析、小群體討論等方式，有效地打破成員心中的文化和角色束縛，加強不同文化成員之間的合作意識與聯繫。

【知識閱讀9-3】
處理與上司衝突的7種方法

1. 引咎自責，自我批評

心理素質要過硬，態度要誠懇。若責任在己方，就要勇於向上司承認錯誤，進行道歉，求得諒解；如果重要責任在上司一方，只要不是原則性問題，就應靈活處理，因為目的在於和解，下屬可以主動靈活一些，把衝突的責任往自己身上攬，給上司一個臺階下。

2. 丟掉幻想，主動搭腔

不少人都有這樣的體會，當與對方吵架之後，有時候見面誰都不願先開口，卻在內心期待對方先開口講話。所以，作為下屬，遇到上司特別是有隔閡後與上司見面，就更應及時主動搭腔問好，熱情打招呼，以消除衝突所造成的陰影。不要總是即使上司與你說話你也不搭腔、不理睬，昂首而過，長此下去會使矛盾像滾雪球般越滾越大，如此再想和好就更困難了。

3. 不與爭論，冷卻處理

與自己的上司發生衝突之後，作為下屬不計較、不爭論、不擴散，而應把此事擱置起來，埋藏在心底，在工作中一如既往，該匯報匯報，該請示請示，就像沒發生過任何事情一樣待人接物。這樣，隨著時間的流逝，就會逐漸衝淡衝突，忘卻以前的不快，衝突所造成的副作用也就會自然而然消失了。

4. 請人斡旋，從中化解

找一些在上司面前談話有影響力的"和平使者"，請他帶去自己的歉意，以及做一些調解說服工作，不失為一種行之有效的策略。尤其是當事人自己礙於情面不能說、不便說的一些語言，通過調解者之口一說，效果極明顯。調解人從中斡旋，就等於在上司和下屬之間架起了一座溝通的橋樑。但是，調解人一般情況下只能起到穿針引線的作用，要重修舊好，起決定性作用的還是當事人自己。

5. 避免尷尬，電話溝通

打電話解釋可以避免雙方面對面交談可能帶來的尷尬和彆扭，這正是電話的優勢所在。打電話時要註意語言應親切自然，不管是由於自己的魯莽造成的碰撞，還是由於上司心情不好引發的衝突，不管是上司的怠慢而引起的"戰爭"，還是由於下屬自己思慮不周造成的隔閡，都可以利用這個現代化的工具去解釋。或者利用郵件的方式去談心，把話說開，求得理解，達成共識，這就為恢復關係初步營造了一個良好的開端，為下一步的和好面談鋪平了道路。這裡需要說明的是，此法要因人而用，不可濫用，若上司平時就討厭這種表達方式的話就不宜用。

6. 把握火候，尋找機會

要選擇好時機，掌握住火候，積極去化解矛盾。譬如當上司遇到喜事、受到表彰或提拔時，作為下屬就應及時去祝賀道喜，這時上司情緒高漲、精神愉快，適時登門，上司自然不會拒絕，反而會認為這是對其工作成績的同享和人格的尊重，當然也就樂意接受道賀了。

7. 寬宏大量，適度忍讓

一般來講在許多情況下，遇事能不能忍反應着一個人的胸懷與見識。但是，如果一味地回避矛盾，採取妥協忍讓、委曲求全的做法，就是一種比較消極和壓抑自己的行為了，而且在公眾心中自身的人格和形象也將受到不同程度的損害。正確的做法是現實一些，適度地採取忍讓的態度，既可避免正面衝突，又可保全雙方各自的面子和做人的尊嚴。

當然，如果遇到的是一位不近情理、心胸狹窄、蠻橫霸道的上司，就應當當機立斷，毫不猶豫地"三十六計走為上"，"良禽擇木而棲"，換個工作環境，再圖發展。

（資料來源：理弘，張海生. 給企業主管101條忠告 [M]. 西安：西北大學出版社，2012.）

【學習實訓】 衝突忍耐性測驗

● 測驗規則

下面的問題將幫助你瞭解自己的衝突忍耐性水平，請誠實作答。

計分方法：同意=3分，不確定=2分，不同意=1分。

● 測驗題目
1. 必要時你會毫不猶豫地在爭論中堅持自己的立場。
2. 你認為，群體中的小的衝突可以帶來激勵和興奮。
3. 發現有不同意見時你會感到振奮並熱衷於討論。
4. 即使面對威脅，你也堅持自己的立場。
5. 每當你不同意他人的觀點時，你總是毫不隱諱自己的看法。
6. 你對事物的看法通常比較固執，並且會讓他人知道你的看法。
7. 當你與他人意見不同時，你通常會向他們證明你是對的而他們是錯的。
8. 在有必要爭論時，你會堅持自己的立場，並且不會讓感情因素影響自己。
9. 你喜歡就有爭議的問題進行辯論。
10. 受到壓力時，你會頂回去。

● 結果說明
10~16 分：你對衝突感到不安並希望回避。
17~23 分：你對衝突具有中等程度的忍耐性。
24~30 分：你對衝突具有高水平的忍耐性。

【效果評價】

根據學生出勤、課堂討論發言及小組合作完成任務的情況進行評定。

綜合練習與實踐

一、判斷題

1. 在溝通過程中至少存在着一個發送者和一個接受者。　　　　（　　）
2. 發送者比較滿意雙向溝通，而接受者比較滿意單向溝通。　　（　　）
3. 人際溝通是由人的自利行為的客觀性和多樣性決定的。　　　（　　）
4. 彼此不打交道的人也可以組成一個團隊。　　　　　　　　　（　　）
5. 信息傳遞是雙方面的，而不是單方面的事情。　　　　　　　（　　）

二、單項選擇題

1. 單向溝通和雙向溝通是按（　　）進行分類的。
　　A. 按組織系統　　　　　　B. 按照方向
　　C. 按照是否進行反饋　　　D. 按照方法
2. 團隊溝通是指組織中以（　　）為基礎單位對象進行的信息交流和傳遞的方式。
　　A. 工作團隊　　　　　　　B. 員工
　　C. 部門　　　　　　　　　D. 級別

3.（   ）適合於需要翻譯或精心編制才能使擁有不同觀念和語言才能的人理解的信息。

    A. 書面溝通　　　　　　　　B. 口頭溝通

    C. 工具式溝通　　　　　　　D. 感情式溝通

4. 隨著下屬人員的成熟度由較低轉爲較高，管理者的領導風格以及其他相關的管理措施應作以下哪一種調整？（   ）

    A. 管理者可以賦予下屬自主決策和行動的權力，管理者本人只起監督作用

    B. 管理者應通過雙向溝通方式與下屬進行充分交流，對下屬工作給予更多的支持而不是直接指示

    C. 管理者應改進溝通以便更有效地指導和推進下屬的工作

    D. 管理者應採取單向溝通方式進一步加強對下屬工作的檢查、監督，使他們繼續發展

5. 王先生前些年下崗後，自己創辦了一家公司。公司開始只有不到十個人，所有人都直接向王先生負責。後來，公司發展很快，王先生就任命了一個副總經理，由他負責公司的日常事務並向他匯報，自己不再直接過問各部門的業務。在此過程中，該公司溝通網路的變化過程是（   ）。

    A. 由輪式變爲鏈式　　　　　B. 由輪式變爲Y式

    C. 由鏈式變爲Y式　　　　　D. 由鏈式變爲圓式

三、多項選擇題

1. 按照方法劃分，溝通可以分爲（   ）。

    A. 口頭溝通　　　　　　　　B. 書面溝通

    C. 非語言溝通　　　　　　　D. 電子媒介溝通

2. 按照方向劃分，溝通可以分爲（   ）。

    A. 橫向溝通　　　　　　　　B. 上行溝通

    C. 下行溝通　　　　　　　　D. 平行溝通

3. 組織中的溝通包括（   ）。

    A. 部門溝通　　　　　　　　B. 人際溝通

    C. 團隊溝通　　　　　　　　D. 員工溝通

4. 對衝突的看法，主要的觀點包括（   ）。

    A. 衝突的傳統觀點　　　　　B. 衝突的現代觀點

    C. 衝突的相互作用觀點　　　D. 衝突的人際關係觀點

5. 書面溝通的優點有（   ）。

    A. 讀者可以以自己的方式、速度來閱讀材料

    B. 易於遠距離傳遞

    C. 易於存儲並在作決策時可提供信息

    D. 可傳遞敏感的或秘密的信息

四、簡答題

1. 簡述溝通在管理中的重要意義。
2. 溝通中信息的傳遞過程。
3. 影響有效溝通的障礙。
4. 克服溝通中障礙的一般準則。
5. 有人認爲"非正式組織的溝通往往會造成不良影響的小道消息，因此應該盡量杜絕"。對這種看法你是否同意？請說明理由。

五、深度思考

中國文化背景下的有效溝通

在中國文化的背景之下，溝通有着其自身的特色。筆者認爲，要在中國文化背景下實現有效的溝通，以下幾點是值得註意的問題。

（一）"含蓄溝通"

中國人普遍比較"含蓄"，"不善表達，不善溝通"，主張説話要圓通，留有餘地，不要把話説滿。

有個小故事可以説明中國人"不善表達，不善溝通"，並且有時太愛猜疑。一個人去找鄰居借斧頭，可是他覺得鄰居與他有些矛盾，不知道會不會借給他，所以邊走邊想，越想越氣，最後跑到鄰居的門口説："你不用借斧頭給我了！我才不會求你！"其實鄰居可能樂意把斧子借給他，可他在並不去瞭解鄰居意見的情況下就去揣摩鄰居的想法。

另外，中國人比較喜歡説話留有餘地，有什麽意思不明確表達出來。舉個日常生活中大家都會碰到的例子：客人王先生來做客，主人李某招呼他坐下，並順便問他"喝點什麽"，王先生按照慣例回答"隨便，隨便"。中國人喜歡説隨便，其實並非隨便，裡面有很多含義，如果你就給他倒杯白開水就大錯特錯了。讀者可以思考一下"隨便"背後的含義，主人李某應當怎麽回答才比較合理。

唐僧取經團隊就吃過溝通不暢的苦頭，"九九八十一難"，有幾難完全就是內部溝通出了問題。譬如"三打白骨精"：孫悟空無疑是對信息的本質把握最早、最清楚的人，但是他性子急，不擅傳遞正確信息。孫悟空擅自打死妖怪，師父唐僧誤以爲大徒弟濫殺無辜，劣性不改。而豬八戒對大饅頭的興趣早就超過了對妖怪的警戒，當慾望被阻後，爲了滿足一己之私，利用師傅與師兄的信息管道淤塞，散布師傅愛聽、師兄憎惡的謠言，結果師兄被逐。沙和尚本身對信息分辨能力不高，老實人憑感覺做事，只會唉聲嘆氣。結果唐僧被白骨精掠取，讓白骨精成爲師徒四人溝通不暢的受益者。

（二）"實話成本"

在中國文化下溝通之所以困難，還有一個重要原因：組織內政治氛圍太濃厚，説實話的成本太高。

一位公司老總反應與員工溝通存在很多困難。他説，在公司跟員工談話，結尾通常會説："今天我跟你談話的意思只是這個事情本身，沒有別的意思。"爲什麼要這麼説？因爲員工非常敏感，你説他哪些方面需要改進，他會聯想到公司是否想炒他；你問他們部門的工作量是否飽和，他會聯想到公司是否想裁人；你問他最近有沒有繼續進修的打算，他會聯想到公司是否想炒他。大家喜歡猜來猜去，相互間不信任，本來只是工作上的問題，非要上升到政治的高度，所以都不説實話。

中國人的政治敏感度太高，企業裡面的政治氣味太濃，一方面因爲中國人太含蓄，另外也與中國人的經歷有很大關係，除了幾千年的封建文化影響外，筆者發現文革對中國人的影響往往很大，尤其是對那些經歷過"文革"洗禮的中年人影響深遠。筆者曾深入研究了一下經過"文革"洗禮的企業老板，發現這些老板的控制慾太強，"文革"遺風、封建式家長作風濃厚，以支配比他學歷高的職業經理人爲樂。當然沒有一個環境是完全純淨的，發生政治行爲也很正常，有人的地方就會有政治，但要控制在一個適當的程度。政治行爲太泛濫了，就會損害信任和尊重，不利於溝通。

（三）對非正式溝通的過度運用

雖然我們在前文中強調要重視非正式溝通的作用，但在中國的文化背景下，往往會有非正式溝通過剩之虞。我們常常遇到這樣的情況，下屬在工作中遇到了問題，本應該在工作時間和領導提出並討論。但下屬卻往往避免採用這樣的方式。他們會在下班後，找領導吃飯喝茶，在閒談的過程中，提出工作中的問題。雖然説這樣的做法避免了直接在正式工作中交流的尷尬，但仍然會導致很多的問題。首先，它削弱了正式溝通的威信，損害了正式權力的行使。其次，應該工作內解決的問題被帶到了工作之外，影響了工作的效率。

因此，在日常的溝通中，需要注意正式溝通和非正式溝通兩種方式的選擇。同時，組織內部也需要對非正式溝通作正確引導，使其能夠發揮更好的作用。

（四）"壞消息"管理

前文已經提到，"報喜不報憂"的現象在企業組織中大量存在。

在上行溝通中，老板總是最後一個知道壞消息的人，壞消息必須"過五關，斬六將"才能傳到老板們耳朵裡。一線人員通常是最早知道壞消息的人，即使他想把問題反饋給上司，卻不一定能解釋清楚。當壞消息出現時，部下總是傾向於自己解決，然後向老板"邀功"，而部下自行解決問題的過程，可能正是壞消息惡化的過程。有句古話，"紙是包不住火的"，但部下總是心存僥幸，只有等到紙已經包不住火的時候，才會讓問題暴露。

在層級管理體系中，層層匯報可能意味着層層掩蓋問題，至少會對壞消息進行適合自己需要的"修正"。有一個行銷老總干脆在行銷大會上説，所有行銷人員都不得繞過我直接向老板匯報。當某個人"壟斷"了老板的信息源時，企業就永遠沒有壞消息，只有災難。

在下行溝通中同樣存在這樣的問題。許多公司領導人不願讓員工知道壞消息。他們因爲害怕失去業績卓著的員工，而對壞消息秘而不宣，以期留住這些人才。有些領導人則希望自己能夠趕在公布消息之前，把問題解決掉。而許多領導人對壞消息所抱的態度就是一條：避而不談。當然，也有這樣一些人，他們認爲絕大多數員工層次太低、素質太差，無法應付壞消息帶來的打擊。

那麼這樣的"壞消息"大量積壓帶來的後果是什麼呢？首先，壞消息的積壓也就意味着危機的積壓，問題不能及時解決，就會像滾雪球一樣，越來越大。其次，當壞消息最終被知曉，員工及上下級之間的信任就會受到影響。最後，上行溝通中信息的壟斷，使管理者無法準確地瞭解市場，並作出正確的決策。因此，如何有效、有技巧地傳遞"壞消息"，也是中國文化背景下極需重視的問題之一。

（五）"官話""套話"

在中國，人的地位和面子極爲重要，爲使其得到體現，人們在溝通的過程中常故意採用一些特別的方式。如使用別人聽不懂的語言文字，採用複雜的、符號化的、專業術語較多的表達方式。一些領導在交流的過程中還喜歡說一些官話、套話。這使他的發言變得冗長且內容含糊不清。這樣的表述很顯然影響溝通績效。儘管有些場合中，官話套話在某一程度上是必需的，但在企業的日常溝通中，我們仍應該向西方學習，強調語言的簡單、直白、簡潔，鋪陳直敘、開宗明義，做到簡潔樸實。

（六）反饋的忽視

控制論的創始人維納曾說過，一個有效行爲必須通過某種反饋過程來取得信息，從而瞭解目的是否已經達到。但中國人的溝通常常不是一個完整的閉環，對反饋的忽視同樣是溝通中存在的嚴重問題之一。

忽視反饋的原因在很大程度上與前面所提的"含蓄溝通"有關。中國人講究"喜怒不形於色"，認爲這是老練沉穩的表現。因此，肢體語言和面部表情較少地運用於溝通中。這就使溝通的雙方無法通過這些附屬語言，揣度對方的意思。除此之外，人們也會在言語中對需要反饋的內容刻意隱藏和回避，凡事"留分寸""留餘地"，讓對方無法瞭解對方的真實想法和意圖。

要解決這一問題，首先，要讓溝通的參與者瞭解到溝通不僅是信息傳遞的過程，更是信息分享的過程。其次，溝通者要知道如何利用表情、手勢、姿態等附屬語言來輔助表達信息。最後，溝通者可以加強溝通中的激勵，鼓勵交流的對象盡量地表達出自己的想法。

（資料來源：陳春花，楊忠，曹周濤. 組織行爲學 [M]. 北京：機械工業出版社，2013.）

第 10 章 創 新

學習目標

通過本章學習,學生應掌握創新的含義和內容,理解創新的特徵和創新的過程;能聯繫實際分析企業創新的特徵和技術創新的過程。

學習要求

知識要點	能力要求	相關知識
創新的概述	理解創新的含義和內容,聯繫實際說明創新的特徵	1. 創新的含義 2. 創新的特徵 3. 創新的內容
技術創新	理解技術創新的概念,能舉例說明企業產品創新的過程	1. 技術創新的內涵 2. 技術創新的類型 3. 技術創新的內容 4. 技術創新的模式 5. 技術創新過程

案例導入

將開口擴大 1 毫米

美國有一間生產牙膏的公司，產品優良，包裝精美，深受廣大消費者的喜愛，每年營業額蒸蒸日上。記錄顯示，前10年每年的營業增長率爲10%~20%，董事部雀躍萬分。不過，進入第11年、第12年及第13年時，業績則停滯下來，每個月維持同樣的數字。董事會對這三年業績表現感到不滿，便召開全國經理級高層會議，以商討對策。

會議中，有名年輕經理站起來，揚了揚手中的一張紙對總裁説："我有個建議，若您要使用我的建議，必須另付我5萬元！"

總裁聽了很生氣地説："我每個月都支付你薪水，另有分紅獎勵，現在叫你來開會討論，你還要另外要求5萬元，是不是有點過分？"

"總裁先生，請別誤會。若我的建議行不通，您可以將它丢棄，一毛錢也不必付。"年輕的經理解釋説。

"好！"總裁接過那張紙後，閲畢，馬上簽了一張5萬元支票給那年輕經理。

那張紙上只寫了一句話：將現有的牙膏開口擴大1毫米。

總裁馬上下令更換新的包裝。

試想，每天早上，每個消費者多用1毫米的牙膏，每天牙膏的消費量將多出多少倍呢？這個決定，使該公司第14年的營業額增加了32%。

(資料來源：佚名.創新小故事精選［EB/OL］.（2012-01-10）[2014-06-16]. http://www.795.com.cn/wz/17806.html.)

任務 10.1　創新概述

【學習目標】

理解創新的含義、特徵和内容。

【學習知識點】

10.1.1　創新的含義

創新一般是指人們在改造自然和改造社會的實踐中，以新的思想爲指導，創造出不同於過去的新事物、新方法和新手段，用以達到預期的目標。創新的本質是突破。

"創新"這一概念，最早源自於美籍奥地利經濟學家熊彼特的"創新"理論，他認爲"創新"就是在新的生產體系裡引入新的組合，即實現生產要素和生產條件的一種從來沒有過的新組合，這種組合或變動包括以下五個方面的內容：一是引入一種新產品或提供一種產品的新質量（產品創新）；二是採用一種新的生產方法（工藝創新）；三是開闢一個新市場（市場創新）；四是獲得一種原材料或制成品的新供給來源（資源開發利用創新）；五是實行一種新的組織形式，如建立一種壟斷地位或打破一種壟斷地位（體質和管理創新）。

10.1.2　創新的特徵

創新活動大體上有以下特徵：

1. 新穎性

創新活動的新穎性包括三個層次：①世界級新穎性或絕對新穎性；②局部新穎性；③主觀新穎性，即只是對創造者個人來說是前所未有的。

總體上，創新活動是解決前所未有的問題，其核心在"新"上，是在繼承中的突破。它或者是產品的結構、性能和外部特徵的變革，或者是造型設計、內容的表現形式和手段的創造，或者是內容的豐富和完善。

2. 開拓性

創新在實踐活動上表現爲開拓性，即創新實踐不是重複過去的實踐活動，它不斷發現和拓寬新的活動領域。創新在行爲和方式上必然和常規不同，它易於遭到習慣勢力和舊觀念的極力阻撓。對於創新主體來講，應具有思想解放、頭腦靈活、敢於批評、勇於挑戰的開拓精神，因此，創新和開拓緊緊相連。

3. 創造性

創新是一項複雜的系統工程，具有創造性特點。這種創造性一是體現在新技術、新產品、新工藝的顯著變化上；二是體現在組織機構、制度、經營和管理方式的創新上。這種創新的特點是打破常規、適應發展、勇於探索。創造性的本質屬性就是敢於進行包括新的設想、新的實驗、新的舉措等新嘗試。

4. 變革性

創新的實質，就是一種變革。變革是事物發展的本質屬性，任何事物不破不立，破舊方能立新，推陳才能出新，這些就是對舊事物的變革、創新。

5. 市場性

市場是企業創新的出發點，也是企業創新的歸宿。企業的創新活動應致力於與市場的吻合度，即適應市場需求，獲得市場認可，方有存在的意義。一方面，企業創新行爲要適應市場變化，通過創新做到與市場同步前進；另一方面，企業要預測市場未來的發展趨勢與方向，通過創新去創造機會、創造市場。

6. 效益性

效益性又稱爲價值性。創新的最終目標是使創新結果有價值，爲企業節源增效，並促進企業可持續發展。創新的價值性特點與前述的新穎性特點密切相關，其中世界級新穎性的價值層次最高，局部新穎性次之，主觀新穎性更次之。

【知識閱讀 10-1】
創新的本質正在發生改變

現在，隨著持續的數字化發展和革命，加之基於市場的傳統經濟結構向基於生態系統環境轉變，創新在三個不同方面發生了改變：

1. 消費者直接參與創新。技術和超強的互聯互通是消費者與企業在整個價值鏈活動中開展合作的催化劑，包括共同設計、共同創造、共同生產、共同行銷、共同分銷和共同融資。消費者與企業的合作越來越多，在透明、互信的環境中共同創造價值。例如，中國的智能手機製造商小米建立了一種無市場行銷預算和銷售團隊的業務模式。爲了建立客戶忠誠度，該公司根據用戶反饋，每周發布新的軟件版本。

2. 技術是創新的核心。新技術支持企業更快地響應客戶需求，開發具有吸引力的新功能和新業務模式。例如，在線遊戲 Foldit 提供衆包型蛋白質折叠計算，玩家在 10 天內就破解了梅森—菲舍猴病毒的逆轉錄蛋白酶結構，而科學家們對這個問題的研究已經超過 12 年之久。

3. 生態系統正在定義新型創新。生態系統是互相依賴的企業和關係爲創造並分配業務價值而組成的複雜網絡。這方面發展的一個例子就是 Quirky 和通用電氣之間的合作。通用電氣通過衆包創新，從而降低風險，並與取得突破性進展的發明者共享收益。

（資料來源：佚名.《銷售與市場》管理版，2016（11）.）

10.1.3 創新的內容

創新是一個非常複雜的思維過程，它最能充分地體現出一個組織或一個國家的主觀能動作用。創新的內容十分廣泛，大體分爲三類：制度創新、技術創新和管理創新。下面先介紹制度創新和管理創新，技術創新將在下節內容中介紹。

1. 制度創新

制度創新是指在人們現有的生產和生活環境條件下，通過創設新的、更能有效激勵人們行爲的制度、規範體系來實現社會的持續發展和變革的創新。所有創新活動都有賴於制度創新的積澱和持續激勵，通過制度創新得以固化，並以制度化的方式持續發揮着自己的作用，這是制度創新的積極意義所在。

制度創新意味着對原有制度的否定，需要經歷一個破舊立新的艱難過程。我國經濟體制經歷了二十多年的不斷探索與改革，就是一種制度（或體制）的創新，它舍棄傳統的計劃經濟體制，逐步建立起社會主義市場經濟體制。這種新體制包括了以下幾個方面：

1）轉換企業經營機制，建立適應市場經濟要求的產權清晰、權責明確、政企分開、管理科學的現代企業制度。

2）建立全國統一開放的市場體系，實現城鄉市場緊密結合，國內市場與國際市場相接軌，促進資源通過市場優化配置。

3）徹底轉變政府管理經濟的職能，建立以間接手段爲主的完善宏觀調控體系。

4）建立按勞分配與按生產要素分配相結合、效率優先、兼顧公平的分配制度，鼓勵一部分地區、一部分人先富起來，走共同富裕的道路。

5）建立多層次的社會保障體制，促進經濟發展與社會穩定。

2. 管理創新

所謂管理創新，是指在一定的生產技術條件下，為了使組織資源更加合理有效利用，組織系統運行更加和諧高效，生產能力得到更充分有效的發揮而進行的組織發展戰略、管理體制、組織結構、運作方式以及具體的管理方法與技術、文化氛圍等方面的創新。實質上，管理創新就是創造一種新型的、具有更高效率的資源整合的範式。它既可以是有效整合資源以達到組織目標的全過程的管理的創新，也可以是某個具體方面的細節管理的創新，應包括以下幾個方面的內容：

1）管理理念創新

管理理念創新，也就是管理思想觀念方面的創新，它是一切創新活動的先導，是管理創新的根源。觀念創新就是要改變人們對某種事物的原有的、過時的或不利於實踐活動的既定看法和思維模式，換位思考，得出一個新的結論或形成一個新的觀點，從而採取一個新的態度和方法的行為的過程。而管理理念創新則指具有預先時代的經營思想和經營理念，這是組織生存和發展的先決條件。從現代企業來講，它主要包括新的經營思想、新的經營理念、新的經營思路及其在推行中形成的新的經營方針、新的經營戰略、新的經營策略，等等。

2）組織結構創新

組織結構創新即組織的整合、變革與調整，是組織內管理者及成員為使組織系統適應外部環境變化或滿足自身成長需要，對內部各子系統及其相互作用機制或組織與外部環境的相互作用機制的創造性調整、變革與完善的過程。其目的是通過組織結構與功能的調整與變革、組織系統的重建與重組來完成組織系統的抗衰性和注入新的生命力。

組織結構創新的理論基礎主要是系統理論、情景理論和行為理論。首先，組織作為一個開發的、有機的和動態的系統，它由技術子系統、管理和行政子系統、文化子系統三個子系統組成。這三者相互聯繫、相互作用，一個子系統改變，其他會跟著改變。組織變革和創新就是通過改變員工態度、價值觀和信息交流，使他們認識組織的系統性質，實現組織的變革與創新。其次，在組織中不存在一成不變、普遍適用的最好管理理論和方法，管理者需要根據不同情境研究相適宜的管理方法。再次，組織中人的行為是組織與個人相互作用的結果。通過組織變革和創新，可以改變人的行為風格、價值觀念、熟練程度，同時能改變管理者的認識方式。組織結構創新主要有三種：

（1）以組織結構調整為重點的變革與創新，如重新劃分或合並部門，改造工作流程，改變工作崗位與職責，調整管理幅度等。

（2）以人為本的變革和創新，包括改變員工的觀念和態度、知識變革、個人行為乃至群體行為的變革。

（3）以任務和技術為重點，重新組合分配任務，更新設備、技術創新，達到組織創新的目的。

3. 管理模式創新

所謂管理模式是指組織總體資源有效配置實施的一種範式。一般來講，不同組織有不同的管理模式，同一組織在不同時期也有不同的管理模式。這裡，組織隨著環境變化，能結合實際研究、設計、創造出新的管理模式，實質上就是管理模式的創新。例如，國外管理實踐從第一次產業革命開始，歷經的經驗管理階段、古典管理理論階段、行為科學管理階段和現代管理理論階段等等，都屬於管理模式的創新。管理模式創新是基於一種新的管理思想、管理原則和管理方法，來改變組織的管理流程、業務運作流程及組織形式等。作為企業，其管理流程主要包括戰略規劃、資本預算、項目管理、績效評估、內部溝通、知識管理等；其業務運作流程主要有產品開發、生產、後勤、採購和客戶服務等。通過管理模式創新，企業可以解決主要的管理問題，如降低成本和費用，提高效率，增加客戶滿意度和忠誠度。持續的管理模式創新可以使企業自身成為有生命、能適應環境變化的學習型組織。

管理模式創新的目的是通過設計一種能與組織發展相適應的管理模式，使各項資源達到合理有效的配置。

4. 管理方法創新

管理方法是組織進行資源整合所使用的工具，直接影響著資源的有效配置。在現代管理理論中，許多現代管理方法，諸如線性規劃、目標管理、全面質量管理、網路計劃技術、庫存管理、看板管理等都是在管理實踐中被證實為行之有效的方法。管理方法創新可以是前述的單一性的管理方法的創新，也可以是多種管理方法的綜合性創新，如生產組合的綜合改造等。管理方法的創新，可以更好地提高生產效率，協調並改善人際關係，有效地激勵組織員工，最終實現組織資源有效整合。

【學習實訓】 案例討論

衛浴行業"缺乏創新"成阻力

近幾年，衛浴行業開始向產品專業化、品牌化發展。但中國衛浴行業競爭主要表現為本土品牌和外資品牌的市場爭奪，國內衛浴品牌儘管數量眾多，但在國內衛浴市場上還沒有一家企業能占據10%的市場份額，高端衛浴市場幾乎被外資品牌壟斷。這一切的根源，不外乎兩個字：山寨。

在此現狀下，也有不少企業開始反思，並用自己的創新設計拼出一條血路。近年來，許多衛浴企業開始自行研發新型產品：集洗漱、梳妝臺、儲物功能等為一體的浴室櫃，"青花瓷馬桶""旗袍坐便器"，兒童衛浴產品，老年人衛浴產品和殘疾人衛浴產品紛紛面世，產品越來越多樣化，讓人耳目一新。

這些創新型衛浴產品的出現，在一定程度上彌補了國內衛浴自主創新的空白市場，也給了消費者一個滿意的交代。瞭解國內消費者的心理和生活使用習慣，製造切切實實適合中國人使用的、時尚的衛浴產品，應是衛浴生產者在塑造品牌時值得思考的問題。

在業內專家看來，建築衛生陶瓷工業第三階段發展，重點要抓好3個關鍵：提升技術創新目標，創新技術研發模式；標準創新，政策創新；加快兼併重組和節能環保。

分析問題：

案例中衛浴行業的市場現狀給了我們什麼啟示？

（資料來源：佚名. "缺乏創新"成阻力 衛浴企業兼併重組提效率［EB/OL］.［2014-01-10］. http：//home.focus.cn/news/2014-01-10/392796.html.）

【效果評價】

根據學生出勤、課堂討論發言及小組合作完成任務的情況進行評定。

任務 10.2　技術創新

【學習目標】

瞭解技術創新的含義和模式，理解技術創新的內容，運用理論知識舉例說明企業產品創新的過程。

【學習知識點】

技術創新是組織創新活動的主要內容，也是企業實現技術進步，從而維持企業競爭優勢和可持續發展的主要手段。一個企業沒有技術創新，它將失去自身的市場競爭力，從而不斷走向衰退，甚至破產倒閉。當今，經濟全球化下，市場產品趨於同質化，企業技術創新尤顯重要。

10.2.1　技術創新的內涵

技術創新是指企業應用創新的知識和新技術、新工藝，採用新的生產方式和經營管理模式，提高產品質量，開發生產新的產品，提供新的服務，佔據市場並實現產品市場價值的過程。

企業技術創新源自新產品、新工藝、新管理的市場需求，並誘使創新設想的產生，經過研究與開發，使設想變成現實的商品、工藝，最終推向市場的一個系統的過程。在這一過程當中，市場需求是先導、誘因，企業是創新的主體，市場化是最終的結果。這裡，技術創新包括四個方面的內涵：

（1）技術創新不是純粹的科技概念，也不是一般意義上的科學發現和發明，而是一種新的經濟發展觀。

（2）技術創新是一個系統工程，而不是某一種單項活動或一個環節。

（3）技術創新強調技術開發與技術有效應用的統一，重視技術要素同其他要素的新組合。

（4）技術創新的主要動力來自於市場，市場是技術創新的基本出發點和落腳點。

【知識閱讀10-2】

砸了地板

1941年的一天，美國洛杉磯的一間攝影棚內，一伙人正在拍攝一部電影。剛開拍不一會兒，年輕的導演就叫停。他一邊做着暫停動作，一邊對攝影師大喊：

"我要的是一個大仰角。'大仰角'，你明白嗎？"

這個鏡頭已經拍攝了十幾次了，大伙兒都累得不行了。就在這時，扛着攝影機正趴在地板上的攝影師終於不耐煩了，他站起來大吼道——

"我趴得已經夠低了，難道你還不明白嗎？！再低的話，難道你還要我鑽到地板裡去嗎？"

年輕的導演聽了攝影師的話，沉默了一會兒。突然，他轉身走到道具房，操來一把斧子，向攝影師快步走了過來。

周圍的人不由得驚呼了起來。只見導演走上前來，什麼也沒說，便半跪在地上撿起斧子，向攝影師剛才趴過的木製地板猛地砍砸下去……過了不久，他在地板上砸出一個直徑約半米的窟窿。這時，他指着地上對攝影師說："你趴在這裡拍，這才是我想要的最佳角度。"

攝影師按導演的吩咐趴在地板洞中，無限壓低鏡頭，結果拍出了一個前所未有的大仰角。

他們拍的這部電影就是《公民凱恩》，年輕的導演名叫奧遜·威爾斯。這部電影因大仰拍、大景深、陰影逆光等攝影創新技術及新穎的敘事方式，被譽為美國有史以來最偉大的電影之一，至今它仍是美國電影學院必備的教學片。

（資料來源：繆晨.300個創新小故事［M］.上海：學林出版社，2007.）

10.2.2 技術創新的類型

（1）按內容分，技術創新包括產品創新、工藝創新、服務創新。

（2）按重要性分，技術創新包括漸近性創新、根本性創新、技術系統的變革、技術經濟模式的變更。

（3）按技術來源分，技術創新包括自主創新和技術引進。

（4）按生產要素分，技術創新包括勞動節約型創新、資本節約型創新和綜合型創新。

10.2.3 技術創新的內容

企業技術創新的主要內容包括產品創新、工藝創新以及服務創新等，產品創新和工藝創新包括從新產品或新工藝的設想、設計、研究、開發、生產及市場開發、認同與應用到商業化的完整過程。

1. 產品創新

產品是企業存在的根本，任何企業都是通過生產產品投放市場獲得利潤而生存的，產品在市場上被接受和受歡迎的程度決定了企業產品的市場占有率及競爭力。產品創新為市場提供新產品或新服務，創造一種產品或服務的新質量，以實現其商業價值。如果企業推出的新產品不能為企業帶來利潤和商業價值，那就算不上真正的創新。企業產品創新包括新產品開發和老產品改造。

1）新產品開發

所謂新產品，是指在一定的地域內，第一次生產和銷售的在原理、用途、性能、結構、材料和技術指標等某一方面或幾個方面比老產品有顯著改進、提高或獨創的產品。

對新產品的開發，企業可根據自身的特點和環境條件選擇不同的開發方式，一般有五種方式可供企業選擇，即獨立研制方式、聯合研制方式、技術引進方式、自行研制與技術引進相結合的方式、仿製方式等。同時，企業在開發新產品時，需要分階段、分步驟地進行，大體需要經過由構思、篩選、設計到試制、評定等階段，方可完成。

2）老產品改造

老產品改造即對原產品的性能、規格、款式、品種等在設計上做進一步完善和改進工作，而在產品生產原理、技術水平和結構上無突破性改變。企業對產品不斷改造，可以促進產品更新換代，以適應市場需求。

【知識閱讀10-3】

新產品的十大支點

一個新產品或服務的極度不確定性通常需要創業企業進行很多路線調整，或者找到"支點"，才能最終找到成功的方法。不久前，硅谷創業者埃裡克·裡斯在其新書中對10個最重要的創業支點進行了總結：①近觀。在這種情況下，原先產品的一個功能或特點本身變成了整個產品。它強調了"專註"的重要性，以及在被迅速、高效推出時"最簡化可實行產品"的價值。②遠觀。有時候一個單一的功能不足以支撐起整個消費者產品組合，在這種情況下，原先整個產品變成了一個更大產品的單一功能。③消費者細分。你的產品解決了一個真正存在的問題，但需要被定位到真正看重這一產品的細分群體，並針對這一群體進行產品優化。④消費者需求。當早期消費者反饋被解決的問題不是非常重要，或者價格過於昂貴時，你需要對產品進行重新定位。⑤平臺。它指的是從應用向平臺之間的過渡，或反其道而行之。大多數消費者買的都是解決方案，而不是平臺。⑥商業架構。存在兩種主要的商業架構：高利潤率、低產量（複雜系統模式），或者薄利多銷（大量交易模式），你無法兩全其美。⑦價值捕獲。它指的是貨幣化或營收方式。初創企業捕獲價值的方式變動會對公司、產品和行銷策略產生深遠的影響。⑧增長引擎。選擇正確的模式能夠極大地影響增長速度和盈利能力。⑨渠道。將渠道作為支點通常需要企業具有獨特的定價、功能特點，以及有競爭力的定位調整。⑩技術。有時企業會發現，使用一種完全不同的技術也可能解決同樣的問題，當新技術可以提供低廉的價格或上乘的表現時，可以有效提高新產品的競爭優勢。

(資料來源：摘自《銷售與市場》管理版，2011年第11期，總第427期.)

2. 工藝創新

工藝創新指企業通過研究和運用新的生產技術、操作程序、方式方法和規則體系等，提高企業的生產技術水平、產品質量和生產效率的活動。工藝創新和產品創新都是爲了提高企業的社會經濟效益，但二者途徑不同，方式也不一樣。產品創新側重於活動的結果，而工藝創新側重於活動的過程；產品創新的成果主要體現在物質形態的產品上，而工藝創新的成果既可以滲透於勞動者、勞動資料和勞動對象之中，還可以滲透在各種生產力要素的結合方式上；產品創新的生產者主要是爲用戶提供新產品，而工藝創新的生產者也是創新的使用者。

3. 服務創新

服務創新就是使潛在用戶感受到不同於從前的嶄新內容。服務創新爲用戶提供以前沒有能實現的新穎服務，這種服務在以前由於技術等限制因素不能提供，現在因突破了限制而能提供。它是一種技術創新、業務模式創新、社會組織創新和客戶需求創新的綜合。其內容包括應該爲客戶提供的"附加值服務""個性化服務""三維度服務"等。如果產品創新是企業獲取潛在利潤的基礎，那麼服務創新則是其獲取潛在利潤的保證。

10.2.4 技術創新模式

1. 自主創新

自主創新是指創新主體通過擁有自主知識產權的獨特的核心技術以及在此基礎上實現新產品的價值的過程。它包括原始創新、集成創新和引進技術再創新。自主創新成果一般體現爲新的科學發現及擁有自主知識產權的技術、產品、品牌等。自主創新是企業創新的主要模式。

自主創新作爲率先創新，具有以下優點：

（1）有利於創新主體在一定時期內掌握和控制某項產品或工藝的核心技術，在一定程度上左右着行業的發展，從而贏得競爭優勢。

（2）在一些技術領域的自主創新往往能引致一系列的技術創新，帶動一批新產品的誕生，推動新興產業的發展。

（3）有利於創新企業更早積累生產技術和管理經驗，獲得產品成本和質量控制方面的經驗。

（4）自主產品創新初期都處於完全獨占性壟斷地位，有利於企業較早建立原料供應網路和牢固的銷售渠道，獲得超額利潤。

自主創新也有其自身的缺點：資金投入多，風險高；自主研究開發的成功率低；時間長，不確定性大；市場開發難度大，時滯性強等。

2. 模仿創新

模仿創新是指創新主體通過學習模仿率先創新者的方法，引進、購買或破譯率先創新者的核心技術和技術秘密，並以其爲基礎進行改進的做法。模仿創新是各國企業普遍採用的創新行爲。模仿創新並非簡單抄襲，而是站在他人肩膀上，投入一定研發資源，進行進一步的完善和開發，特別是工藝和市場化研究開發。因此模仿創新往往具有低投入、低風險、市場適應性強的特點，其在產品成本和性能上也具有更強的市場競爭力，成功率更高，耗時更短。

模仿創新的主要缺點是被動，在技術開發方面缺乏超前性，當新的自主創新高潮到來時，模仿創新企業就會處於非常不利的境地；另外，模仿創新往往還會受到率先創新者設置的技術壁壘、市場壁壘的制約，有時還面臨法律、制度方面的障礙，如專利保護制度就被率先創新者作爲阻礙模仿創新者的手段。

3. 合作創新

合作創新模式是指企業間或企業與科研機構、高等院校之間聯合開展創新的做法。合作創新一般集中在新興技術和高技術領域，以合作進行研究開發爲主。由於全球技術創新的加快和技術競爭的日趨激烈，企業技術問題的複雜性、綜合性和系統性日益突出，依靠單個企業力量越來越困難。因此，利用外部力量和創新資源，實現優勢互補、成果共享，已成爲技術創新日益重要的趨勢。合作創新有利於優化創新資源的組合，縮短創新週期，分攤創新成本，分散創新風險。合作創新模式的局限性在於企業不能獨占創新成果。

【知識閱讀 10-4】

用戶創新

近期，法國馬賽商學院副院長 Roland Bel 指出，用戶創新是近年來頗爲流行的創新方式，也是創新民主化的體現。此前以廠商創新爲中心的主流觀點是，廠商是新產品的開發者，創新產品作爲公司的知識產權加以保護。而現在通信技術的發展已經改變了人們交流、生活、工作和知識傳播的方式，創新者不必在專業機構工作，大家都有機會接觸到高質量的工具。而且一旦新發明以數字化的方式呈現，網路會讓任何秘密無處遁形。因爲用戶本身就是顧客，他們會從顧客的角度來提出需求，體驗往往早於他人，而且他們有強烈的尋求解決方案的意願，這是因爲他們本身期望從解決方案中獲得高收益。如果說廠商創新是爲了從銷售中獲益，用戶創新則是爲了從使用中獲益。

(資料來源：摘自《銷售與市場》管理版，2011 年第 12 期，總第 428 期.)

10.2.5 技術創新過程

技術創新是一個新知識的產生、創造和應用的進化過程，是一個在市場需求和技術發展的推動下，將發明的新設想通過研究開發和生產演變成爲具有商品價值的新產品、新技術的過程，也是以新產生的技術思想爲起點，以新技術思想首次商業化爲終點的過程。這個商業化的基本思路則以市場爲導向，以產品爲龍頭，以新技術開發應用爲手段，以提高經濟效益、增強市場競爭能力和培育新的經濟增長點爲目標，重視市場機會與技術機會的結合，通過新技術的開發應用帶動企業或整個行業生產要素的優化配置，達到以有限的增量資產，帶動存量資產的優化配置。

技術創新過程從邏輯上可分爲以下幾個階段：

1. 分析市場，確認機會階段

企業進行技術創新的首要工作，就是正確分析市場，弄清未來市場需求情況，根據本企業的技術、經濟和市場需要，敏感地捕捉各種技術機會和市場機會，並把市場需求與技術可行性相結合。

2. 構思的形成階段

該階段是把市場需求與技術可行性相結合的創造性活動階段。技術創新構思的形成主要表現在創新思想的來源和創新思想形成的環境兩個方面。技術創新構思可能來自從事某項技術活動的推測或發現，也可能來自市場行銷或用戶對環境或市場需要或機會的感受。創新思想的形成環境則主要是市場環境、經濟環境、社會人文環境、政治法律環境等。

3. 研究開發階段

創新構思產生後，需要投入人、財、物等資源尋求解決方案。研究開發階段是根據企業技術、商業、組織等方面的可能條件對創新構思階段的計劃進行檢驗和修正。一般由科學研究和技術開發組成。本階段的基本工作就是創造新技術，研製開發出可供利用的新產品和新工藝。如果企業在本階段創造的新技術屬於自身發明的，則可獲得發明專利，如果是利用他人的發明或已有技術，則屬於模仿。

4. 小型與中型試驗階段

小型試驗是在不同規模上考驗技術設計和工藝設計的可行性，解決生產中可能出現的技術和工藝問題。所謂中型試驗，就是根據小型試驗結果繼續進行放大試驗，當中型試驗成功後，就基本可以進行生產了。因此，中型試驗階段的主要任務是解決從技術開發到試生產的全部技術問題，以滿足生產需要。兩者都是技術創新過程不可缺少的階段。

5. 批量生產階段

按商業化規模要求把中試階段的成果變爲現實的生產力，生產出新產品或新工藝，並解決批量生產的技術工藝問題和降低成本、滿足市場需求的問題。

6. 市場行銷階段

技術創新成果的實現程度還取決於其市場的接受認可程度。該階段主要任務是實現創新技術所形成的價值與使用價值，包括試銷和正式行銷兩個階段。試銷主要探索市場的可能接受程度，進一步考驗其技術的完善性，並反饋到以上各個階段，予以不斷改進。市場行銷階段實現了技術創新所追求的經濟效益，是技術創新過程中質的飛越。

7. 創新技術的應用與擴散階段

此即創新技術被賦予新的用途，進入新的市場領域應用並向市場擴散。

技術創新成果擴散，是指企業通過一定的渠道和方式，將技術創新成果傳播給潛在使用者的過程。這一過程包括提供技術創新成果過程、成果提供者和潛在使用者的交流過程和採用技術創新成果過程三個階段。

對成果提供過程而言，主體即擴散源是企業、科研單位和大專院校，其職責主要是提供信息服務，進行信息傳播；對成果採用過程而言，採用者一般是企業，也可能是研究機構、大專院校。企業應根據自身的需要以最合理的方式和價格選擇最實用的技術；對提供者和採用者之間的交流過程而言，他們之間的很多具體環節實際上都是共同進行的，而且是一對多的交流過程。交流的成果與否，將會直接決定成果擴散效率與效益的高低。

在實際的技術創新過程中，以上各個階段的創新活動有時存在着過程的多重循環與反饋以及多種活動的交叉和並行。下一階段的問題會反饋到上一階段以求解決，上一階段的活動也會從下一階段所提出的問題及其解決中得到推動、深入和發展。各階段相互區別又相互聯結和促進，形成技術創新的統一過程。

【學習實訓】 案例討論

新產品的研製和投產

某電子產品工廠的廠長召開會議，專門研究是否將新產品——微型恒溫器投入大批量生產並投放市場的問題。參加會議者有銷售、生產、物資供應和財會等部門的負責人，廠長指示每個與會者帶上準確資料，以便提出決策性意見。

會上，廠長首先說明有關的情況：

（1）兩年前，工廠爲了應對主要競爭對手的挑戰，適應電子產品微型化的趨勢，開始研製微型恒溫器這一新產品。

（2）研製進程比較順利，工人和技術人員已掌握了這一新產品的許多技術知識，樣品試制成功，鑒定合格。

（3）已經設計安裝了一條實驗性生產線，按小批試制辦法生產出幾百個恒溫器，產品性能完全達到設計要求，可同對手的產品競爭。

（4）我廠恒溫器的生產成本高，按競爭對手所定的每個40元的價格出售，不僅無利可圖，而且略有虧損。

（5）現在必須作出決策：是放棄這一新產品，還是設法降低成本，投入大批量生產？

接着廠長請財會部門負責人說明產品成本情況，該負責人提出的資料如下表：

單位：元

項　　目	實際成本	標準成本
1. 直接材料	17.0	9.7
2. 直接人工	2.95	2.6
3. 一般製造費用（按直接人工標準成本的438%計）	11.4	11.4
4. 製造總成本	31.35	23.7
5. 損耗費用（按製造總成本的10%計）	3.14	2.37
6. 銷售與管理費用（按直接人工與一般製造費用之和的40%計）	5.75	5.6
7. 產品總成本	40.24	31.67
8. 產品定價（按產品總成本加上廠定的銷售利潤率14%的利潤計）	46.8	36.9

　　財會部門負責人向與會者解釋，由於我廠成本（尤其是直接材料費）高，按競爭價格每個40元出售，將虧損0.24元。如能將成本降到標準成本水平，則按廠定銷售利潤率14%加上利潤，定價也不到37元，按競爭價格出售，利潤將很豐厚。即使只將直接材料費降到標準成本水平，按銷售利潤率14%加上利潤，定價也不過38元左右，仍大有利可圖。

　　銷售部門負責人認為，微型恒溫器是重要產品，市場廣闊，絕不能放棄。他們已將該產品的促銷工作納入計劃。他還說，他個人並不太重視成本估算，因為工廠尚未將該產品投入大批量生產，尚未獲得規模經濟效益。

　　生產部門負責人說，他正同工程師們研究焊接新方法，如果成功，直接人工費和相應的一般製造費用、損耗費用、銷售與管理費用等均會減少，產品成本會降低。此外，對裝配工人進行培訓，壓縮裝配工時的潛力還很大。供應部門負責人說，要降低成本，控制材料費是關鍵。微型電子元器件的生產廠不多，我們尚未找到合適的貨源。過去是臨時的、少量的採購，價格高而質量難保證。現在要盡快物色貨源，進行談判，估計有可能將材料費降下來。但請告知計劃生產批量，以便計劃材料用量，同供貨廠家協商。

　　廠長認為此次會議已基本弄清了情況，並對各部門願在降低成本上做出努力表示讚賞。他說：「產品生產和投入市場之前，必須有成本估算，至少保證不虧損。不重視這一點，就忽視了價值規律的作用，即使對新產品也應如此。大家應牢記，工廠要講效益，創新也是為了提高效益。廠定銷售利潤率14%一般是必須保證的。」他要求各部門繼續設法降低成本，特別是材料費的問題要抓緊解決，以便盡快作出決策。

　　分析問題：

　　1. 你是否讚同廠長所說的「創新也是為了提高效益」？這一觀點可否聯繫到技術與經濟的關係，可否應用於其他組織（如學校、醫院、政府機關等）？

　　2. 如果你是廠長，在下次會議上你該如何決策？決策的基本依據是些什麼？

3. 是否在任何情況下，產品的售價都不能低於其總成本，否則就不應生產和投放市場？

（資料來源：王德中. 管理學學習指導書［M］. 成都：西南財經大學出版社，2006.）

【效果評價】

根據學生出勤、課堂討論發言及小組合作完成任務的情況進行評定。

綜合練習與實踐

一、判斷題

1. 爲適應環境的變化，組織應不斷調整系統內部的內容和目標，這在管理上叫作管理的創新職能。　　　　　　　　　　　　　　　　　　　　　　　　　　（　　）
2. "對企業而言唯一不變的就是創新。"　　　　　　　　　　　　　　　　（　　）
3. 維持是創新基礎上的發展，而創新則是維持的邏輯延續。　　　　　　（　　）
4. 創新的效益與其風險大小並無多大聯繫。　　　　　　　　　　　　　（　　）
5. 作爲創新要素的信息資源都來自組織的外部，因而掌握外部信息至關重要。
　　　　　　　　　　　　　　　　　　　　　　　　　　　　　　　　　（　　）

二、單項選擇題

1. 第一個提出管理創新思想的是（　　）。
   A. 科斯　　　　　　　　　　　　B. 熊彼特
   C. 托夫勒　　　　　　　　　　　D. 哈默

2. 企業制度主要包括產權制度、經營制度和管理制度，企業對這些方面的調整與變革稱爲（　　）。
   A. 目標創新　　　　　　　　　　B. 技術創新
   C. 制度創新　　　　　　　　　　D. 組織創新

3. 對品種和結構的創新叫（　　）。
   A. 產品創新　　　　　　　　　　B. 目標創新
   C. 制度創新　　　　　　　　　　D. 組織創新

4. 爲適應環境的變化，組織應不斷調整系統內部的內容和目標，這在管理上叫作管理的（　　）。
   A. 組織職能　　　　　　　　　　B. 維持職能
   C. 控制職能　　　　　　　　　　D. 創新職能

5. 在知識經濟時代，各類組織爲了快速應變日益複雜的環境，在競爭中求生存，就要善於學習，不斷獲取新的知識、新技術，不斷改進創新。這種類型的組織稱爲（　　）。

A. 進取型組織　　　　　　B. 學習型組織
C. 進攻型組織　　　　　　D. 知識型組織

三、多項選擇題

1. 創新職能的基本內容主要包括（　　　）。
   A. 目標創新　　　　　　　B. 技術創新（產品創新）
   C. 制度創新　　　　　　　D. 組織創新
   E. 環境創新
2. 創新的過程是（　　　）。
   A. 尋找機會　　　　　　　B. 提出構想
   C. 迅速行動　　　　　　　D. 堅持不懈
   E. 過程管理
3. 技術創新主要表現在三個方面，即（　　　）。
   A. 設備、工具創新　　　　B. 管理制度
   C. 工藝創新　　　　　　　D. 材料、能源創新
   E. 組織機構
4. 下列屬於管理的"維持職能"的是（　　　）。
   A. 組織　　　　　　　　　B. 創新
   C. 控制　　　　　　　　　D. 領導
5. 熊彼特的創新概念包括哪些方面？（　　　）
   A. 採用一種新產品　　　　B. 開闢一個新市場
   C. 採用一種新的生產方法　D. 實行新的組織形式
   E. 獲得原材料、半成品新的供應來源

四、簡答題

1. 簡述創新的含義。
2. 如何認識熊彼特所提出的創新概念？
3. 創新有哪些基本特徵？
4. 技術創新的內容有哪些？
5. 簡述技術創新的過程。

五、技能實訓

管理遊戲——如果我來做

1. 遊戲概述：
（1）參與者兩人一組，模擬一場服務競賽。
（2）小組成員共同努力，尋找既能宣傳企業，又能帶給客戶驚喜的點子。
2. 教師需要準備的道具
（1）有關虛擬企業內容的復印件一份。

（2）將復印件沿虛線剪開，這樣你就有了幾張小紙片，每張小紙片分別介紹一個虛擬企業。

（3）還需要一頂帽子或一個碗來盛放紙片，以便讓參與者從中隨機抽取。

3. 遊戲過程

（1）首先告訴參與者，他們將參加一次由社區企業協會主辦的"創造性服務競賽"。

（2）將參與者分成小組，每組兩人，各組分別代表一個不同的虛擬企業；小組成員應該互相合作，設計出一個滿足競賽要求的點子。

（3）這個競賽的目標是找出一個點子，要求既能宣傳企業，又能夠更好地服務客戶。在尋找點子時，鼓勵參與者盡可能地發揮他們的創造力。

（4）競賽不設預算限制，但點子必須"符合常理"，也必須緊密聯繫本企業，例如：雜貨店不可能免費提供小狗。

舉例：

- 現在讓大家一起看下面的例子，來瞭解遊戲應該怎樣開展。
- 公司名稱：千年銀行
- 所屬行業：銀行
- 點子：對於到銀行開户的客户，無論是經常帳户還是儲蓄存款帳户，每滿2 000人即給予最後一位客户終身免票手續費的優惠待遇。

（5）組織：

現在開始分組，並讓每組派出一名代表，從"帽子"裡抽取一張小紙片，然後讓各組為其抽取的虛擬企業設計點子，限時10分鐘。

（6）10分鐘後，要求各組依次大聲念出他們所抽到的虛擬企業的簡介，以及他們為其設計的點子。

（7）最後讓大家投票，選出最佳的點子。

（8）分發的復印材料：

- 公司名稱：生命遊戲

  所屬行業：體育用品商店

  點子：＿＿＿＿＿＿＿＿＿＿＿＿＿＿＿＿＿

- 公司名稱：君往何處

  所屬行業：交通服務行業

  點子：＿＿＿＿＿＿＿＿＿＿＿＿＿＿＿＿＿

- 公司名稱：木材店

  所屬行業：木制品商店

  點子：＿＿＿＿＿＿＿＿＿＿＿＿＿＿＿＿＿

- 公司名稱：美女與野獸

  所屬行業：男女皆宜理髮店

  點子：＿＿＿＿＿＿＿＿＿＿＿＿＿＿＿＿＿

- 公司名稱：給我電話
  所屬行業：行動電話服務公司
  點子：＿＿＿＿＿＿＿＿＿＿＿＿＿＿＿＿
- 公司名稱：第一頁
  所屬行業：書店
  點子：＿＿＿＿＿＿＿＿＿＿＿＿＿＿＿＿
- 公司名稱：雛菊連鎖店
  所屬行業：花店
  點子：＿＿＿＿＿＿＿＿＿＿＿＿＿＿＿＿
- 公司名稱：城市動物園
  所屬行業：國內最大的動物園之一
  點子：＿＿＿＿＿＿＿＿＿＿＿＿＿＿＿＿

國家圖書館出版品預行編目(CIP)資料

管理學基礎與實訓/ 李霞、康璐 主編. -- 第二版.
-- 臺北市：崧燁文化，2018.07

　面；　　公分

ISBN 978-957-681-302-3(平裝)

1.管理科學

494　　107010905

書　名：管理學基礎與實訓
作　者：李霞、康璐
發行人：黃振庭
出版者：崧燁文化事業有限公司
發行者：崧燁文化事業有限公司
E-mail：sonbookservice@gmail.com
粉絲頁　　　　　　　網址：
地址：台北市中正區重慶南路一段六十一號八樓815室
8F.-815, No.61, Sec. 1, Chongqing S. Rd., Zhongzheng Dist., Taipei City 100, Taiwan (R.O.C.)
電　話：(02)2370-3310　傳　真：(02) 2370-3210
總經銷：紅螞蟻圖書有限公司
地址：台北市內湖區舊宗路二段121巷19號
電話：02-2795-3656　傳真：02-2795-4100　網址：
印　刷：京峯彩色印刷有限公司（京峰數位）

　　本書版權為西南財經大學出版社所有授權崧博出版事業股份有限公司獨家發行電子書繁體字版。若有其他相關權利需授權請與西南財經大學出版社聯繫，經本公司授權後方得行使相關權利。

定價：550 元
發行日期：2018 年 7 月第二版
◎ 本書以POD印製發行